景观设计学

——场地规划与设计手册

（原著第五版）

[美] 巴里·W·斯塔克　约翰·O·西蒙兹　著
朱　强　俞孔坚　郭　兰　黄丽玲　译

中国建筑工业出版社

著作权合同登记图字：01-2013-3522 号

图书在版编目（CIP）数据

景观设计学——场地规划与设计手册（原著第五版）/（美）斯塔克，西蒙兹著；
朱强等译．—北京：中国建筑工业出版社，2013.12（2023.10 重印）
ISBN 978-7-112-16193-5

Ⅰ．①景…　Ⅱ．①斯…②西…③朱…　Ⅲ．①景观设计　Ⅳ．① TU986.2

中国版本图书馆 CIP 数据核字（2013）第 287478 号

Landscape Architecture, 5E by Barry W. Starke and John Ormsbee Simonds
ISBN: 9780071797658

责任编辑：程素荣　孙立波
责任设计：董建平
责任校对：张　颖　关　健

景观设计学
——场地规划与设计手册
（原著第五版）
［美］巴里·W·斯塔克　约翰·O·西蒙兹　著
朱　强　俞孔坚　郭　兰　黄丽玲　译
*
中国建筑工业出版社出版、发行（北京海淀三里河路 9 号）
各地新华书店、建筑书店经销
北京嘉泰利德公司制版
北京云浩印刷有限责任公司印刷
*
开本：880×1230 毫米　1/16　印张：25½　字数：770 千字
2014 年 3 月第一版　2023 年 10 月第十三次印刷
定价：89.00 元（含光盘）
ISBN 978-7-112-16193-5
（34318）

谨以此书献给

玛丽（Marj）

玛乔丽 · T · 西蒙兹（Marjorie Todd Simonds），1920-2012 年

作为约翰 · O · 西蒙兹（John Ormsbee Simonds）的妻子，他们携手走过了 63 个年头。没有她的“帮助和鼓励”，也不会有这本书第一版及其后续版本的写作出版。

本书还要献给慷慨支持我的伙伴和同事、景观设计公司以及世界各地的机构；献给为我们提供图片的许多杰出摄影师；献给一路支持我的妻子——劳里（Laurie）；献给我工作室里全体员工；特别献给热情、认真、不知疲倦帮助我的助理——布雷娜·劳（Breanna Rau）。

巴里·W · 斯塔克

（Barry W.Starke）

目　录

序言

1961年，大约50多年前，《景观设计学》第一版问世，立刻填补了全面介绍景观设计学这一专业以及如何合理地处理人类使用土地与环境关系的空白。一些早前众所周知的环境运动，引发了一系列的思想萌芽，比如雷切尔·卡尔森（Rachel Carson）的著作《寂静的春天》（Silent Spring），给整个国家——甚至是全世界传递了一个这样的信号：人们必须从根本上改变他们观察和对待环境的方式。我们再也不能继续认为人类统治着地球，忽视人类和地球相互依存的事实。我们再也不能无视摧毁森林、滥用土地、污染空气和水、浪费自然资源和过剩的人口对地球带来的可怕后果。

景观设计学作为一门新兴学科，有着不到一百年的历史。可以这么说，随着专业技能的提升和知识储备的增加，景观设计学在设计类专业的发展中逐步取得了领先地位。景观设计学是唯一有资格同时在建筑学、土木工程、植物学、地质学、园艺学、自然科学以及社会科学等领域进行教育与培训的学科。在当初，尽管这个学科相对不为人们所熟知，也存在认识上的偏差，能查阅的文献也大多是过时的或者是专注于某一特定领域。但约翰·西蒙兹改变了这种状况。

约翰在密歇根州立大学（Michigan State University）学习景观设计学，到世界各地旅游，研究过东方哲学，与婆罗洲的原住民一起生活，做过保护工作，随后作为环境专业的学生，信奉新兴科学的生态原则。1939年，约翰就读于哈佛大学景观设计系素有“反叛者之班”（class of rebels），这个班级包括加勒特·埃克博、丹·凯利以及查尔斯·罗斯。

这些经历促使约翰能够站在一个专业者的角度来呼吁并提倡环境保护，同时告诉人们景观设计学在其中所扮演的角色。约翰编写了第一版《景观设计学》，他曾说道，“因为我觉得必须使景观设计这个词语得到全面专业的解释。”在之后的30年中，约翰作为唯一作者相继出版了2个修订版，而我在几十年后有幸成为本书的合著者。

2004年12月12日下午，我的电话铃响了，电话屏幕上显示着：“约翰·西蒙兹”，当时在我脑海中突然闪过了一丝不祥的预感。此时距我和约翰全心准备美国景观设计师协会成立百周年庆典之时已经有好几年了。那时约翰的身体状况就已经不容乐观了，所以我担心这个电话会是他的家人打来告诉我“约翰病情恶化”或是“他已离世”。在我说过“你好”之后，我听到了约翰的声音，这让我悬着的心落了下来，而他接下来说的事情更让我转忧为喜。

“巴里，你可以考虑作为《景观设计学》第四版的合著者吗？”电话那头所讲之事让我难以置信。当时在我脑中突然浮现出了 1963 年 11 月 22 日的一幕。年纪稍大的人大多数都记得这一天是肯尼迪遇刺身亡的日子，所以每个人对于那一天自己在什么地方、做什么事都记忆犹新。我清楚地记得：那天我正坐在加利福尼亚大学的图书馆里，凝神研读约翰·西蒙兹所著的第一版《景观设计学》。诚然，肯尼迪遇刺身亡事件牵动了每个人的心。但是就我个人而言，肯尼迪遇刺事件对我的影响远不及约翰·O·西蒙兹的这本传世之作，不仅是我，我相信未来一代又一代的景观设计师都能在这本书中找到共鸣。

当约翰于 1961 年第一次出版《景观设计学》时，包括计算机辅助设计（computer-aided design）以及地理信息系统（Geographic Information Systems）在内的数字化革命和现代方法还没有武装到我们这个专业的实践上来。但是，不管是这本书的第一版还是后续版本，它一直都很实用。约翰在探讨景观建筑规划与设计的原理时，他所表现出来的无论在文笔、速写还是善于与他人分享智慧方面的才华无疑是独到而影响深远的。

在接下来的几个月里，我们彼此交流思想，共同为第四版倾注自己的心力。约翰负责完善本手册的修订，我负责校对，并为本书搜集照片——正如约翰所描述的“完美展示”（Best in Show）——本作品里的所有图片均来自景观设计，以及与之相关的科目。约翰视《景观设计学》为他一生中最为重要的职业成就，当然，能以合著者的身份与约翰共事也是我职业生涯中最大的荣耀之一。

2005 年 5 月 26 日，我接到了约翰病重的电话。医生说他已无治愈希望，所以约翰在医院小住之后就回到了家中，随即离开了他的家人和朋友。约翰去世时，他已经完成了第四版的手稿，他的妻子玛丽负责完成最后的编辑工作。带着完善此书的热情以及对约翰的这份“毕生心血”的承诺——这份遗产是 20 世纪一位最具影响力的景观设计师留给我们的——我加快了工作进度，并为此倾注了自己的全力，就像玛丽喜欢说的一句话：“结果如何留给后人去评说吧”（the rest is history）。（玛丽·西蒙兹于 2012 年 4 月去世）

《景观设计学》第四版已经正式出版了三种语言版本：英文、中文和日文，并且遍布世界各地。这也是第一次，增加了数码格式。而第五版的出版是第一次没有约翰本人直接参与。尽管如此，我们还是采取十分谨慎的态度来保护原书的本质特征，以及延续 1960 年代最初版本的经典理念。与之前版本相比，第五版更新了一些材料，同时增加了最新的现代案例和插图。我希望将来这本书能够不断地更新再版，不断地延续约翰·西蒙兹留给我们的宝贵遗产，为一个更美好的世界做出贡献。

巴里·W·斯塔克

前言

人们需要一本能用简洁明了且实用的术语勾画出场地规划过程的书，《景观设计学》正是针对人们这一需求而撰写的。在很大程度上，这是一本教人如何与地球和谐共存的书。

它使我们理解自然是一切人类活动的背景和基础；
描述了由自然和人造景观的形式、力量和特征引发的规划限制；
向我们灌输了对气候的感觉及其在设计中的意义；
讨论了场地选址和场地分析；
指导可用土地及相关土地利用区的规划；
考虑了外部空间的容积塑造；
探讨了场地－建筑组织的潜力；
寻找出富有表现力的人居环境和社区规划及近代规划思潮的历史教训；
提供了在城市和区域背景下，创造更有效且更宜人的生活环境的导则。

我们并不期望每一位读者都将成为土地规划的专家。在其他领域的训练中，经验来自长期的学习、履行、观察和职业经历。然而读者将会从此书中获得对周围环境有效而敏锐的关注，以及许多有用的知识。这些知识可用于设计住房、学校、娱乐区、购物商场、交通……或其他适用于景观环境并通过规划与之相得益彰的项目。

这正是本书明确的目的。

景观设计师（景观的建筑师）的工作
就是帮助人类，
使人、建筑物、活动、社区
以及他们的生活
同生活的地球和谐相处，
——与土地的“未来”和谐相处。

猎人与哲学家

从前有一个猎人整日带着他的枪和狗在北达科他无垠的草原上追踪猎物，有时还会带一个恳求能小跑在后面的小男孩。这一天早上，猎人和小男孩来到草原深处，他们坐在那儿凝视着出现在眼前的一块高地，上面是一个土拨鼠的聚落。一只小小的花土拨鼠一次一次从它的洞口跳到草丛中，一忽儿又两腮鼓鼓地带着食物冒出来。

“多聪明的土拨鼠”，猎人说，“它们是如此精心安排它们的聚落环境，每到一个土拨鼠聚落，你总会发现它近旁有一片谷子地，因而有取食之便利；总是临近溪流或沼泽，因而有饮水之便。它们决不在柳树或杨树附近安家，因为那里常栖息着可怕的天敌——猫头鹰和隼，它们也不在乱石堆中做窝，那里经常潜伏着另一个天敌——蛇。它们把家建立在土丘的东南坡上，每天有充足的阳光使它们的洞穴保持温暖和舒适。冬天，西北坡上的土壤在凛冽的寒风中变得干硬，而在东南坡却有一层厚厚的松软的积雪覆盖着土拨鼠的家宅。”

“当它们打洞时，”猎人接着说，“你猜它怎么做？它们先向下打一个 2 或 3 英尺的陡坡通道，然后折回在近草根的干土层中做窝。冬天可避开寒风而沐浴温暖的阳光，不必远行寻找食物和水，又有同类相依为伍，它们确有一番精心的规划。”

“我们的村镇也是建在东南坡吗？”小孩深思地问。

“不”，猎人皱着眉头说，“我们的村镇建在北坡，任凭冬天寒风的施虐，冷如冰窖。即使在夏天，凉风也并不施惠于我们。我们新建的那个亚麻厂，是方圆 40 英里中唯一的工厂，可它所占的地点恰恰是夏天每次来风的必经之地，工厂的黑烟吹遍全镇，吹进我们敞开的窗口。”

“但至少我们的镇子是建在河边和靠近水的呀！”小孩争辩道。

“不错”，猎人回答说，“可那是怎样的靠近水呵！那是在低洼的河床上呵！每年春天，草原上的雪融化，河水暴涨，村镇每家地下室都浸泡在水中。”

“土拨鼠规划得一定比这儿好。”小男孩肯定地说。

“对”，猎人说：“土拨鼠更聪明些。”

“土拨鼠在规划自己的家园时，似乎比人做得更好”。小孩做出了富有哲理的推断。

“对”，猎人若有所思，“就我所知，大多数动物也是如此，有时，我感到奇怪，不知这是为什么。”

景 观 设 计 学

LANDSCAPE ARCHITECTURE

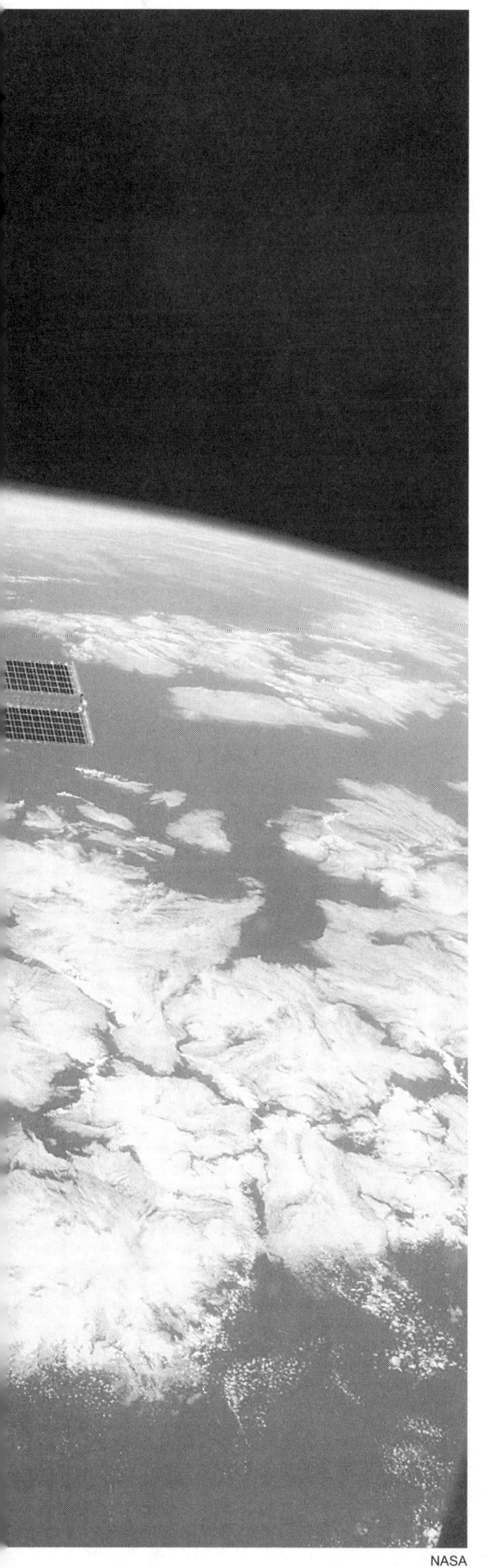
NASA

1 人居环境与可持续发展

人也是动物。通常我们保留着自然的动物本能并受其驱使。要合理进行规划，就必须了解并适应这些本能；许多工程的失误都是由于规划师对这一简单事实的认识不足而造成的。

人的动物性

近代智人（Homo sapiens）（有智慧的一类）是动物（一般认为是高级类型，虽然没有历史或近期的研究支持这一假设）。

一个人站在森林中，赤身裸体，不尖利的牙齿、瘦弱的胳膊、弯曲站立，与其他生物相比并不突出。作为动物，具有强劲的前腭和巨大手爪的熊显然更有优势。即使是一只斑鸠为了自卫和攻击也显得异常机敏，狗、臭鼬和矮小的箭猪也是如此。自然界中的所有生物为了生活，在自然中本能地武装好自己。人类属于例外。

由于缺乏速度、力量和其他优越的生理特征，人类早就学会通过思考处理问题。实话说，除此之外，别无选择。

所谓智慧，是对环境适应性反应的能力——即在通过感官获得信息的基础上，计划一系列活动的能力。

——约翰·托德·西蒙兹
(John Todd Simonds)

在所有的动物中，只有人类具有分析问题和解决问题的能力，我们不但能从自己的经验中而且能从灾难、胜利和无数同类的经验中学习，可以借鉴并应用体现了人类智慧的解决办法。

我们最重要的本能——生存的原因和成功的关键——是特有的感知和推断的能力，感知（使一个人察觉自己所有状况和适用条件）和推断（通过推理得到一个恰当方法）是规划的灵魂。

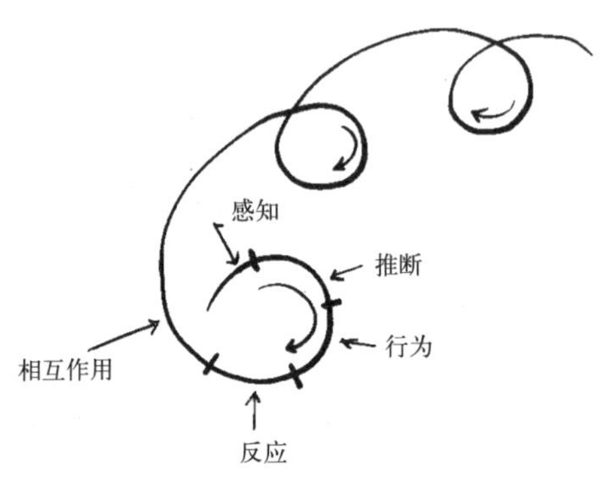

思维的感知－推理过程，反过来由身体的行为，反应和相互作用的过程所补充，这五种动力形成循环反复，编织成人类生活的复杂网络

时间追溯到原始时期，人类思想的力量已经使之面对并掌握了一个又一个情况，并使我们（通过有计划的发展进程）上升到地球生物中一个至高无上的位置。

人类拥有了地球。我们居住的地球是我们的，应使之进一步发展成为一个舒适的生存环境。从现在起应用智慧在这个地球上为自己创造一个天堂。

我们已经这样做了吗？我们对无与伦比的自然遗产做了什么？

破坏森林。

夷平山岭，使之裸露从而遭受侵蚀，沟壑纵横。

污染河流，致使鱼类和野生生物绝迹或远离栖息地。

交通路线与杂乱的商业区并行，穿过闹市区。

家园是一排排拥挤和沉闷的房子，没有新鲜的绿叶，清新的空气和阳光。

反省自己，会发现太多的东西令我们意乱神迷。混乱的高速公路、无序蔓延的城郊、拥挤不堪的城市，给我们带来的困扰比欢乐更多。

人是什么？除了其他特征，人至少是一个由多个器官和大脑构成的有机体，感官和腺体支持其功能，这些感官的腺体能将有机过程的形成机制转化为经验记忆。脑自行组织其记录，一切精神过程都在表达这一基本活动。艺术和科学、哲学和宗教、工程和医学，甚至一切文化活动的基础都是经验的积累和对最终成果的利用。

——兰斯洛特·劳·怀特
(Lancelot Law Whyte)

我们深受建筑之害。身体和精神被禁锢在自己建造的机械的环境中。在生活空间、城市、道路等处于复杂化的情况下，我们陶醉于机械的力量、新的建筑技术和材料，却忽视了人类的需要，违背了其深层的本能。我们最基本的人类本性却没有得到满足。从自然中分离出来，我们几乎忘记了作为一个健康的动物，其生命的活力与辉煌。

许多现代病——高血压和神经官能症——仅仅是一种生理证据，它表明了我们对环境的反抗与迷惑，揭示了理想环境和规划师们所创造的人为环境之间与日俱增的鸿沟。

我们每时每刻适应着环境，这种情况支配着生命。正如培养皿中的细菌培养，必须有最适合其生长的培养基；盆栽的天竺葵经过适当修剪并控制生长条件以使其茂盛。同样——作为复杂的高敏感度的人类——必须有一个特定的社会环境使我们正常发展。令人困惑的是这一生态网络的性质很少有人研究。关于稀有兰花品种最宜生长条件已有大量资料，也可以找到许多关于养殖和培育几内亚猪、白鼠、金鱼和长尾小鹦鹉的指导手册，但有关最适于人类文化的自然环境特性却少有人涉足。

自然学家告诉我们如果一只狐狸或兔子被诱入陷阱，养在笼中，动物清澈的眼睛会很快变混浊，皮毛将失去光泽，精神也会衰弱。这是由于它与人类共处时间太长，与自然离得太远。

自然使我们带着欲望和欢乐去做每一件迫于生存而做的事。

——塞内加（Seneca）

人类之理性根植于地球。

——肯尼斯·克拉克（Kenneth Clark）

USDOE

我们学会了释放原子核内可怕的核能。如今，我们得学会控制核能释放的方法

由于我们首先是动物，是生活在草地、森林、海洋和平原中的生物，我们天生喜欢吸入新鲜的空气，脚踩着干爽的路面，沐浴阳光的温暖。我们天生喜欢泥土的芳香，绿叶的清新，天空的蔚蓝和宽阔。内心深处，我们渴望这一切，它时而强烈时而沉寂，但从未消失。

许多贤人提出，在其他条件等同的情况下，最快乐的人是与自然最亲近、最和谐的人。继而可以推理：为什么不能重新将人类置于森林？让他们拥有充足的水、土地和天空。但原始森林——保存下来的、人迹罕至的，或者人工模拟的——是我们的理想环境吗？当然不是。因为人类的历史是一个通过不断斗争改善自然条件的历史。经年累月、艰苦卓绝的努力，我们改善了自己的居住条件，保持了更加持续多样的食物，扩展了对自然要素的控制以改进自己的生活方式。

……当他注视着天空和海洋时，
用的就是那双敏锐的眼睛，
这双眼睛属于
一个用皮肤
解读天气的人，
一个在微风变化中
闻知天气的人，
一个试图反抗，
却又依赖于自然的人，
他目光紧张
但却充满自由。

——斯蒂芬·文森特·贝内 (Stephen Vincent Benét)

Tom Lamb, Lamb Studio

我们被困在自己用机器制造的公路边

有四种东西
永远渴求，
从不知满足……
豺狼[1]的嘴，
骗子的心，
猿猴的手，还有人类的眼睛。

——拉迪亚德·吉卜林 (Rudyard Kipling)

①指贪婪、凶残。

生态设计仅仅是有效地适应自然过程并与之统一。

——辛·范·德·赖恩 (Sim Van der Ryn)
斯图尔特·考恩 (Stuart Cowan)

那么，还有什么环境可供我们选择？设计一个完全人造的环境，在其中我们可以摆脱命运，更好地发挥潜能愉快地工作，这可能吗？前景似乎极其渺茫。对规划方面最成功案例的深入分析会揭示这样一个事实：我们实现的最伟大的进步不是力图彻底征服自然，不是忽视自然条件，也不是盲目地以建筑物替代自然特征、地形和植被，而是用心寻找一种和谐统一的融合。为达到这种和谐统一，可以借助于调整场地和构筑物形式使之与自然相适应；可以借助于将山丘、峡谷、阳光、水、植

竟有这种宏大的整体建成环境像命运一样包围着文明生活，不应允许它与自然法则激烈冲突。

古代关于世界完美组织和运动的思想给人以情感上的满足，这种满足体现了卓越且久经考验的生存价值观。这是所有建筑和设计的灵魂。

——理查德·J·诺伊特拉（Richard J. Neutra）

路边条状广告牌造成的视觉混乱

物和空气引入规划场地；可以借助于在山川间、沿溪流和河谷慎重地布置构筑物，使之融入景观之中。

就渴望秩序和美来说，在动物中人类可能是独一无二的。其他动物是否也能欣赏景色，冥思一棵老橡树的华美或乐于追逐海岸线的波动？我们本能地追寻和谐，痛恨杂乱、冲突、丑陋和非逻辑。当城市仍旧向窄街陋巷而不是向开放的田园方向发展，我们能满意吗？当高速公路使我们的社区支离破碎，当货运卡车隆隆地驶过我们的教堂和家门前时，我们能满意吗？当我们的孩子在上学的路上必须一次次横穿危机四伏的马路时，当车流不得不早晚两次从阻塞嘈杂的高楼峡谷中挤进挤出城市时，我们能满意吗？按理说，这些城市峡谷本应成为绿树成荫，车流通畅的绿荫道路、直通宽敞的聚居区和开阔的乡野。

科学的基本前提是自然界被一定的可预测的法则所控制。

地方精神象征着一种人与特定地方生动的生态关系。人从地方获得，并给地方添加了多方面的人文特征，无论宏伟或者贫瘠的景观，若没被赋予人类的爱、劳动和艺术，则不能全部展现潜在的丰富内涵。

——勒内·迪博斯（René Dubos）

现实中必须面对这一令人烦恼的事实：城市、郊区和乡村的方案大部分没有经过构思，社区和公路、地形、气候、自然，生态基础之间缺乏合理的联系，城市的发展从来就是而且继续保持不合理，危机四伏。我们不满、我们苦恼、我们受到挫折。问题就出在规划过程。

可以从观察中得知，优秀的规划不是就事论事，就地论地。优秀的规划凭借得到灵感和激发灵感的视角去审视每一工程，将每一问题作为整体和能自圆其说的规划理念的一部分来考虑。简而言之，所有自然规划的中心思想是创造一个更加健康、生机勃勃的环境——一种更加安全、有效、祥和、富有成果的生活方式。显然，如果我们是环境的产物和继承者，就必须重视环境的特性。理想化的环境中，压力和阻力基本消失，人类可以实现自己的潜能。正如当年北京古都的规划师设想的，人们可以在“天人合一”的环境中生活发展。[1]

这样的环境绝不可能完全产生；一旦产生，也不会保持静态。由其本质来看，它应是动态的、发展的、随需求的变化而变化。它永远不可能成功，但这种创造理想化环境所做的努力，必须体现在所有景观设计以及主要问题，学科和目标之中。

按道理，所有的规划都必须适合我们的生理尺度的衡量。必须满足我们的感觉——视觉、味觉、听觉、嗅觉和触觉——检验，还须考虑我们的习惯、反应和冲动。然而仅满足动物生理本能是不够的，还需要满足作为一个完整的人更广泛的需要。

规划专业的基本目的是创造并保持现有的人和环境的最佳关系。

如现代医学工作者一样，我们试图带给人身心平衡和整体的健康。这包括心理学和生理学的因素。

设计作品成败与否只能通过其对人类健康和幸福各个方面的长期影响来进行切实评价。除此之外，对建筑、景观设计和城市规划的评价毫无意义。

——诺曼·T·牛顿（Norman T.Newton）

作为一个规划师，我们不只是处理区域、空间和材料，不仅针对本能和感觉，还有理念和意识。我们的设计必须有吸引力，必须实现人类的希冀与渴望。饱含感情的规划，可以使人虔诚膜拜得五体投地。可以激励人们勇往直前，甚至使人们的灵魂提升达到一个理想境界。适应是不够的，好的设计还应带来乐趣和灵感。

我们的五种感官构成了感知机体，通过它们可以认识和体验外部世界。

——汉斯·维特尔（Hans Vetter）

亚里士多德在讲授说服的艺术和技巧时认为，一个演说家要吸引人必须首先了解和理解那个人。他详细论述了不同年龄、不同阶层的男人和女人的特点，并提出应考虑和针对的不光是每一个人，还应针对每一个人的特征。规划师也必须懂得这一点。从古至今，规划师都试图改善人类的生存条件。这不仅反映而且生动塑造了人类的思想和文明。

1. 译自御用建筑师后代H·H·李拥有的手稿。

旋涡星云

自然

自然因个人兴趣不同而有不同的表现。对自然学家来说，自然展开的是一个有蜘蛛网、卵群和蕨叶的奇妙世界。对采矿专家来说，自然是一个顽固又浩瀚的煤、铜、钨、铅和银的矿产宝库。对水电工程师来说，自然是个丰富的能源储备库。对结构工程师而言，自然的每一处表现都是理解和应用形式创造的普遍法则。

自然不仅是可利用资源的宝库，也是解决所有问题的最好典范。

——辛·范·德·赖恩
斯图尔特·考恩

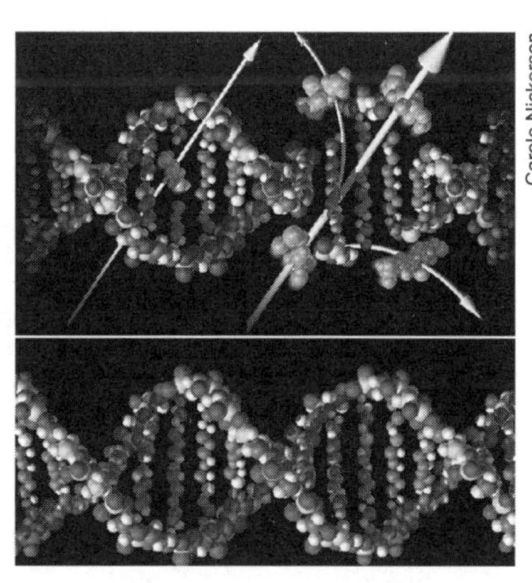

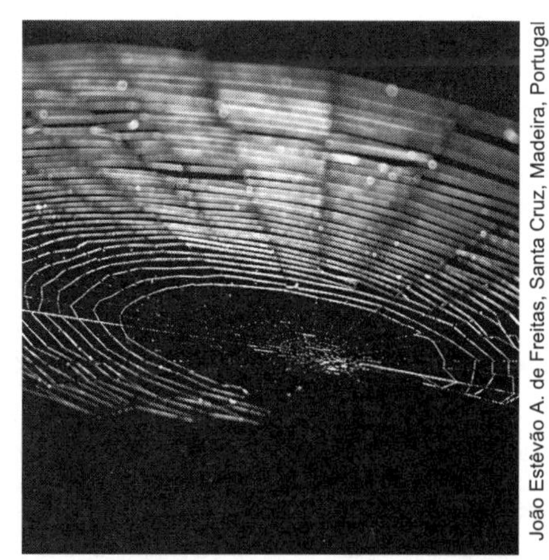

自然的形式

风沙侵蚀区

利用巨大的知识宝库，人类试图在地球上创造一个名副其实的花园天堂，但是我们正在走向失败。而且如果我们的规划仍然严重违背自然和自然法则，我们仍将会失败。当前社会最显著的特征不是发展的规模，而是完全蔑视自然，忽视地形、表土、气流、水文、森林和植被。我们考虑使用推土机，并计划使用30码的铲土机。成千上万亩水源充足、森林覆盖、延绵起伏的土地被犁开推平，建成道路、住宅、商业中心和工厂。许多城市成为（气候学上的）柏油、砖瓦、玻璃和钢筋水泥组成的荒漠。

一时间，我们似乎失去了知觉。要想发展，我们必须反思。必须重获原有的本能，重学旧日的真理。必须找回土拨鼠建造家园，海狸筑坝一样的基本智慧。必须脚踏实地地规划，注意自然的力量、形状和特点，尊重并反映自然，有目的地适应自然。必须更深层次地理解人与地球的物质和精神纽带。我们必须重新发现自然。

希腊和罗马人从不为未来烦恼，而是试图在地球上建立自己的天堂……

在中世纪又到了另一个极端，人们在云端之外自己建起一个天堂，却把世界变成所有人悲伤的深渊……

文艺复兴不是政治或宗教运动，它是思想的表达。此时人们不再集中全部精力为在天堂中等待他们的事物祷告。他们努力在这个星球上建立自己的天堂，实话说，他们取得了巨大的成功。

——亨德里克·范·隆（Hendrik Van Loon）

对物质规划师来说，自然对每一个项目和规划都表现为永恒的，生机勃勃的、可怖却又慈善的环境。我们能成功的要诀是懂得自然。就像一个猎手以自然为家，饮山泉、宿野外、不避酷暑严寒，知道猎物何时以山脊上的坚果为餐，何时以山谷的浆果为食；就像他能感觉暴风雨的到来，本能地寻找庇护所；就像一个水手以海为家，判断浅滩，辨别沙

当本杰明·富兰克林还是殖民地邮政总局副局长时，在他的指导下，第一张湾流图在1769年做成。海关委员会抱怨从英格兰来的邮件由于向西穿行，比罗得岛来的商船要晚两个星期。富兰克林困惑不解，他带着这个问题找到了一个南塔克岛的船长蒂莫西·福尔杰（Timothy Folger），他说这是千真万确的，因为罗得岛的船长知道湾流并在向西穿行时避开它，而英国船长则没有。福尔杰和其他南塔克特岛的捕鲸船较熟悉这里的海洋湾流。他解释道：因为在我们捕鲸的时候，鲸一直在它的边上而不逆向进入它，我们在边上跑并常常穿过它以改变航向再沿另一侧航行，在穿过它时有时会遇到那些邮船在其中逆流而上。我们告诉过他们，船在逆着每小时3英里的洋流而上，并建议他们穿过它，但他们自以为是，不听美国渔民的忠告。

——雷切尔·卡森（Rachel Carson）

挖掘机的破坏

道——中国最基本的关于自然之秩序与和谐的思想。这一伟大的思想产生于遥远的古代，通过对大自然的观察得出——日月星辰的出没，昼夜的轮回，季节的交替——预示着一种规范着天地间一切形式的神圣自然法则的存在。它的最初目的是使社会生活与自然（道）的力量和睦相处。这是生存和健康的基础。

——史迈玫（Mai-Mai Sze）

坝，识别天气，观察海底构造的变化——因此，规划师必须熟悉自然的各个方面，直到对任一地块、建设场地和景观区域，都能本能地反映出其自然特征，限制因素和所有可能性。只有具有这样的意识，我们才能发展一系列和谐的关系。

历史向我们展示了不少景观规划与自然和谐的杰出范例。其中之一是在20世纪转折之际依然惊人美丽的工业化前的城市——京都。直到最近它还被称道：

> 京都坐落在松树和枫树中，俯瞰着宽宽的河谷，清清的山泉在长满青苔的石间飞溅穿流。城市中用石材、木材和纸建起的建筑阶梯式有序排列，每一座建筑都依总体而规划，与所处的地方配合得极富艺术性。在这美景中，每一位土地所有者都把自己的土地看作托管物。每棵树，每块岩石和每条溪流都被看作神之所赐，人们为城市的利益，为邻居和朋友去尽力保护和发展它。在这儿，当俯视这郁郁葱葱的城市或徜徉于美丽的街道时，就会了解“土地管理”这一短语的全部含义。

京都，
山青，
水亦秀。

——赖山阳（Sanyō Rai）

京都作为一个东方土地规划的杰出范例，是根据风水的思想设计的。选址和土地利用方式及结构形式的设计依据是地球和大气中的能量流动路径，并与之和谐。

虽然听起来不太可信，但这是事实：现代的建筑和工程极少面临自然还没有遇到和没有解决的结构设计方面的问题。以我们自己的标准，自然的设计结构比人类的更为有效、更富美感。

我们应当——用美国评论家霍拉修·格林洛（Horatio Greenough）的话说——向自然学习，而不是像猿一样照搬，但事实上真正理解自然结构的手段仅仅在最近才被完善。

——弗雷德·M·塞韦鲁（Fred M.Severud）

从西方式思维角度来看，这种方法似乎可疑。而在更加成熟的文化中它的功效却毋庸置疑。不幸的是，它的原则被宗教的神秘掩藏起来，从来没有用技术术语清晰定义过。只能说，历史上的建筑师、规划师和工程师在工程中表达了对地质条件和自然力的直觉，而这种自然力已经塑造并继续控制自然景观，且对所有要素都产生了深刻影响。这种普遍的条件包括地表和下层岩石构成、地层、节理、裂缝、排水道、含水层、矿物裂缝和沉积、电能流线和上涌带，也包括气流、朝夕、温度的变化、太阳辐射和地磁场。

自然科学

景观设计师通过对自然科学知识的综合理解和运用，在综合规划过程中起到了独特的作用。特别是对地质学、生物学、植物学和生态学等学科的应用，此外还包括化学、物理学、电子学、人文学以及图形交流学科的运用，所有这些学科都是进行合理的景观设计的基础知识。

地质学

为了理解任何一项建筑工程的地形基础，首先要对场地表层的结构和土壤类型进行研究。地质学者很早就认识到，山顶和山脊的下层都是密实的底土和岩石，起到了稳固山体的作用。然而，这样的地质条件使得挖掘工作很困难，花费高昂。在这样的地址上设计建筑，不应该建地下室，并且应该尽量减少层数。因此，在可能的情况下，这些开挖成本很高的场地可以建成庭院围合的退台式建筑单元，这样既可以抵挡山顶的寒风，也可以沐浴到冬日的阳光。

火山 C. R. Thornber, USGS, Hawaiian Volcano Observatory

在坡地上建议采用阶梯状的建筑结构，这样可以保持良好的开敞视野，同时只需要有低矮的挡土墙。除了在干旱地区外，低地特别是在植被覆盖的丘陵地的河谷底部，通常覆盖有适于耕作和园艺栽培的丰厚湿润的肥土。在这些地方需要设基础或是深厚的地基以稳固承载，而相比之下，这里的挖掘工作就相对容易得多。

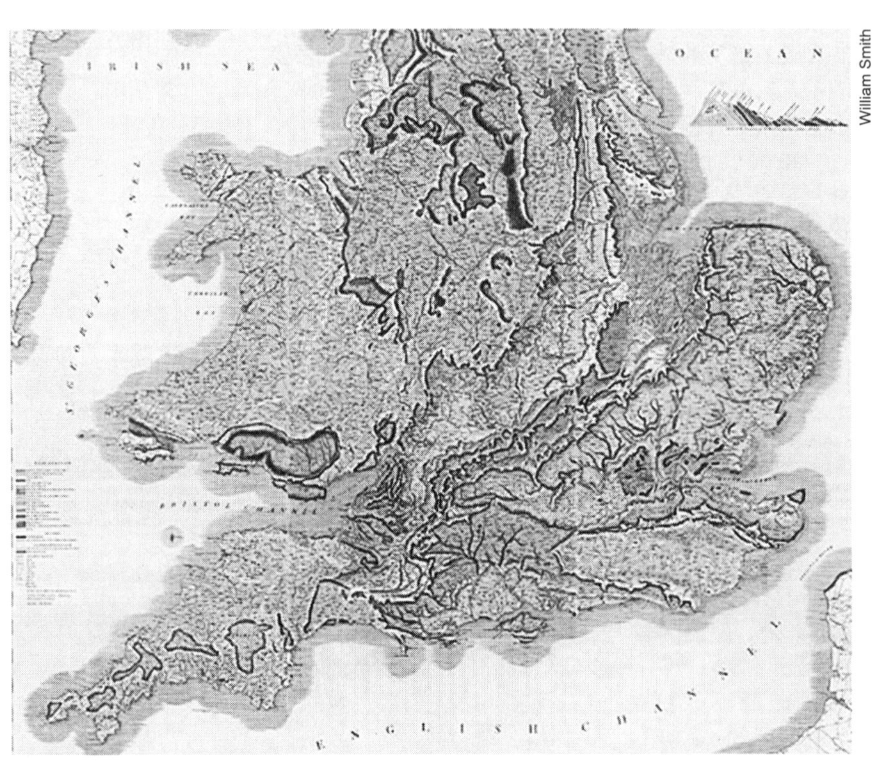

William Smith

地质图的一部分，威廉·史密斯的英格兰和威尔士地层

一切生物在将能量和食物转变为生命物质的同时产生了各种各样的废弃物。这些废弃物成为腐生生物（又称“分解者”）的食物来源。这些分解者的数目远远多于其他全部物种的数目，包括甲虫、真菌、线虫和细菌等。通过新陈代谢作用，它们重新将营养物质和矿物质分解到物质循环中。

——辛·范·德·赖恩，斯图尔特·考恩

在平坦的场地如平原上，适宜采用延展式的建筑形式。建筑的侧翼能感受到微风，同时建筑的内庭可以遮蔽风雪。对地质进行研究可以帮助人对很多地理现象有更清楚的认识，包括深层的大陆板块的移动，断层线的位置，火山中心的位置，有龙卷风或洪水潜在危险的地方等。在更适度的尺度上，地质研究还有助于了解不同土壤的类型及其他的物理特性，如耐侵蚀性、土壤肥力、承载力等。在土地利用规划中，这些用地应当避免作为主要的交通或运输线路，也不应作为居民点，在这些地方生命都会受到潜在的威胁。这些地方最好作为开放空间使用——使其保持自然状态或是仅开展有限的利用，如作为游戏场所和娱乐用地。在暴雨多发地区，及早进行监测以便及早地疏散居民，从而可以挽救无数生命并避免不可预计的破坏。

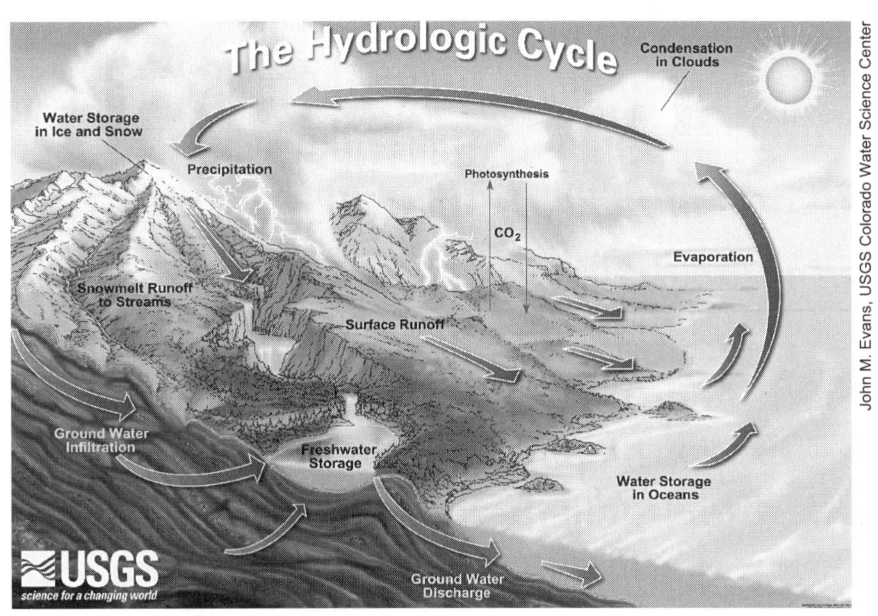

水循环

水文学

水文学通常以雨水管理的形式应用在土地与资源规划中。能读懂地形的人知道如何合理开发土地利用格局，从而避免建设大量的雨水井和排水管线，取而代之的是通过洼地、滞水池和自然河流进行地表排水。废水同样也会受重力作用沿地势从浅支流汇入干流出口。因为淡水紧缺的问题日益普遍，雨水管理在区域规划中的地位也越来越重要。农业灌溉和向城区的大量输水消耗了大量水资源，曾经的滔滔江河和流域面临着干涸的危险。海岸带人口的暴增已经将取水井逼近到了严重受盐水入侵的地区。这些问题不应该继续被忽视。用淡水灌溉大片草地的奢侈做法应当予以制止。灌溉用水应当用处理过后的污水取代。如果采用淡水和污水的双重水系统，我们的清洁水源能再度被补充起来。

生物学

生物学是一门研究各种形式的生命及其之间相互作用的学科。或许有人会想，生物学应当是所有规划设计需要考虑的核心。其实并没有这样。通常，规划设计最多地把重心放在了外观而不是人上。只有具有生物观念的人或者团队成员才会不断检验提案使其满足人类的使用需要，因为人类赋予了整个项目以生命。

植物学

植物学专业第一年的课程就是学习植被的价值。二氧化碳和无尽的废气包裹着地球，只有通过植被的光合作用，我们呼吸的最基本的氧气才得以制造。另外，地球上的植被还起到了涵养水源的作用，使得地球万物得以生存。除此之外，地球上的植被还为我们提供了丰富的食物、纤维和木材。这些知识足以将我们所有人培养成为环保卫士。这可能还

Belt Collins

植物样本

是及时的。但是与此同时，在大多数未经过仔细考虑的工程中，清理场地却是他们的第一想法，而地球植被因此遭到莫大损失。

在综合的土地规划中，植物学家应当明确地指出场地内哪块自然植被需要予以保留。盲目地耗资清理场地，硬化场地的行为应当得到制止。在场地设计的过程中，并不需要邀请植物学的博士，除非在特殊的案例中。我们只需要清楚当地有哪些植物，它们的特征是什么以及它们适合生长的环境是什么样的就已经足够了。乡土植物并不需要太多的维护它们就可以长得很好；外来装饰性物种则需要更多的打理，因此使用起来要相当小心。

生态学

生态学是近来才兴起的一门学科，是研究生物与环境相互关系的学科。生态学对关于如何进行合理增长，如何确定土地利用格局，如何防止城市蔓延等问题都有基于本学科的理解。

斯宾格勒（Spengler）在他最动人的篇章中强调，景观是文化的基础，人类……处处受它的控制，没有它，生命、灵魂和思想将是不可想象。

——斯坦利·怀特

其他学科

广泛掌握诸多自然科学知识是一名受到良好教育的优秀景观设计师的基本素养。没有其他职业比景观设计师对综合的土地利用规划有更好地理解了。

生态基础

地球生物圈被分为几个主要生境：水生、陆生、地下和空中。

从地球形成开始，所有生命逐渐形成一个相互作用的、平衡的网络。

生物圈

这种生命母体或生物圈，源于土壤、空气、火和水，构成了我们的整个生存环境。其空间范围下达洋底的玄武岩层，上至大气外部电离层。有时如雷霆万钧、拍岸惊涛般可怕。其坚如磐石，柔似晓霜。这样可畏而又神奇的生物圈，是无数植物和动物群落的家园。生物类型多样，小到不可见的病毒，大至漫游的象群和结队鸣叫的鲸群。同样生物圈也是所有人类成员的家园，直到现在我们还没有别的家。

自然系统产生、传输、处理和储存水分，调节气候，制造氧气，净化空气，产生食物，处理或吸收废物，堆造陆地，稳定海岸，躲避飓风侵害……

如果基本要素被破坏，或者整个系统压力过重，过程会停止，系统会紊乱。

——阿尔贝特·R·韦里等
(Albert R. Veri et al.)

相互依存

对生物圈，我们了解至这样的程度：所有的有机体相互影响，相

肯尼亚有一种土生的生物叫珊瑚蛾(flattid bug)，几年以前在内罗毕，著名的利基（L.S.B.Leakey）博士把它介绍给我。利基博士介绍的是一种珊瑚色的“总状花序”的花，像芦荟或风信子一样由许多小花组成。每朵花为长椭圆形，约1厘米长，贴近一看却变成昆虫的翅膀，积聚者们仅仅附在枯枝上，形成一整枝花序，那样逼真，似乎可以指望从它这里嗅到春的气息。

其实，珊瑚蛾扮成的珊瑚花在自然界中并不存在。正是珊瑚蛾创造了这种形式……雌虫产下每一批卵中至少会有一只会发育成绿色翅膀而非珊瑚色的成虫，还会有几只的颜色介于二者之间。

我贴近观察。昆虫花的尖部是单独一个绿色的“芽”。其后是半打略显珊瑚色的半成熟“花朵”。其后面的枯枝上蜷缩着珊瑚蛾种群的主要部分，每一只都生着最纯的珊瑚色翅膀，最终完成了整个寄居体的创作，这样可以骗过最贪婪的鸟的眼睛。

利基晃动枝条。受惊的群落从枯枝上飞起，于是空中充满了飞舞的珊瑚蛾。看上去与在非洲丛林里遇到的其他飞蛾没什么两样。不一会儿它们又回到枯枝上。落下时并没有特别的次序，一段时间内，小枝上爬满一个叠一个看上去像是乱动的小虫。但这种乱动并不混乱。很快小枝静了下来，仍旧恢复成一枝花的样子。绿色的头领仍旧处在芽的位置，下面是它不同颜色的同类。完全散开了的每一位士兵又恢复了各自的位置。一朵自然界不存在的可爱的珊瑚花在我眼前形成。

——罗伯特·阿德里（Robert Ardrey）

任何生命形式都与环境相互依存

互依靠；生境中温度、化学性质、湿度、土壤结构、空气流动和水流的微小变化有时也会有重要影响。在复杂的生命之网中，一个最轻微的变化，可能会波及整个自然系统如：沼泽，池塘、流域或海洋盆地。

作为一个活着的人，不可避免地要与其他有机体和生物相联系，我们完全依赖于地球上那些尚未开发的景观区域的生产力。假设它们维持生命的功能丧失，或衰竭到不可收拾的地步，那么我们也将不存在。最近，虽然面临着人口增长、污染指数上升、土地和水源的迅速污染等诸多问题，但这场灾难似乎看起来仍离我们很远。然而，对于那些能很好

自然界的天然授粉过程。当蜜蜂落在花上，为采花蜜深入花中，触动花的雄蕊，使之下弯成一个弧状与蜜蜂接触，花粉于是落在蜜蜂身上。蜜蜂，花这一机制——人类用什么与之相比？

自然界的每一个过程都有其必要的形式，这些过程常导致功能性形式。其遵循两点之间最短距离法则：冷却只发生在暴露于冷却环境的表面上；压力只作用在压力点上；张力作用在张力作用线上；运动产生了自身的运动形式——对每一种能量，都有一种能量形式相对应。

每一种技术形式都能从自然形式中推出。最小阻力法则和最经济做工法则使得类似的活动往往导致类似的结构。所以人可以用迥异于以往的另一种方法控制自然。

人如果应用了有机体赖以茁壮成长的一切法则，那么他会从中为未来世纪所有的资金、力量和才能找到足够的利用机会。每丛灌木、每棵树都可以给人指导，给人建议，向人们显示无数的发明、装置和技术应用。

——拉乌尔·弗朗斯（Raoul France）

如果我们的设计能含纳草地、森林和山，那么我们能占据的景观将富含原土地之奥妙。景观特征应被加强而不是削弱……且最终的和谐应存在于一个复合体上，其中以乡土地域或场地的特质为主。这些人为化的景观是最动人、最可爱的……只要景观的整个结构和灵魂能被保留，我们就会感到快乐和兴奋……

新的景观若要在高度艺术形式方面，在永恒性、历史性的意义上称得上是一件艺术品，必须……对原始的各种形式进行提炼或升华，这一规律不能违背。

——斯坦利·怀特

Hermann Eisenbeiss, courtesy LIVING LEICA

地估计发展趋势与条件的科学家来说，这种灾难的可能性已深深印入他们的脑海之中。

所有这一切对规划师、对社区设计者、对高速公路工程师，或是对房屋和花园的建造者意味着什么？很简单，应全力保护自然景观及维持景观的完整性以及景观中水体和空气的质量。对待土地不能再只是像布置舞台一样布上森林，如浪的草原、清澈的水流或浅紫色的山丘轮廓。建筑物在其中被随心所欲地排列和摆放。人们已不再认为土地是能被肆意塑造成冰冷的几何造型的孤立的私人领地。即使最小的部分也不能与其他邻近的土地和水域割裂开来考虑。因为人们已经很好地认识到每一部分都可以利用其他部分，同时也影响它们。从生态学来看。所有的土地和水域都是相互联系相互作用的。

自然系统

自然系统保障着人类的幸福和健康，对它的理解和维护是土地和资源合理规划的基础。那些最敏感的和最具生产力的地区及自然的最佳环境，应以它们的自然状态保存下来。那些起保护作用的支持区和缓冲区应得到保护，给以有限的合理利用。那些次要的被选择用于开发的区域的规划应对环境不造成严重的危害。所有的土地利用规划应使人与人之间，及人与生存环境之间的关系尽可能保持良好。

大地景观

几个世纪以来，我们逐渐知道居住的星球只是一颗悬挂在无垠宇宙中的小行星——万物中一个微不足道的小点，然而它是我们的世界——无边无际，神奇的世界；蕴含奇妙的秩序和无穷能量的世界。在循环节律中，地球接受太阳的光和热，沐浴在大气和水中。它的核心是一团沸腾的熔岩，薄而冷的地壳褶皱凹陷成凹地，隆起成小丘，山脉和高峰。大部分淹没于随潮汐涨落的海水中，巨大而复杂的洋流可波及海洋深处。

从冰封的极地到炎热的赤道，地球的景观变化无穷。纵观最近的一百万年，人类首先学会了谋生，而后学会了通过适应自然繁盛起来。这种过程如能明智地延续下去，将带来一种持续发展的生活方式。人与自然的关系的研究与人类历史一样久远。长期来看，它可能仍是一门非常年轻的科学，但全面考虑，它是所有科学的基础。

在我们生活的这段时间内，人类第一次测量了地球的最高峰，探测了最深的海沟，穿越了外层空间。我们试图在相信我们已征服了自然。有人以前曾预言：在不久的将来人类会控制自然。但不要自我陶醉。自然不会很快被弱小的人类征服。

征服自然！我们怎能征服自然？我们——有血、有骨、有肉、有思想——是自然的一个特定部分。我们生于自然，根植于自然，受自然哺育。我们的每次心跳、每次神经触动及每次思潮，我们的各种举动及尝试都受控于无所不在的自然法则。征服自然！我们只不过是自然永不止息的生命和成长进程中掠过的一道痕迹。征服自然！最好再次用自然的方法寻找并发展与自然系统一致的法则，令生活可以获取自然生命力，令文化按一定方向发展，使我们的形体建筑、形体组织和形体秩序富于意义，也令我们可重新理解人在自然中充实而激越的和谐生活。

Jocelyn Augustino/FEMA

忽视自然过程而导致的灾难

在地球上人类进步的历史是一个不断理解自然之生命和力量的历史。智慧仅是对简单的自然法则的理解。最有洞察力的科学家的知识也仅仅是对自然神奇之微不足道的理解。

几个世纪以来，欧洲艺术都是与关于自然的基本理念背道而驰的，西方人认为自己与自然是对立的。事实上西方人的这种妄自尊大是不切实际的；而现在东方揭示出的真理是：个体不能与自然和同伴分离，只能作为其中的一员。

——克里斯托弗·滕纳德
(Christopher Tunnard)

野生动物管理区

在西方，人与环境之间的作用是抽象的，一种我—它的关系；在东方，它是具体的、直接的基于一种你—我关系之上。西方人与自然抗争，东方人与自然相适应。这是一般的总结，不应全信，但我认为这会有助于透过西方和东方对生命和环境的不同态度，及在现在到未来的转换中每一事物注定所起的不同作用，解释一些实质性的区别。

——E·A·古特金德（E. A. Gutkind）

人类艰难的发展就是那些科学的发展，它们向我们揭示了与自然固定方式更为协调的生活方式。生活在森林、丛林和海洋中的人们对周围的自然环境极度敏感，本能地按自然节律和循环塑造自己的生活模式。它们已经意识到如不这样做，灾难势不可免。

数年以前，为探寻新奇的新大陆，笔者独自在英属婆罗洲（沙巴）生活了几个月。在那儿自然中的人们仅以简单的生存为目的，而他们的快乐生活给我留下深刻的印象。岛上所有的活动不仅接近自然而且适应自然。他们的生活天天时时受太阳、风暴、海浪、星辰、潮汐和季节引导。满月和退潮预示着可在海滩中用鱼枪捕到乳香鱼。鸟的盘旋和尖叫警示着暴风雨的来临。在静谧、清新的清晨，一个猎人把小女儿拉到身旁，蹲下身，用长长的棕色手指指着隐约可见的基纳巴卢（Kinabalu）山峰，“蒂鲍（Tiba），小蒂鲍，”他警告说，“看那山顶的云，不久那儿将风雨交加，河水暴涨，所以不要去岸边，和你妈妈在家玩耍。”在岛上，很明显，一个人越适应自然，生活就越快乐。但不仅是在岛上，在牧场、特区和城市的生活中这一结论也千真万确。当打算生活或为生活做规划时，我们似乎忘记了这一显而易见的事实。这往往是许多苦恼的根源。

可持续性

韦伯辞典把持续性（sustain）定义为“补给营养，维持发展，保持生存，支持或补给。”而作为当下广为使用的网络百科全书——维基百科，也针对这个词语提出了更宽泛的定义：持续性这个词语来源于拉丁词语sustinere（tenere. 支持；sus. 向上）。字典针对持续性提出了十多种不同的解释，其中主要有：保持、支持或坚持。然而，从20世纪80年代开始，持续性就被更多地理解为人类在地球上的可持续性发展，这也构成了持续性和可持续发展最广泛应用的定义，1987年3月20日，联合国布伦特兰委员会提出：“可持续发展就是既满足当代人的需求，又不损害后代人满足其需求的能力。”

“我们对待地球的方式很明显地说明我们对于宇宙中我们所处的星球非常不了解，这和我们对时间的理解息息相关。人类无法足够地了解深层时间，我们能做到的也只是来测量时间。”

——约翰·麦克菲（John McPhee）

毫无疑问，可持续发展已经成为当下热门的词汇，它被过于频繁地使用在几乎所有的问题、情况或者产品上。在景观设计与规划当中，这个词语逐步衍生发展成为了环境规划与设计的同义词。

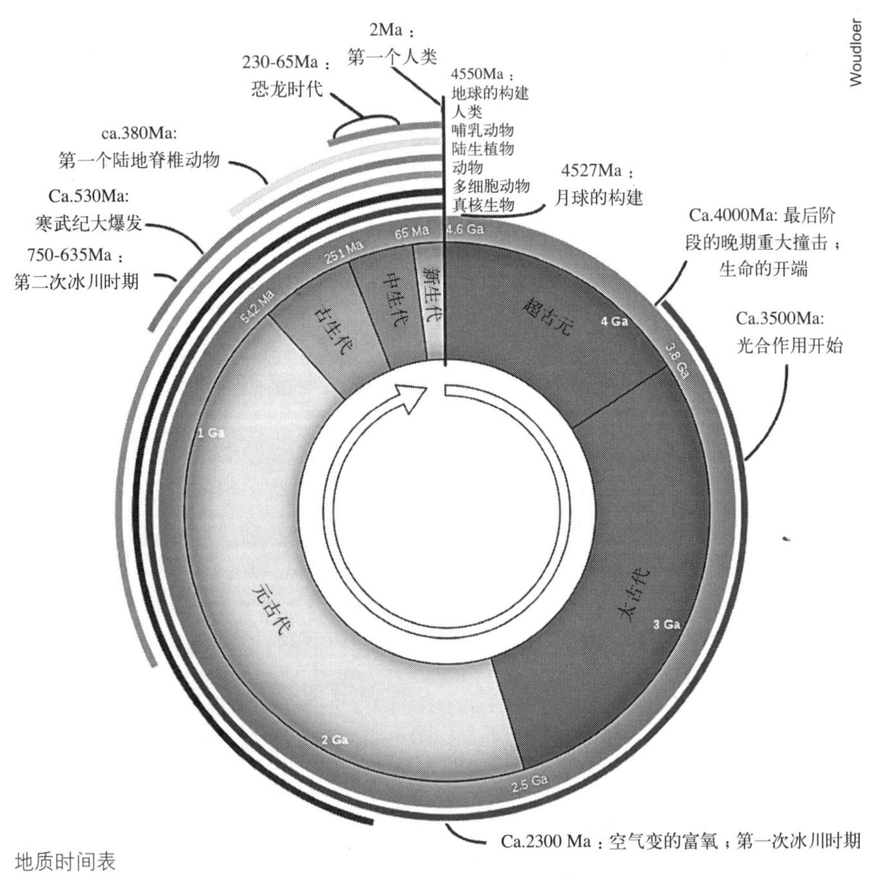

地质时间表

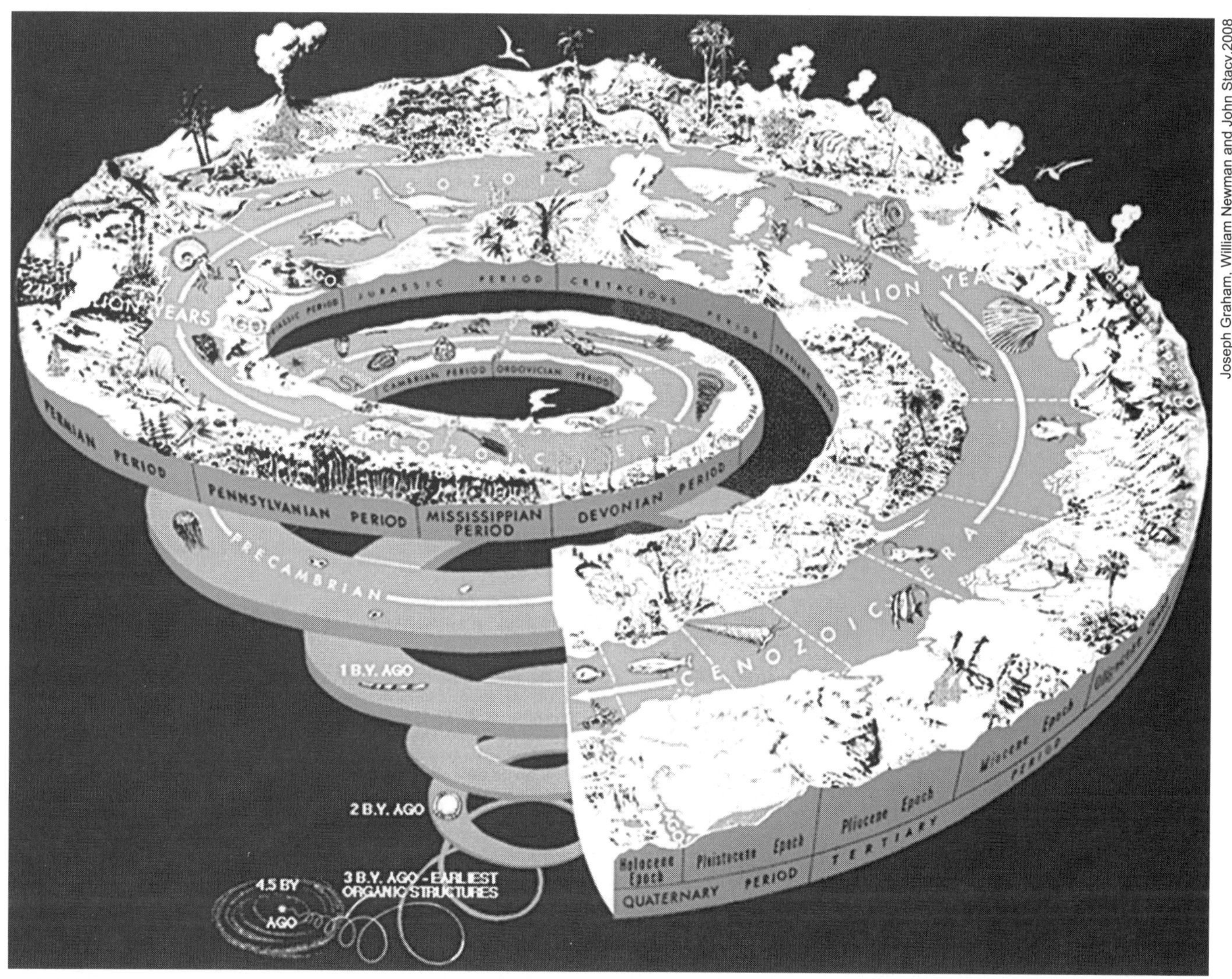

Joseph Graham, William Newman and John Stacy,2008

地球的演化

尽管绝大多数的人都无法真正地领会时间的深层次意义，但是想要宏观的理解可持续性，对地球和人类进化方面的地质学时间概念有一个基础的了解，还是十分必要的。地质学时间是从地球形成之初开始测量的，表示的方法是“×× 年前”，如果使用今天作为基准，地质学时间和人类进化关系如下：

	年份
· 地球形成	4500000000
· 生命的起源	3000000000
· 第一个类人猿（前人类）	7000000
· 第一个现代人（直立人）	2000000
· 现代人（智人）	200000
· 文明的起源	7000
· 工业革命的爆发	200

00 ：00 动物人出现。

16 ：08p.m. 直立人出现。

23 ：19p.m. 智人出现。

23 ：58 ：34p.m. 文明的开端。

23 ：59 ：57p.m. 工业革命。

通过时钟和 24 小时制的比较，可以帮助我们了解人类进化的时间范畴。第一个动物人或前人类出现在一天开始，或者说是 00 ：00（12 ：00a.m.）。直立人出现在 16 ：08（4 ：08p.m.）。智人大概出现在 23 ：19（11 ：19p.m.）。文明起源于大约 23 ：58 ：34（11 ：58 ：34p.m.）。而工业革命开始于 23 ：59 ：57（午夜前的 2.47 秒）。最重要的是人类在这个时间范畴中逐渐成为了地球上的一种动物甚至是地球的一部分。

在人类的进化过程中有 97%的时间，也就是人类学会农耕之前，人们都是通过直接捕猎其他动物和收集大自然的植物来获取食物。人类和地球是一个繁荣共生体，二者密不可分。因此，人类必须遵循自然规律，所有试图将人类和自然分裂开，或者是长期控制自然的努力最终都注定会失败。

在人类进化的第一个 700 万年中，人类作为捕猎者和收集者，和其他的物种一样，通过 DNA 生物编码被赋予了一系列的指令，确定了人与环境的关系，以及人类如何作为环境中的一部分生存下去。简单来说，现代生物学告诉我们，通过 DNA 生物编码的调控可以完成人类生存的三件基本事情：健康长寿，繁衍后代，休养生息。直到目前为止这套程序都是行之有效的。

相比其他的物种，尽管现代人（也就是直立人）的身体相对脆弱，人类已经存活了约 20 万年，并且把人类的平均寿命从 20 年左右增加到了目前的世界平均寿命 67.2 年。在人类物种的初次产生后的 20 万年间，人类不断地繁衍后代直到现在总人口已经达到 80 亿。

尽管人们对地球上的总人口数量还存在着争议，不置可否的是，人类已经通过生殖繁衍和寿命的延长，达到了数量上的不断增加。然而讽刺的是，人类尽管在生物层面获得了很大的成功，不断地取得人口数量的增加和平均寿命的延长。但是接踵而来的却是对地球上所能提供的自然资源的过度使用，和对包括人类和不计其数的其他物种赖以生存的环境的破坏。

在 1800 年，也就是工业革命早期，世界总人口数量达到了 9 亿，从那以后，人口数量就开始呈现爆炸式地增长，这也导致了对地球上可利用资源的需求随之增长：

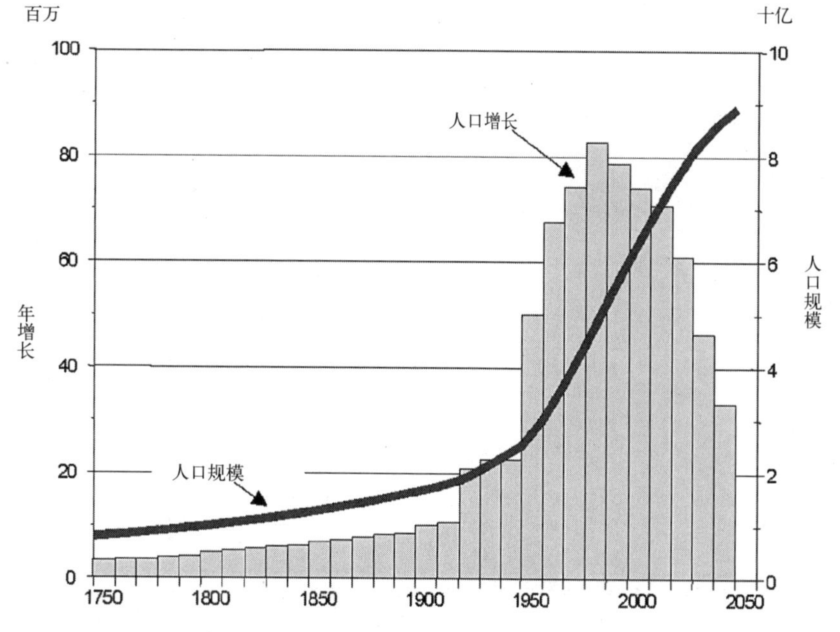

1750 ~ 2050 年的人口增长曲线

人口增长其实是一个在我们的土地上肆虐的怪兽，只要由他的存在，可持续性就会像一个脆弱的空架子。很多人认为人类所面临的问题并不在于庞大的人口数量，而在于低下的意识和错误的土地管理，这种说法绝对是谬论。

——爱德华·O·威尔逊（Edward O.Wilson）

· 1900——地球人口数量增长至 10 亿。

· 1961——人口达到 30 亿，消耗了地球上 50% 的可再生资源。

· 1986——人口数量增加到 50 亿，消耗了地球 100% 的可再生资源。

· 2000——地球人口达到 60 亿，消耗了地球可再生资源的 120%。

随着人口数量从 1986 年开始了持续性增长，人类对可再生自然资源基础的消耗也不断地加剧，这些消耗包括过度的捕鱼、放牧和砍伐等，伴随消耗而来的就是土地、空气和水资源的污染，对大气层的破坏和因此导致的全球气候变暖。

人们对可持续发展的定义是在不损坏未来子孙后代的发展需求和生活质量的前提下，满足当前人类的基本需求，可是显而易见的是，自工业革命以来，人类寿命不断延长、人口数量不断增长以及人类活动对地球所造成的前所未有的消耗，这些都是不可持续性的。

为了实现可持续发展，通过控制人口增长和过度的消耗资源，人类必须学会控制一些基本的人类活动；这一活动都是人类这一物种的生物特性决定的。

美国国家和海洋大气局

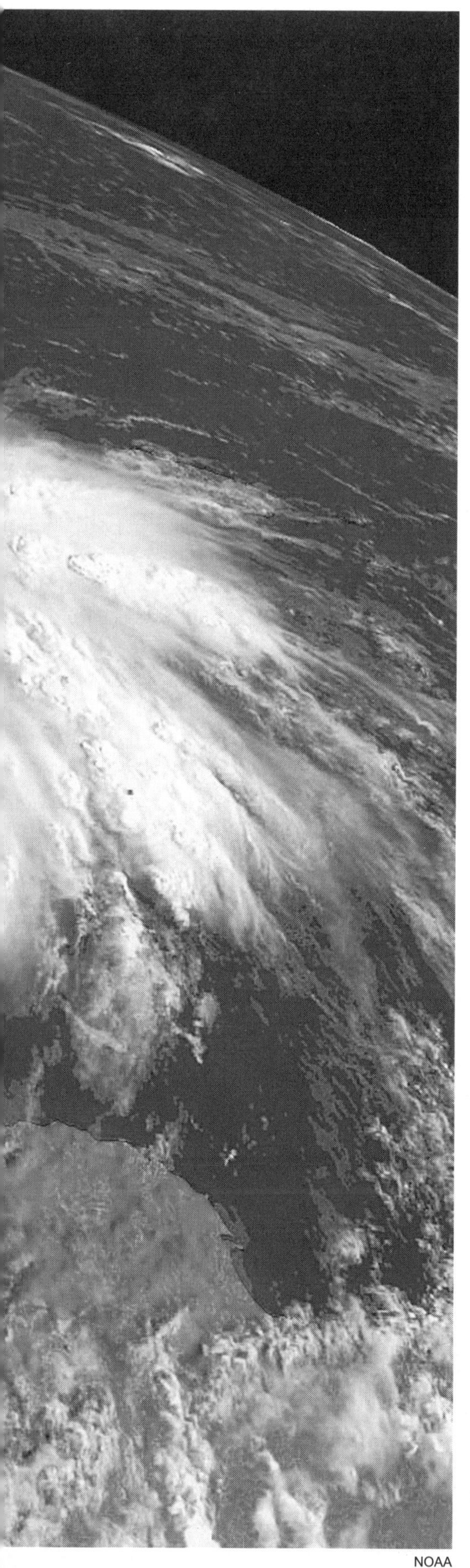

NOAA

2 气候

气候指的是一个地方随着时间的推移平均的天气状况。

如果规划的中心目的是为人或人们创造一个满足其需要的环境，那就必须首先考虑气候。无论在为特定的活动选择合适区域时，还是在那个区域内选择最合适的场地时，气候都是基础。一旦场地被选定，就自然提出两个新的考虑因素。如何根据特定气候条件进行最佳场地和构筑物设计？又用何种手段修正气候的影响以改善环境？

气候与反应

也许气候最显著的特征是年度、季节和日间温度变化。这些特征随纬度、经度、海拔、日照强度、植被条件以及海湾气流、水体、积冰和沙漠等这些气候影响因素的变化而变化。可按露、雨、霜或雪等形式记录降水量及季节性的湿度变化。阳光的日照变化对规划和设计意义显著，一天和一年中特定时间太阳高度角变化幅度和辐射强度也如此。应绘制风向和风速及暴风雨的日期和路径图。也应标明饮用水的可供给性、量和质。应描述地质结构、土壤类型和土层深度，现有植被和野生生物。最后为完善区域气候状况，应综合所有自然要素对生态系统进行描述。

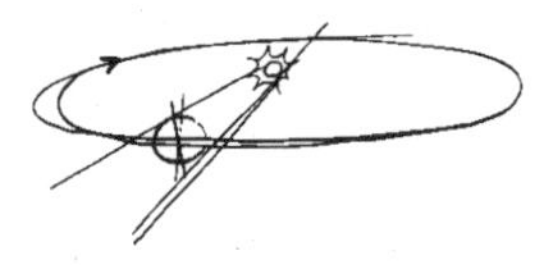

地球沿倾斜轴自转的同时绕着太阳公转。地球的椭圆轨道和自转轴的倾斜都对太阳辐射量有影响。辐射变化导致气候差异和温度的季节变化

社会印记

气候直接影响人们的生理健康和精神状态，这反过来对规划提出要求。因此，最好在研究气候区时标明在区域气候和天气下形成的社区特定的行为反应和形式，反应在特殊的食物和菜肴、衣着、习俗及喜爱的娱乐方式、教育水平和文化追求上。应记录农业产量，商品生产这些经济指标。分析政府形式、政治倾向、公共健康、特定的健康危害发生率和疾病类型。一个人的高度、重量、循环、呼吸，排汗和脱水及是否适应环境等因素都与气候有直接的关系。高高的安第斯山脉上，少女具有鸟一样的体型、瘦瘦的脚踝、宽阔的胸膛，与爱斯基摩妇女矮胖敦实的体格完全不同。这并非偶然，有合理的气候原因。简而言之，一个人的饮食、信仰等方面都是气候引起的地方特征。从文学、艺术和音乐中都可以清楚地洞察不同区域和当地居民的特点。旅行和直接观察可产生更生动的印象，为任一区域的人民工作，规划，详细的调查都是必要的。

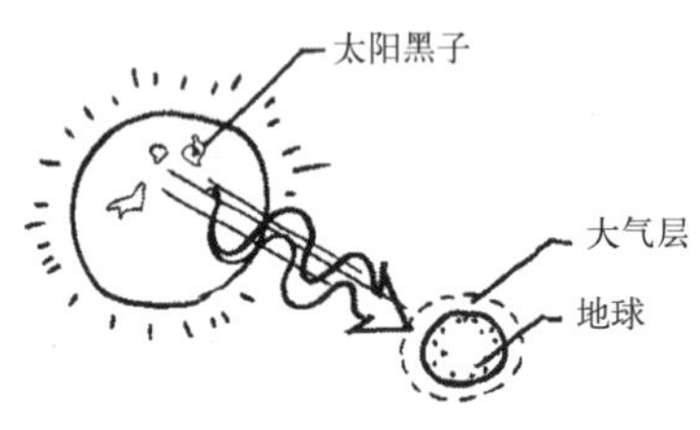

所有的地表热量（能量）来自太阳，太阳能量的多少与地球在其椭圆轨道上的位置及太阳黑子无法解释的变化有关。在地球的大气层内部，能量接收受影响较小

极地冰的形成和消融周期是不可预测的。由于辐射强度变化的影响，极地冰盖的周期性进退对世界气候条件产生巨大影响

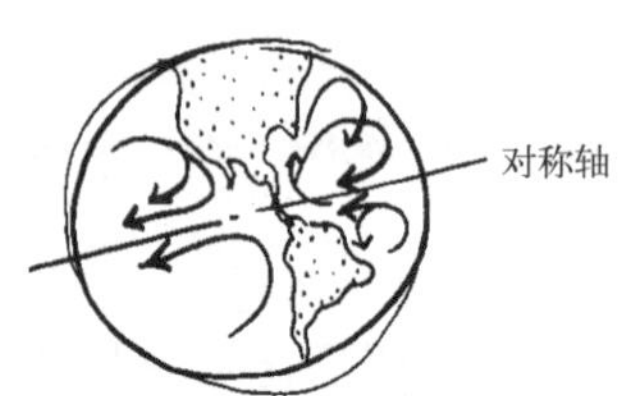

洋流有助于将吸收的太阳能分配到全球各个地区。海洋的暖流和气流同样由太阳引起。它们以逆时针方式席卷全球，有助于扩散地球储存的太阳辐射热

© D. A. Horchner/Design Workshop

与气候相关的地区服饰

适应

人类对世界气候除了适应别无他法。最直接的适应形式是迁移到具有最适于人类需要的气候区。这样的迁移或迁移企图是部分人类历史的基础。除非拥有气候学中的香格里拉，可选择的途径，是尽量利用所在地区中已存在的条件。广义地说，地球可分四个气候带：寒带、寒温带、暖温带和干热带。北美四种气候的例子都有。虽然不能准确定义这些气候带的界限，且每一气候带内部有相当大的变化，但每一带都有自己显著的特征，且强烈地影响所规划场地的开发和建筑。正如在二维规划中农场、家园和社区的布局一样，一般在一个区域中对场地和建筑也进行三维空间的设计。正如在一些例子中用地或道路强调迎纳微风、回避寒风、拥抱阳光一样，可使场地和建筑空间充分地沐浴于温暖的阳光和明媚的夏日空气中，免受强光刺激，回避闷热的空气以及冬日刺骨的寒风。所有优越的场地和建筑空间都易感应天气的变化。其形式、建筑材料以及颜色都与天气有关。一张描述人、服饰或建筑的，来自世界任一地方的明信片都显露出一丝该区域的有关知识。有人提出在每一个区域内，固定的气候条件下都有一个合理的规划设计方案。对不同条件，都具有较好适应性的社区布局、场地规划或建筑设计的例子。

Richard Felber 摄影

当地的色彩和植物特点

条件

1. 冬季极寒冷；
2. 积雪较深；
3. 强风；
4. 高风寒因素；
5. 霜冻较深；
6. 矮灌丛森林植被；
7. 冬日短；
8. 冬季长；
9. 冰凉与融雪交替；
10. 春季快速融雪。

Ken Graham Photography/Charles Anderson

寒带

社区

1. 朝向温暖阳光。
2. 准备扫雪机和储雪场所。
3. 利用所有保护性地表结构和覆盖物作为风屏和土壤稳定物。
4. 交通道路和线状土地利用与风向垂直布置。
5. 限制规划区的尺度以减少昂贵的开挖和防霜冻建构。
6. 保护所有可能植被，保留坚固的抗风边界。
7. 活动区域集中以减少户外交通时间。
8. 在居住集中区域附近安排社区娱乐和文化中心。
9. 将道路安排在阴影带内以防止结冰。
10. 避开低地、自然排涝区和洪积扇。

场地

1. 形成封闭的庭院和太阳能收集装置；利用质密的建筑材料和暖原色。
2. 利用短通道入口集中，抬高的平台和有顶走廊。
3. 保护或种植风障；安装雪篱；应用低矮结实的直立围护墙以抵御强风。
4. 在较长的道路上设置遮蔽物；设置挡风或使风侧滑的结构。
5. 建造门柱，梁架和平台以避免大面积的挖掘和打地基。通过利用阶梯式平台因地赋形。
6. 在灌木和树丛中利用小的组合式使用区域或“空间”以及蜿蜒的连接小径。
7. 尽可能利用日光；建筑的朝向尽量是日光充足的区域。以便看到天空和阳光照射的山丘景色。
8. 利用组团式规划方法以期产生愉快的社区生活和亲密的社会联系。
9. 利用挑台抬高步行路和活动地面，以防止厚霜并使人们远离烂泥和雪水。
10. 沿暴雨排水流向设置有效的表面排水系统，且不干扰土壤；种草和其他植被以防止土壤侵蚀。

建筑

1. 建筑形体巨大、朴素，绝热性良好，墙和屋顶面尽可能朝向太阳。尽一切可能防风，包括通过限制窗户的面积减少热量散失。
2. 保护建筑入口以防止雪埋，提高入口平台。可以通过陡屋项和贮藏阁楼式建筑来避免屋顶塌落。
3. 窗口的设置应避免朝向主导风向；长形建筑物的轴线朝向主导风向并尽可能利用地形遮蔽物和树屏。
4. 将出口设置在建筑的下风向，设置较短的通道以减少暴露时间。
5. 减少建筑周长和与地接触面以减少地基问题和热量散失。
6. 保护森林植被，建筑物紧靠保护坡面和树林。
7. 设计窗户和生活区充分利用阳光。
8. 充分关注舒适、建筑趣味和细节，在严寒气候条件下，家是一个安乐窝。
9. 因冷凝和结冰问题，尽可能消灭脆弱的结合部和危险表面。
10. 采用较陡前倾屋顶，加深屋檐和加大暴风雨排水能力以便于迅速排水。

条件

1. 温度变化多样，夏季暖热冬季寒冷，春秋季温和。
2. 四季变化分明。
3. 风向风速变化。
4. 罕有风暴发生。
5. 有干旱期，降雨小或大；可能有霜和雪。
6. 土壤多被灌溉且较肥沃。
7. 多河流和淡水湖。
8. 水分补充充足。
9. 地表覆盖变化多样，从开阔地到有丰富植物种类的森林。
10. 地貌景致多样包括海滨，平原，高原和山地。

Robert Cardillo/Stephen Stimson Associates

寒温带

社区

1. 确定土地利用和道路形式以及反映当地的温度变化和其他的气候条件。特别建议紧凑的规划安排；在较温和的气候条件下可以分散。
2. 适应。社区规划必须经受各季节的功能测试。
3. 调整街道和开放空间朝向以阻挡寒冷的冬季风并引入夏季的微风。
4. 街道，市政系统和排洪系统的设计要满足极端条件。
5. 特大风、洪水和偶有发生的暴风雪作为重要的设计因素考虑。
6. 提供广阔的公园和开放的空间系统是一个显著特点。
7. 将自然水道与社区规划相结合，以利于公众的使用和娱乐。
8. 广泛布置私人和公共花园作为区域特色。
9. 在开放空间构架中保护当地植物品种。
10. 每个社区规划成为其环境的独特表现。

场地

1. 考虑户外活动场地不同形式和尺度变化的可能性和必要性。
2. 对季节性变化的灵活处理；考虑春、夏、秋、冬的活动空间。
3. 设计与主导风和微风的分布相适应。
4. 建筑必须能抵御最大的暴风雨。
5. 考虑各种天气状况下的持久性和维护。
6. 保护当地的原始森林和农田。
7. 对所有与水有关的土地的规划分区应谨慎，以保护其景色和生态价值。
8. 在社区公园和集中地利用水池和喷泉改善环境。
9. 调整社区规划形式使之与自然景观特征尽可能统一。
10. 充分利用天然景色的潜力。

建筑

1. 利用设计最大限度消除对制冷和通风的要求。
2. 考虑各个季节的特殊设计需要和可能性。
3. 根据当地微风和大风的冷、凉因素进行建筑规划的组织和细节设计。
4. 结构设计应满足最严酷的暴风雨条件。
5. 考虑收缩、膨胀、凝结、冰冻和雪的存在。
6. 根据需要采取紧凑型或松散型布局，因为挖掘和地基施工已不成问题。
7. 充分利用每一场地的娱乐价值。
8. 集水和储存需优先考虑。
9. 根据地形设计建筑布局和形式。
10. 根据全部景观潜力处理每一建筑场地。

条件

1. 温度高且相对连续。
2. 湿度大。
3. 降雨量大。
4. 台风和飓风引起暴风雨。
5. 白天常持续微风。
6. 植被从稀疏到茂密，有时如丛林一般。
7. 太阳的热量令人衰弱无力。
8. 空中与海洋的强光令人痛苦。
9. 气候条件产生大量昆虫。
10. 真菌是一个顽固的问题。

Robin Hill/Raymond Jungles

暖湿带

社区

1. 居住区的空间布局为散布的“猎人式”。
2. 结合空气运动的通道或区域调整社区布置方式。
3. 避免洪积扇和排水通道。破坏这些区域会导致严重侵蚀。
4. 将居住区设在保护地和森林环抱的地方及风暴潮水位以上。
5. 规划密集地区的街道和位置时尽可能迎纳气流。
6. 尽可能避免自然增长。对地被的破坏会导致土壤侵蚀。
7. 利用现有的林地和地形为公共道路和场所提供阳光屏障。补充林荫树种植。
8. 居住区的规划定位应背向而不是正向太阳的入射。
9. 居住区处于昆虫繁育地的上风向。
10. 允许阳光和微风进入建筑区域以减少真菌。

场地

1. 场地设计充分利用树叶和水的作用力为空间提供阴凉、通风。
2. 为空气循环和蒸发提供方便。
3. 抵御暴雨并有足够的排水能力。
4. 将关键用地和路线安排于免受潮汐和洪水的地带。
5. 通过敞露、通道和风洞尽可能增强微风的宜人效果。
6. 利用茂盛的大片叶子和样本植物作为叶和花的背景和框架。
7. 为在凉爽的早晨和晚上规划户外活动区域，白天较热时间的人流集中之地应有屋顶或树荫。
8. 可以通过规划合理布置树木、减少或消除强光。
9. 通过挑台和平台抬高活动区和步行路，以使微风进入并减少蚊虫的侵扰。
10. 只用石头、混凝土、金属和处理过的木材与地面接触。

建筑

1. 灵活利用所有的方法：包括利用开敞的建筑规划、高顶棚、宽房檐和百叶窗以及当地的空气调节使建筑物凉爽。
2. 设置空气循环，需要间歇式地使阳光进入和人工干燥。
3. 建筑中利用廊柱、拱廊、亭子，遮盖的入口和平台；门和窗的朝向要防止暴风雨袭击。
4. 设计抗风结构或较轻的临时遮阳篷。
5. 设计房屋、走廊、阳台和庭院以使微风在内部流通。
6. 在户内和户外利用当地的植物、利用叶子降温。
7. 提供阴凉、阴凉再阴凉。
8. 使视线远离强光，精心设置屏障。
9. 使建筑高于地表、迎纳微风，重要点和区域有防虫措施。
10. 设置通风良好的储藏区，需要时采用防真菌材料和干燥设备。

条件

1. 白天极热。
2. 夜晚经常极冷。
3. 区域广阔。
4. 阳光和强光反射有穿透性。
5. 干燥风盛行并经常发生破坏性沙尘暴。
6. 年降雨量极小。除沿水域地区外，植被稀疏或不存在。
7. 春季降雨为倾盆大雨，降雨迅速，侵蚀强。
8. 水供应极为有限。
9. 农业产量有限，需要进口食物和其他商品。
10. 必须灌溉。

Christopher Brown, FASLA, JJR/Floor

干热（类沙漠）带

社区

1. 在炎热的环境中创造一个可利用的凉爽“岛屿”。
2. 为集体活动提供机会。如同寒带一样，沙漠中寒冷的夜晚需要集体活动。
3. 采用“前哨点”、“要塞”、“牧场”规划方式。
4. 在分散的院子中，设计紧凑的空间和狭窄的走道、柱廊以减轻太阳的炙烤。
5. 家宅和商业中心的位置设在已有植被覆盖的区域；利用防护林带。
6. 尽可能保护开发地周围所有的自然生物。
7. 避开洪泛区域。那些有过沙漠洪水经验的人懂得远离它们。
8. 通过紧凑的规划和种植空间的多用途利用使灌溉需求减至最小。
9. 居住区和社区的位置靠近交通集散地。
10. 将土地利用和交通方式与已存在的和立项的灌溉渠道线路及水库位置相结合。

场地

1. 通过建筑朝向、阴凉、遮挡设计得当的建筑构件投影减轻热量和强光。
2. 采用环形布置方式，安排家宅和邻里。
3. 以汽车作为日常交通工具和主要场地规划因素。
4. 遮蔽使用地和道路防止阳光直射。
5. 使户外活动空间不暴露。
6. 保护当地植物形成自我维护并作为良好沙漠景观的成分。
7. 避免将峡谷和洪积扇作为开发的路线和场地。
8. 限制公园、苗圃和种植区面积。
9. 利用桶栽和盆栽植物、滴灌和水培法进行园艺栽培。
10. 结合灌溉渠、水池及建筑物创造引人入胜的场地特征。

建筑

1. 建筑使用厚墙、高顶棚、宽屋檐和有限的开窗、反光的颜色和适应于太阳高度角和弧度的精确设计。
2. 通过绝热隔离避免夜间寒冷空气进入，减少热量损失，利用当地辐射热。敞露的壁炉是沙漠中的一个习俗，这是有其原因的。
3. 低平的牧场式建筑适合热气候和沙漠地貌的建筑风格。
4. 与户外的燥热和强光形成对照，设置凉爽紧凑和暗淡的内部空间。
5. 密封所有建筑以防风尘。密封和精巧的建筑细部是需要的。
6. 围绕种植和灌溉庭院成组布置房间或建筑。
7. 提供春季降雨收集器和储水器，雨水从屋顶院子和石板小路直接流入贮水器。
8. 必须设置废水循环系统，根据用水类型决定处理与提纯的程度。
9. 提供食物和饲料储藏所，在沙漠建筑设计中非常重要。
10. 设置内部庭院和花园的灌溉系统。路面、水源、喷泉地表覆盖物或叶子的蒸发可降低温度。

微气候不同所造成的差异

微气候学

微气候学是研究一个有限区域内的气候状况的科学。它有时被称为小尺度气候学。顾名思义这一科学研究的目的是发现可以用于改善人类条件的事实和原则。事实正是如此。

一个实例

一个假设的例子，让我们想象一个在干热环境（沙漠）中由矮墙围起的庭院。可以认为，应用著名的微气候设计原则，在地面3英尺高的点环境气温可以降低30 ~ 40°F之多。这可以很好地将无法忍受的现实环境变得舒适愉快。何乐而不为呢？

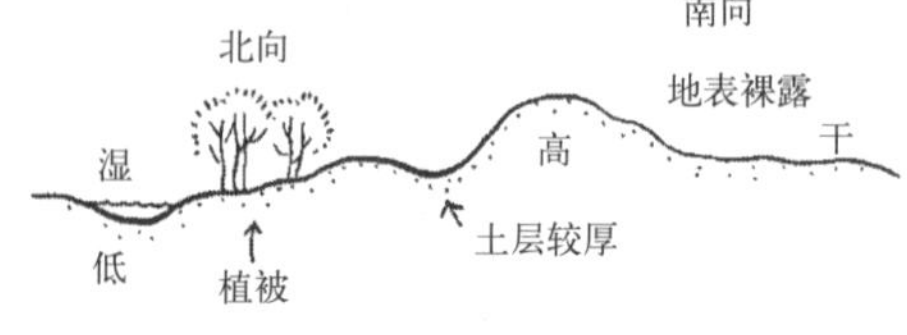

每一个地域都有不同程度的各种微气候，这依赖于方位、风速和风向、地表结构、植被、土壤厚度和类型、湿度组成甚至颜色。那些外部环境如山峰、森林、河流、水体以及某地的城市化也造成这种差异

在同样条件下，我们设想最坏的情况。墙是固体，清风不能进入，其高度足以广泛接受阳光，并形成一个热辐射区，而且墙是黑色的，从而最大限度吸收热量。然后将空院落的地面铺上水泥使热辐射加剧，厚度足以使热量聚集并辐射，并涂成红颜色。更甚，设想院落设置的方向可以全部接受灼热的午后阳光。很明显在这一灾难性的立体构筑物的中心，坐在金属椅子上的被试人即使在很短的时间内，也将会经受何等炙烤。

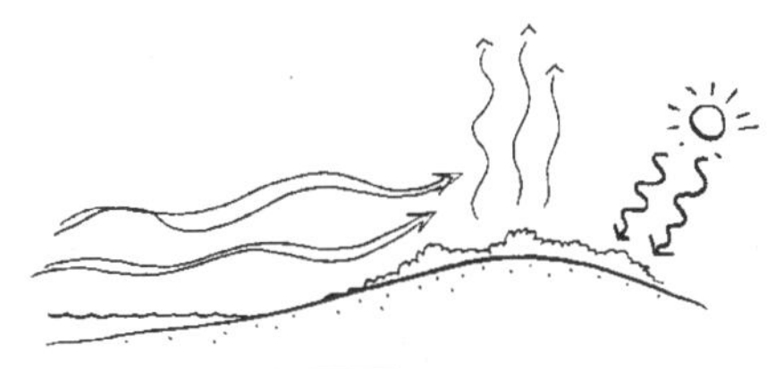

白天，太阳使土表升温，暖空气上升，附近水体的冷空气则向内陆运动以填充这些空隙

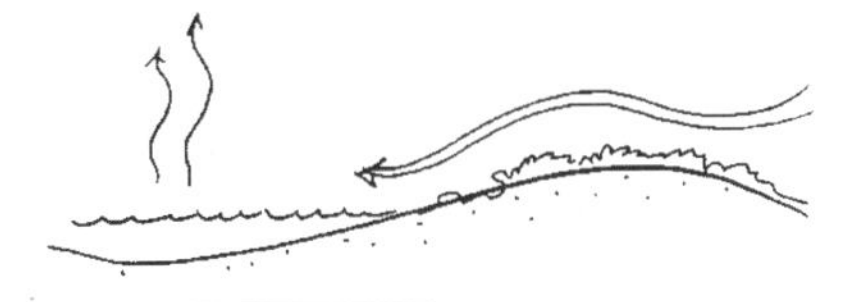

夜晚植被覆盖的陆地上的冷空气流向水体

每日的水－陆空气交换

注：场地的精心设计和景观改进得到的气温优势有时可能差达几度，除了增加舒适度，节约降温和增温所需的能量也是极有意义的

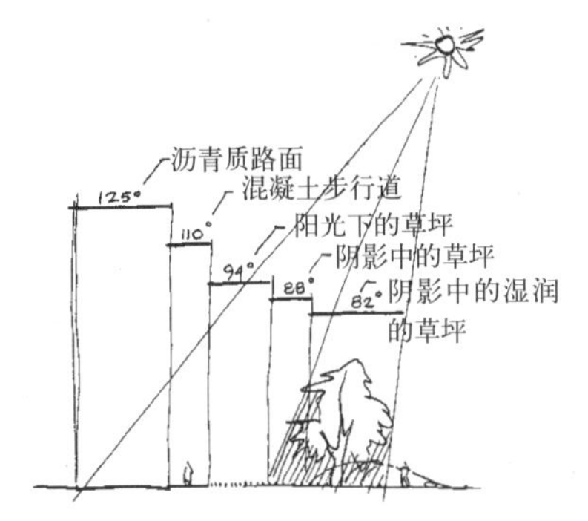

在炎热夏日的中午，温度在任一给定位置会有很大变化

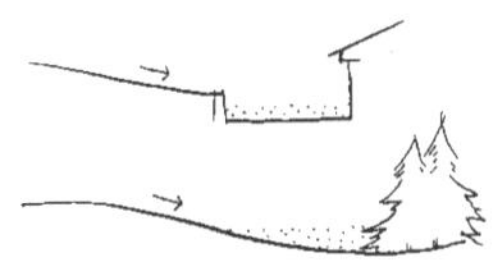

由于冷空气向山下流动，这一地区的低压受阻挡时可以形成受欢迎的“冷潮”或不受欢迎的霜冻带

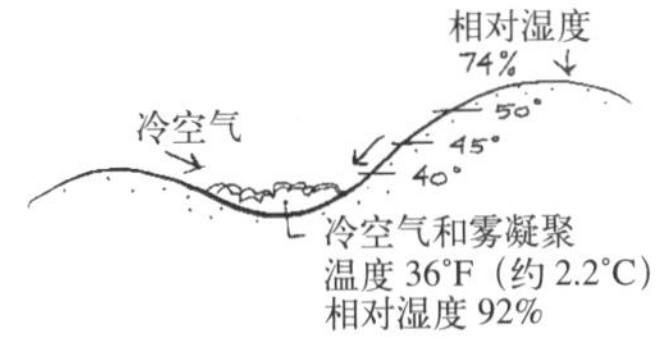

在较冷气候区，最让人喜欢的位置经常是在一个裸露山顶的上部坡面。坡面朝南的地方较为温暖

但在山顶暴露于冷风的部位会抵消温度的优势

地形影响微气候

反之，在同样的地点希望创造一个凉快清爽的院落，让我们使边墙向两侧伸展以尽量导入每一缕微风。墙本身由浅灰色的混凝土建成石质结构，表面粗糙以折射热量并可以附上几丛藤蔓。设置于地平面上的一个水池，清泉满溢，或平地上一个四溅的喷泉可带来水汽。水还常被用来喷洒、湿润下沉式植床。其周边覆以砾石以加速蒸发。被浇灌的种植床中多茎的遮阴之树如叶和花的大伞，在围墙和铺地上洒下阴凉。悬空的轻帆或冷色尼龙纤维织品也可提供些阴影。桶栽和盆栽植物可以增加绿色调和装饰趣味。再加上网状藤制家具，冰镇饮料，阵阵音乐声，绿洲将完美无缺。

例子是极端的，但它有助于说明改善小尺度气候的可能性。

设计导则

规划一个适宜的生活环境时，无论是什么气候还是天气下，应采用许多有益的微气候学原则。其中包括：

- 消灭酷热、寒冷、潮湿、气流和太阳辐射的极端情况。这可以通过合理地选择场地、规划布局、建筑朝向和创造与气候相适应的空间来完成。

PWP Landscope Architecture

受日照方向影响的户外空间

清凉的雾喷

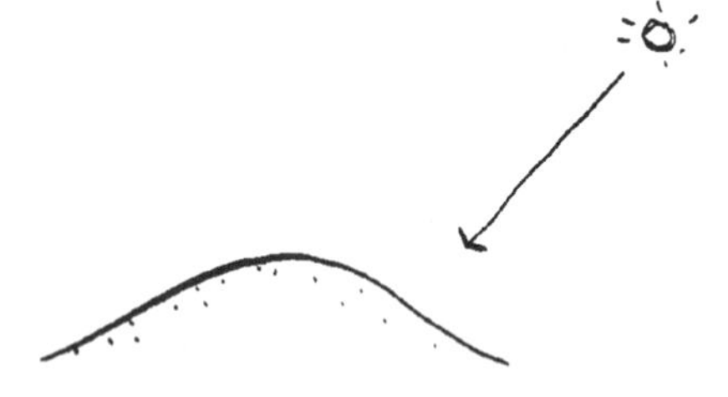
南坡每天接受太阳热量的时间最多，强度最大。在向阳坡面春天可以早来几个星期

高地、高层建筑物、树或其他物体可以减少日照的总时间。根据不同的气候状况，全天候的光照可能为人所需也有可能不然

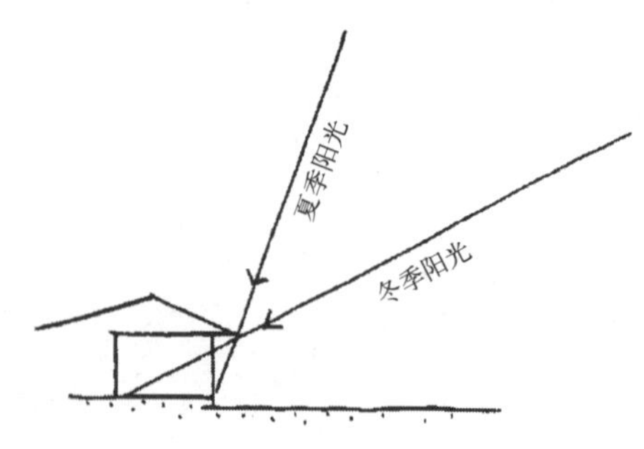

太阳的轨道和入射角随季节变化。通过朝向、屏蔽和建筑出挑，进入内部的阳光量被精确控制

- 提供直接的庇护构筑物以抵抗太阳辐射、降雨，风、暴风雨和寒冷。
- 根据不同的季节设计。每个季节都有麻烦，也为适应和娱乐提供了机会。
- 根据太阳的运动调整社区、场地和建筑布局。生活区、户内和户外的设计应保证在合适的时间，接受合适的光照。
- 利用太阳的辐射，通过太阳能集热板为制冷补充热量和能量。
- 水分蒸发是一个制冷的基本方法。空气经过任何潮湿的表面，砖砌的、纤维的或叶子都可因之而变凉。
- 充分利用临近水体的有益影响。这些水体调节较热或较冷的邻近陆地。引进水体。任何形式的水的存在，从细流到瀑布，在生理上还是在心理上都有制冷的效果。
- 保护现存的植被，它以多种方式缓和气候问题：
  遮蔽地表；
  保储降水以利制冷；
  保护土壤和环境不受冷风侵袭；
  通过蒸腾作用使燥热的空气冷却、清新；
  提供遮阳、阴凉和树影；

有助于防止地表径流快速散失和重新补充土层含水；

抑制风速。

- 在需要的地方引进植被。它们具有气候调节的多种用途。如风屏、林荫树和吸收热量的植被。
- 考虑高度的影响。(在北半球) 高度和纬度越高，气候越冷。
- 降低湿度。一般来说，人体的舒适感觉与湿度的减少成正相关关系，干冷不如湿冷更令人感觉寒冷。湿热比干热更让人觉得难受。引入空气循环和利用太阳干燥可以降低湿度。
- 避免冬季风、洪水和风暴的通道。都可以在图中标出。
- 在利用消耗能量的机械装置之前，开发和应用自然界所有的冷却和加热形式。

水、沙子或其他反射性表面反射的强光可以增加热量

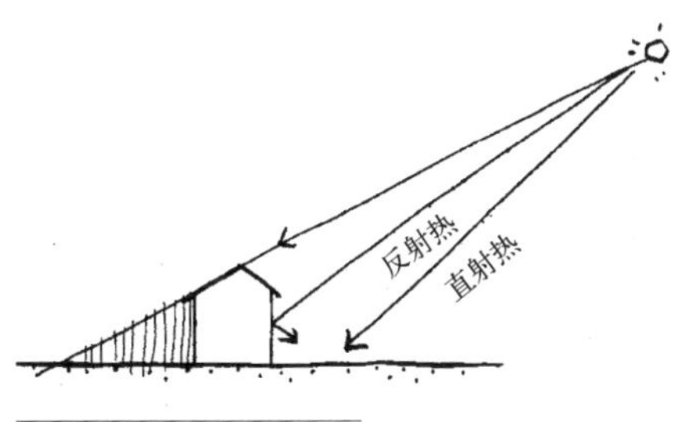

建筑物是温度调节装置，通过它们的位置、形体和特征而显示相关的用途

减少热量损失

- 避免暴露于主导风和坡面下泄的冷气流。
- 避免地形的最高处。
- 避免潮湿、不透水的土壤、滞凝空气盆地和霜积区。
- 利用地表结构和已经有的树林 (最好是常绿的) 提供风屏。
- 如果不能避免暴露，则紧凑布局，迎冬季风构筑狭窄而坚实的墙体使之产生冲流效应。
- 保护住宅入口。
- 使建筑物面向东南或南并朝向太阳运动的轨道。
- 在气候寒冷地区规划用地和建筑应在防风林的下风向利用降雪为地面和建筑隔热。
- 在建筑物周围提供开放空间以利空气流动和冬季阳光照射。
- 落叶树可在夏季提供树荫而冬季可使阳光进入。
- 掘地入土。半掩埋结构可以利用土壤绝热并降低建筑立面。
- 选择可以吸热或散热的建筑材料、表面处理和颜色。

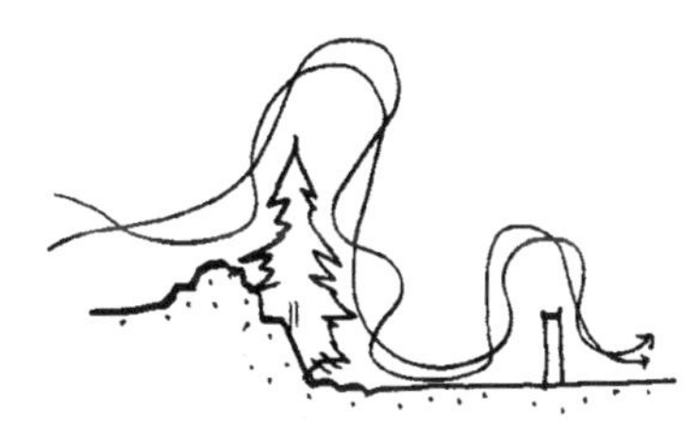

突变的形体引起令人不快的空气湍流

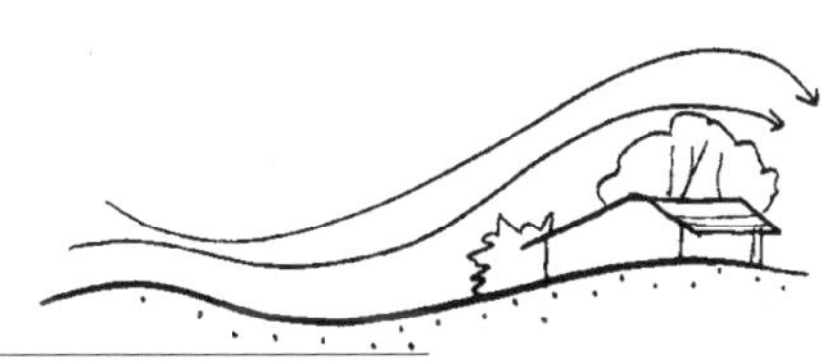

光滑的形体导致空气的平稳流动

减少制冷需求

- 将自然气流引入规划用地和建筑物。
- 提供树荫。
- 在炎热气候下，利用太阳遮蔽物、突出的凉台、宽阔的柱廊和凹形入口等结构。
- 设计建筑物、地面造型物、墙、护栏和植物时，使夏日的微风穿

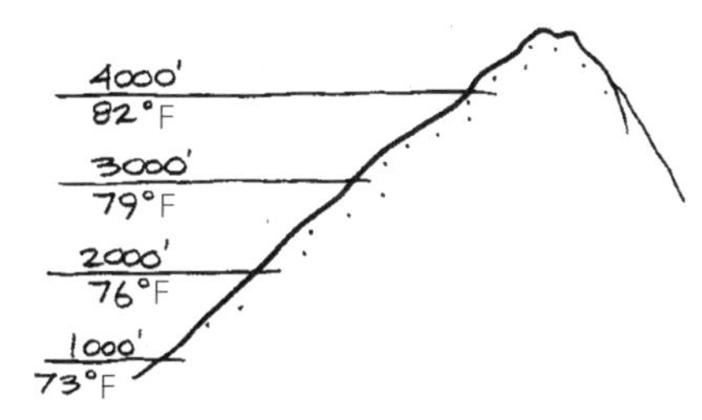

温度随海拔变化，白天每 1000 英尺下降 3°F，夜间变化更大

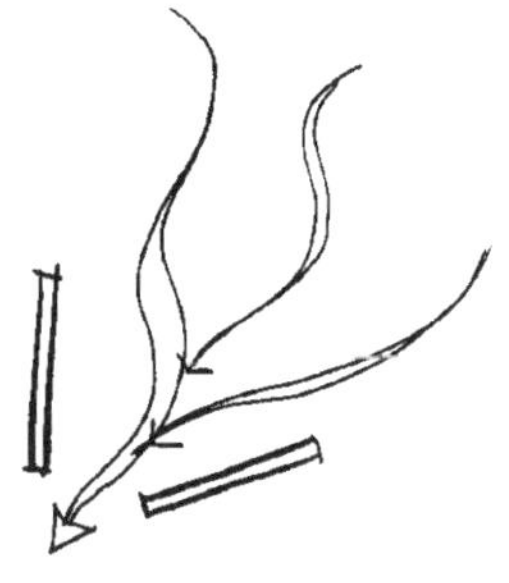

温和的夏日微风由于狭管效应，可以被排列整齐的建筑物、墙、绿篱或大片植物而放大

Tom Fox, SWA Group

防风林

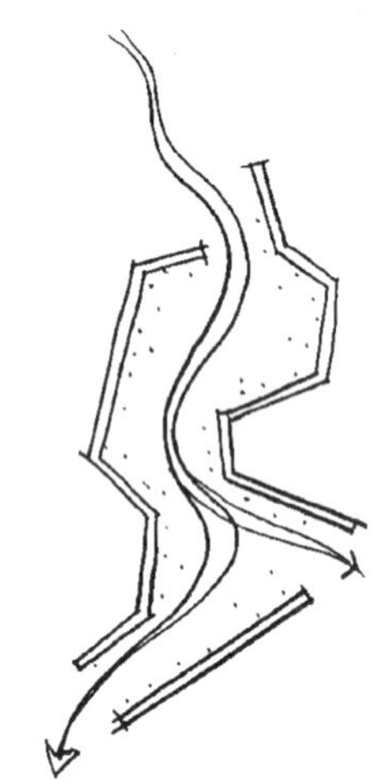

风可以被从一地引到另一地

OLIN

太阳的方位

Tom Fox, SWA Group

林荫

Robinson Fisher Associates

遮阳篷

Bill Wenk, FASLA, Wenk Associates

流水

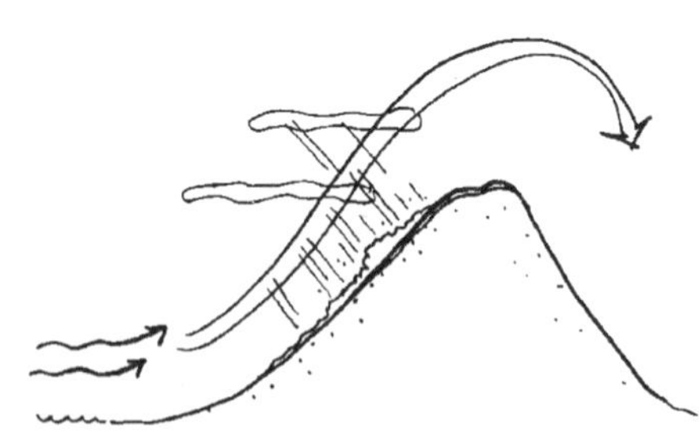

当气团被盛行风吹动，爬上山坡时，气团变冷，经常在到达山顶之前其湿度达到降雨点。迎风坡因此较湿，植被较密，而背风坡没有降雨，下降气团随着坡度下降变暖，以致变得干热。任一种地形如一座小山、岛屿或森林可以有同样的影响，只是影响程度较小

过内部和外部空间。规划布局应宽敞而分散。

- 开挖地基。具有良好排水坡面上的建筑，冬暖夏凉。
- 通风。采用开敞式布局利用挑台和阳台。
- 利用风道、遮阴的天井、通透性墙和风扇通风。
- 水具有吸热的特点。疏松土壤，做护根处理，栽种植被，合理灌

溉以提高蒸发－蒸腾作用。

- 利用反射热量的材料、粗质地和冷色材料。

炽热

较凉爽

凉爽

平面与太阳射线越垂直，表面温度越高

利用自然热力学

- 考虑风能、水能和太阳能。
- 使太阳的加热效果和阴凉、气流、湿度的制冷效果最大化。

有价值的观察结果

不论天气或气候情况如何，在为土地利用或构筑物进行选址时，还有无数的现象需要被学习并应用。场地和景观改良后所造成的气温的改善常常只不过几度上下。但是不仅仅是场地变得更加舒适宜居了，这样的场地环境还节约了用来冷却或加热需要耗费的能量，这足以说明改善环境的益处。

Peter Walker & Partners

春天：孩子们在喷泉边玩耍

Peter Walker & Partners

秋天：晚场演出

Peter Walker & Partners

夏天：国庆日的盛典

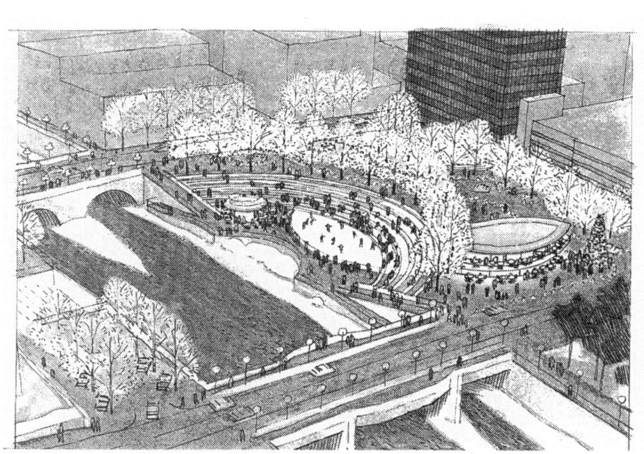

Peter Walker & Partners

冬天：滑冰

气候变化／全球变暖

在近十年或者更长的时间里，气候变化和全球变暖现象已经成为了一个社会科学领域主要关注的课题。在地质周期内，地球气候由极寒时期或者说是冰川时期向由于冰川融化引起的溶解时期转变。地球目前正处于一个气温持续上涨的状态，并且有证据表明：绝大多数的科学家都认同全球气候变暖的主要原因是人类活动造成的。

Sean Carpenter

空气污染加速全球变暖

在地球历史上，人类是第一种改变了全球气候的生物。工业革命产生的大量二氧化碳和其他温室气体已经急剧地改变了地球的大气温度，不断上升的大气温度也在很大程度上导致了全球气候的改变。这对全球领域环境和人居环境的规划产生了深远的影响。由于全球变暖导致的气候变化对人居环境产生了极大影响，包括更严峻的气候事件（飓风、龙卷风、洪水、旱灾等）和海平面上升，以及对动植物物种的迁徙造成威胁。

目前关于人类如何应对全球变暖和如何缓解和阻止这个趋势仍然存在很大的争议。很多人认为现在再试图去阻止全球变暖已经为时过晚，人类力所能及的只是去适应这个过程。规划和设计师可以通过在实践中从局部区域到特定区域大范围的遵循保护和可持续思想，采用低影响设计策略来减缓全球变暖的趋势，但是他们也必须关注如何去适应已经发生并不可避免的气候变化。包括如何应对海平面上升的规划设计，这将对包括从被淹没的沿海湿地到重大洪灾对沿海区域产生的重要影响。对于一些城市和地区，这种影响将是意义重大的，某些低洼地区现已使用土地将不得不被重新安置，替换为水栖的开放空间。一些其他的地区由于考虑到更严重、更频繁的洪灾而需要重新设计。

规划设计师需要根据不同地区气候条件的差异制定不同的应对方针。相比过去，现在关于洪水、台风和龙卷风对区域所造成的影响需要更多地考虑。而气候变化对动植物造成的潜在短期和长期影响也必须要进行记录，以决定某一地区或某一指定地点的区位功能。

在规划和设计中不同地区应对气候变化的所做出的反应是不一样的。一些地区，比如纽约的曼哈顿和一些欧洲的沿海城市，为了应对海平面的上升都进行了广泛的研究、建造模型和制定计划。而许多同样易于遭受这个问题的地区却选择了忽略问题。

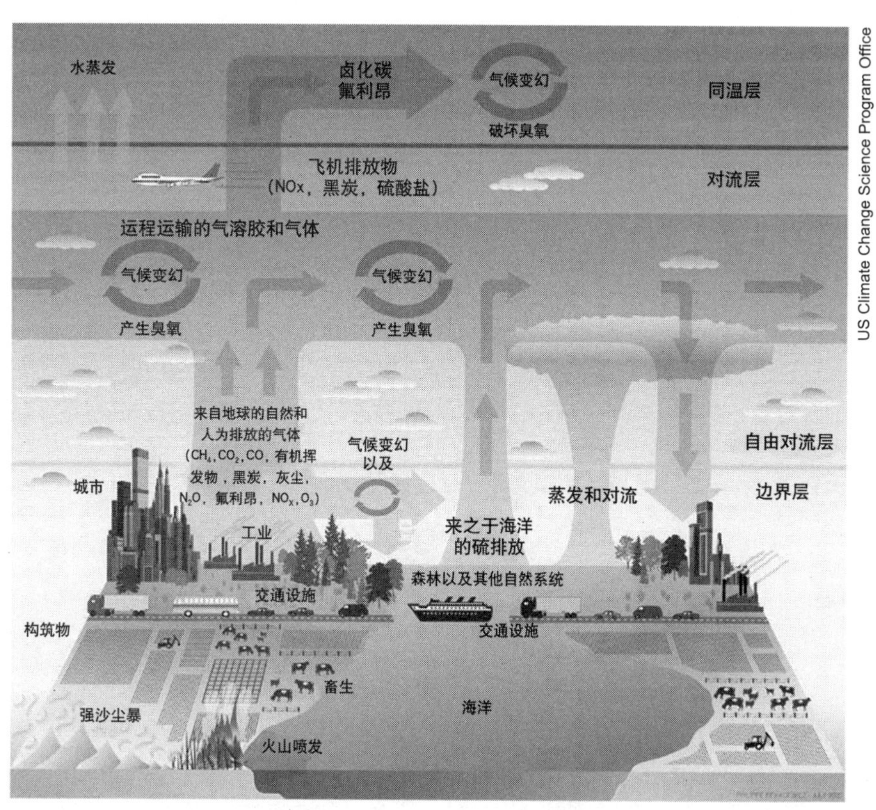

US Climate Change Science Program Office

大气构成

Tom Lamb, Lamb Studio

3 水

自由之水是自然景观中的奇丽角色。从汩汩的泉水和山地上的碧潭到飞溅的溪流、激浪、瀑布、淡水湖和微咸的河口，最后流入大海。水对所有人都有不可抗拒的吸引力。在一定程度上，我们似乎与祖先有着相同的本能——急不可待地、不自觉地趋向于水边。

也许最初人们仅仅因为要饮水，沐浴身体或捕获鱼类及软体动物而被水吸引。后来，他们用葫芦、皮制水袋、中空的竹筒和黏土烧制的坛罐来汲水和运输水来烹调。也许由于对园艺及灌溉方面水的价值的发现及对只有在湿润的条件下植物才能茂盛，动物才能茁壮成长的认识，我们增强了对水的亲近程度。也可能是因为在厚而潮湿的低洼地，草长得更为茂盛，树叶更葱郁，浆果更大更甜。沁人心脾的微风在这里更为凉爽，甚至连鸟的鸣叫声也更加悦耳。这些使我们对水备感亲切。

水资源

水是人类生存的需要，几乎所有的人类活动都离不开淡水，但是地球上只有 3% 的水资源是淡水，并且这些淡水中有大部分都冻结在冰川和极地地区。所以，我们人类能够直接利用的淡水只占地球总水量的1%。

在进行与水道和水体有关的土地利用规划时，合理的目标是充分利用近水的优越性，这些优势大体分为以下几类。

供水、灌溉和排水

地球水资源的分布

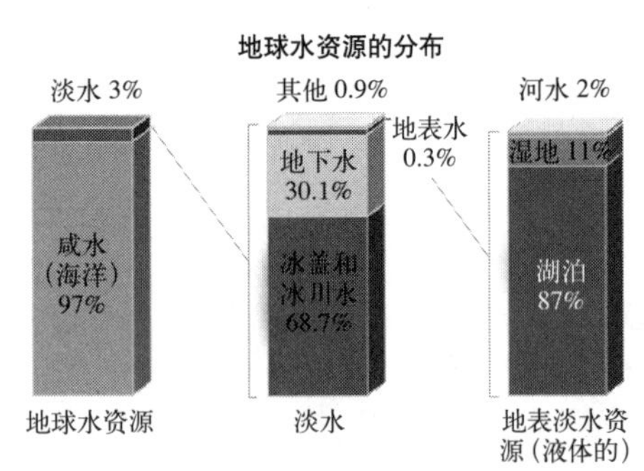

重点考虑这些方面时，对水利用程度越强的地区就必须越靠近水源。那些要求场地有最潮湿的土壤和空气的项目应优先定位。抽水和重力流的效率与规划布局密切相关。

受灌溉的田地将设置在进水口的下方，安排有利于水流平缓，尽量使水流斜跨等高线缓缓流动，这样可以获得最大的水流渗透和连续性。

三分之二以上的地球表面被咸水覆盖。淡水随海拔起伏分布并通过潜水层静静地流向大海，使海水面积得以保持基本平衡。

排水系统应当沿着现有的流向。保持自然植被不受干扰。自然排水系统是最经济有效的排水系统。来自施过肥的田地与草地的径流应就近导入汇水池或池塘，这样在水重新进入源地或渗进土壤前，能被过滤和净化。

水利用过程

当从地表河流或水体抽水用来冷却、清洗或进行其他加工时，应保证同等数量和质量的水返回到源地。水井或公用供水系统可提供补充用水。

包括小虾、龙虾、牡蛎和商业捕捞鱼类在内，佛罗里达所有海洋生物中至少有65%，在其生命周期中有部分时间生活在潮汐水域和海洋湿地里。

过去的一个世纪中，全州一半以上的湿地已被挖掘、填埋或排干。

保护鱼类和野生动物的唯一办法是保护它们的栖息地。

运输

当水道、湖泊或近海作为客运或货运载体时，码头和大船的设计和操作应当保证水体的功能和视觉质量。

微气候的调节

极端温度因潮湿和由此而生的植被得到缓和。这种效应通过规划用地、建筑与开阔水体、灌溉水面（气温经水面冷却而形成微风）之间的合理布局而得到提高。

生境

湖岸、河流边界和湿地一起形成了鸟类和动物的自然食物资源和栖息地。当保护动植物时，原生植被应尽可能连续地保存下来，使野生生物不被干扰地从一地迁移至另一地。通常在水边和汇水域中，植被更为茂密。

休闲功能

河流和水体长期为我们提供最普遍的户外活动形式，如划船、钓鱼和游泳。沿着堤岸可以发现更多的村舍、可移动房屋和营地。可以认为在长期规划中，所有的水面和50年一遇洪水可达的水边无一例外应成为公共领域。

Burton Landscape Architecture Studio

风景价值

Barry W. Starke, EDA

游憩价值

风景价值

如果说这个行星有魔力，那么魔力在于水……它遍及各个角落，传承过去，联系未来。它在极地之下运动，徜徉于高处或空气中，可以认为最精巧完美的形状在于一片雪花之中，或是在那经海上洗淘而仅剩的闪耀的白骨之中。

——洛伦·艾斯利（Loren Eiseley）

对大多数人来说，水面的粼粼波光可以引起发现般的激动和快乐。这种感觉可以说是一种狂喜的呼喊或是无声的精神激荡。不仅是景色，水声也会激起愉悦的感觉。我们似乎完全习惯了水的语言——冰消的滴落与汩汩声，溪流的飞溅声，湖水的拍岸声，惊涛击岸的碎浪声和水边的鸟鸣声——我们几乎可以用耳朵欣赏。

只要一个地方的地表水没有枯竭，那么它将不断地供给人们使用。不仅过量地使用可以导致地表水的枯竭，自然植被的破坏也是原因之一，而自然植被还有涵养水源，补充地下水的作用。

每一瞥、一看，水景都是一幅最美的景色。河流与水体是我们阅读景观的标点符号，为我们解释地貌和地质组成。它们营造独特氛围，或清新悦目，或激烈澎湃，赋予大地灵魂。没有沼泽的草原是什么样？一个牧场怎能没有蜿蜒的小溪？山中怎能没有瀑布？山谷怎能没有河流？

场地的宜人性

一个土地拥有者如果拥有一片引人入胜的水面或可在远处欣赏这景色，那真是莫大的幸运。在景观和建筑规划中，一个主要任务是使水的视觉和实用功能得到最充分的利用。

© William Rafti of the William Rafti Institute

海底生态系统

Kongjian Yu/Turenscape

水生环境

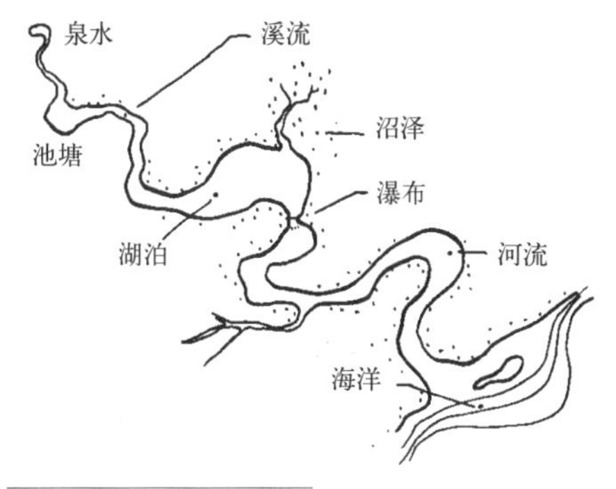

从上游溪水到入海口、流域、河流和它所有的支流都是系统的一部分

水作为景观特色

自然界的许多成分——山、树和星光闪烁的天空——通常被认为是必不可少的，但水的价值并没有被承认。在它以池塘、溪流、湖泊或海洋的形式存在之处，邻近的土地供不应求，对公园和公园道路、住宅、文化设施、度假宾馆和其他商业投资来说，这些场地价格昂贵。离开阔水面越近，房地产价值越高，这几乎可以被认为是一条经济法则。

自然系统

过去人类利用各种形式的淡水，且经常误用和浪费，似乎它们是上帝给予人的特权。除了在被灌溉的土地上注意监督水的所有权和供给，很少有人关注河水上游或下游发生的情况，除非断流或处于汛期。

水必然从源头流向汇水盆地。从小溪，细流到江河有明显的连续性。然而，池塘、湖泊和湿地的连续性和相互作用关系并不明显，但它们同样也是水流中的一环。它们不仅受附近事物的影响而且受所有上游的蒸发和有供给作用的地下含水层的影响。这些地下蓄水、输水、供水层，同时提供地下水，它对维持农田、牧场、森林的水分供应有重要作用。

合理利用水和水域可以使所有生活在其影响范围内的人受益。然而，如果不合理利用，污染、浪费水，依赖水生存的生物会受到威胁，

从理论上讲，淡水是可再生的资源，但是地球所能提供的干净、可供使用的淡水量正在持续下降。随着人口的增加，对水的需求也随之增长，从而导致地球上很多地区淡水资源匮缺。对于生态系统中水资源的保护逐渐成为了全球共同关注的重要议题，全球有一半以上的湿地在20世纪消失，通过创建一套约束机制来解释水资源的分配使用问题就是所谓的水权运动。
WWW.WIKIPEDIA.COM

Barry W. Starke, EDA

湿地

有时仅是小的损失和不便，有时却是大的灾难，如毁灭性的干旱或肆虐的洪水。

直到最近，整个流域才开始被作为一个统一的相互联系的系统来研究。这一明智之举增加而不是限制了充分利用和享受其功能的可能性，并提供了一个可行的框架，其间所有小区域可能被更好地规划。

任何对地表和地下水流的考虑都得出一个显而易见的结论：只有综合性的流域管理才有切实意义。用部分分割管理的方法，只能割裂相邻的有水文联系的基质和流域内的土地，破坏自然系统。

问题

应被制止的问题有：湍流、侵蚀、河流淤积、洪水、诱发干旱和污染。简单地说，任何引起一个或多个引发恶果的水资源利用都是不恰当的，不应被宽恕。我们可以让生物学家和法律专家去定义影响的严重程度，但却不能再让个人或团体去决定他们的活动是否会对他们的邻居造成危害，无论邻居住在隔壁还是 1000 英里外的下游河口。

在北达科他州的麦田里发生的事可以对下游的密苏里和密西西比河有显著影响。在詹姆斯河上游的森林中发生或没发生的事可以使远处咸水沼泽的野牛、鸟类毁灭殆尽或污染切萨皮克海湾的养蚝场。在佛罗里达州，产卵的虾群会由于在两州之外一条支流的原油溢漏而死在阿巴拉契科拉河（Apalachicola River）的源头。

任何对环境资源产生影响的活动，如切萨皮克湾，都应该付出代价，而且应该具体到谁付出这代价。多年来，我们钻空子，对环境进行伤害，因为这些做法在法律法规中并没有具体规定。城市“无偿”地将城市废水排到最近的河流中。工厂廉价或无偿地将污水排泄到海湾及其支流中——对于工厂所有者来说。

不幸的是，虽然这些行为所要付出的代价并没有记录在账本上，但是这是必须要偿还的，而且要付出更高的代价。这些人从中受害，河流下游的自治市不得不另外寻找水源，船夫不得不抱怨搁浅岸边成堆的牡蛎，渔民需要到更远的水域捕捞以维持生计——他们都为污染者付出了“无偿”破坏活动的沉重代价。

——W·泰洛·墨菲（W. Tayloe Murphy）

在大多湿润的地带，看上去淡水是取之不尽用之不竭的，事实并非这样。近年来，水库水井的水位都相继告急，这将导致整个地区处于警戒和限量供水状态。在沿海的大多数地区，那些最终将汇入海洋的地下蓄水层也因为水位的降低而下降，这又导致盐水侵入内陆数英里，成了令人头疼的问题。

通常不管有多远，人们都通过加长水渠的方法以获取额外的水供应。在全球变暖危机产生的同时，更有甚者设想融化北极冰山以获得淡水供应。如今，能提供的淡水已经不足以供我们使用（或应该说滥用）的需要了。这成了土地规划需要考虑的主要问题。

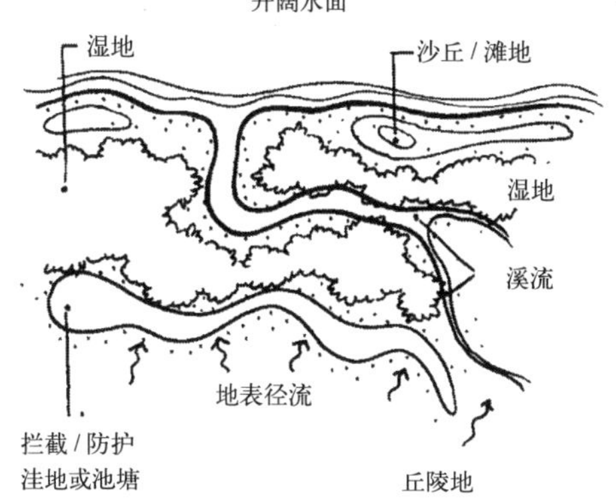

十个水资源管理原理

在每一个合理界定的水文区域：

- 保护流域、湿地和所有河流水体的堤岸。
- 将任何形式的污染减至最小，创建一个净化的计划。
- 土地利用分配和发展容量应与合理的水分供应相适应而不是反其道而行之。
- 返回地下含水层的水的质和量与水利用保持平衡。
- 限制用水以保持当地淡水储量。
- 通过自然排水通道引导表面径流，而不是通过人工修建的暴雨排水系统。
- 利用生态方法设计湿地进行废水处理、消毒和补充地下水。
- 地下水水分供应和分配的双重系统，使饮用水和灌溉及工业用水有不同税率。
- 开拓、恢复和更新被滥用的土地和水域达到自然、健康状态。
- 致力于推动水分供给、利用、处理、循环和再补充技术的改进。

灌溉的滥用，浪费了大量淡水，这将使玛雅文明没落的历史再次重演。当代美国需要采取措施改变这种不良的生活习俗。

当然，当储水充足的情况下，对大片半干旱沙地进行灌溉以促其成为有用的农田的做法还是可取的。过度使用，只会造成河床的枯竭，像科罗拉多州一样，同时，这还将造成全美国性的地下水位的下降。最近，新式农场采用了机械化的喷灌系统，而家庭用水也通过减小水流而起到了节水的目的。

更甚于农业灌溉用水，无以计数的草坪喷灌是耗竭美国淡水供应的主要原因。据说，美国草坪浇灌的总英亩数比整个新英格兰的农田面积还要多。这就是惊人的浪费。我们拿 30 加仑的水洗澡视为寻常，殊不知，在很多国家，整个家庭一天的用水都是年轻女孩早晨从溪边或井底打上来，装在罐子里顶到头上拿回家的。规划者是到着手处理保水、节水问题的时候了，我们需要学会利用水资源，重复利用水资源，避免滥用，并及时进行水资源的补充。

无疑，从溪流、水体、井场抽出的水量需要减小，并与淡水补充值保持平衡。灌溉农田的水应该减少——如今这种灌溉方式应该逐渐被淘汰而不能继续扩散。除非能有那么个地方，无止境地浪费也不会造成地方和区域蓄水告危。这也是在分配各种开发用地时需要考虑的因素。

重点应最先放在住宅区受管理的大片灌溉草坪上。理想中的美国房主都希望私家宅院是被修剪整齐并良好灌溉的草坪包围的。在土地和水资源都很紧缺的今天，我们应该选择小场地，紧凑的房屋，多户的公寓，限制草坪的应用而创造更多的步行道、游戏场地和其他专类用地。

通过明智的土地利用规划和水资源管理，接下来好几个世纪，美国的淡水资源都会保证充足。

可能性

如果有问题，必有解决的可能性。包括保护天然野地和未破坏的自然河流，也包括保护和合理利用江河相关流域的土壤、植被、景观和有益于生态健康的自然状态。解决的可能性包括通过固定土壤、绿化和

生态管理湿地很快成为代替常规废水处理系统的一个重要选择。

恢复侵蚀坡面和砍伐迹地的植被，使耗竭的农场和城市废弃地重新创造价值。如此，则合理规划的农业区、游憩区和城镇将被绿色的田地、森林和蓝色的清洁水体环绕，公园般的交通系统贯穿其间。许多人也许已意识到，我们已经朝着这样一种土地和水管理的理念及伦理迈进。

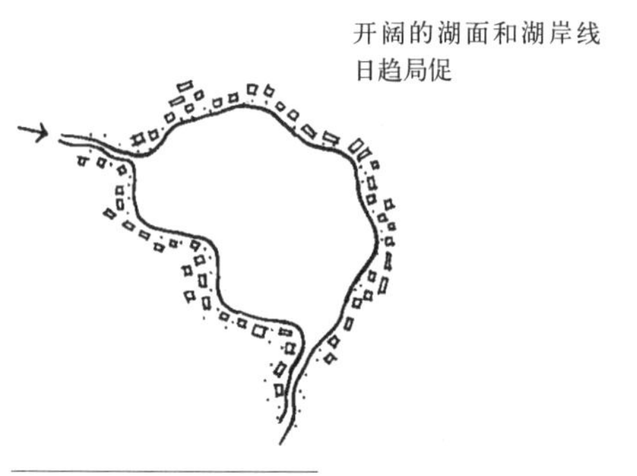

避免道路封闭水体，建筑物环绕水际而限制水体的开发利用

在任一尺度上，熟练的土地和场地规划都会努力寻求解决与水相关的问题，并保证充分挖掘各种可能性。由于持续增长的公众支持和科技进步，规划的实施水平会不断提高。我们的自然主义者之友亨利·戴维·索罗（Henry David Thoreau）、约翰·缪尔（John Muir）与奥尔多·利奥波德（Aldo Leopold）曾经非常高兴地发现，在我们生活的年代，土地和水道极有可能会得到较好的恢复。

管理

在考虑任何一个景观区域的场地开发时，首先应关注地表水和地下水的质和量的保护。水质的保持要避免任何形式的污染，如由于水流或污染物的渗出，地下径流被化学物质和营养物质污染，或被固体废弃物侵入。

保证水量主要是保持汇水区、池塘或湿地的地表径流，防止洪水泛滥，保持地下水位并补充地下深层流水层。

利用

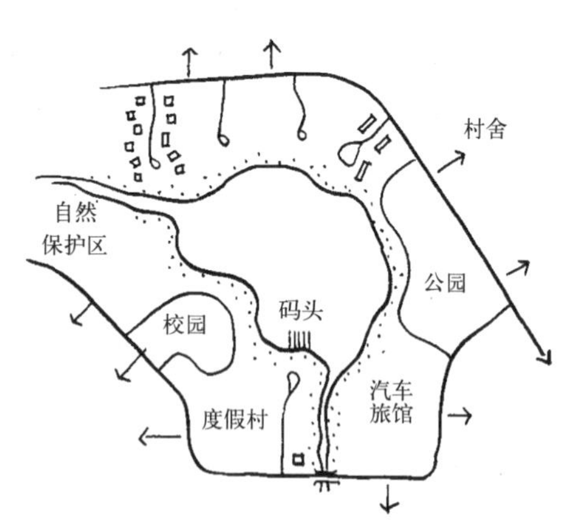

通过扩展没有交通干扰的湖泊环境，纳入公园、野生生物保护区和公共活动区，以及私人村舍、度假村，增进湖泊（及周围不动产）的利用和趣味

由于水体是如此令人向往，由于只有一定规模的水面和水边地带供人享用，而且由于水体和水边地带的保护在环境规划中变得至关重要，所以我们的规划在保护水体完整性的同时，应充分发挥临水陆地的最大功效。即将与水相关土地的实际边界和视域边界尽量扩大到合理的极限。这似乎并不难。

在实践中，水际的边界向陆地方向扩展，以形成一个足够大的保护区。这一形态多样的植被带，将为适宜的近水开发与利用创造便利条件。这一地带最好沿着排水道并与微地形变化相适应。这一地带情况各异，但是原则是不变的。每一个变量必须经受下列三个条件的考验：

1. 所有相关的用途必须与水资源和景观相融洽；
2. 引水用途的强度不得超过土地和水域的承载力或生物耐受力；
3. 应保证自然和人工系统的连续性。如果坚持这三个原则，从住宅到区域：所有水－陆地域依此方法规划和开发，那么其风景质量和生态功能都得以维持。

作为一个在废水和有毒影响物处理方面的突破，人们发现湿地生态工程在贮存净化水和提供生境的同时还可以滞留污染物。

开阔水体正在从美国的景色中迅速消失。膨胀的农田和开发区继续沿着排水沟和砖瓦场穿越大草原的湿地和林中空地。其对土地的挖、填改造是对自然景观的严重威胁。虽因最近的保护法案而减缓，但仍旧继续向沼泽、雪松湿地和红树林海岸拓展。由于不断升高的公寓的高墙和办公高楼使公众不能与之接近，河流、湖泊和海岸正从公众的视线中消失。

这太晚了吗？

这并不晚！

保护

有水体存在之处，就要进行保护。保护工作不仅包括开放水体，还包括流域、天然池塘、沼泽地，冲积平原、提供食物的河流和沿岸的绿色植被。需要保护的还有海岸湿地、陆上的沙丘、海中的礁石或沙坝。

每个与水相关项目的场地规划，都有机会显示合理的管理原则。每一个设计合理的例子不仅满足业主的利益而且应为他人考虑。

再发现

许多有巨大潜在景观价值的水体在建筑物和道路修建的过程中未被利用。那些处于内陆和边远地区的水体则经常保持着自然状态，而更经常是变成淤积物或污染物的排水坑或倾倒场。它们正等待着被恢复为公园用地或开放空间保护区。保护或修建后，在新的公共或私人景观开发过程中，它们可以被重新发现并赋予特色。

恢复

一股泉水，一个池塘或一段河流可能已被封入下水道中或被填埋。或者已经用做一片垃圾倾倒场，被灌木和垃圾覆盖。有时，更为甚者，这样的水体景观已经被油脂和化学物质严重污染了，飘浮着肮脏的泡

干旱景观的营建、种植和花园营造中灌溉是必需的。

Phillips Farevaag Smallenberg

人工湿地

沫。在许多城市和郊区境内，也通常在开阔的乡村，可以发现类似的未被认识、等待改造的景观财富。

保护

淡水储量惊人的下降和耗竭更突显出改变水资源利用和管理态度的重要意义。即使轻度干旱时，许多城市的水库也是空的；当在世界上大部分地区水被作为一种珍贵的商品珍惜、利用时，在美国水则像无穷无尽似地被浪费，但水是有限的。

只有在具有充足的建设用地和淡水的美国，灌溉的草坪环绕独家房舍和公寓才成为时尚。由于土地和水供应的短缺，这将是难以负担和不可接受的。

面临水需求不断增长的情况，为保护有限的水资源供应，应提倡几个行动方针：

限制消耗。

对家庭超标准用水，利用可变动收费大幅度增加税率加以限制。

防止利用优质水源灌溉。

草地覆盖在美国超过50000平方英里的土地——约相当于宾夕法尼亚州，大于任何一种农作物的占地。

——韦德·格雷哈姆（Wade Graham）

废水循环，在城市区域，建设一个双路供水系统，一路用于饮用烹调和洗浴，另一路用于所有其他用途。处理和净化过的废水（其单价大大降低）专门用作灌溉、空调、清洁街道，工业生产流程等。

补充

在未受干扰的自然区域，通过降水的截流和土壤过滤，地下水储量可自动保持。当树木、草本和其他植被被破坏——特别是被铺装和建筑代替时——水位因之降低。

建议三个可能的补救措施：

- 在高地保护或重新种植植被。
- 恢复自然的排洪水道（至 50 年一遇洪水程度）作为公共用地或限制私人利用，并用植被覆盖。
- 要求所有新项目都应使暴雨降水径流汇于集水盆地、汇水区或池塘中。

预规划

有时在采掘的必要过程中或在露天矿场的挖掘中，需形成新水域。从一些地区的空间经常可以看到一种灰暗、直线排列的小点散布于景观

© D.A. Horchner/Design Workshop

用乡土植物涵养土壤水分

中。现在每一个点也许被当作一个失去的机会。通过进一步的规划，有时无需额外投资，这些坑和周围的土地仍能被塑造成新的引人入胜的水景，有着自由形状的湖泊、草坡和长满绿树的小山。这些合理的预规划途径与土壤保护、造林相联系，可阻止在原野中出现新的疤痕，反而为从旧景观中创造新景观提供机会。通过努力，许多现存的露天矿场能被重塑并转变为一种极具吸引力的很有价值的不动产。

与水相关的场地设计

在对水陆用地开发时，应特别注意土地的利用、车辆和行人运动路线的定位及场地和建筑物的设计。

自然河流和水体

自然河流和水体的存在，代表了许多起作用的动态力量如降水、地表径流、沉积、澄清、水流、波浪作用等。可以看出，改变一条自然河流、池塘或湖泊会使整个作用链和相互联系发生变化，然后会恢复平衡。在一个有水文联系区域的场地规划中，应首先考虑不破坏自然条件，加强与周围环境的统一。

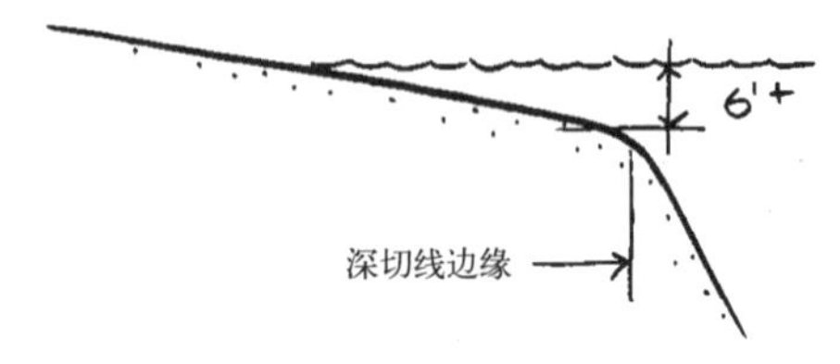

为安全起见，水滨在深切线以前应被降到一个超过游泳者高度（6 英尺）的深度

河流堤岸为草本、灌木和树木覆盖，它们稳固着土壤，抑制因暴雨排水产生的坡面流。堤岸表面可用石头、圆木和蔓生植物固定不动以抗流水冲刷与侵蚀。

湖岸和海滩的倾斜坡面用岩石或沙和碎石来保护，它们应用合理的造型以抵抗风浪的冲刷。即使在平静的池塘和礁湖也有同样作用的芦苇和百合垫作边界。

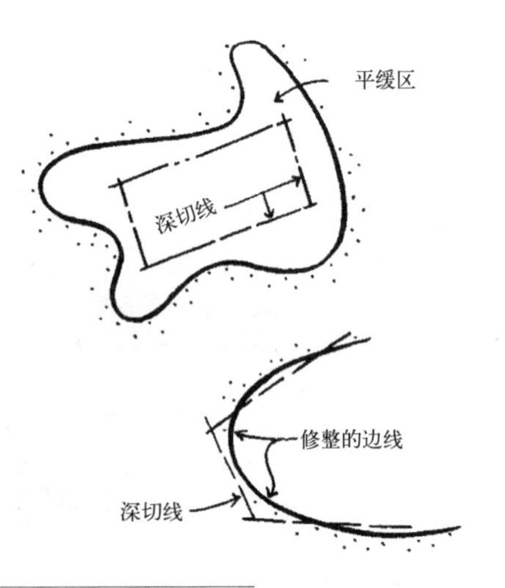

直线形挖掘坑可以稍加修筑，重塑成一个自由式的湖泊

一个如泉水、池塘、湖泊或受潮汐影响的沼泽等水文景观存在的地方，经常可以净化周围环境，并对生态功能和风景有重要贡献。应当千方百计地保护这一最优景观。但这并不妨碍利用和欣赏它们，合理规划的目的是最好地利用景观特色的同时加强对它的保护。

运河与蓄水面

美国的部分景观中运河交织。一些运河从殖民时代已开始使用。其中许多早被遗弃，当乡村和城市环境被重新开发和利用时，这些沿岸有步行或骑车足迹的水道，成为珍贵而独特的社会景观，应全部被保存或保护下来。

海岸被洋流、风暴和潮汐的作用塑造，再塑造。它们基本上是暂时性的，因为作用力常意想不到地改变它——有时仅是在一场巨大风暴期间。已经证明即使是耗费最高的稳定工程也难以抵御……海岸的发展。

——阿尔贝特·R·韦里等

在一个较小尺度上，一条涓涓的小溪被一些精心摆放的石块阻挡后，它的长度和深度相应增加。建造一个合适的坝，就形成一个更大更深的水潭，可以钓鱼、游泳，划船或作为特有景观要素。

在一个较大尺度上，建造大的水库或湖泊可以储水、控制洪水或发电。除非落差太大或跌落太多，这样的大水库为许多形式的水上娱乐活动提供了机会并在广泛的区域开发中产生吸引力。为保证最大的贡献和效益，许多主要水库和邻近土地应在允许建造之前进行规划，以便提供必要的道路和保证合理的公共及个人利用。

经常而且特别在大公园和自然保护区里，可感受到海岸线的多变性，河岸有充分的自由去承受并不断适应自然的塑造力。这一合理方式值得广泛应用。

无论最小的还是最大的坝，必须精心选择位置以保证其稳定性，因为故障和洪水冲刷会给下游带来严重问题。研究水位与地形的关系以使潭或湖的边际形状优美，与邻近的道路、规划用地和建筑相契合。

在补给河流被淤积或遭受季节性洪水的地方。要求上游居住盆地设有围堰和一个有闸门控制的泄洪道。

步道、桥梁和甲板

人们向往水。希望悠闲地沿着河流或湖泊漫步或旅行，在水边休息以享受其声其景，或穿过河流到达彼岸，这是一种本能的倾向。

许多城市水库的水隐藏于公共视线之外。在其蓄水和利用过程中它可以用来清新美化城市环境。

场地规划将满足这些欲望。安排一些运动路线以提供一系列的景观，继而提供对湖和水系的视觉探索机会。滨水小路或车道将在水平和竖直方向上有一些蜿蜒起伏并在建筑材料上与自然景色相融合。在以水为中心的功能区的使用强度加大时，或水陆交接带需更强的人工处理时，道路或功能区的处理也将随之更趋人工化。

Kongjian Yu/Turenscape

河边的“红飘带”

正如道路边拓宽设置座椅一样，俯视别人令人不快。相反，如果设置挑台台阶、屏蔽墙，则可使人与水有一个最适合关系，以便赏景、放松、钓鱼、跳水或划船。

桥梁设计重视的远不止是其基本功能，应尽可能地提供一种令人兴奋的穿越体验。从各个方向和角度，赋予桥梁以雕塑的美感。每座桥梁用简单的设计最清晰地表达其材料、结构和使用方式。每座桥梁都会从地方的自然特征中获得个性。

水际

陆地和水体的交界线代表了一种特殊的规划语言。

驳岸的设计应注意何时平淡、何时精彩，但基本上应是不受干扰的。随着与水相关的构筑物在空间中不断地增长和强化，其边界处理的程度，也相应地增加，在某种情况下甚至成为纯粹的工程驳岸。

Tom Fox, SWA Group

城市环境中的滨水带

塑造水体时，较为可行的轮廓应是平滑的曲线而不是有棱角的折线，这样可以反映水的波动。

为更有效地利用周围的陆地，池塘和湖泊首先沿直线挖掘，然后利用曲线和转角处理，使水体圆滑流畅。

因为许多挖掘方法都以直线深切较为经济，一个湖的中央通常是长方形或多边形，边上有较宽的坡岸向内侧倾斜，并修饰得很自然。

沿湖岸任一点都不应看到全部水面。如果可能，湖岸线应有几处不被看到，以增加情趣，使观察者的想象自由驰骋。这样设计，水体的吸引力增加了，表现力度也扩大了。

下列基本要素是在处理水际时需牢记于心的：

- 最小的干扰。 在驳岸稳固的前提下，水际处理得越简单越好。
- 保持水流平稳。 避免阻碍水流和波浪运动。
- 使驳岸呈斜坡状并根据需要加以固定，在水流湍急或破坏性冲击力下可以起缓冲作用。
- 利用码头，为直码头或可自动调节的浮码头等提供船只进入适宜水区的通道。
- 避免滥用防波堤、丁坝等阻挡洪流。 因为这会导致难以预料的结果

水质的变化是多样的。

从深度来讲，可以从深到浅得仅有表面一层水膜。

从动态来讲，有急流、涌流、跌落、喷射、溢漫、水雾和渗流。

从声音来讲，从汹涌咆哮到潺潺细语。

每一种性质在景观设计中都有特定的用途。

或灾难性的破坏。

- 做最坏条件下的设计。考虑到记录在案的最高水位和最大风速对驳岸的推击力。
- 预防洪水。保持防洪能力的最低限度为50年一遇。
- 使用栏杆、防滑路面、浮标、标牌、路灯等方式促进安全。
- 应用耐恶劣气候和耐水性强的材料。侵蚀和设备腐蚀一直是困扰滨水工程的大问题。
- 防止污染源进入水体。污染源应被截留和处理或提前过滤。

水池、喷泉、小瀑布

任何规划的景点——庭院、花园、公共广场——都会因自然或人工构筑的水体而增色，它的声音、动感以及扑面而来的清凉气息都促进了整体效果。

Barry W. Starke, EDA

Landscape Architect M. Paul Friedberg and Partners

在瀑布内部

Belt Collins

C. Bruce Forster, Mayer-Reed

Belt Collins

Barry W. Starke, EDA

EDAW, Inc.

喷泉带来了趣味与新鲜感

Kongjian Yu/Turenscape

水成为一种象征，它蕴含并带来清新和郁郁葱葱的生命力，它代表了沙漠中的绿洲。

在城市庭院、景观路和城市广场中，丰富而有特色的水体能为整体景观增添许多典雅活泼、高潮迭起的效果。许多城市因其千变万化的喷泉和瀑布而自豪。

哪怕是在极小的花园中，水都有其恰当的位置。比如任何有植物的地方都需要灌溉，这点早就在规划中被认同，美妙的水花及布局得体的水雾，可以滋润树根、常春藤下的苗床，可以使阳光照射的广场变得清凉怡人，甚至放置在室外供鸟饮水的简单容器都能平添许多趣味和新鲜感。而平静的水池、滴水的悬岩、水花飞溅的喷泉等形式的水体都很容易设计和施工，并可长时间地令人赏心悦目。

Barry W. Starke, EDA

模仿山水自然景观，极具象征意义的水景设计

© D. A. Horchner/Design Workshop

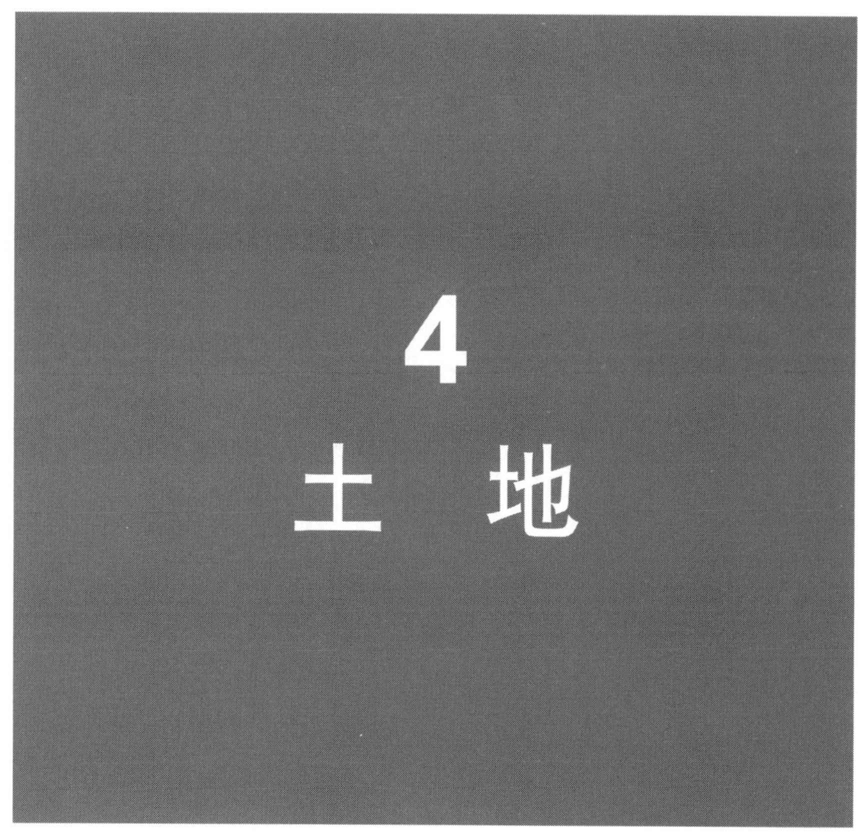

4 土 地

当人类不停地行走于大地表面之上，在穿越峡口或攀登山顶之时，不知曾有多少次驻足而立，研究大地之形态。

每一种地形都有自己特有的信息，陡峭的峡谷可能蕴含着危险；宽阔的盆地则充满魅力。望不到边的牧场、平原、草原，辽阔得使人难以通过步行、骑马、乘马车或乘坐运送木材的火车穿越。

不管强烈欲望或偏好引导他们走向哪里，我们的祖先总是避开不适宜的环境，去寻找那些非常适宜的环境。要么能直接得到水、食物、草料，要么能够作为永久性的防御工事和家园。这些本能代代相传，我们至今仍然经常察看周围的景观，以避开危险和不舒适的地方，选择最方便的路径，获得最舒适的环境。这些对土地的感觉是与生俱来的，深印在我们的骨髓和血液里。

人类影响

我们的先辈从草地、河流、森林之中获取大自然的恩惠，这种生

美国的土地开发每天夺去12平方英里的农田。

在过去10年，我们丧失的农田面积相当于佛蒙特州、新罕布什尔州、马萨诸塞州、罗得岛、康涅狄格州、新泽西州和特拉华州加起来的面积总和。

——**彼得·J·奥尼贝内**
(Peter J. Ognibene)

活方式已有数千年之久而未严重地破坏自然。他们钓鱼、设置陷阱或打猎，从一个地方获得猎物后就离开了。他们的独木舟悄然无声地滑过未被破坏的河流，放牧也未持续地破坏地表的自然状况。他们早期的露营地没有给大地留下永久的疤痕，很快就得到恢复。早期定居点和活动场地即使选择在山坡上和水边，也没有造成不良生态后果。

然而，随着人口的增长，人类活动的影响已经越来越明显。火烧迹地变成了道路，分散的农场已连成一片，沼泽地和林地面积减小，甚至消失。早期建在河流堤岸上的村庄已蚕食了废弃的河道，还侵占了附近河流的堤岸。村庄和城镇边界大规模向外扩展，并通过增加道路、铁路以及运河连接起来。经历了几个世纪的喧嚣，美国原有的景观已转变为宽阔的农场、被分割的土地、新生的城市、遍布的工业综合体和远距离运输系统。剩下的荒地大多处于偏远的边缘地带——交通不便，或是沼泽，或气候干旱，根本不适宜发展经济。

Christopher Brown, FASLA, JJR I Floor

索诺兰保护地

在那些土地利用与其场地环境非常适应的地方、农场、道路、社区处处显得协调。当从这样的聚落上空飞过，我们能看见其栖息于自然原野之中。我们曾沿着宜人的道路驱车，畅然于景观之中，引我们穿过森林、草地、溪流、井然有序的田野、果园和丰饶的山谷。我们曾留恋那些自然的花朵盛开于山巅的小镇，陶醉于沿海滨或河岸层层分布的优雅城市。

科学规划的合理开发能够创造比原有景观更出众的设计形式和人工景观，保存和融合当地最好的自然要素，或限制利用以保留其乡土环境。这样，如果每天都能欣赏到赏心悦目的充满自然魅力的风光，人们的生活将变得丰富多彩。如此建设传达了一种稳定和健康的感觉。它们在自然景观中歌唱，唱着一支和谐的歌。

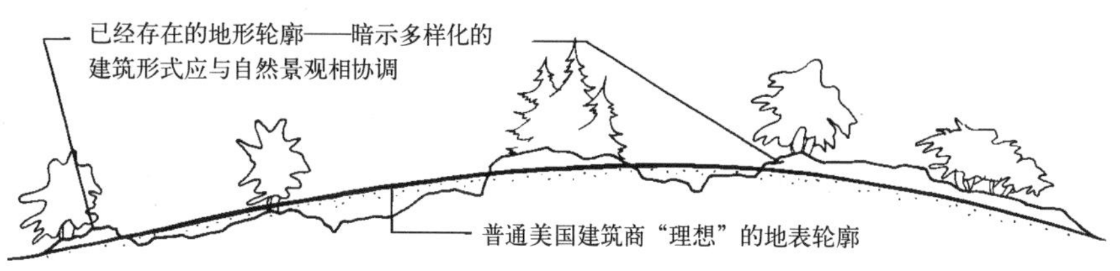

美国地块划分商和开发商们的准则（对于一般的观察者而言）：

准则 1. 清理场地。
准则 2. 剥去表土（或埋了它，再运新土，因为这样省去一道工序）。
准则 3. 提供一个“适于施工”的地形（要尽可能地平坦）。
准则 4. 引导所有的雨洪径流排入下水道（或者积于地块的边缘）。
准则 5. 修建一条宽阔的大道——花费不多但很宽阔。
准则 6. 房屋后撤，留出大前院。
准则 7. 建筑物前面保持平整（这样看起来整洁）。
准则 8. 侧院的面积减到最小。
准则 9. 种上草坪。

适应地形：
减少景观干扰；
减少土木工程花费；
防止表土流失；
未雨绸缪，以免事后再进行土壤侵蚀控制和重新绿化。
充分利用现有的排水道；
融合自然风景。

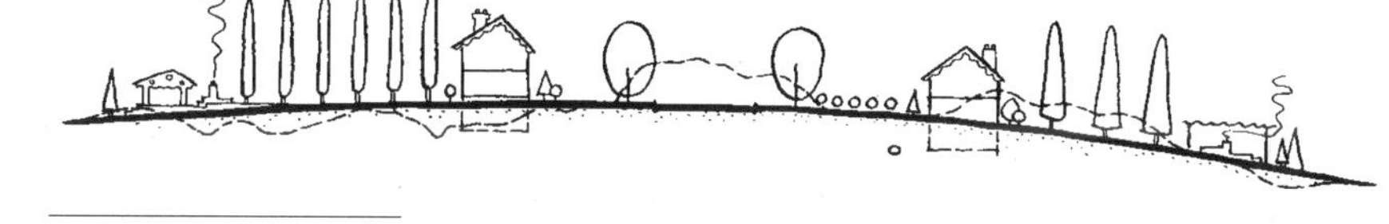

通过推土机和打包箱修整地形，埋掉石头，铲掉自然植被，将小河变成下水道或阴沟，重新分配表土。用 4 英寸厚的表土覆盖砂子、黏土或石头。
外来的新的人工苗圃植物在这儿生根发芽。
这就是我们构想的天堂。

通过场地调查和土壤测量，最肥沃的土地应被设计为草坪、花园或庄稼地，或者保护其自然状态。而贫瘠、排水道过少或过多以及基岩裸露的土地应作为工程项目发展的首选地。

房屋、道路和城市用地应使用贫瘠的土地。

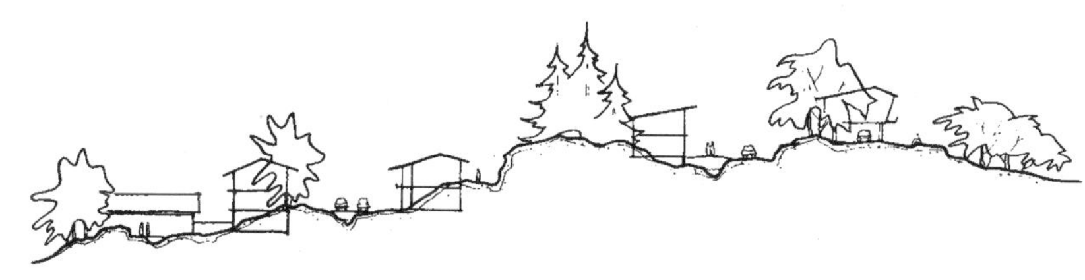

依自然而建筑并得以升华才是更好的方法，它可以提供古老文化中人的尺度和魅力，它的物质和空间的经济学法则使建筑物和景观紧密相连。

自然地形是大自然所赋予的最适形态，它们是长期与大自然磨合的结果。适应它们就是要与适应这种地形的自然环境相协调。

然而，在那些规划不恰当或者不能执行规划的地方，不合理的强制性土地利用只能使我们的视觉和知觉都感到不舒适。而且，人类也许要为此付出昂贵的代价，甚至是灾难性的代价。因为大自然有一种不可抗拒的抵制土地破坏的力量。

每一个州、县或市政府在其管辖范围内的首要职责是为保护和最好地利用土地作一个规划。

如果人类要求繁衍——唉，恐怕只能求生存——就需要去研究和应用那些可与自然达到和谐共生的法则。文明衰落、岌岌可危的土地和越来越需要的责任等问题都成了我们继承的遗产。

土地资源

土地和那环抱土地的、流过地面、渗入表层土壤、在地下深处流动着的水，是我们最根本的资源。处置不当，我们会永远地失去它们，财富和健康也会随之受损。

在土地资源分割成属于个人的小块之前，从整体看待土地，了解它们作为农场、森林和开放空间的功能是十分有益的。然后设计新的保护、保存或必要的开发利用模式。应最合理地利用每一宽阔的地域，所有的地域应形成合理的系统，这是应该优先考虑的。

只要我拥有土地……我就是一个富有的人。我需要的每样东西——食物、衣服、房子、温暖——都能从土地中得到。

——阿拉斯坎·伊努特（Alaskan Inuit）
约翰·麦克菲（John McPhee）引用

也许，未建设的土地最重要的功能就是要发挥表层土壤资源的作用。表层土壤是所有农业生产的基础。它目前仍然是一层薄薄的岩石风化物和有机物的混合体，深度从几英寸到几英尺。覆盖在风化层和基岩上的肥沃表土的形成也许需要数千年之久，一旦失去就会永远失去。美国在过去五个世纪已失去了超过三分之一的原生表土。土壤被挖出、运

Tim McCabe, NRSC

严重的土地侵蚀

走、冲刷和风吹到江河，然后流到海洋。这种损失任何国家都承担不起。不合理的土地利用和表土流失引起的惨痛后果在世界上大多数不毛区域都能看到。

生产力

各种不同形式的生命体都从土地和表土层中获取食物。在植物的叶绿素中，二氧化碳、水汽经光合作用转变成食物链中的糖和淀粉。这是一个仅当条件适宜时才会发生的化学奇迹。光合作用的结果导致动植物机体在不同的地块和不同区域各不相同，变化无穷。仅在最近我们才逐渐明白所有生物体之间的相互关系是如此密切。

保护是一种明智地处理所有自然资源的生活方式，承认他们……对人类的幸福来说是必要的和不可代替的。

——沃纳·S·格斯霍恩
(Warner S. Goshorn)

当任何土地被干扰时，微妙的平衡就会发生偏移，这种变化使数英里远的地方都会产生相应反应。并不是说，把所有自然的和农业耕作的土地留置一边，不予开垦。通常，经过农业耕作，土地的营养物质会有所增加，各种地形的土地可能会有更为重要的用途。建议在土地规划和利用时，把最有生产力的土地界定和保护起来。对居住地的规划和对一个州的综合规划一样都应如此。

一个类似的例子：在进行土地资源规划的时候，要像农场的成长一样。一个精明的农夫首先会熟悉并了解土地的特性——各种限制因素和可能性。之后，农夫会以此列出（并不断调整）工作内容——居住用地、谷仓、篱笆、耕地、果园和一系列的联系——使得它们保持最好的关系。农夫会以保存或是最大限度地利用土地的特性（如土地形式，林地、泉、排水道、土地和自然植被）来进行总体和每个新要素的规划。

不仅仅这样的农场（州）是多产的；

不仅仅效率更高；

不仅仅这是个更加适宜生活和工作的场地；

它也是经济的投资，农夫的妻子和后代为此终身受益。

栖息地

土地不仅仅是人类的，也是地球上所有生物的陆生家园。它们共同构成了地球的生物总量。

生态学告诉我们，地球上所有的生物都是相互作用、相互依存的；它们都是整个生态系统中的成分，执行特定的功能；山脉、森林、沼泽和河流共同形成了一个边界不确定的综合体；自然系统组成部分的完整性无论如何应该被保护。

仅仅在近期，人类才露骨地提出人类是地球的主宰者。这种新的拥有土地并永恒地占有土地的强烈欲望已像传染病一样蔓延开来。今天，整个大地景观已被边界和防卫线所标记，并进一步地一次又一次地被分割。

自然系统是地形、气候和生态要素根据自然法则形成相互作用的综合体。例如：流域、湿地、珊瑚礁、草原和蚁丘。

大多数对土地的产权划分就像分割所有物一样，这只是基于完全偶然的、几何学上的基础，而没有考虑地形构造。

所有的北美地区差不多都被印第安人占据，这里是他们的家园，他们所需的生活物质都从这块土地中获得。

印第安人的土地所有权观念完全不同于白人。印第安人认为土地是利用和享受的场所，应保卫它不被侵占，不能被一人独占，也不能作为商品买卖。

当白人提出向印第安人购买土地时，后者可能乐意接受购买价格或礼物，却不懂白人的意思。不能简单地说：白人坚持苛刻地讨价还价，而印第安人在交易时背信弃义，尽管其中也有这些成分。最重要的是他们从来都不能真正理解对方的思维方式……

——马里昂·克劳森
(Marion Clawson)

美国政府拥有大量的土地，而公众和个人资本储备却短缺，公益事业需求增长极大，那为什么不让国有土地为建设必要的公益事业提供财政支持？这个稳妥的主意，将会给国家带来巨大的收益……

——马里昂·克劳森

表土层充满了生命。在任何地方铲起一点土，你就拥有一个微生物和再生细胞的田地。

理智告诉我们，如果必须重新分配和划分土地（我们的文化似乎正在应验着这一假设），新边界的界线应与陆地－水域系统的功能边界一致。

不仅剩下的没有被干扰的土地应该符合自然的形式秩序，现有破碎化的土地也应该被重新组合，并进行更合理地限定。城市和乡村间的界线就是很好的例子。经过几年的努力，通过调查技术、土地利用规划、区划、再开发、再利用和资源管理的实施，原有受到破坏的景观将被恢复到一个更好的状态，并形成一个健康的整体。

土地出让

美国的土地所有权已流向个人、公司和政府机构——从早期的殖民政权管辖到后来的国会管辖。

在1803年购买了路易斯安那的一个世纪里，美国国有土地几乎达到10亿英亩。首先，美国政府将这些土地优先用于支持公立学校和学院的建设；其次用于修建道路、运河、铁路；最后是开发商间隔性地得到铁路线附近宽阔地带的地块。1862年的家园法扩大了定居者的土地权利。军事用地、印第安人的居留地以及为鼓励植树、采矿、灌溉和驯养而划拨的地块使土地的使用面积日益增加，几乎相当于50个州总土地面积的一半。

在阿拉斯加，这种土地供给的方式一直延续到今天。从1867年购买阿拉斯加到1958年的阿拉斯加州政府拥有法，联邦政府差不多拥有全部土地。

很明显，从美国建国到目前，土地转移动态、所属关系、利用都有深刻的政治、社会和经济含义。土地探寻、土地占有欲、土地交易、管理和利用（经常是滥用）的故事就是美国的故事。土地是最根本的资源。我们必须为保护、调控和发展提供更为科学的依据，我们必须学会更为明智地利用它。

土地权益

土地一旦由个人拥有，它就可以被利用或作为有价值的商品买卖。当然，利用和买卖的实质是通过明确财产权来定义和证明所有权。这种社会与土地的关系已经悄然地发生变化。到今天，在这一点上，公共利益已大大超过个人利益。

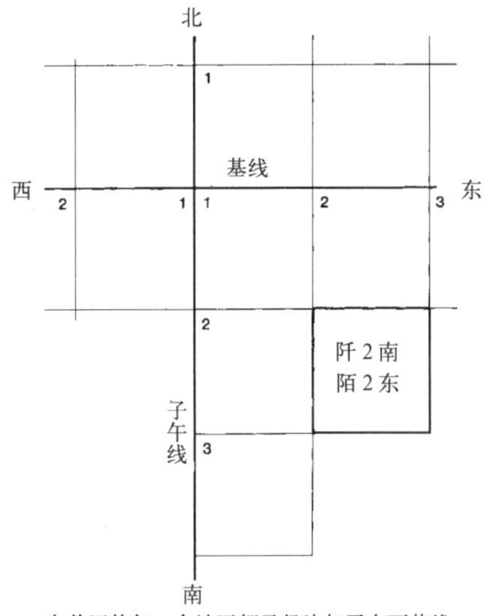

在美国的每一个地区都已经建起了东西基线和南北子午线，所有后期的土地再分割和权利描述都以此为基础，阡按基线的南北向编号，陌按子午线的东西向编号。

县级土地的基本单位是测区，边长为6英里，总共包含36个地块，每块约1平方英里。

6	5	4	3	2	1
7	8	9	10	11	12
18	17	16	15	14	13
19	20	21	22	23	24
30	29	28	27	26	25
31	32	33	34	35	36

阡2南
陌2东

地块可以更细地划分为小块或地段，它可以用方位和距离来描述，或者在一个给定的测量栅格区域内用确定的、参照基准点的距离和范围来描述。

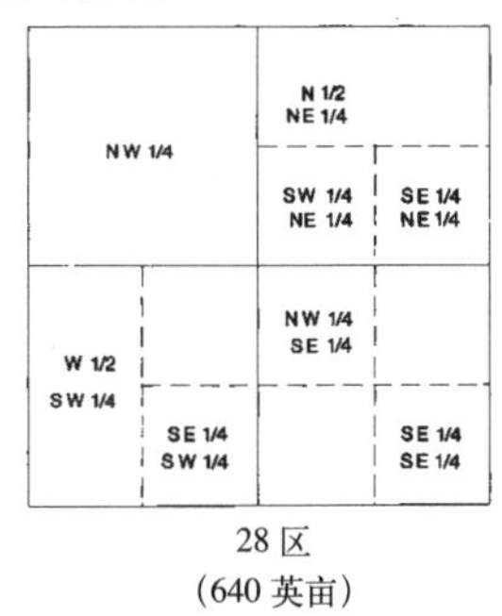

28区
(640英亩)

土地测量系统图示

主权声明通过测量和建立标桩、石碑或其他标志物来确定地产边界。而且，总有一种方法可以描述一块土地的属性及与其他所有土地的区别和联系。最后，还需要一种系统有序的方法记录土地属性及相对于其他地产的所属关系。

比较起来，在美国，我们很幸运身处这样的管理系统。而许多拉丁美洲国家很少有与此相称的条件。

那里几乎没有精确的测量，土地权利不明确，经常引起争执，对所属关系的系统记录也未实现。许多土地被擅自占地者先买走，现在又得到传统情结的支持，主张先驱者拥有土地，反对那些拥有或相信他们拥有土地所有权的人。这种含糊混乱的土地所属关系导致那些对所有权不明确的人无意于对土地尽义务、投入和进行改善，也将导致大规模土地改革运动高涨的到来。

土地测量

最初的土地测量在美国的土地上留下了不能磨灭的印记。正像马里昂·克劳森所说，我们是一个直线国家，像一块杂乱的棋盘被分割成方块和长条块，其边界是朝南北向和东西向延伸的。

道路一般沿测量线延伸，甚至是随着山脉的起伏而起伏，而不是绕过它们。农民习惯于使他们的农田与土地的边界平行，甚至他们的耕

Grant Heilman

通过运输线路和标杆定义土地

任意农田的界点都能在航片上用坐标标记出来。

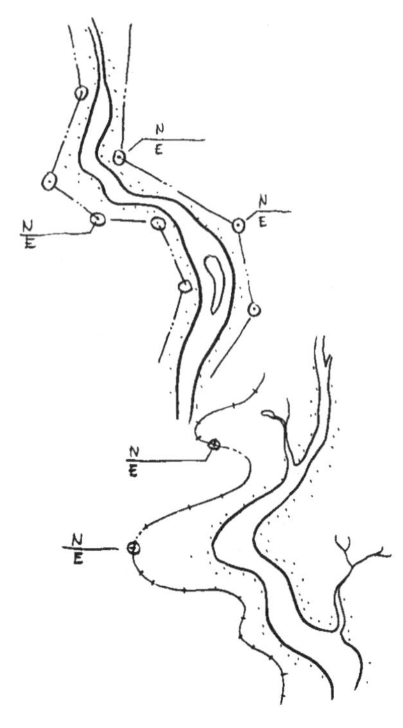

借助于航测技术，即使是纤细的曲线也可以分辨出来，以作为地产划分之用。在航片上描出线条并在图上标出坐标。
只有当所有或部分边界线需要放线或定标时，才需要野外工作队。

弯曲的地产界线很容易形成

作方向也是沿着坡度的起伏方向，而不是沿着地形方向。这种情况导致了许多土壤侵蚀发生或加速。一些土地专家观察了这种糟糕的土地利用方式后，严厉地批评了这种直线土地测量方法，并坚持要修改这种方法。

也许改进这种方法的时机现在已经来临。使用原始的测量仪器、界线需要穿过森林和沼泽以形成整齐划一的格子，在过去是可以理解的。但现在随着航空摄影测量、激光瞄准、计算机和电子穿透屏障等技术的出现，土地属性描述和测量过程有了崭新的面貌。土地再测量需要逐步进行，并明确有序地反映自然地形构造。现在，政府要求未来土地测量和管理应在更合理的地块边界基础之上，以达到健全的土地利用标准。

土地利用

美国人是极端浪费的，好像有无穷的土地储备。我们已经占有、清理，接着便是习以为常的掠夺性开发，然后继续推进，一次又一次地重复进行。直到现在，随着土地市场价格的提高，我们才开始懂得土地需要精心耕作。

有许多合理利用土地的例子——如依地形而建的新英格兰村庄，宾夕法尼亚的阿米希农庄，佛罗里达的柑橘林，威斯康星的乳牛场，大草原上的小麦和玉米地，平原上的牧场以及西海岸边的大豆地、葡萄园和果园，以及广阔的土地上精美的住宅和花园。

我们滥用土地是因为把它当作属于自己的商品。当我们把土地看成我们的归属时，才会开始带着爱和敬意去利用它……

土地是一个群落，这是一个基本的生态学概念，而土地被爱护和尊敬则是一个伦理学范畴。

——**奥尔多·利奥波德**（Aldo Leopold）

在这些好的例子里，我们可以领悟到健全的土地管理的简单箴言：

- 学会阅读景观；
  理解其地质结构之宏伟；
  懂得水陆系统的相互依存关系及其功能；
  在每一种形式和特性中觉察大自然创造过程的独特表现。
- 根据土地的自然属性决定其利用方式，通过规划、利用和管理，让每一处景观发挥它的特性和潜力。

一个水陆区域的承载力就是在一个给定时间尺度内，资源不减少或生物（自然）系统不中断条件下所能承受的人口数量或活动水平。

当土地所有权转移时，除非契约或法律声明，其合法权益也随之转移。它包括使用、耕作、采矿、土木工程，转移土壤或种植权等，以及在土地上的建筑权。

SWA Group

土地规划

土地所有者有权力使用他们的财产，但也要保护土地的自然价值且不能损害邻近土地。

经营土地需承担由土地法惯例规定的相应责任。例如以下行为是非法的：将洪水导入邻近的他人土地而引起破坏；沿地产边界明显改变土地坡度；引起土地滑坡、土壤侵蚀或河流淤塞；产生废气、废水、噪声或其他可见的污染等。另外，最近关于诸如湿地保护、海滨通道、侵蚀控制和不规范坡度改造的限制仍然将被法庭全面考察。

许多场地因其吸引力或其他积极特性而首先被赋予使用权，作为一般性规则，应是改造得越少越好。景观设计的根本原理就是对场地的规划。让自然的外貌、条件和覆盖物决定建筑物和景观的形式。

因为这样或那样的原因需要改变土地坡度，以提供必需的利用区域或堆置基建垃圾的地方，应首先剥离并储存受干扰区的表土。对改造的地貌应重塑以适应一定的用途，表达出自然和构筑物的融洽，丰富建筑场地的构成。

土地再利用

土地资源是有限的。随着可供使用的土地变得越来越稀缺，对之前遗留下来被污染的土地，也就是人们常说的棕地（brownfield）的再利用就势在必行了。棕地是城市工业化进程遗留的产物，被工业生产所产生的化学污染物和一些其他物质所污染，通常被闲置、废弃。一旦这些污染物被清除，这些土地就可以被重新利用。棕地大多位于城市基础设施附近，这也使它们具有很高的可利用性。所以，清理开发再利用这些土地往往有很高的收益，例如美国华盛顿州西雅图市的煤气厂公园、佐治亚州亚特兰大市的亚特兰大车站、宾夕法尼亚州匹斯堡市的匹斯堡科技中心。

地形学

地形学是将一个场地或区域的自然特征在总图中详细展现出来的艺术。

Tyrel Sturgeon, Wenk Associates,Inc.

棕地再利用

陆地表面和水底地面几乎都不是平的。它们上下波动，起伏跌宕，有时形成高峻的山脉，有时形成幽深的峡谷，经常随河床、峡谷、地震断层而褶皱起伏。

Simon Gurney, www.simongurney.co.uk

等高线可以被认为是高原的边缘

等高线

地表的形状或地势的起伏可以通过等高线加以描述。等高线是一些高程相同的曲线，它们是基于参考点或已知或假定高程的基准点的曲线。对于精度要求严格的工程项目，基准点是一个戴有铜帽的永久性的标记，它处在高于平均海平面高度几百英尺的地方。对于精度要求低的工程，基准点至多是任意选中的岩石的顶部或是运输管道，写上高度说明，例如 100 英尺。

如果一个地方地形坡度平缓，等高线间距或高度差也许可以减少一些。如果地面地形崎岖，例如在山区，间隔就可以根据需要增加到 10 英尺、100 英尺或者更多。

由此可见，利用等高线就可以把地面以图形化描述。在建筑或景观规划中，以等高线为底图进行的场地规划带给人一种尊重大地的感受。

图 1 是在 1 英寸 = 100 英尺比例尺下的场地设计。图中的点代表一块石头或者一截木桩，定义其顶端高程为 100.0 英尺。X 是一个用来标明高地、低谷或其他高程处的高程点。弯曲的等高线是基于基准点(BM)间隔为 1 英尺的高度等值线。等高线越密（例如沿着 A-A），坡度越大；相对比的是缓坡，如 B-B（山谷）或 C-C（山脊）。

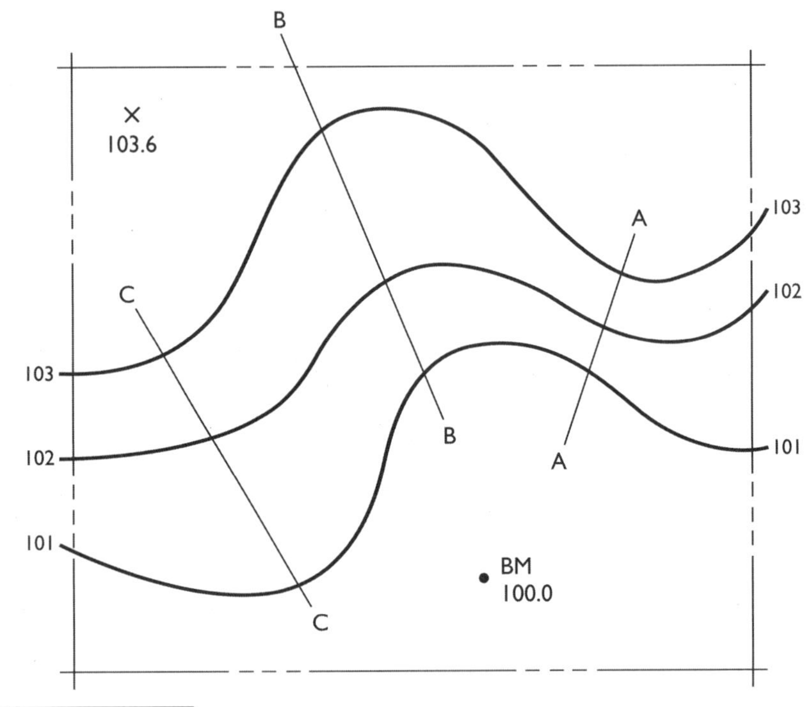

图 1

沿等高线设置座位的圆形露天剧场

剖面图示

剖面

更进一步，在需要精确地形剖面的地方可以用等高线图绘制剖面图。在图 2 中，经过地图上的任何一个区域的剖面线，例如 A-A、B-B，就可以绘制出一个剖面图，并可以放大或缩小到任何有用的尺度。

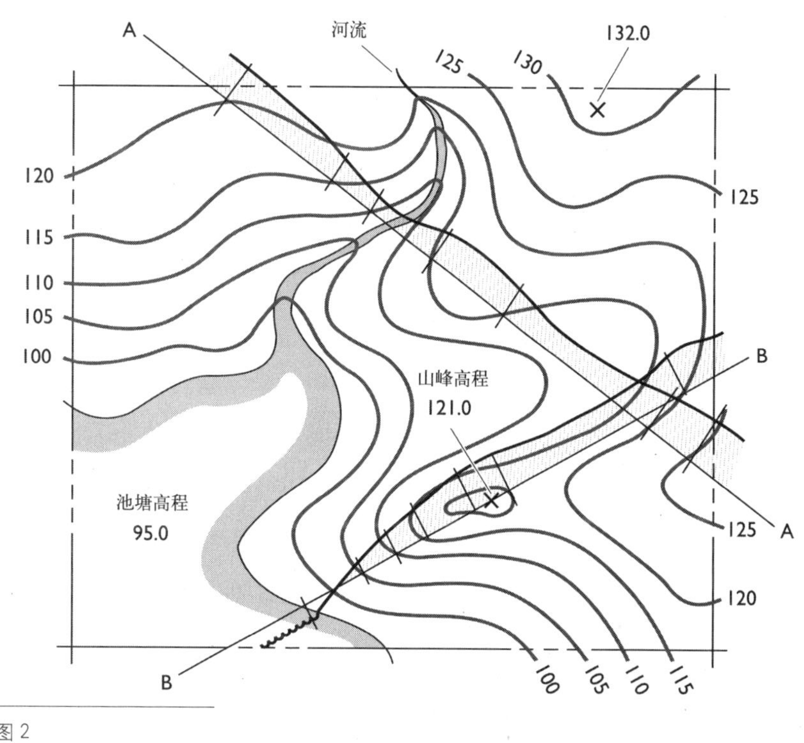

图 2

虽然图 2 显示的地形更复杂，面积更大，原则和图 1 是一样的。通过每条等高线和基线的焦点的垂直测量可以得到一系列的点，连接起来，我们就可以得到直线 A-A 和 B-B 直线处的土地剖面。

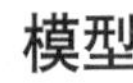

Landscapes of Place

依据等高线的纸板模型

模型

通过裁剪和叠加几张沿等高线有精确厚度的塑料、夹板或层板制成的模型比平面图、剖面图更形象。依靠这样的模型展出，我们一眼就可以清楚地表构造和性质。依据模型拍摄的透视图或航测鸟瞰图常用做方便的参考。

测量

测量的方法和地图都有许多种类，而且应根据我们的需要和目的来选择。至于测量方法，指南针和测链对于绘制采运作业道路图就足够了，但不适合绘制高精确度的地图。平板仪可应用于不需要精确的道路属性和高程点的地方。视距测量作为精确地形图的标准测量方法已经有很长一段时间，但近些年来已被激光经纬仪所代替。对于大面积测图则经常利用航空摄影测量。这其中包括可以利用光学校正进行重合斑块拼凑和绘制地面特征的工作。一般用于军事侦察，它可以达到很高的精度。

对于大多数目的的土地利用规划，地形测量都是必需的。这些地图不但可以利用等高线和高程点描述地表构造，而且可以显示地产分界、地表和地下特征，以及其他一些指定的补充的信息。一些测量方法所给的信息只不过是方位和距离（边界和范围）等地产的周边属性。这些通常即可满足所需。

© Charles Mayer Photography

类似等高线的露天阶梯看台

如果需要等高线和高程点，那么它们必不可少。要完成详细的场地规划，地形测量还应该包括所指定的地上和地下特征的方位和描述。另外还可能需要岩芯探测或试坑，以及包括最近的道路、场地外最近的市政设施和容量的资料。当要进行地形测量时，和测量师取得联系并且仔细研究测量要求是明智的。然后起草一个执行工作的说明书和工作程序的简单报告。对于一个要求多或复杂的开发项目，测量详细说明书可达数页。对于一个典型的住宅场地，以下的举例清单已足够了。

地形测量的详细说明书

地产：所测场地的范围应在所附定位图上标记出来（定位图由场地所有者或景观设计师提供给测量员）。

常规：测量师应尽最大努力获得场地的自然状况。

数据：高程应该以标有 100 英尺的任何方便的或永久的基准点为参考。基准点位置应该在图上标出。

要求的信息

1. 测量题目，地产的位置，比例尺，指北针，证明件和日期。
2. 土地边界，道路，距离，坐标。计算和标出土地面积。
3. 建筑退红线，公共交通用地，道路用地边界。
4. 当地及附近地产拥有者的名称。
5. 当地及附近街道的名称和位置。显示道路用地边界，排水沟的类型、位置、表面宽度及中心线。
6. 房子以及其他建筑物包括宅基、码头、桥、阴沟、井和蓄水池的位置。
7. 场地建筑物包括墙、篱笆、道路、车道，路牙，排水沟、阶梯、人行道、小径、铺装地等的位置，标明表面或材料的类型。
8. 已有的本地块或相邻地块中雨水、污水排放通道的位置、类型、大小和方向。给出其他排水管道、检测井之顶部和管道仰拱的高程。水、气管道、检查井、阀门箱、消火栓和其他附件的位置、所有权、类型、大小。电话、市政线杆和火警系统的位置。对于没有经过该场地的一些公用设施，如有必要，用图示方式表明场地外最近的接口，给出相关接口的类型、大小、管道仰拱和所有权的信息。
9. 水体、河流、泉水、沼泽或林中湿地、排水渠及低洼地的位置。
10. 林地的轮廓。在标记的区域以内指出所有胸径为 4 英寸或以上的树木，给出树木大约的直径和俗名。
11. 道路高程。每 50 英尺测一次，道路中心线、地产一侧排水沟水流线的高点或低点，路牙顶部和底部的高程都要测量。同时应该指出相邻街道和道路相交处相关的坡度。
12. 用 50 英尺 × 50 英尺的网格显示和标出地面高程，包括垂直的墙体或倾斜的河岸形成的明显断线之顶部和底部的高程。显示建筑物的所有楼层高程。显示建筑物转角、建筑入口平台和所有的人行道相交处这些点的高程。此外，除了需要的高程以外，地图上还应该显示等高距为 1 英尺的等高线。所有高程必须精确到 0.1 英尺。点高程的精度是 0.1 英尺，等高线的精度是等距值的 1/2 。

补充数据

除了基本的地形测量外，地形图由专业测量人员或市政工程师完成，适宜于大多数项目的设计和施工上，除此之外，尚有花费少许就可以买到的地图和有用的报告可作为数据的来源。其中，美国地质测量（USGS）地图值得专门介绍。有一系列不同比例尺的地图，但其中对于规划师最有用的是比例尺 1 英寸比 2000 英尺的 7.5 分（7.5′）精确系列。每张图（也叫 quadrangle）能覆盖 60 平方英里的面积。这些测量地图应显示该地区大多数的相关地形，其中包括地形的起伏、林地、水体、交通路线和主要的建筑。

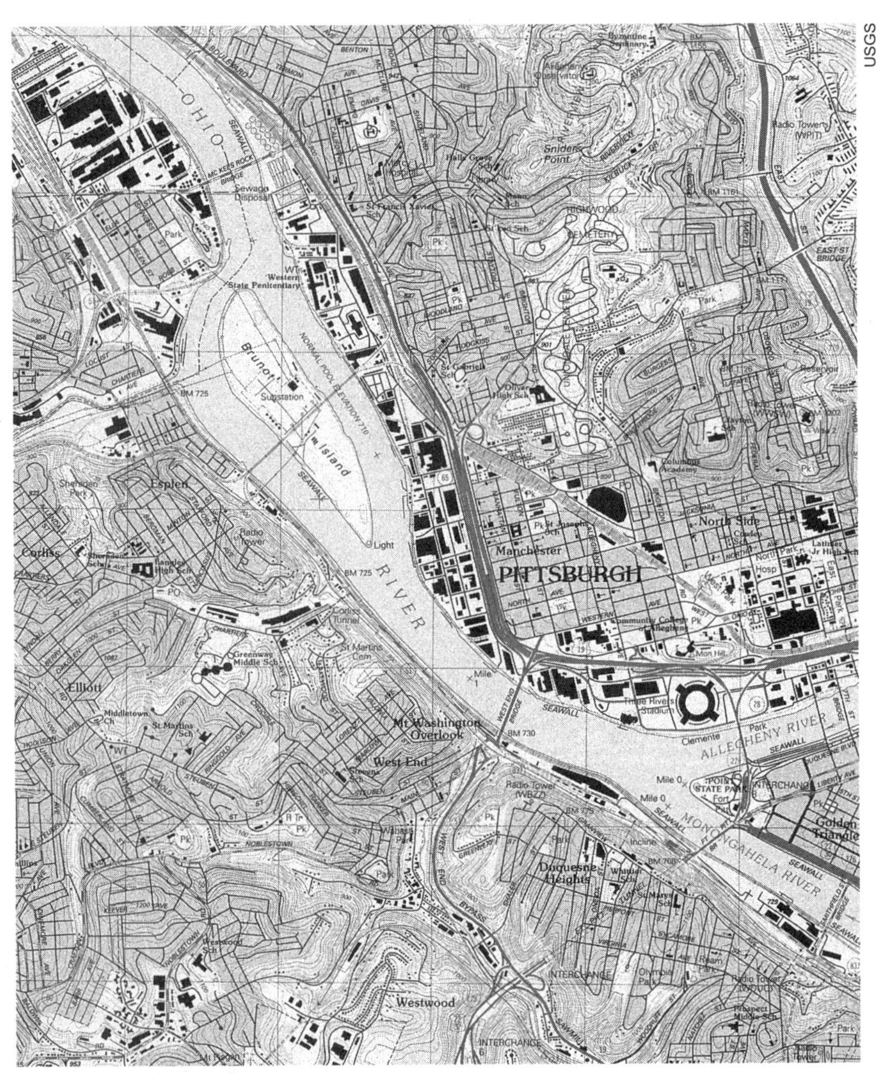

国家地质勘探局地图

信息服务中心，25286 信箱，科罗拉多州丹佛市，80225（http://geography.usgs.gov/esic/to_order.html）。如有需要，索引图中编号的方网格将显示出各州的特定位置

自然资源保护局（以前称为美国土壤保护局）为许多县出版了土壤测量报告，其中包括说明土壤类型的 11 英寸 ×14 英寸的航空照片。可以在最近的土地管理部门买到这些资料。它们对于被覆盖的地区是非常有用的。另外有许多不同类型的卫星照片和摄影照片，在很高的精度上表示了地表状况。

规划部门和高速公路部门经常为大都市提供测量的信息和报告。这对于大尺度的规划如校园、社区、流域、公园和开放空间系统的总体规划是十分有用的。

其他部门也提供一些基本的地图和数据资料，它们也许对选址和土地利用图解分析已足够了。但是，如果需要进行详细的场地规划和记录，就需要经过鉴定的地形测量。

GIS 格式的电子地图对于一个工程项目而言，是十分有帮助的补充数据。GIS 是由当地政府通过线上模式来提供的基础地理信息系统，它可以提供基础的地形、植被、水路航道、道路交通、建筑物、土质、分区、平原、设施、地权、航拍影像、分区限制或覆盖以及独特的信息。各个地区、州、联邦政府和私人机构还有很多可以广泛利用的数据资料，包括人口统计、地理数据和生态数据等。GIS 软件也可以帮助设计者分析处理多个不同的数据，并把它们运用到设计当中。

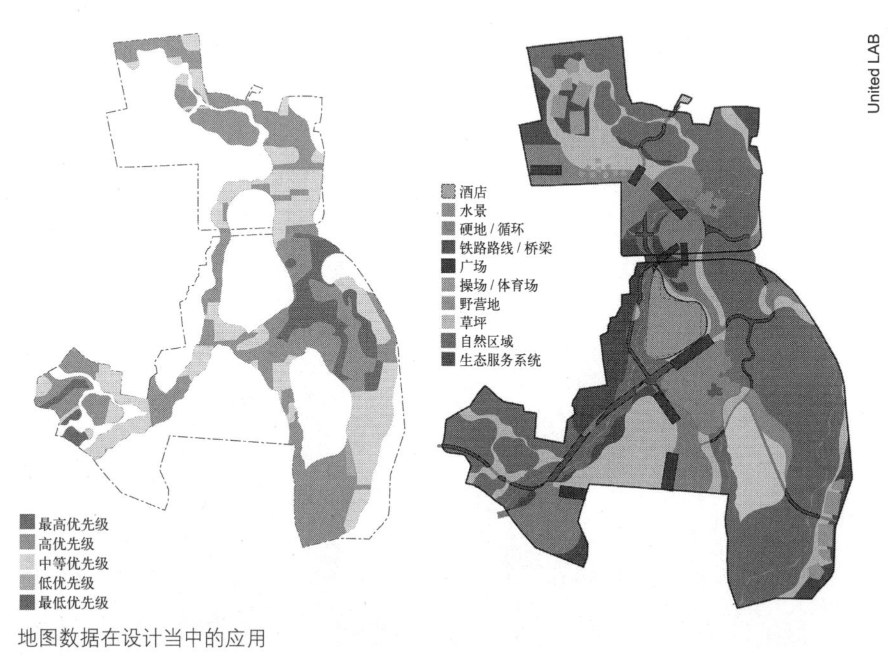

地图数据在设计当中的应用

© D. A. Horchner/Design Workshop

5 植　物

几个世纪以前，除了水面和暴风席卷的沙漠，整个地球在海平面以上都被植被覆盖。从水边的地衣、苔藓、芦苇到草原和平原上的草场，从沼泽中的草甸到山地林线带的稀疏林缘。在沙丘和起伏的山峦之间、高原的坡地上，大部分地区都覆盖着郁郁葱葱的落叶灌丛树林或针叶林。

表土层

在美洲移民穿过白令海峡的大陆桥前（最晚约 10000 年前），不论北美洲还是南美洲的植被都未被干扰或破坏。只要它未被破坏，多年堆积的肥沃表土就能被完好地保存。覆盖在风化层和花岗岩地壳上的肥沃表土对每个国家都是一笔宝贵的财富。因为只有它存在，才可以生产纤维、食物或木材。在过度放牧或不合理开垦土地，砍伐或烧毁林木之后，植被被破坏了，珍贵的表土很快被冲蚀或吹蚀，只剩下易风化的基岩和裸露的岩石。这种例子比比皆是，如中东许多国家的大片土地——曾经有大面积的森林但现在却像干燥荒芜的月球。

在美国，也没能避免这种不负责任的破坏行为。20 世纪，在电锯、推土机、漫不经心的放牧、不完善的开发管理之下，风和暴雨已经吞食了我们三分之一以上的表土。

除了保护功能，地表植被还有截流和保蓄降水的作用。叶子和根吸收一部分降雨、露和雾的水分。剩下的更多部分降水通过土壤渗透下去以保持地下水位或补充地下蓄水层。

自然中的植物

覆盖了大部分地表的植物生长形式多种多样，从太平洋海岸雨林中高耸入云的红杉树到河流、淡水水体和大面积的海水中微小的藻类和

Barry W. Starke, EDA

© D. A. Horchner/Design Workshop

Andropogon

Barry W. Starke, EDA

须芒草／自然界中的植物

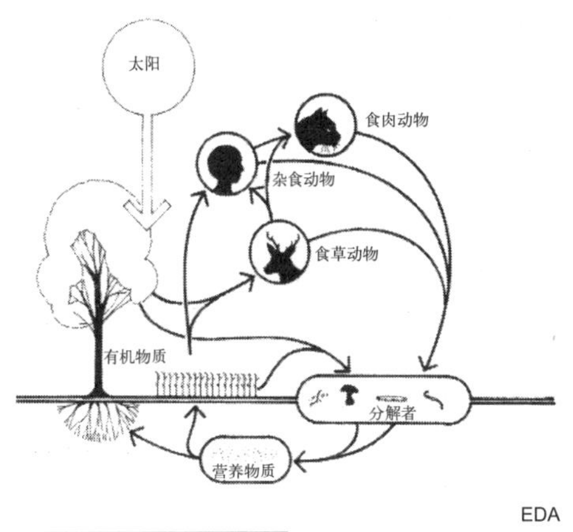

食物链

硅藻，神奇的植物界是所有生物的栖息地和基本的食物来源。

食物链

在植物含叶绿素的细胞内部，只有在生物学的食物链基础上，通过太阳能才被转变成一般的淀粉类食物。在光合作用的过程中，植物从空气和土壤中吸收水分，在光照条件下二氧化碳和水转化成游离氧和碳水化合物。这个重要的化学奇迹制造并补充了我们呼吸所需的氧气和所有生命赖以生存的简单的淀粉和糖。

一些碳水化合物（如蔬菜和水果中的）直接被人类消耗。更多的碳水化合物通过一个复杂的螺旋式过程，从陆地和海洋中食草动物开始，逐渐向一系列越来越大、越来越复杂的食草、食肉动物转移，最终成为鱼、猎物、屠宰牲畜或其他动物佳肴，走上我们的餐桌。因此如果植物生命消失，所有生命也会消失。

呼吸作用

它不仅仅是植物体产生游离氧气补充空气的过程。植物从土壤中吸收水分，水分以水蒸气形式通过蒸腾作用从叶中散发。这一冷却和湿润的功能有益于其他植物及动物的生存，在缺少植物的地方，只会有干燥的沙漠环境。

气候控制

Derek Locke

树根固定防止土壤侵蚀

植物也以其他的方式改善气候。它可以缓和风暴。叶子和落叶层保护土壤，抵御风和太阳的干燥作用。即使在冬季，植物的枝条和茎结成了一个网，以吸收或转化太阳的热量，有助于保护土壤免于冻结。

保蓄水分

植物储蓄水分——包括落在叶子上、树皮裂缝中的雨露，组成其内部结构的木质素的水合细胞，覆盖或深入风化土壤的落叶层和根系中的水，被保蓄的水分可以净化空气或渗入表土和地下含水层。未被控制的径流会产生侵蚀，既而也会淤塞河道。

土壤形成

在生死循环过程中，植物把腐烂的纤维和细胞归还给土壤，形成腐殖质，并增厚表土层。这一缓慢积累的重要物质若不被侵蚀则可以有效增加土壤养分、水分和土壤的生产力。

不能保留在土壤中的叶子、水果，茎和腐木桩被河流冲走，丰富河流入海口水质的养分。这些有机质又变成新的水生植物、牡蛎、贝类和鱼类的食物。

生产力

早在我们的祖先收集第一把果实或将首次狩猎的猎物拖入营地之前，森林、草原和水体已在为各种各样的昆虫、鱼类、爬行动物、飞禽走兽提供食物。今天的自然条件和人类尚未得势的一百万年前没有多大差异。人类开始只获取并储存自然的慷慨之赐，进而收获牧草、谷物和木材，最终吞噬破坏天然植被，代之以花园、田野和居住区。人类往往以损害地球其他栖息者为代价来赢得自己的满足，直至对植被和野生生物的破坏已经到了毁灭的程度。直到最近，我们才开始考虑后果，刚懂得整个动植物界内直接而脆弱的生态关系。

植物鉴别

与植物相处，就必须识别它们，并能用可理解的语言描述它们。植物学，作为科学研究的一个领域，已经从早期的植物分类和系统研究成

Otto Wilhelm Thome

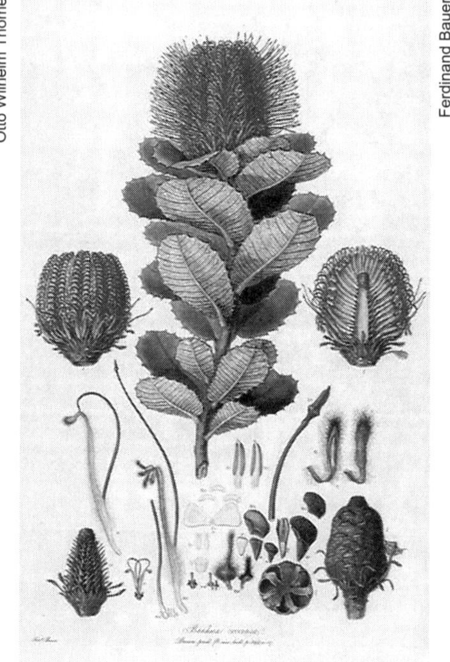
Ferdinand Bauer

描绘植物的印刷物

长起来。意识到需要更好理解它们的相互关系，林奈（Linnaeus）[1]建立了植物等级，并引入了标准命名法的概念。在已知存在的250000种以上植物中，至少有几千种以上没有分类。所有的植物（和其他有机体）都用科学的双名（拉丁名）：属名和种名。科学命名法概括地描述了植物的特征或植物学意义。应用拉丁文是因为拉丁文的释意是不变且通用的。如没有科学分类，识别或向他人描述一种植物是不可能的，因为俗名或地方名即使在同一国家的有限区域内也可能因地而异。从植物研究和应用的世界范围看，尽管用的是拉丁文，标准化的植物命名还是带来了极大的便利。

植物栽培

植物学家最初随意的行动后来已变成了有良好组织的探险活动。近期，为寻找收集植物种质，给花园和农场引种，从非洲丛林、蒙古沙漠到高耸入云的喜马拉雅之巅，植物考察者如威尔逊（E. H. Wilson）和戴维·费尔柴尔德（David Fairchild）的足迹已经遍及全世界。

繁育

早期的植物繁育和交叉授粉已经变为复杂的杂交繁殖技术。植物育种专家卢瑟·伯班克（Luther Burbank）的开拓性功绩激起了人们的兴趣，并培育出了新的受人喜爱的玫瑰、马铃薯、柑橘、李和其他改良品系。今天，通过植物选种、杂交、推广，多种强壮的、更抗病的稻谷，味道更甜美的水果、营养更丰富的蔬菜和更惹人喜爱的观赏植物正在出现。

生物工程

在过去的几十年里，生物工程技术出现了，其本质是将两种生物的DNA组合，从而形成一种新的生物有机体的技术。在植物领域来说，生物工程创造出的植物具备各种强化了的性状，比如说抗旱性、抗冻性、花期延长等。然而还是有不少人担心在工程实践的过程中会产生意想不到的结果，威胁到自然界。直到本书出版，这种争论仍然没有停止。

---

1 卡尔·冯·林奈（1707—1778年），瑞典植物学家，是第一个对植物进行系统分类的植物学家。

园艺学

园艺学前途广阔。然而在植物种类改良工作中，我们经常忽视了周围环境中丰富而神奇的本地植物库。它们经历了无数世纪的自然选择。每一个都是进化、适应和生存的奇迹——所有自然力量作用的结果。每一物种都是其所在的地点和时期内植物生命的最高形式，这种形式是特定环境和时期的产物。我们只是刚刚开始懂得植物在生物圈中的重要功能，及其对人类工作和生活环境的贡献。

Barry W. Starke, EDA

圣巴巴拉植物园

周日下午游览植物园常常可以激起人们对植物的兴趣。想获得广博的植物知识，首先要辨别窗前的植物——通过植物的形状、表皮、枝条、芽、叶、花和果。然后，观察范围可以扩展到院子和邻近地区。在城镇和城市之外，田野或树林中，有一年四季等待被发掘和欣赏的植物宝库。最后，许多自然渴慕者追寻的足迹会沿溪流、河谷走向野外。在那未被干扰的自然中，可发现原始的植物世界。对那些能够领悟他们所见的人来说，这种运动体验含义深远。

对一个初学的探索者来说，最简单的植物指南已足够，但在浏览书页前应三思而行；这是很漫长的探索之路。

引入的种植园

在遥远的人类发展的远古混沌之初，是谁在日常采集食物时，首先想到挖掘并移植块根？是谁留意收集并播下第一粒种子，着急地等待，然后为它们的萌芽而惊呼？无论是谁，无论何时，这些行动就是农业的开端，同使用火和制造工具一起被视为文明的开端。从那时起，这样或那样的植物栽培就成了一种普遍的事业。

植物的繁殖和培育是游牧生活方式发展的必然结果。自然状态下，饲料、谷物、蔬菜、坚果和水果的产量经常是很低的。农田、果园、葡萄园的产量数倍增长，谷仓、饲料储藏室、地下储藏室和食物贮藏箱可以维持食物供应。

早期定居者的原始农场——依赖于锄挖和马拉犁的农场——是与地势相适应的。河流、湿地和周围的森林未被破坏。随着房舍的增加，有篷马车向西挺进，景观因受到冲击而改变——压出的车辙、排起的篱笆、遭砍伐的树林、被犁垦的土地和居民点。但地表形态仍未变化，空气清新，清澈的水流注入天然湖泊。

Tom Lamb, Lamb Studio

农业用地

Tom Lamb, Lamb Studio

消失的农田

随着为农村服务的商业中心及港口的兴建，最初蜿蜒的乡间小路发展为遍布美国的连绵的高速公路和州际铁路，并在交叉路口形成城市。但是，自然景观消逝了。这一威胁迅速而且令人沮丧。

纵观人类的许多发展——植被和土壤的破坏、湖泊和河流水质恶化及空气和郊区的污染——都令人心神不宁。回想一下景观的旧貌并意识到它其实可以通过精心规划成为高品位的社区，这实在令人悲哀。

美国在19世纪和20世纪因机械设备和开拓式的“平整土地、排干沼泽”等，严重破坏了自然景观和生态基质。实际上无须这样做。在德国、英国和北欧的乡村，我们发现这样有教育意义的例子，农村和自然与其中的城市处于共生共栖的生态平衡状态——其中城镇安憩、农田完整、森林保护良好，许多自然环境被保存下来。

入侵物种

19世纪和20世纪，世界贸易稳步发展，直至今天，全球经济越来越融为一个整体。随着国际贸易的不断增加，也不可避免地加剧了动植物物种的迁徙和扩散。几个世纪以来，探险家和企业家们为了食物生产、获得纤维或者观赏植物等商业目的，人为地使动植物物种从一个地理区域传播到另一个地理区域。这些人为引进后地再分配也达到了它的预期目的：提高农业生产、提供广泛分布的观赏植物和丰富的植物物种等等。

Jil M. Swearingen

葛藤

种子、幼虫、幼小的动植物等在运输其他产品时作为偷渡者被携带，生物自然传入或人为引进后都促使了当地物种的再分配。不受控制的再分配导致了一个新的类别的植物群或动物群称为物种入侵。外来入侵物种由于其极强的适应力和繁殖能力就会变成入侵者，破坏当地生态系统的平衡。

外来入侵物种在新的地区缺乏自然控制机制，它们的繁殖传播速度极快，打破地区原有的自然生态平衡，从而威胁当地生物的多样性。众所周知的例子就是被引进到美国用来控制被侵蚀的高速公路的葛藤，和在 1990 年代无意间被传入的棕色的有着大理石花纹的昆虫。

一旦原有地自然控制被打破或失去生态平衡，土著物种也可能形成入侵威胁，也许最好的例子莫过于数量呈爆炸式增长的原生白尾鹿。

植被消失

一个新的美国景观正在形成。这一迹象令人鼓舞。我们在乡村、郊区和城市发现许多较好利用和保留自然特征的例子。许多农庄、家园和社区是根据地表环境精心规划的。为保护山坡、河岸和海岸，需要广阔的开放空间。不幸的是，坏例子总是远比好的多。

重建湿地

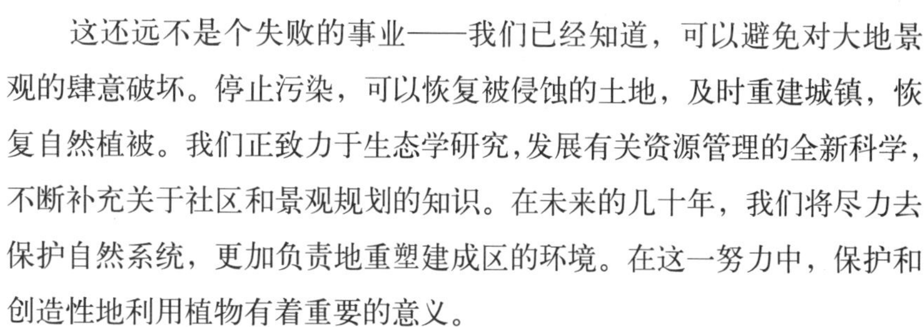

这还远不是个失败的事业——我们已经知道，可以避免对大地景观的肆意破坏。停止污染，可以恢复被侵蚀的土地，及时重建城镇，恢复自然植被。我们正致力于生态学研究，发展有关资源管理的全新科学，不断补充关于社区和景观规划的知识。在未来的几十年，我们将尽力去保护自然系统，更加负责地重塑建成区的环境。在这一努力中，保护和创造性地利用植物有着重要的意义。

重建

许多曾经目睹美国景观的缓慢退化和植被破坏的人，现在已经采取措施力求逆转这一趋势。

为了避免高原牧场、山地和河岸森林、草原和海岸湿地的消失，已经设立了数百万英亩州级和国家级保护区。另外，大面积被伐森林已重建，且在被耗尽或侵蚀的土地上已培育了新的树木，种植园作为流域保

© D.A. Horchner/Design Workshop

社区花园

Scott Shigley/Hoerr Schaudt

园艺促进社区活动

护区或野生生物管理保护区、防风林或木材和粮食生产区。这些项目已经得到广泛支持，并将逐步扩展。

都市农业

都市农业是指在都市及其延伸地带种植食物和其他农产品，紧密依托并服务于都市的农业。它自人类文明的开端和农业的形成以来就以自有的形式存在。尽管都市农业被认为不能够完全取代传统农村农业，它却相比其他方式给城市居民提供更有价值、分布更加广泛的新鲜产品。

都市农业的生产经营方式明显地多样化，包括在没有实际可利用土地的情况下使用的“生长袋”，联排花园里的小花园和半英亩或者更大的社区花园。具有创新精神的规划设计师们不断探索新方法去充分利用开放的空间领域，比如一些大学和企业校园投入农业生产。在最近出现的经济衰退和房地产泡沫破灭后，大量都市地区拆除废弃或破旧的房子和土地改造成社区花园。

Kongjian Yu/Turenscape

大学校园里的农业

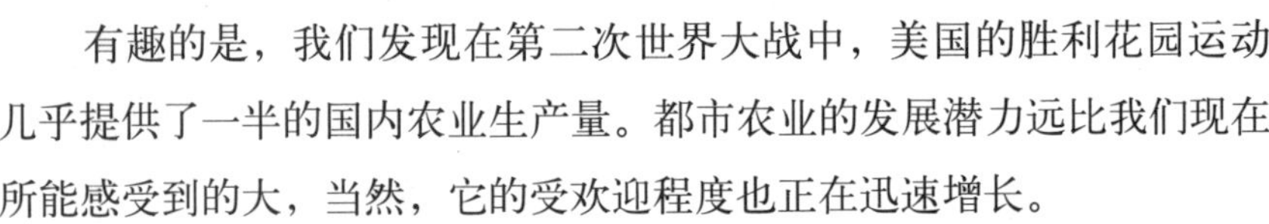

有趣的是，我们发现在第二次世界大战中，美国的胜利花园运动几乎提供了一半的国内农业生产量。都市农业的发展潜力远比我们现在所能感受到的大，当然，它的受欢迎程度也正在迅速增长。

城市林业

寻找凉快舒适的林荫地应该是人类对于环境的一个最基础的需求。树木对于城市的好处有很多，包括对环境生态和社会民生的好处。树木可以帮助调节由楼房和路面产生的恶劣微环境；可以制造氧气，吸收二氧化碳；可以减轻城市径流所带来的日益严重的水土流失。除此之外，树木还有很多其他的益处，比如它还可以为城市提供社交场所和活动空间。

尽管我们都知道在城市圈内种植树木益处颇多，但是实施起来却面临很大的挑战。这包括由机动车尾气导致的日益严重的空气污染、越来越有限的种植空间和贫瘠的土地、以及由于高楼大厦阻挡导致的光照不足、有限的水供给、气温的上升和公用线路的竞争。

现在所说的城市林业是指研究培育和管理城市森林、树木和植物。城市林业主要由政府机构实施，但近年来，也有一些非营利机构加入这一实践活动中，比如“都市森林之友”（Friends of Urban Forests）和“凯西树”（Casey Trees）等。

随着世界人口的持续增长和不断加快的城市化进程，城市林业系统将会成为城市绿色基础设施中的一个基本组成部分。

AECOM

未来城市环境系统里的森林

© D. A. Horchner/Design Workshop

6 视觉景观

视景

视景是从一个给定的观察点所能见到的景致。通常，一个绝佳的视景就足以成为选址的理由。然而场地一经获得后，大部分视景的优势都不能得以充分利用。实际上，对视景的恰当处理是最有待理解的视觉艺术之一。必须以敏锐和富洞察力的艺术手法分析和组合视景，以利用其中极为细微但却充满潜在生机的部分。同其他景观特征一样，视景可以通过处理得以保护、弱化、缓和及强化。但在试图处理视景之前，我们必须更多地了解其本质。

视景是一幅框起的画面，一幅变化多端的全景。

视景是一个主题。恰如其分地处理类似于主题变量的音乐创造。

视景是情绪不断变化的诱导。

视景是视觉空间的限定。它超越了场地界限且有方向上的吸引力。它可让人产生延展自由的感觉。

视景是一种背景，可成为庭园的墙或房中的一幅壁画。

视景是建筑的环境。

适宜性作为一个因素

为了怡人，视景必须与人及为人所用的区域和空间相关联。无论如何，我们必须确保功能和视景相和谐。例如，大型活动或令人兴奋的场景很难从视觉上介入极为安静的场所。

面对球场或拔河比赛所充斥的哨声、铃声、守门员的喊叫、奋力挣扎、又拉又拖的场面，学生怎么可能在教室里集中精力呢？为此情此景所吸引，艺术家又怎能把眼睛盯在画上，而图书管理员又怎能专注于手头的工作？再有，平和、田园牧歌般宁静的场景可能会削弱为鼓舞士气、提高精神境界而设计的空间的效力。为了达到此目的，视景应该崇高且极具震撼力，要高大雄伟，或者根本没有任何视景。岩石峡谷景致里有着嶙峋的冷杉和奔腾咆哮的激流，它这种生机勃勃的特性可能会破坏反省空间里那份宁静或冷漠的氛围。浓烟滚滚、火焰跳跃、起重机遍布的动态工厂场景也有其设计上的功能和局限性。甚至是一座河流蜿蜒的城市，它一览无余的夜景里，珠宝般灿烂的星空和交互映辉的灯光，高楼大厦柱形、菱形的剪影和光鲜靓丽的外表，云蒸霞蔚的烟气、甲虫般蠕动的车灯、波光涟漪的河流倒映出晃动的天光云影——甚至像这样神奇的景观也可能会和一些功能区不相称，但对许多其他功能区来说，它已达到理想状态。

Nelson Byrd Woltz Landscape Architects

视景也是设计的一部分

视景的设计处理

视景具有景观特征。这一点势必会决定与之相结合的那些区域或功能。如果视景是一主导的景观特征，那么相连的用地区域或空间就应与该视景的现状或可能状况相和谐。

视景无须完全从正面或从固定的方向观察。它是从各个角度都能观察到的一幅全景或全景的一部分。它可斜看、可环视、可侧观。

视景是一驱动装置。为了便于更好地控制其局限性或以一种新奇有趣的方式来看某些局部，强有力的吸引会将人引至远处，或从一地吸引到另一地。技高一筹的规划师会让视景随观赏者的运动而移步易景，如同登山者在攀登过程中越向上就越能体会到更多的景致，直至看到全景。

视景是可以细分的，它可一小幅一小幅地观赏，每一局部都可作为一个独立的画面且这样能更好地领略其特殊本质。通过设计，视景能随人的移动而不断变幻。在每一个地域，它利用方向、前景、景框，或空间的功能，使人接触到它的一些新貌，直到最后完全展现在人们面前。

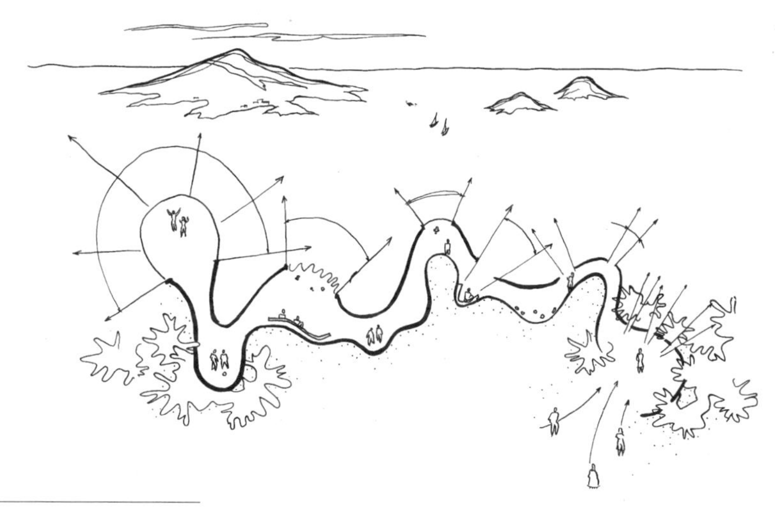
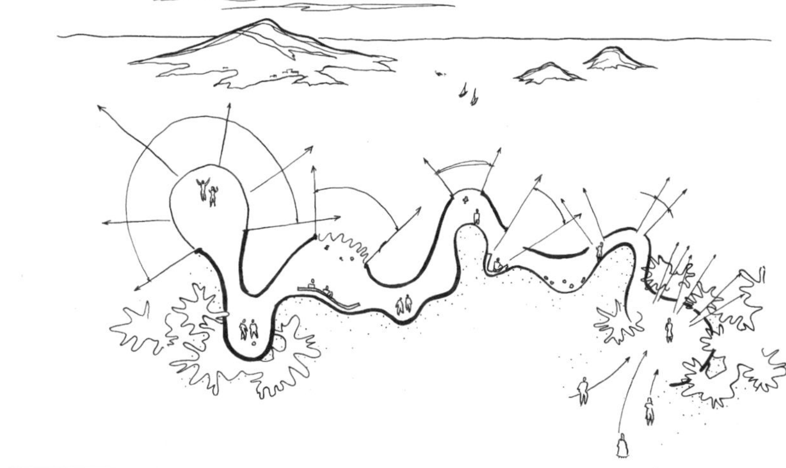

视景的变化。透过松散的叶丛的一瞥，看到狭长的框景，再到较开阔的地段；然后将兴趣逆转，看透景，看衬于视景下的物体；再将兴趣逆转，透过树丛看与视野相对的物体，然后集中精力于洞穴状的幽深处，最后展现于眼前的是一览无余的全景

如果将风景作为背景，那在其衬托下的物体必须很有特色

风景衬托下的细节如果占比例很小或不协调，就可能导致兴趣分散且令人厌烦

当某些规划区域发展为对景或衬景时，视景会给人更深刻的印象。如果我们长时间地站在一个视点上，全面领略一视景，它将开始失去最初新奇的吸引力且震撼力也将大大减弱。只有当某些规划区域发展构成平衡的对立面时，开放视景的吸引力才能持久且得以强化。这类区域可以是封闭的，仅有一条狭长的通道或构筑物设置的缝隙透出景色诱人的细节。它可以是一个纯朴的空间，形式简洁质朴，色调平和，这样视景色彩明快的部分才能更为生动。它可以是一个隐蔽区域，为了对比，将

人从一处视景引到一些洞穴状的内部空间，这样当视域豁然开朗时，人们会感到莫大的放松和自由。经过设计的空间可组合一些巧妙地或强有力地与视景相关联的物体：一艘船的残骸与海洋视景；锤炼过的金属与烈焰滚滚的熔炉景象；水果盘与果园；鲑鱼形蚀刻版画与水花飞溅的溪流；有着狐狸、天鹅或野火鸡的画面或狩猎设施与绵延起伏的狩猎场的全景；或者，一支蜡烛与远处教堂的塔尖。

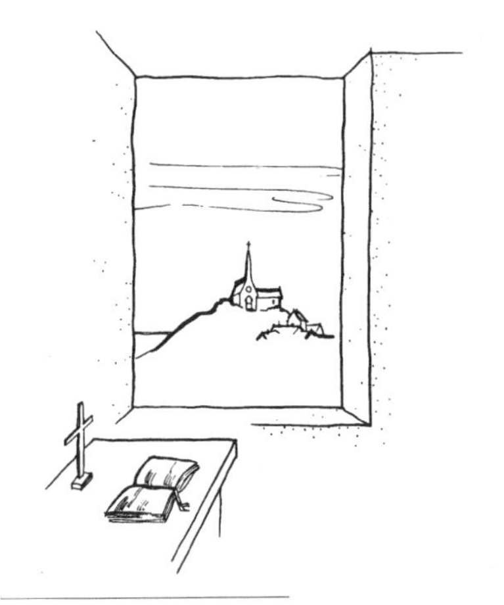

视景是一个可暗示且能给相关惯性强的功能以附加意味的主题

一些地域为了留有余地，规划时最好没有明显的联系。因为像醇酒般醉人的视景，应该慢慢吸收，细细品味。

视景处理中兴趣分散是灾难性的。场景前的细枝末节常常令人迷惑或心烦意乱—— 一个恼人的因素。如果把辽阔的视景用作背景，置于其前的景物必须是独立的或呈组群状，要么退作陪衬，要么占主导地位。

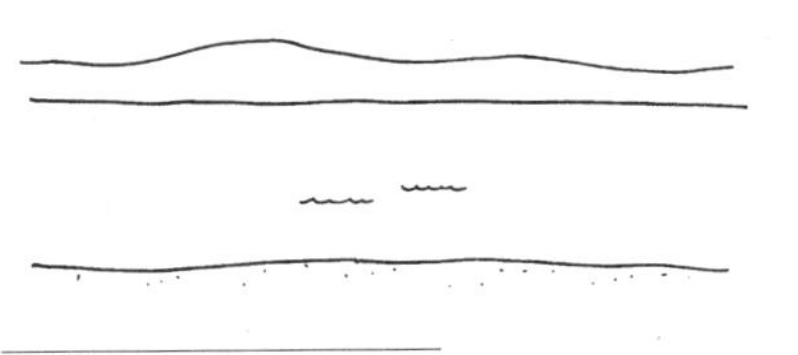

最佳视景不总是或不常是完整的画面

暗示的力量

如果景观中的视景或物体通过设计具有提示意味，那么人们将能更充分理解其含义，从而扩大暗示体验的范围和程度。透过一个半透明的平面或幕布看松枝或浓或淡的影子，或将影子投射到幕布上，其效果要比直接看松枝本身好得多。由远处或在半明半暗的灯光下看一形体模糊的外轮廓，也通常比完全仔细地看同一形体更为有趣。视景也是如此。

通常透过景框或适当的屏蔽欣赏视景，效果更佳

冈仓天心在《茶书》中写道："只有精神上能化缺为整的人才能发现真正的美。是对抽象之爱使得禅宗摒弃传统僧侣学派中那些精美的彩色油画，而宁愿选择黑白图案。"这一直是禅宗僧侣们的信念。

藏与露

视景为达到最佳效果．应该只在规划中最恰当的位置才完全展露出来。它不会过目即忘，尽管不像脱衣舞艺术家表演那样具有悬念感和节奏感，但却可以更为精致的方式加以保存和展现。

传说在日本村（Tomo）附近，一位著名的茶道大师计划建一座高档茶室。深思熟虑后，他买了一块有着美得惊人的、田园诗般内陆海风景的土地。他的朋友们非常好奇这位伟大艺术家会怎样去展示他的视景杰作。但在建设期间，他们出于礼貌没去探个究竟，而是等着被邀请。

第一批客人抵达入口大门那天，他们几乎按捺不住自己的急切心

只在最佳视点，远景才显现了出来

情，要去看看那一定会童话般雄辩有力地展现的海景。他们顺着狭长的石砌小路向茶室走去，心想大海一定是在与人捉迷藏，借着穿越细竹丛的小径阵列隐藏起来。在茶室门口，他们推理海景会在一个颇为恰当的景框中向他们展现出来。然而他们很困惑地发现只有长满青苔的肩状石头和草编篱笆墙藏匿着海景。按照传统，在进入茶室之前他们要停下来，在一个盈满水的石水钵那里弯腰洗手。当他们直起腰抬起眼帘的一刹那，只在那一瞥之下，却惊奇地在巨石和古松低矮的黑枝之间发现，波光粼粼的海就在他们的脚下。观看时，他们甚至是有些震撼地在指尖上体味到海水与冷水之间的联系。

茶室的草席，为半透明的屏风所环绕，在里面他们举行了一个简单的茶道仪式，脑海里却始终萦绕着海的那一幕。仪式结束后，客人们感到放松且精神振作。当主人悄然而起，推开房间的一面屏风时，他们有些惊诧于从草席一直延伸至无穷天际的，那份完美无缺、美丽至极的海景。

透景

透景是有限的视景，通常直达一个终点或一个控制要素．它可以是自然透景，如越过一条日本枫林大道透出了富士山的风景；透景也可

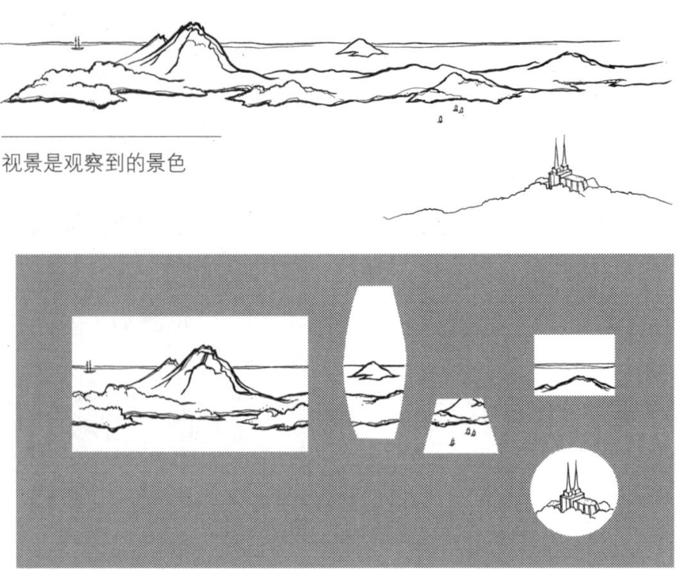

视景是观察到的景色

透景是框起的视景片断

外框和透景必须和谐一致

以是人工的，如从凡尔赛宫见到的雄伟的海神喷泉。与大多数视景不同，透景必须全面地加以处理并须精确地控制。每一透景至少要有一个观赏点、一个或多个可观察的事物以及一个过渡地段。

三者应该协同构成一个令人满意的视觉单元且常被视为一个整体。如果一个或更多的要素已经存在并容许继续保留，那其他要素当然要在设计中与其保持一致。

另外，透景必须同相关地域空间协调一致。如果将透景作为用地区域或空间的外延加以规划，那么特征和规模间的关系就更为重要。例如，从一个实力很强的银行的证券交易所望出去，如果有透景的话，那它也不应是一个娱乐公园内随波而动的海船或州立监狱的大门。大理石、镀金及装饰红木构成的景框要求透景及其终点也该相应地予人以深刻印象且风格更为古朴。朝向国家纪念碑的透景极少可能是服务站、药店或工厂，最好从另一个纪念物、一个公共建筑或公共集会广场那里观赏它。对那些优美的透景而言，终点和起点互相调和是十分重要的。

Christopher Brown, FASLA, JJR/Floor

边界形成了这个空间的个性

终点

终点是透景的聚焦点，它的特征决定了发展的主题。所有其他要素都必须与它步调一致，协调配合地突出主题与对景，以期最终达到令人满意的效果。嘈杂、冗余、不适当的物体无存身之地。

引人入胜

终点的特色可逐步展现。如果透景可沿着观赏路线在几个位置看到，那每一处所见的透景部分都要分别对待。有时终点景致在整个行程中都可观赏。这种情况下，它应通过不断演化的空间包容展现，以发挥其不断变化的透视景观的全部潜力。如果行程太长，透景会变得令人厌倦，所以应通过变化水平高度，伸展或压缩参考景框，或变化行进空间和观景空间的特色，将透景分成几个部分。通常，朝远处焦点行进的过程中，一个人首先分辨出的只不过是终点要素的外轮廓。随着人逐渐走近，终点面貌逐步展现：部分整体，局部以及最终可见的细节。

任何透景都可能以无数种方式令人满意地展现出来。唯一必要的是从所有观赏点或行进路线望去，透景都应是一个令人愉快的视觉整体。透景可诱使人活动或休息。一些透景是静态的，可从固定的观赏点欣赏，且从这一点可见整个透景。其他透景，凭借其展现的美景或终点的吸引力，可将游人从一点吸引至另一点。

所有透景都为观察者决定了一条强制性的观赏路线。透景对视线具有持续的、方向性的吸引力。这样，透景就有了轴线的功能。

轴线

本质上讲，轴线是连接两点或更多点的线性规划要素。应用中，轴线可以是一个庭院、一个商场或一个训练场，也可以是一条小路、一条河流、一条城市街道，或是一条纪念性景观路，它总是被看作一个联结的要素。

轴线在土地规划中具有重要的应用价值。但它也有局限性，因为一旦引入轴线，它通常会成为占主导地位的景观特征。规划综合体中建立的轴线是如此显著，以至于一切其他要素都必须直接或间接地与其发生联系。任何与轴线发生冲突、与轴线相邻或通向轴线的地块或建筑物都必须从这种联系中提炼出其用途、形式及特点的许多方面。因为轴线是强有力的景观要素，别的景观特征要服从于它。这可用多种方式实现。据说，建造凡尔赛宫时，国王路易十四质问为何图纸上的三条入口林荫大道没呈均衡状。有人进言说那条反常林荫大道的安排是为了越过附近的一个村庄，路易十四回答说他无法理解这一点。于是规划修改了。为了保持完美的对称，一条入口轴线势必要穿过那座不幸的村庄。拆除工人开始工作，村庄从此消失了。

几乎穿过任何已建景观区域的轴线控制都是如此有效。因为事物现存的秩序将受到干扰，必须设计出新秩序且使其与引入的轴线关联，原因在于轴线极少有谦让性。轴线是强有力的且要求很高，结果，事物通常都沿轴线前进。

轴线具方向性。
轴线是有秩序的。
轴线占统治地位。
轴线通常有点单调。

这并不是说轴线最好避而不用，只是暗示轴线的这些属性都不益

Barry W. Starke, EDA

Photo courtesy of Colonial Williamsburg

Photo courtesy of Colonial Williamsburg

Charles Mayer/Hollander Design

轴线

于产生放松、令人愉快的繁杂、欣赏自然、自由选择或许多其他我们人类期望享受的类似体验。

轴线的特征

从给定的用地区域出发，轴线是一条动态的规划线。它向外伸展。从而区域也是外向的。这样的一个既作为观赏点又作为轴向运动的源，要能很好地表达这种外向型的流动。但如何实现呢？通过塑造空间来引导外向型运动。通过有效的构造，视域框可用其孔隙很好地聚焦。通过向外扇形地分布铺装路线，或沿中轴线方向精确地展露它们。通过将兴趣集中于展示区的前缘，引导人流走向且越过它。利用具方向性的形状。通过运用向心的外扩螺旋线，有如水池中卵石激起的涟漪一般。

通常，轴线规划中的观赏点和终点可互相转换。引导我们外游的形式、路线和细节，如果反向走近，它们似乎还在召唤接纳我们。这是很幸运的，因为大多数轴线处理允许仰视或俯视，也可从一端移动到另一端并再转回来。这样，过渡区域可依次成为接纳区域。我们可恰如其分地如下结论：当观赏点和终点特征可互相转换时，它们必须要能同时表现源头的特征、轴线风景和运动的终端特征。

轴线，作为运动、使用及视觉的路线，必须同时满足三种功能。轴线，就像它创造的透景一样，在同一空间里结合了起始、中间和终端空间。只有将这三部分当作整体的内在组成加以规划时，轴线才会看似恰当。如果轴线规划地区要成为干道，那它从头到尾看上去都要像一条干道，且要具干道的功能。侧面的每栋建筑都“属于”这条干道。每一个凸向或通向干道中心的空间都要带有干道的特征。

许多抒情的赞誉集中于雄伟大道的代表——巴黎的香榭丽舍大街。但建设之初由于它拆除了一大片城市居住区，许多人批评了它对城市社会经济的负面影响。现在，让我们从意念中抛开这类沉重的牵连之事，尽情发挥想象，直到能够俯望凝视整个向外惊人延伸的壮观轴线。

Courtesy French Embassy and Information Division, New York City

戴高乐广场上的凯旋门位于香榭丽舍大街的始端

在我们的远处是壮丽的戴高乐广场—— 一个宽敞的交通环岛，几条街道从那里有力地辐射出去，消失在远方，环岛由它周围高大的树木和朴素的灰色建筑围合而成。其熠熠生辉的铺地由切割的花岗岩石块构成，构图极为精美。整个尚武空间弥漫着倨傲和神圣的气氛，可能是源于广场中心隐约可见的凯旋门，及凯旋门的环形场地中永垂不朽的无名战士墓。戴高乐广场是一处极适于使用功能的空间。作为焦点的凯旋门从所有方向望去，几里以外都可看到它得体的框架。环岛是一处引导空间和起始点，因为戴高乐广场作为具震撼力的视觉终点的同时，又是香榭丽舍大街的始端，拱门威严地将人的注意力集中到这条宽阔大路的起点。

好的生活并不是指别致的玩意儿，或身体上的放松，它要能使我们精神振奋。常人不会去定义这点。对最贫穷的巴黎人的“好生活”而言，戴高乐广场上的凯旋门和通向广场又从那里辐射而去的绿树成行的街道，要比低档居住区轻微的改善来得重要。我是说普通人无法享受好生活的一切要素：诗意的生活、政治生活、现实生活、精神生活。生活必须偶尔但不太经常地让人心旷神怡。不能太经常是因为心旷神怡不能持久，就像但丁《神曲》的读者所发现的那样。但没有这些亮点的生活不是好生活。

——约翰·埃利·布尔查德
(John Ely Burchard)

这条轴线性质的大街一路向东挺进，始终如生机勃勃的军队一样，建筑和树木以既定的节奏坚定地行进。不经意中，我们开始注意到大街上少了军事特征，多了皇家气派，少了冷酷的军团，多了装饰华丽的不朽之物。现在，我们到了宫殿群。亚历山大三世大道从荣军院前的广场出发，越过塞纳河，与香榭丽舍大街相交，大、小宫殿在亚历山大三世大道两侧对峙而立。在我们继续沿着香榭丽舍大街向有着装腔作势的部委和内阁办公大楼的协和广场前进时，又开始了由富丽堂皇向市民气息的过渡。

从戴高乐广场向东的旅程中，我们经过了有着银质柱楣构的豪华公寓，有着高天鹅绒窗帘的精品店，有着闪耀生辉的枝形吊灯的豪华饭店，最后是小咖啡店，有着漂亮的绿色遮棚，拥挤地置于人行道旁的桌子，扎着白围裙，指尖轻托着托盘的侍者在桌子间往来穿梭。大道在这里呈现出一派生机勃勃的气息。色彩是明快的，精神是轻松的，笑容不断闪现，人们的整个心灵都沉醉于巴黎的这条大街中。

今天，我们更诚实、更实际、更讲究功能，但这曾是以牺牲文雅和仁慈为代价的……

——彼得罗·贝卢斯基
(Pietro Belluschi)

越过协和广场秩序井然的空间，我们来到蒂伊勒里宫（Tuileries）这个壮观的公共花园。花园一端，我们见到了卢浮宫优雅的框景，它有着暖色调的石墙和华丽的装饰。正对着宏伟的卢浮宫，我们看到了法桐支起的棚架式林荫路，看到色彩变幻的公园、喧嚷的车流、整洁的护士、悠闲的人、狂吠的狗、蹦跳的孩子、在阳光下长椅上打盹的白发苍苍但面颊红润的戴着蓝色贝雷帽的老人、衣着整洁兴高采烈的海员和花枝招展的女郎，这个繁华空间中的一切都属于它——这才是它真正的本质。

是的，我们已忘记了宜人的简单礼仪，城市规划的主要目标似乎只是满足驱车者从A点驶向B点，而其中所谓建筑的真谛则远远缺乏这种礼貌。

——小亨利·H·里德
(Henry H.Reed Jr.)

沿着整条大街，我们能发现规划中的一些矛盾的地方，或不协调的成分么？肯定会有，且可能很多。但它们都消失在感染力极强的穿越街道空间的运动历程中，消失在一系列的组合中。这个“天堂般的场所”，从戴高乐广场上凯旋门的肃穆庄严到雄伟威严的行政中心，再到富丽堂皇的公寓区、漂亮的商业区，以及生机勃勃的、咖啡馆遍布的街区，然后穿过公共花园的延伸部分，就到了壮观的精品艺术博物馆。而我们仅在一次短暂的晨间漫步中，就会依次觉得自己是战士、是信差、是政客、是富人、是欢欣的艺术爱好者、是诗人、是情侣、是放松自由而快乐地闲逛大街的人、是受激励的观察者，最后则成了杰出的艺术鉴赏家。

什么是“纪念性的”？顺便说一下，这个词在建筑意义上是相当新的。100年前，拉斯金（Ruskin）只谈到“权利”。其实，它是最近从法语中借鉴来的。“纪念性的”对法国人来说，就是建筑物“具有宏大、庄严特征”，因为纪念物是“在体量、面积和壮丽方面有重要意义的建筑”。“纪念性的”含义是“宏大、庄严、意义重大”。

——小亨利·H·里德

如果香榭丽舍大街是在今天规划的，它会有完全不同的面貌。确实应该不同，因为所处的时代和环境已改变，规划思想和形式也会随之改变。新的大街将少了古老专横的拘泥形式，少了笔直的对称。尽管保留了神圣的纪念碑，但其纪念意义却少了许多。其两侧的大量居住区会开放且自由。少了分门别类，而更加趋于综合和丰富。

它会更灵活且允许更大弹性的存在。它的形式源于对巴黎人及其正在形成的文化的少得可怜的理解。它表达了巴黎人新的自由、观念和抱负。但那些想改变现今香榭丽舍大街的人应该先进行一番长期的研究与思考，因为就它为之建造的时代和社会以及其形式和空间的控制处理手法而言，没有任何一条大街可与之媲美。

轴线在它的影响范围内对景观要素的影响有时是积极的，有时是消极的。我们说过邻近轴线的地域或物体必然要和轴线发生联系。有时它们会深受其害，因为人们的兴趣多集中在物体 - 轴线关系之中，而不是物体本身。例如，一株长势良好的椴树，如果是孤植的，我们就会观察其枝干的结构、细枝、嫩芽、叶子、光影图案及其优美的外轮廓和精致的细部。但如果它与一条显著的轴线关联，我们就只能在大背景下对同一棵树一掠而过，其细微、自然、独一无二的个性都丧失在这条轴线上。

有时，通过它们间的相互联系，轴线要素可获得更多的趣味和价值。作为单一要素，它们是单调的，但在整体构图中，它们却可相当引人注目。如果它们的位置并不显著，那么利用相关轴线的框架，它们的重要性可大大提高。

作为统一要素的轴线

轴线的终点或中点在功能上也可作为其他轴线的终点或中点。这样两个或更多的规划区域可聚焦于同一点。华盛顿特区规划图采用了这

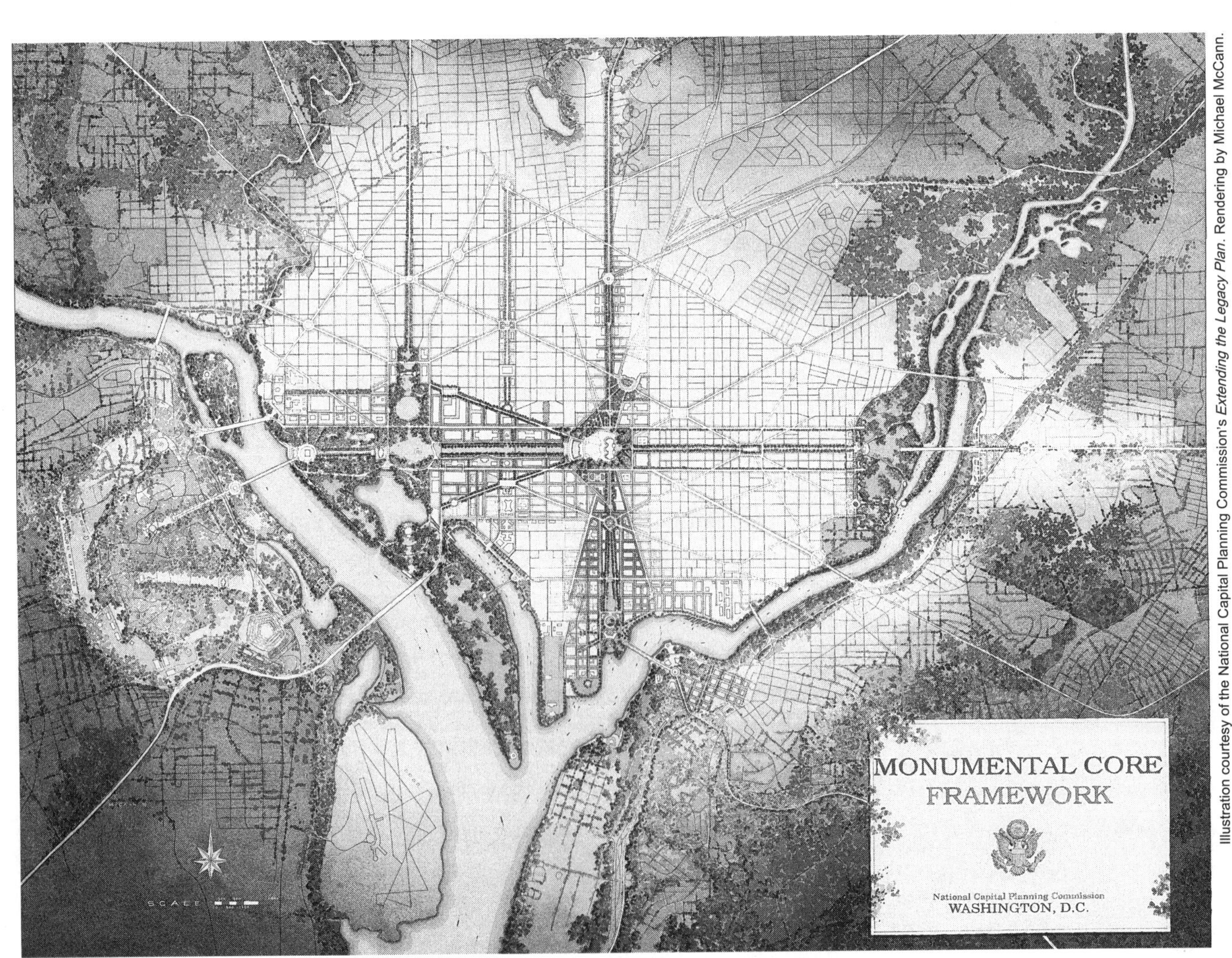

Illustration courtesy of the National Capital Planning Commission's *Extending the Legacy Plan*. Rendering by Michael McCann.

华盛顿 D.C. 轴线规划

一原则，所以成为精心设计的、最紧凑的都市规划之一。会聚于公园、环岛、建筑或纪念堂的长长的、放射状的、绿树成行的大道框住了优雅的透景，将城市复杂、伸展且各不相同的部分结合成紧凑的统一体。如果就纪念性的规划安排而论的话，这一切看来恰到好处。

附加的特征

加在一个自由规划区域的轴线需要新的相关秩序

具震撼力的轴线需要有适当的终点。相反，具震撼力的设计特征通常在形式或特点上也要求有轴线型入口路径。这类面貌，我们在上述例子中已很好地见识过了。

或者，它们最好位于规划线的汇集点上。

或者，它们在旅程中沿一条给定的入口线路展示出来。

或者，它们需要控制性景框和建成的观赏点。

或者，它们可通过与其他线性规划要素的直接联系而获得。

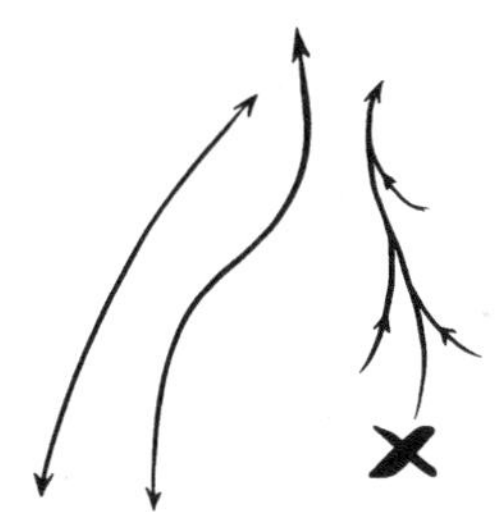
轴线可弯曲或转向，但绝不许分叉

轴线以最庄严的入口路径强加于建筑或其他规划特征。这一规律中关键词是“强加”，因为轴线把约束强加给空间和形体以及观察者。观察者的移动、注意力和兴趣受轴线结构的控制，并被它的强大偏振力方向的排列所诱导。予人深刻印象的形式主义的设计中，轴线表明人类凌驾于自然之上，它意味着权威、武力、国民、宗教、皇室、古典和不朽。

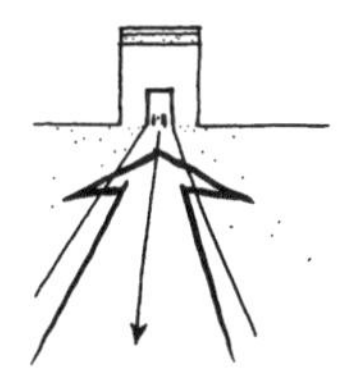
强有力的轴线需要一个具震撼力的终端

为了理解恰当运用轴线的意义，我们最好去看看北京的古城，即可汗的北都城。它的创建者，可汗忽必烈和伟大的随从建城人员对轴线力量的理解是史无前例的。几世纪前，在他们的城市建设过程中，他们审慎地在醒目线条不宜存在的地方避免使用轴线。游憩公园、市场、弯曲的里坊街巷在形式和空间上都是放松而自由的。

颐和园是为奢侈娱乐而规划的，它整个神话般怡人的场地上，简直不能发现明显的轴线。但在那些要显示皇权的存在或使人屈服于至高无上的神权、专制或武力的地方，就要机敏地运用轴线。譬如，宽广而庄严的军事大道从城门一直延伸到昔日皇帝的金顶紫禁城——这一条动态的权力之线，使整个城市和乡村都服从于端坐在玉石宝座上专制皇帝的意志和威严。

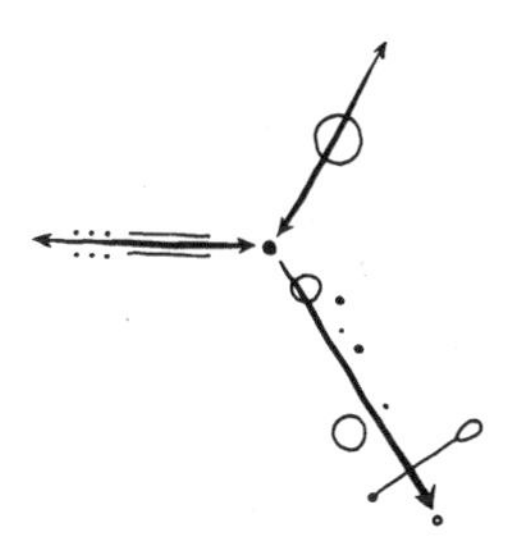
轴线是一个统一的要素

轴线

轴线规划同样使位于皇城南平原中的天坛显得极为突出。这里，每年的春分时节，皇帝在盛大的游行行列和仪仗队的簇拥下骑马而至，欢

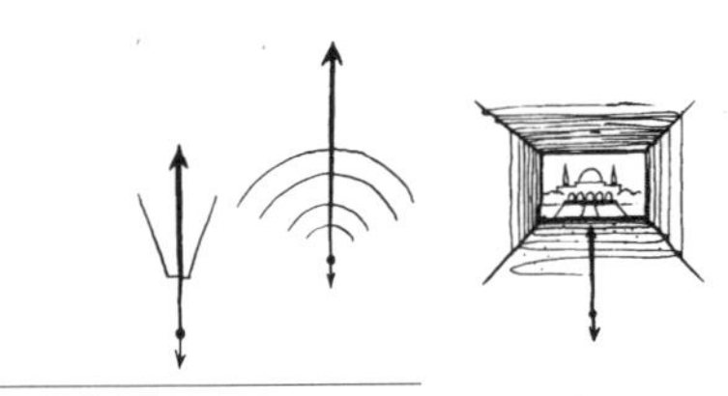
作为轴线运动驱动力的终端

迎春天的到来。抵达那个庄严美丽的神庙，要经过一条高于地面的宽阔的白色大理石御道，它始于一个比例考究、在栏杆围绕下层上升的圆形平台。这条广阔的御道从地平面抬起，延伸至镀金且涂有深红色油漆的神庙大门。御道两侧有规律的间隙处，有成百个用来插那些随风飘扬的旗帜的旗杆孔。旗杆之间是凹下去的火坑，坑里燃烧着蘸满树脂的火把，照亮了那些夜间通过此地的长长的游行队伍。

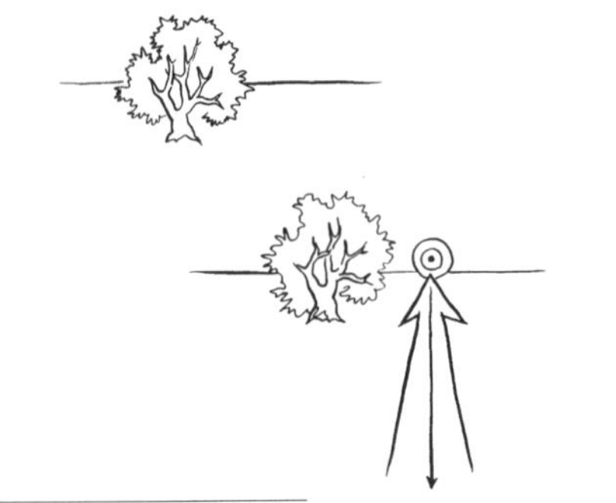
通常，邻近一条有力的轴线的物体会深为这种关系所害

每年盛大节日前的拂晓时刻，皇帝的臣民们穿过城市街道，走出城门向天坛涌来。在那里，他们成群地站在平地的树林边，满怀惊奇和敬仰之情睁大眼睛观望着。接着，步兵齐步走过大门，一队队英勇善战的斗士，戴着黑色头盔，身着链状铠甲，脚蹬高筒靴，在御道旁侧排成有序的阵列。车上的朝臣和骑着马的贵族们跟在耀眼的方阵之后，贵族和坐骑都身着丝绸、金饰、昂贵的皮衣并佩带贵重的珠宝，自豪地沿白色大理石御道各就其位。然后是高级祭司，他们头戴皮帽，身着丝制长袍和华丽得令人难以置信的法衣，手持熏香炉，嘴里念着颂词，排成庄严的阵列前行。他们慢慢地，极威严地跨上台阶式平台，站到其尊贵的位置上，俯视着整条庆典御道。

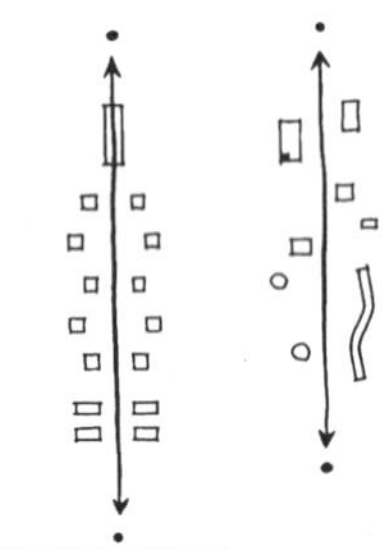
轴线可能是对称的，但通常并不是如此

最后，当第一缕曙光为东方的天空抹上淡紫色的时刻，皇帝和他骑马的随从昂首阔步地穿过紫禁城的金色大门，走过人群，抵达御道的前端。

在那里，在鼓声、锣声、铃声抑扬顿挫中，皇帝骑马威严地经过熊熊燃烧的火把、沿着旗帜飘扬的大道、穿过聚集的人群和叩首的贵族，抵达辉煌的祈年殿和透过大门可见的闪闪发光的祭坛。就在他到达高处祭坛，开始毕恭毕敬地叩首的一刹那，东方如耀眼的红宝石般的初升太阳跃出紫色的山峦。这时，北京的每张面孔、每双眼睛、每颗心灵都通过这条伟大的轴线聚焦于这个神圣的地方，在这里，他们的皇帝——人所敬仰的皇帝，跪下来去迎接春天的到来。

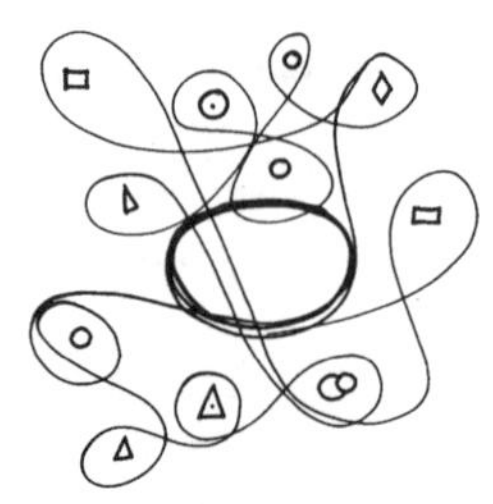
小的展览区域没有主要的透景或轴线也可运作良好，这种主题允许人群在整个组群中自由穿梭，此种情况下必须要有一个强有力的聚焦中心

对称规划

轴线的使用不一定会支配对称规划的发展。

对称规划的要素是相同的，且围绕中心点或在轴线两侧对应面形成平衡。中心点可以是物体或地域，譬如水池或包含水池的广场。

一处大型展览区的图示化的、合理的环路规划具有以下特征：主入口、次入口、主景、次景、强有力的聚焦点，主要的巡回线路，次要路径和次要的聚焦区域以及便于到达的相关点

对称轴可以是有功用的一条线或一个平面，如小路、宽阔林荫道或商场。还可以是强有力的视觉或运动的引导线，就像穿越一系列庄严的拱门或大门，或穿行于间而有韵律的成行的树木或塔门，或朝向一个高兴趣点的物体或空间运动一样。对称轴可由视线或运动线强有力地引导着。它可以是穿过一大片开放草地的恬静的透景线，其每一侧的物体似乎都是对等平衡的。

对称可以是完全的，就像阿兰布拉宫狮子院内支柱林立、雕刻精美、打磨得体的完美极品一样。对称也可松散或随意地隐含于类似一条乡村路边的篱笆和干草堆所体现的那种平衡的秩序中。生长的事物包括人，通常是对称的，因为种子和细胞可能天生就是对称的，所以在其基础上生长发育的形状也该是对称的。但在自然景观中，布局对称是极少见的。这样在我们观察到的地方，对称通常意味着一种强加的秩序系统。

我们正逐渐注意到在西方社会，“对称的”通常与“美丽的”同义，

主要的透景和次要的透景不必是垂直的

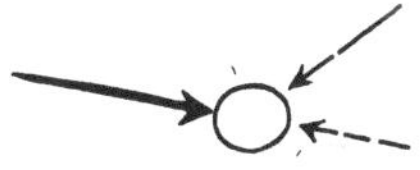

透景的终端可以是一个空间，也可是一个物体

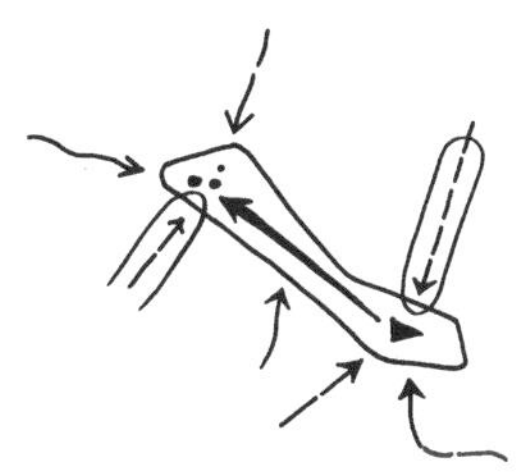

主透景和次透景既具有区域或空间的功能，也可以是一条入口道路

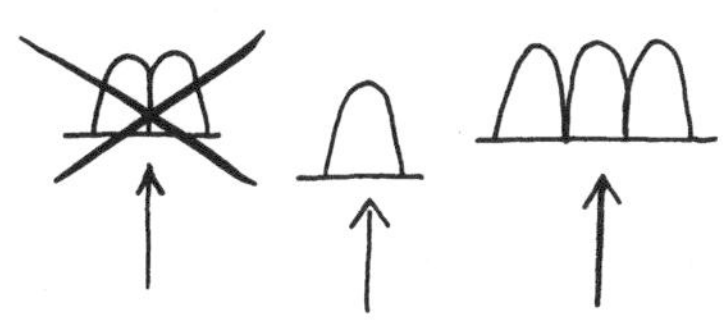

当轴线止于一个人们需要进入的建筑时，建筑有一个或三个门要比有两个门好，因为它们提供的不是障碍，而是迎接要素

Barry W. Starke, EDA

狮子宫庭园，阿兰布拉宫殿，西班牙

并有形式怡人优雅的含义。也许这是因为对称意味着一种强加给事物主题的易于为人们理解和欣赏的秩序。也可能是因为“对称”这个词开始同规划的清楚、平衡、韵律、稳定及统一等正面特性相关。还可能因为我们自己是对称的，且在这种对称关系中找到了乐趣。

动态的对称

通过对称，两个看起来截然分离的对立要素或构筑物间会产生明显的吸引力和张力。二者连同共享空间和其内部所容纳的一切，在对立要素合而为一之处紧密联系。

对称规划具有稳定性。每一极点都产生自己的势力范围，两个范围之间就是具动态张力的场所。场所中的每一个要素都处于紧张与平静交融的状态。通过限定，每一个对称的组成部分都必须达到平衡，从而保持平静。但对称中的这种平静却更让人信服，因为它意味着一种使无数对抗力量达到均衡的解决方法。

对称的专制性

对称规划使规划要素服从于一种僵硬或公式化的平面布局。相关对称框架中的事物的意义主要源于它们与整体构图的关系。由始至终的每一个要素都必须一直视为大组合中的一个单元。

有时对称规划可给事物以附加的强调。譬如可作为主轴或次轴终结点的事物。物体也可通过一个逐步行进的演化过程，或通过它与附加或补充特征的关系而增强重要性。无论如何，我们通常可以说总体规划越具震撼力，个体规划单元就越缺乏说服力。

对称规划控制着景观。它使景观系统化，且将其组织成刻板的图案。对规划结构而言，自然环境则变成了场景或背景。

对称规划要求人服从于规划的一致性。不仅景观和所有规划特征要服从于一种有组织的规划，我们人也是如此。模式化的图解使我们变得麻木不仁。我们的运动路线被限制在规划的线路上。规划形式控制着我们的视线。我们有意识地为变化的节奏、平衡的重复和所有事物对一种思想的屈服所刺激或安抚，像被催眠了一样，我们下意识地与事物的对称秩序相协调，且在尽量与规划秩序保持完全一致。这种一致产生了和谐感，但如果过分一致，则常会导致单调和乏味。

围绕一点或一区域

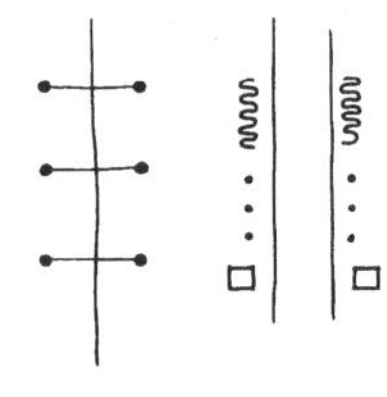

围绕轴线或平面

两边对称——像枫树翅果的两翼

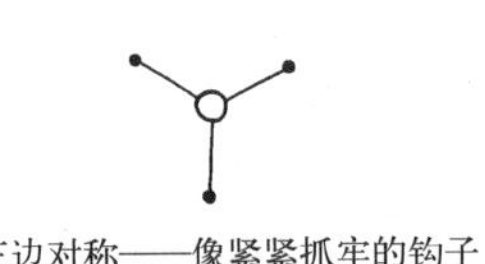

三边对称——像紧紧抓牢的钩子

多边对称——像雪花

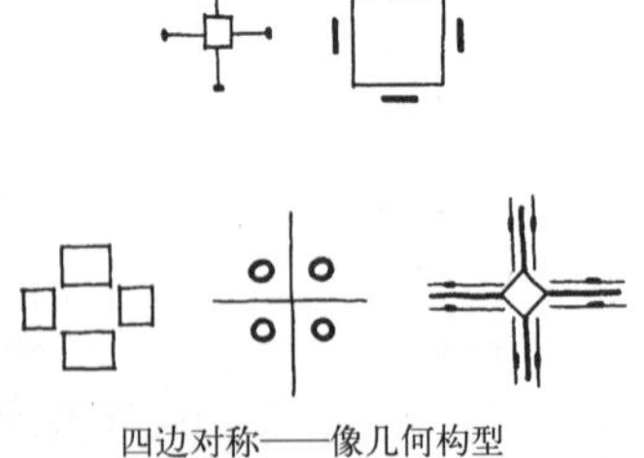

四边对称——像几何构型

对称：均衡中的规划要素

世上没有所谓的“对称美”，除非问题的本质和其合理的解决办法使设计的“平衡”线正好与对称的中线相一致。只有在这种情况下的对称才是合理的，因而才是美的。

——伊利尔·沙里宁（Eliel Saarinen）

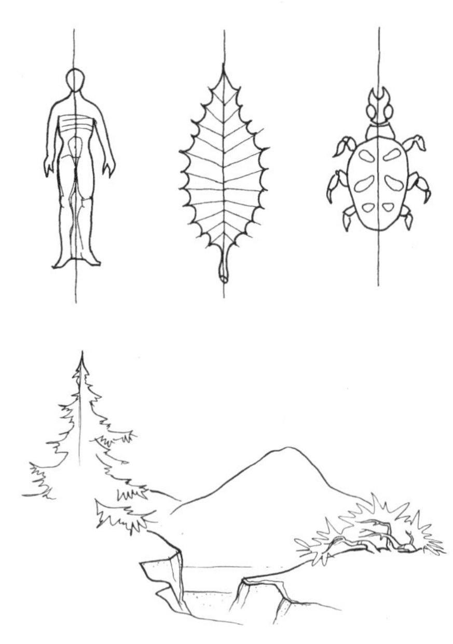

自然中的对称——自然界中生长的事物通常是对称的，因为它们的胚芽或种子是两边对称的构造。自然景观，作为无数互相抵触的外应力的产物，却极少是对称的

在古代（欧洲）时期，轴线左右完全相似的概念，并不是任何理论的基础。

——卡米洛·西特（Camillo Sitte）

希腊人在恰当的时候使用对称，反之则不使用对称，且他们从不在（场地）规划布局中使用对称。

——伊利尔·沙里宁

无论如何，我们都能认识到，经过巧妙处理的对称平面形式可用于渲染某种观念或引发一种纪律感、高度秩序感，甚至还有无可挑剔的完美感。

对称的本质

对称规划变成了一个划分场地特征和功能的建筑框架。为了使对称规划确有成效，这种安排必须要能表达如此组合的特征或功能的逻辑关系。对称主题的韵律性重复出现的要素将规划区域分成若干单元。每一个这样的单元，尽管自身是完整的，但依旧要作为一部分与整体发生联系。

通常，对称规划与相邻建筑物有很强的联系。它经常为了延展这类建筑物或其中两个以上建筑物而设计。人们所熟悉的四合院式。校园院落就是这类对称规划，步行道错综交叉的草地向外延伸，宿舍、教室在侧旁围绕。作为标志，图书馆或小教堂位于长轴线的一端，而另一端则是行政管理中心。对称地置于四合院落中的大学建筑，可体现一种紧密团结且平衡良好的学习社区。这样的建筑群更适于古典建筑及那些要创造一种着意于秩序感的地区。

如果一味地把不对称的功能强加到对称规划的安排中，那对称就是失败的。这是规划组织中的一个常见错误。发现一个很重要的功能与细枝末节相平衡，那是件很令人痛苦的事情。而为了和用途毫不相干的区域保持视觉平衡，规划区域扭曲到毫无用处的程度则是很可悲的。改变功能或伪造形式以遵从对称的控制是不诚实的。如果济慈的评论是正确的，即美与真是一体的、相同的，那这种对称永远不会是一种美，因为规划为了美不仅要真实，且其真实性必须显而易见。

对称是一个协调者。只要它有助于理解规划整体或部分间的关系，它就会有所应用。

对称规划可采取结晶体形式。如果功能的增长和扩展模式天生就是结晶体状的，那么采取这种形式是可取的。

对称规划可以是一种几何设计。这种规划几何学只有在功能可合乎逻辑地用几何线型表达时，才是极佳的。

有人相信几何学是所有美的根源，形式或图案的美始终可通过把数学公式应用于规划过程而获得。他们所持的这种想法的支撑基础是人们从领悟秩序中获得乐趣。但作者却主张人们所偏好的是秩序压倒混乱，而不是对称压倒非对称。

毫无理由地把几何学强加进来的规划可能破坏怡人的景观特征，掩盖区域或受影响物体固有的特性。

直接明了的几何规划很易于理解。所以它具有清楚的优点。但如果经常或长时间地观察，它就很单调了。

在自然环境或力图使人们的眼睛、头脑及精神获得放松的情况下，几何规划就会失效。

太多情况下，对称规划被视为一种设计的权宜之计，一种涂抹而成的几何形状。这种规划重复多见且令人乏味，简直同它们的作者一样毫无生气。当几何布局确实很得体时，我们会发现这种对称作为功能最高最佳的表达方式，是通过有意识地将所有规划形式综合到对称规划的

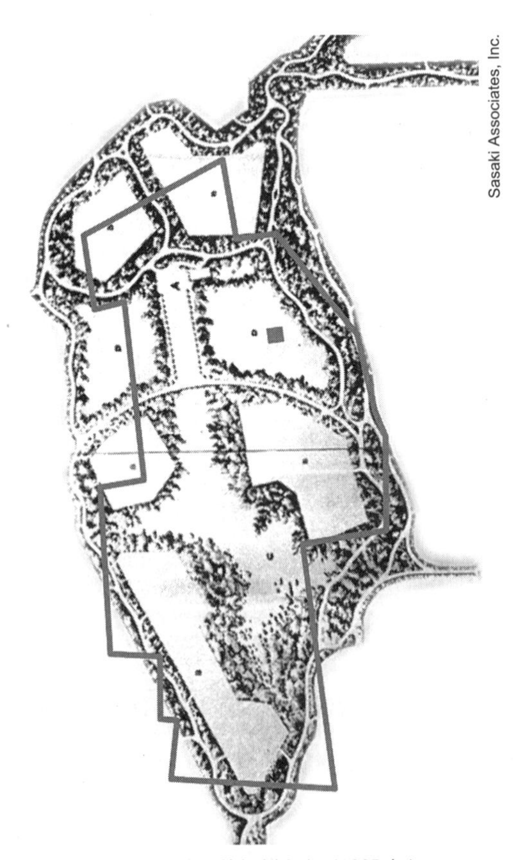

Sasaki Associates, Inc.

奥姆斯特德的规划方案（1865 年）

Sasaki Associates, Inc.

霍华德的规划方案（1914 年）

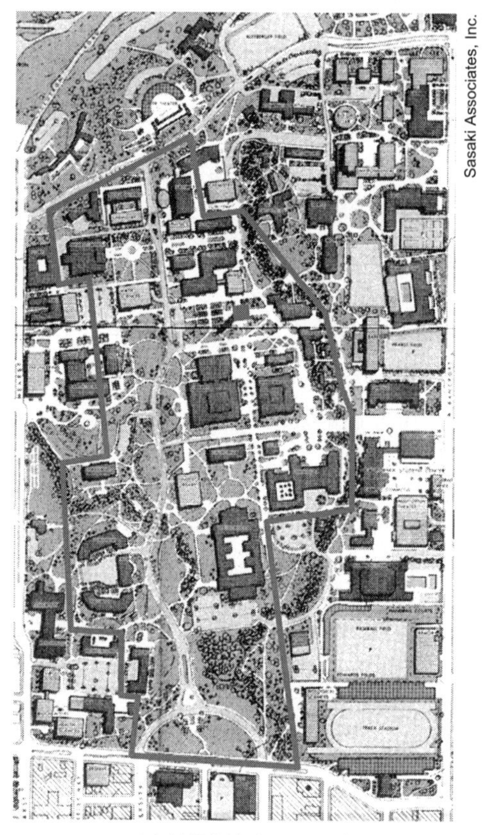

丘奇的规划方案（1962 年）

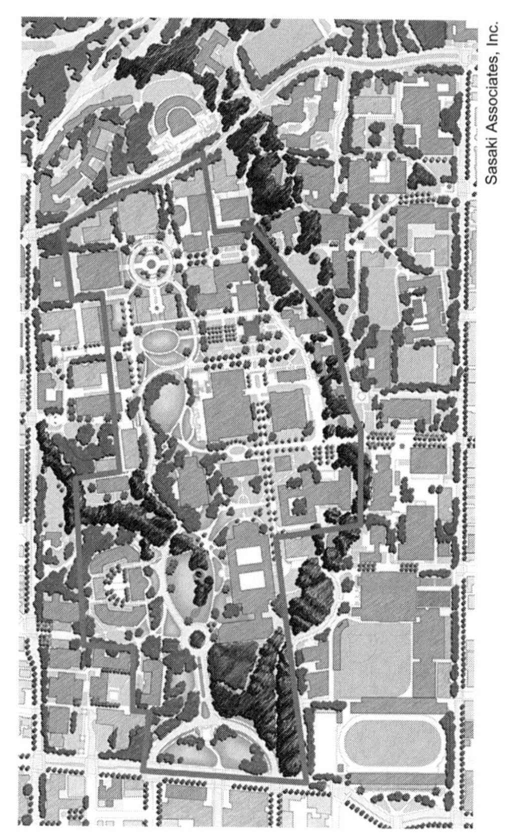

新世纪的规划方案（2002 年）

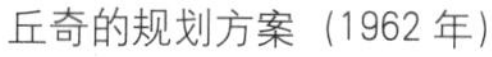

加利福尼亚大学伯克利分校大学校园规划，对称格局和不对称格局的展示

安排中而产生的。在有限的区域内，恰如其分地、明智地运用对称，它会成为一种令人信服的规划形式。

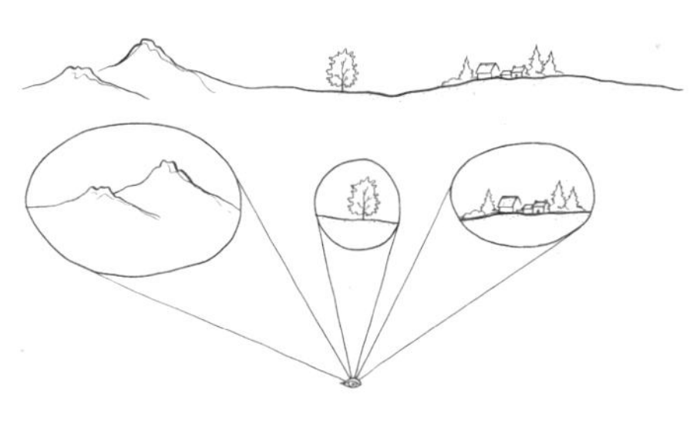

脑－眼对视觉影像的选择

自然景观是不确定的事物；它几乎总是包含着足够多的差异性以使眼睛有很大的选择、强调和组合构成要素的自由，因而它富于暗示且情感刺激不明显。供观赏的景观需要经过组合……

——乔治·桑塔亚纳
(George Santayana)

视觉尤其需要完整性。

——约翰·沃尔夫冈·冯·歌德
(Johann Wolfgang von Goethe)

非对称

自然界中，我们很少能发现景观要素在视线两侧是对称平衡的。然而对一切受人青睐的组合和艺术而言，视觉平衡是最基本的。人们普遍都承认，任何设计、图画、视景或透景，如果缺少这种平衡，就会令人不安和不愉快。因为我们通常认为自然景观是怡人悦目的，所以我们可得出这样的结论：不知何故，视觉平衡一定是天生的。这让我们想起两个令人迷惑的问题。

首先，除非观察者不断地移动，否则怎么会有视觉平衡呢？其次，从任何给定的观察点看去，景观都能恰好正视线两侧形成视觉平衡，这看来实在是不可能的。经过思考，看来反而是人眼必须在任一景观中发现或定义那些能产生满意的视觉平衡的透景、视景或视线。训练有素的人眼为失衡所伤害，为平衡所吸引，一贯倾向于搜寻、记录那些视觉景观片段，它们能在视觉上使压力得到愉快的缓和。

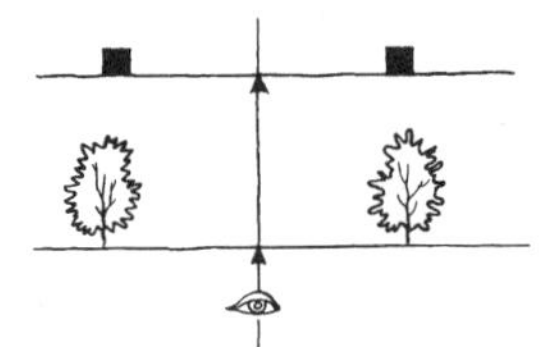

对称平衡：视觉轴线或支撑点两侧的平衡权重相等或相似

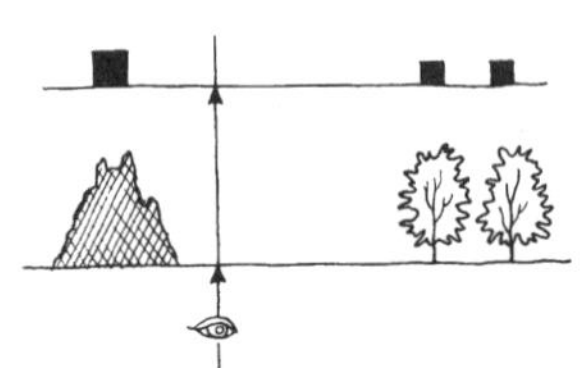

非对称的隐含平衡：不相等和不相似的权重在视觉轴线两侧形成平衡

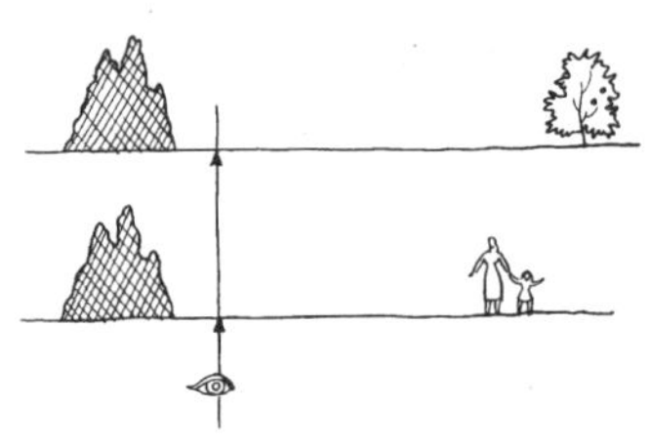

非对称的隐含平衡：均衡源于脑－眼对形状、质量、价值、色彩和它们相互关系的估计

隐含的平衡

我们生活在光感旋风的中心。从这个不断旋转的混乱状态中，我们建立起统一的整体，且将这种体验形式称为视觉形象。觉察视觉形象实际就是参与一个造型过程。这是一种创造性的行动。

——捷尔吉·凯派什（Gyorgy Kepes）

平衡可同样存在于不相似的物体或不相似布置的物体中，但这种选择、安排应使得垂直轴线一侧的吸引力等同于另一侧。这种平衡被称作非对称平衡或隐含的平衡。

——亨利·V·哈伯特（Henry V. Hubbard）

视觉平衡

人眼不停地向四周巡视，搜寻并探索不断变化的、若隐若现的视觉印象。这是人们下意识感觉到的。动作间隙，大脑允许或指导眼睛从视觉不稳定的状态中提取某些视觉形象，并有意识地聚焦。这是一种创造性的印象。因为大脑要求眼睛“组织”一个完整平衡的视觉形象。这是脑－眼合作的印象。可接受的平衡不单单是一种形状平衡、价值平衡或色彩平衡，而是一种联合平衡。脑－眼组合可能极少关注那些不相关联的巨大事物，却极重视那些相关联的或具眼前趣味的事物。因此一个摇曳于枝头的成熟苹果比苹果树本身诱人，一大块玫瑰色石英可比它所采自的山体更吸引人，一个孤独的日光浴者也比无垠海景更引人注目，所以任何两种扫视风景的脑－眼组合都不可能记录相同的视觉形象或形象组合。

因为风景是无限的，选择组合的可能性也无止境。但通过调整一系列复杂的瞬间潜意识，每个脑－眼组合由视觉印象创造出的视觉形象对特定的观察者而言，它们是平衡的，因而也是完整的。本能或训练的脑-眼组合变得越敏锐，越具洞察力，它所能揭示的视觉世界就越丰富，越令人愉快且越发美妙绝伦。

儿童或原始人只能觉察空间中的事物，更发达的头脑和更具选择力的眼睛才能觉察到其中的关系。可见在自然界中，我们所看到的组合极少在视觉轴线两侧是对称平衡的，但由于所有视觉形象都要求均衡，所以两侧非对称的或隐含的平衡一定是可能存在的。事实确是如此。这种非对称或隐含的平衡是不可见的。除了因为某些原因而有意设计两侧对称的情况，我们都是通过隐含的平衡来组织和理解周围世界。

非对称规划

非对称规划使我们和大自然更加和谐统一。脱离了对称规划布局的呆板，每个地域都可在更为周全地考虑了其自然的景观特征后，再行发展。路线更为自由，风景变化无穷。我们可看到并欣赏景观中的每个事物本身或它与其他景观要素的关系，而不是它与画好的规划图间的关系。这种非对称的规划形式更微妙、更随意、更令人放松、更有趣也更人道。我们不是一步步沿着呆板的组合行走或穿越它们。相反，我们可更加自由地探索，从景观中发掘那些我们认为美丽、愉快或有用的东西。

非对称规划对自然或已建成的景观干扰较少。因为它以慈悲之心开发场地，通常需要较少的台阶、屏蔽和建筑，所以也更经济。

有机生长

长在山坡上的松树伸展其探索的根系以寻求土壤和水分，其枝干迎风而立，成束的松针交织成一张疏密相间的活生生的网络，是为了以最佳方式沉浸在凉爽、飘荡的晨雾中，从太阳的光与热中汲取最多的元气。它的身影遍布每块土地——垄沟和山脊、溪流、树木的残桩、倒地的原木、巨石。它对周围的蚕食和保护都有所反应。一个树梢被弄弯或折断，新的枝条随之形成。一个树枝被毁坏或被砍断，伤口会愈合，空隙会为新组织或新生的嫩枝和松针所填充。它利用了环境的一切积极因素，且将一切消极因素克服到尽可能小的限度内。松树的形态表明其发展与所处的环境是和谐一致的。这个年代久远的过程就是有机生长的过程。

有机规划

有机规划，尽管宣传得如此广泛，却很少得以实行。从根本上讲，有机规划只不过是针对一切环境限制和机遇所进行的规划区域、空间和形态的有机开发而已。从这种观念出发，对称的规划形式绝不可能是有机的。除非在极少的例子里，使用功能的内在性质决定了即使有了不受

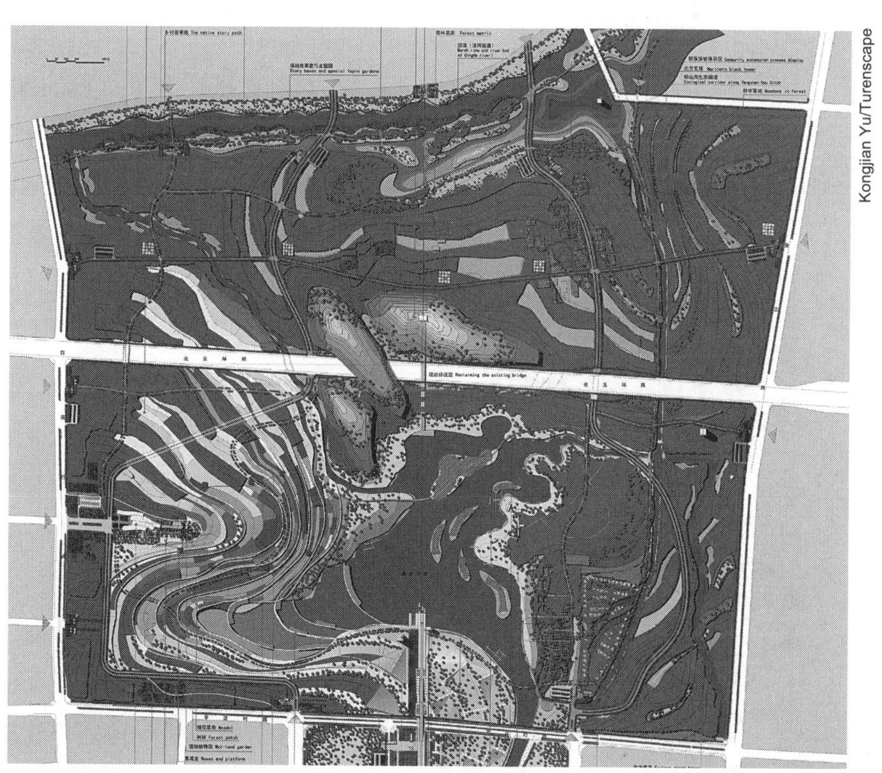

Kongjian Yu/Turenscape

有机规划

无论是什么原因，当视线习惯性的投向某一点——祭坛、御座或舞台时，由于人们必然会多次向前看，这时就会有侧视的倾向，这种倾向导致了注意力的冲突和分散。如果物体的安排不能平衡视线的不安状态，那视觉重心就会位于视线被迫停留的地方。

——乔治·桑塔亚纳

现在为了合理确切地理解“有机的”这个词的含义，我们一开始就该牢记几个相关词的价值：有机体、结构、功能、生长、发展、形态。所有这些词都暗指一种初始生存力量的压力及合成的结构或机制。它们通过这样不可见的力量展现并起作用。我们把这种压力称为功能——事物的结果、形态。这样此形态法则在整个自然界中都是可辨别的。

——路易斯·H·沙利文
(Louis H. Sullivan)

“有机设计”这个术语不是空洞的陈词滥调。生物学可为设计者提供许多有价值的暗示……实际上，对支持将生物学方法纳入整个设计过程，可谓众说纷纭，主要都是因为已认识到一个广阔的生物学领域，即所谓的生态学。现在已开始着手研究一切有机体的动态关系，这些有机体——包括动物群和植物群——在地球表面上一个特定的区域中，彼此之间，及其同整个环境的其他作用力之间存在着天然的联系。

——诺曼·T·牛顿
(Norman T. Newton)

建筑学不是一门艺术，而是一种自然的功能。它同动植物一样生长于土地上。它是社会秩序的功能反映。大家要牢记这一点。

——费尔南德·莱杰
(Fernand Leger)

今天所有领域的基本法则是，创造者们都在力图寻找一种技术－生物式的纯功能的解决办法。亦即，只用功能所需要的要素创造每一个物体。但“功能”在这里并不意味着纯粹的机械性功能，它也包括既定阶段的心理、社会和经济状况。用“有机（功能）设计”一词可能会更适当。

——拉斯洛·莫霍伊－纳吉

让我提醒你塞缪尔·泰勒·柯勒律治(Samuel Taylor Coleridge)定义有机形式的很有名的一段话。1818年在一次关于莎士比亚的演讲中，他明确区分了何谓机械形式及有机形式。他说：“当我们为任一给定的物体加上一种预先决定好的形式，而不是该物体特性产生的形式时，这种形式就是机械的。反之，有机形式则是天生的，它自我造型、自我发展。所以其发展满五年就是达到表里合一。”

——雅各布·布罗诺夫斯基

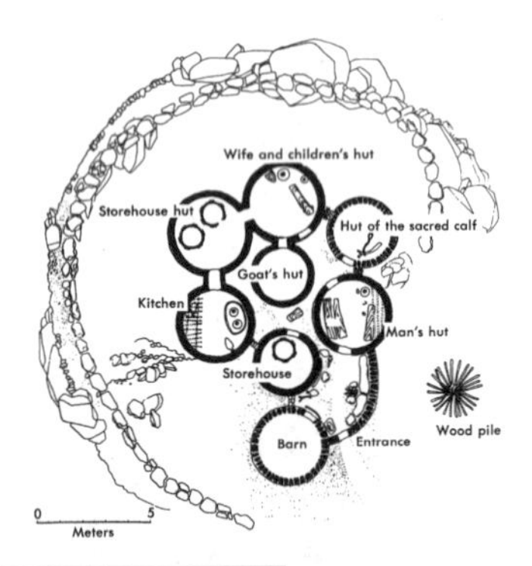

有机规划：家庭居住功能空间的安排。喀麦隆

房间的布局有如有机细胞的集合：喀麦隆酋长居所

限制的自由和发展环境，它最合理的规划表达仍是对称的。显然即使是在这种情形下，自然景观特征的影响也会干扰这种对称。

显而易见，在绝大多数情况下，合乎逻辑的场地建筑物或场地项目图都是非对称的。如果规划图表明一种用途或多种用途的组合很适于场地，且在进一步改善规划时，每个功能都在发展中与其他功能乃至场地一切积极因素或消极因素保持最佳联系，那这种规划才是真正有机的。

自然界中的大多数物体同大多数建筑一样，环视是最好的欣赏它们的方式。非对称规划最大可能地提供了这种视角。观察者到每个规划要素的路径都是蜿蜒曲折的而非固定的，给人以模型化和三维感。事物的塑性揭示了其本质、形状和细节，观察者只有围绕物体移动或走过这个物体时，才能领略这种性质。从一个不断变化的观察线路加以观察，就会发现甚至是景观的画面特性也充满无限趣味。

轴线可以不对称地发展。这样的处理保存了轴线的积极特征，同时也允许较大的规划灵活性。它避免了那些只在少数情况下极度需要的两侧对称的缺点，即受控制的、精确的步调和令人昏昏欲睡的状态。这种非对称处理的轴线具有更广泛的用途。

非对称的使用

非对称很适合大规模的城市规划。欧洲最赏心悦目的广场是非对称的。如果将威尼斯的圣马可广场重建成呆板的对称形式，那该是多悲哀的事情。锡耶纳（Siena）、维罗纳（Verona）和佛罗伦萨这类城市的神奇和魅力，也将随街道，建筑物和空间的对称处理而消失无踪。

历史上最壮观的花园——圆明园或称之为Garden of Perfect Brightness，如今静卧于北京西郊的废墟中，在平面上，它很明显是非对称的。法国牧师让·德尼·阿蒂雷（Jean Denis Attiret）证实了这一点，多年以前他曾到过乾隆皇帝的御苑。1743年，他给法国的一个朋友写信，描写了圆明园的奇妙之处［引自《圆明园》，霍普·丹比著］。

当您离开山谷时，不是通过欧洲式精美笔直的大道，而是经由弯、曲迂回的路径——每离开一个山谷，你会发现自己正处在另外一个迥异的天地中，无论是地形还是建筑都不同。高山和土丘都为绿树覆盖，花木在这里尤为繁茂。这是人间真正的天堂。

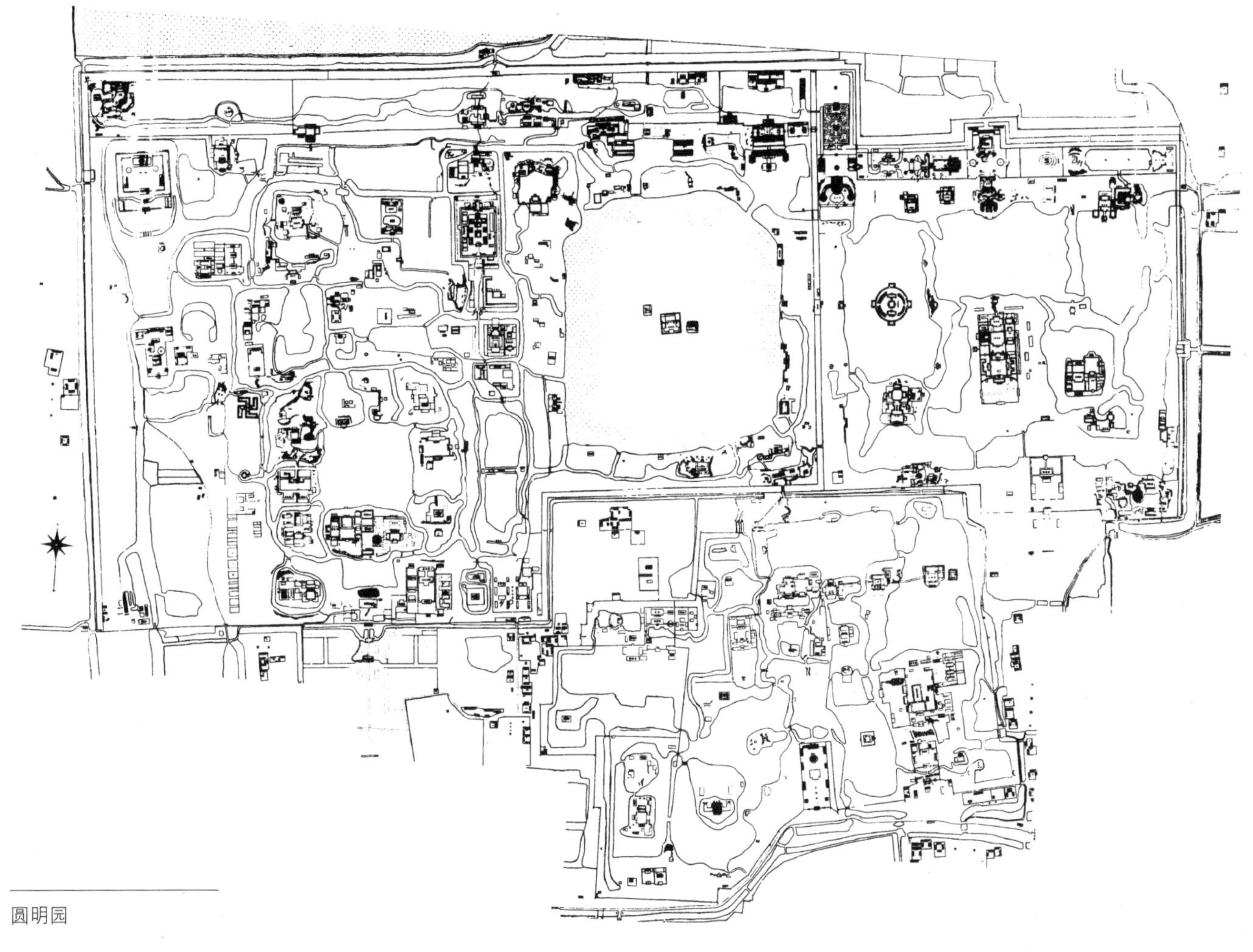

圆明园

我痛恨冷酷而教条的一切事物。只有追求生存的地方，才能创造出新事物。

——埃里克·门德尔松（Eric Mendelsohn）

85% 的知觉是基于视觉的。

每个山谷……都有其怡人之处。尽管与整个环境相比它很小，但它本身就大得足以容纳欧洲最大的领主及其全部随员。你认为在这样大的范围内，会有多少座宫殿分布在不同谷地之中呢？要超过 200 个。

欧洲的每一处都要求统一和对称。我们希望不存在古怪、错位的东西，希望每个部分都与其对面部分恰好一致。在中国，人们同样喜欢对称，喜欢美妙的秩序。北京的宫殿就是这种样式。但在娱乐方面，优雅的非秩序性占统治地位，反对称性几乎随处可见。一切都依据这一原则。当人们听到这一点时，也许会认为这很可笑。一定不适于观看。但人们一旦亲眼目睹这种景观，就会有不同想法，且会仰慕这种非规则性的规划艺术。对比而言，我开始有点相信我们（18 世纪的法国）是多么的贫乏而无内涵。

标志着欧洲文艺复兴的轻率的对称规划缺乏合理的依据。太多情况下，人们只是单纯地为了对称而对称，毫无意义地将自然景观和建成景观强加到几何图案中。难怪我们的朋友阿蒂雷跟许多后来者一样，通过比较非对称的自由和多样性，发现对称规划只能使景观贫乏而无内涵。

视觉资源管理

Bill Dickinson,Courtesy of Scenic Virginia

增进视觉资源管理的手册

视觉资源管理是一个相对较新并较宽泛的术语，指的是保护或增强一个地区（被称为视域）的美学质量的规划与管理实践。几个公共机构将其应用到保护和提高国家风景质量的方法中，革新的途径在一些精心准备的手册中勾勒出来，这些手册论证了一种前景广阔的新观念。

本质上，对任何预计开发或恢复原状的区域或通道来讲，优美的和受破坏的景观特征都被列入清单且以不同的图解方式记录下来，并根据它们的视觉重要性进行分级。供选方案（例如有关木材砍伐、高速公路建设、矿井、水库或军事设施）则要加以分析，且根据它们对现存环境的相对益处及消极的视觉影响进行评价。决定最佳路线和行动过程中，对风景美的考虑常常是很有意义的，且经常是决定性因素。

美国森林管理局制定的步骤极为正确，易于理解且行之有效。它基于这样一个前提，即前往国家森林的参观者知道他们期望看到什么，且这种期望将尽最大可能得以满足。

他们考虑了观赏者的数量和类型、观赏持续时间、观赏过程的相对质量和相对强度。他们假设所有地区都将从地面、步行路、运输路及空中进行观赏。他们依据这样的原则，即所有的景观都有一种明确的特征。那些最具影响力和（或）多样性的特征最具风景价值。他们根据前景、中景和背景的贡献来评价每一个潜在的风景。在每处风景中，着重强调线条、形体、色彩和形象方面占优势的要素。他们考虑每个景观区域的容量，以在不失其视觉特征的前提下收纳变更因素。他们勾勒出一个很有意义的、系统化的逐步评价过程。通常，在一些机构推荐的程序中，过于强调数字评分以及不同风景要素的表格及数量分级。（例如，对一个历史性的教堂、一英亩长满月桂树的山地或一个骤然跌落的瀑布而言，要打多少分呢？）

约塞米蒂瀑布

所以我们建议在风景或其他价值的评估中，所有可量化的费用和收益都要用计算机表格化。这些数据相对权重的建立具相当的精确性。非量化价值，如那些美学、历史、教育性价值，就只能在一个大的相对规模上或依据在场专家的论证进行合理的评估，专家是根据可供选择的价值作决定的。

近期关于视觉资源管理的手册特别有助于那些未经训练的技术人员和决策者。一些手册为训练有素的专业人员提供新的受欢迎的观景点和先进的设计可视景观的方法，具有广泛的用途。

景观特征

俯瞰地球表面或沿着地球表面任何一个方向漫游，我们总能发现土地格局、岩体、动植物之间存在着明显和谐的关系，形成完整的统一体。我们可以说这些地区具有大自然造就的景观特征。这种完整性越是彻底、明显，景观特征越是强烈。

自然景观

让我们想象身处在犹他州浩瀚的云杉高地上。突兀嶙峋的岩石拔地而起，高大的常绿树木直插云霄。大卵石和倒地的树木遍布深邃峡谷。融化的积雪从裂缝滴落、流淌，在悬岩、深谷间激荡着，流向平静的山中之湖。湖心是深蓝的，布满碎石的湖边则呈浅绿色。这一切都显得那么完整、和谐。在这里，甚至连棕色的笨熊蹒跚地走向河边也那么自然。鲑鱼跳跃，燕鸥戏水，乌鸦鸣啼，既在景中，又是景观特征的组成部分。

John O. Simonds

崎岖的海岸

John O. Simonds

沙滩

John O. Simonds

沙丘

炙热的沙漠、有恶臭的红树林、岩石遍布的加利福尼亚海滨都有自己明显的景观特征。它们都能引起观察者强烈、独特的情感冲动。无论一个地区的自然景观特征是什么，无论它使我们产生的心境是愉快、悲伤、胆怯还是敬畏——我们在欣赏全景的完整与统一性时都能体验到一种真实的快感。景观越是统一和完整，观察者的快感越强。

景观地段不同要素的和谐程度不仅是获得快感的度量，也是美的度量。因为美的定义就是“所有感性要素之间明显的和谐关系”。自然景观的美包含许多方面，其中包括：

如画	奇异	精致
纯净	庄严	轻飘
田园诗般的	优雅	宁静

自然景观特征也有许多种类，包括：

山	湖	溪谷	塘	沙丘
海洋	森林	沙漠	牧场	小溪
河流	平原	沼泽	丘陵	山谷

各种类型还可以细分。

例如森林景观特征就可以分为下列几种亚类：

白橡树	落叶松	柏树
红橡树	云杉	棕榈
山毛榉	铁杉	红树
白蜡树	白松	新泽西海岸
槭树	红松	新泽西河流
白杨	北美针叶松	新泽西荒地
杨木	火炬松	落基山
红杉	意大利伞松	花旗松
桉树	橡树	阔叶混交林

每个地方有其独特的土地利用、岩体、水流、植被类型，我们称之为景观类型。当主要景观类型丰富多彩时，我们可以在其内根据差别划分亚类。

任何一个景观都有其自身特色。一个地区或物体越是达到理想状态（或是极大地符合我们所认为完美的标准），我们所能获得的快感就越强烈。

美的反面是丑陋。丑陋来自要素的不完整或要素的不和谐搭配。既然美使人愉悦，丑使人烦恼，那么一个景观各部分之间的视觉和谐是令人期望的。

修改

就场地特征的视觉方面来说，开发一个自然地区时，我们应该保护和加强内在的景观质量，剔除不应该保留的要素，甚至是引进要素以加强自然特征。

Barry W. Starke, EDA

去掉不和谐的元素往往将起到促进作用

景观中不协调的元素

不协调要素的剔除

所有的规划中，剔除不和谐因素能获得改进的效果。设想我们徘徊在浩瀚的红杉树林之中，静静地感受着红杉树干拔地而起的雄姿和其永恒的庄严。此时，在林下我们碰巧发现了红色的矮牵牛花。同样的牵牛花在郊区的花园可能是令人愉快的红色斑点，但在红杉树林中发现它们，首先使我们感到惊讶，接着便是厌烦。使我们厌烦的原因是经验告诉我们红色的牵牛花不应该存在于自然的红杉树林中，它们能产生不愉快的视觉感受和精神压力。如果我们有足够时间经常去这个地方的话，我们肯定会将它们连根拔掉：我们要剔除和自然景观特征相冲突的元素。

作者的亲身体会更能说明这一点。在孩提时代，我在密歇根州荒地的乔治湖畔的帐篷内度过夏天。我发现湖边有一个属于自己的牛蛙池塘。香蒲丛中是一片空地，其中有陈腐的原木和树桩，还有济济的水百合。当我涉水经过香蒲时，可以观察到黑绿相间的牛蛙漂浮于水百合中或是惬意地蹲在原木上。我要捕捉它们，其背脊肉是家里餐桌上的佳肴。我每天都来到池塘边，静静地躺在原木上，准备好一根枫树枝条，等待牛蛙的出现。这里充满香味、阳光和蜻蜓，是一个戏水、娱乐的理想场所。

一天早上，我发现一个黄色的油桶被暴风雨卷入池塘之中。我把它推出香蒲之外，但第二天它回到了原来的地方。我把它推出池塘，但距离还是不够远。当我发现油桶快活地躺在百合之中时，我找到一条小船，把它拉到湖中心，用斧头在它上部凿了一个洞，当油桶慢慢沉下去的时候，我想为什么对于一个破旧的铁桶如此生气。多年以后，作者用景观特征概念回想起那个水塘时，意识到使铁桶消失的原因。在景观，它是一个不和谐的元素，应该被剔除。（注意：后来我也意识到铁桶不应该沉到湖底。）

强调自然形态

如果剔除某些元素能提高景观质量，引入某些元素也许可以起到同样的效果。在一个生长仙人掌的沙漠或其边界，要提高景观质量，我们可以用美好的自然仙人掌取代陈腐的仙人掌。或者种植一些如画的能够反映一个地区的情境和景观特征的短叶丝兰（一种沙漠植物）。总而言之，剔除负面的要素和引进正面的景观要素能够提高和加强一个地区的景观特征。

要提高一个地区的景观质量，我们不仅要认识到内在的自然特征。而且要掌握使景观特征得到最充分发展的知识。

在中国明代，这项艺术已经得到高度的发展，在一个几英亩的私家花园中人们就能欣赏到高山、湖滨、竹林、瀑布等美景。而且设计者利用技巧使各视点的过渡也显得与景点本身一样生动。

重力是人类最大的敌人之一。它塑造人类本身，包括躯体和思想，给城市打上深深的烙印。在世界狭窄蜿蜒的山谷中，生命与重力不断地作斗争。人类必须生活在山谷的底部，否则便是与斜坡作斗争直至生命的终点。

——格雷迪·克莱（Grady Clay）

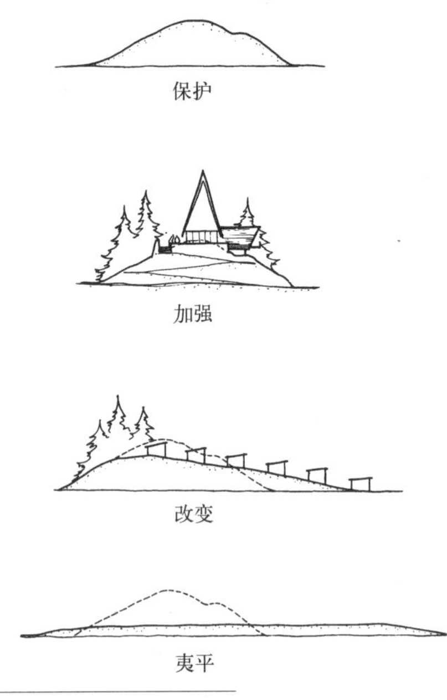

山体开发的四种可选方案

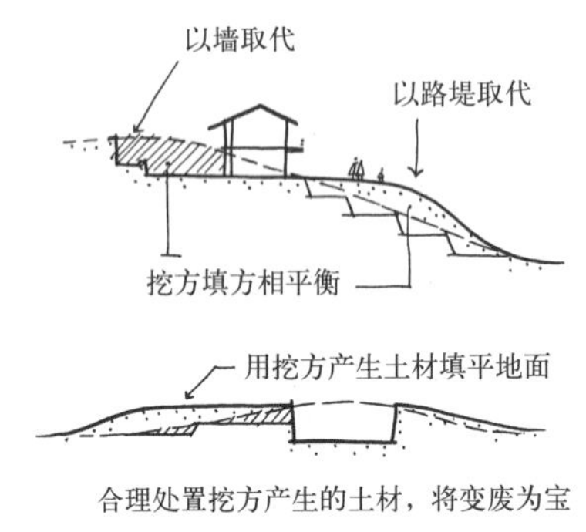

挖方和填方

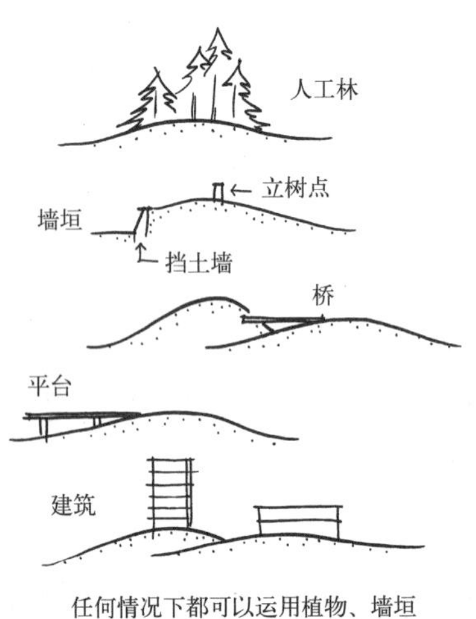

形成视觉焦点

红岩圆形剧场，丹佛，科罗拉多州

主要特征

很多自然景观格局、特征、力量是人工难以改变的，我们必须接受它、适应它，依自然而规划。不可改变的要素包括山脉、河谷、海岸平原；另外还有降水、冰冻、雾、地下水位、季节温度、风、潮汐、海洋、空气流动、生长过程、太阳辐射和重力。

我们通过正确评估这些要素的影响和作用，然后，如果我们聪明的话，根据限制和可行性进行规划的修改。在城市选址、社区建设、高速路设计、工业区选址，以及在独家住宅、花园的定向和布局前，首先要考虑这些要素的影响。

任何时代的著名设计项目都以建筑物或活动场地和自然要素之间互相补充来适应景观。在这些项目中，规划师不但设计人工建筑，而且在某种意义上的确可以设计自然要素，因为在总体规划时所有的要素因为互相联系而都被考虑进去。

次要特征

以小山为例，它的景观特征也许在变化过程中得到很好的保护，从而实现它的最大利用价值。在未受干扰的地区，木材、槭树糖浆、坚果或水果等的产量将会更大。在美国，可以找到许多保护区，公园、森林、

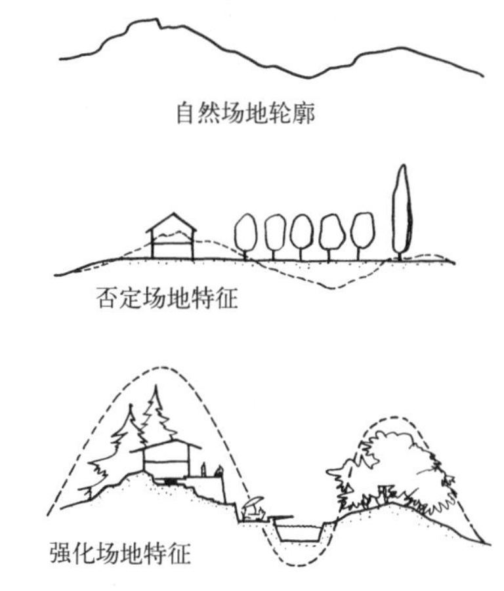

任何一个项目的场地规划本质：
1. 寻找最合适的场地。
2. 让场地启发规划方式。
3. 提取所有的场地潜在价值。

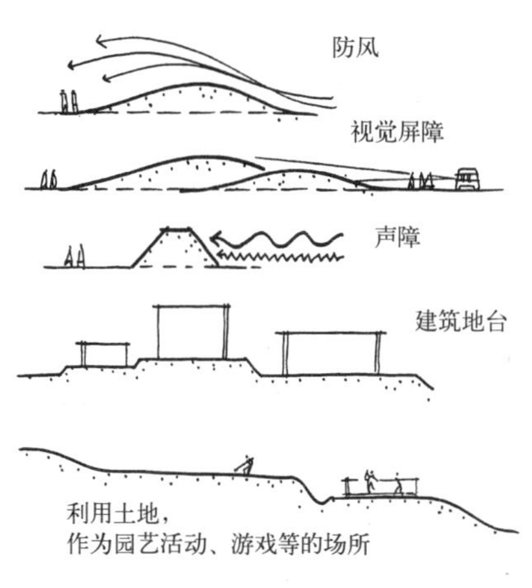

"景观曲线"就是在设计路堤的底部和顶部倒四角，这样的土坡不仅更加稳固而视觉效果也极佳。

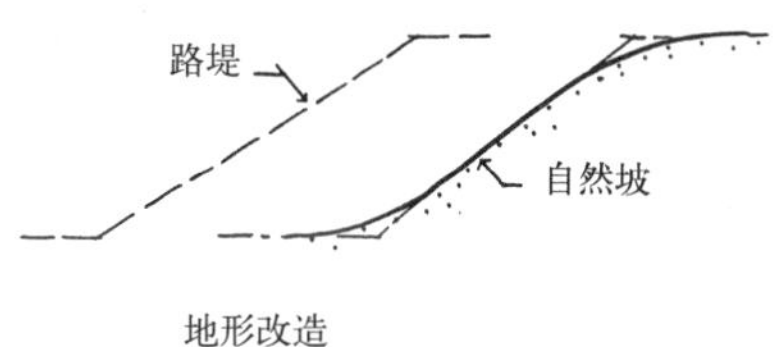

地形改造

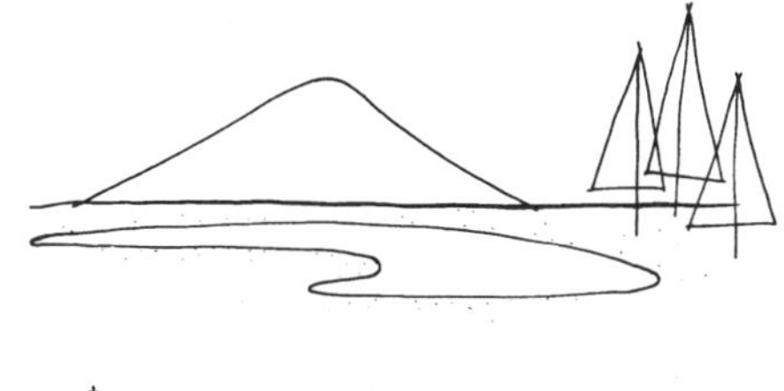

在自然景观中，人类是入侵者

区域开放空间等处于自然状态的大片土地。日本的许多村庄和城镇坐落在山上或岛上，为了社区的长远利益，他们通过法令使之几个世纪都未曾受到破坏。

自然形态的破坏

一个小丘也许逐渐被削平，或被高速公路切断，或被建筑物代替。一旦采取上述行动，除了对它带来的一些工程问题进行考虑外，小山的原始景观特征就没有必要再考虑。

改变自然形态

通过建筑或其他形式的开发改变山体的形状将彻底改变一个小山的自然面貌。这些变化也许是有害的，它将导致水土流失；另一方面，它也许是有利的，例如在芝加哥植物园，由水土流失的农庄和污水坑变成有低山缓坡的、湖水纯净、细水长流的新景观。

强化

小山的内在自然特征可以被强化。其高度和坡度的改变，可以使小山丘显得陡峻。

设想我们是新罕布什尔州某度假宾馆的主人，每年夏天游客来到这儿呼吸新鲜空气、休息和锻炼。我们注意到许多游客喜欢爬上山顶，从那儿可以欣赏乡野风光。山已经成为度假休闲中的一个重要部分。因此我们决定在淡季增加一些令人感兴趣的活动并使登山者能有更多收获，以增强山的自然特征。

首先，通过移植铁杉树丛，我们截断了通向山顶的捷径，开辟一条新路通向岩石下的一眼泉水，从泉水这儿可以欣赏山体的峭壁和前面一棵苍老古松，古松使远峰若隐若现。经过长满苔藓的岩石有一条艰难的路通向一棵倒地的树干，在那儿徒步者可以坐下休息。铁杉丛、泉水、岩石给予山体以新的景观。再者，一条小路蜿蜒崎岖，通过一片乡土桦树林到达山的远处，在那儿有一条路通向小山最原始、最荒野的部分。小路经过蕨类植物到大树、景点，最后到达山顶。在那儿，我们在花岗岩体遮阴处布置一条粗犷的石凳。

第二年夏天，当游客开始登山时，他们发现有一条全新的优美的自然路径。游客们要经过狭窄的冲沟，攀越岩石，最终到达山顶。在欣赏美景时，他们认为没有比爬山更令人愉快的事了。在离山脚 800 英尺离山顶 200 英尺的地方，老人可以驻足暂停，在凉廊中休息，悠然地眺望山顶。我们已经消除了山体的负面影响，强调了它的正面影响。

我们可以用类似的方式开发池塘、岛屿、山边或者海滨等自然景观。

作者早期在密歇根州公园部门从事几个露营地的规划工作。我的第一项工作是在密歇根最北部建一个公园，让游客体验野外生活的乐趣。到达公园之前，作者在一条从一片平坦的野生胡萝卜地通向池塘边停车场的庄园道路下，发现一个巨大的“公共公园”的标记——毫无原野露营地之感。

规划师首先要花数周时间进行土地调查，熟悉场地，分析自然特征的优劣。他的目的是尽可能利用这些自然特征，从而加强此地的乡土景观特征。

改进计划的第一步是把公园入口从田野转移到种有浓密香脂冷杉的林中。在这儿开辟一条经过岩石蜿蜒于树干之中的山脊小路，露营者的汽车恰巧可以挤过。拆除一个有红白相间窗户的小屋，在一棵松树下建立一个粗拙的小木屋。这样做的原因是，露营者的第一印象将是庄严的松树和树荫下粗拙的小木屋，而第一印象往往是最持久的。

这地方的主要吸引力是一个游泳池，它是由原来的泉水池塘改造而成的。在池塘上面修建一个蓄水池，从一条横跨堤坝的木桥可以看到沼泽鸟类、麝鼠和其他野生生物。在游泳池的另一端，有一条横跨瀑布和泄洪道的桥，桥下的鳟鱼在水中快乐地翻腾跳跃。

道路总是选择在植被覆盖浓密，崎岖不平的地方。景点就像珠子一样贯穿在新的道路上。

在一个偏僻的地方，小河里生活着一群河狸，它们在那儿筑了一个坎。人们想了很多办法来观赏这群害羞的动物，这是每个公园中的至宝。最好的办法是游客自己在一片雪松沼泽中开辟道路，直到池塘边的一棵倒下的树上，游客可以从树干上俯瞰河狸的活动。

在任何陆地和水域的开发中，景观设计者的重点是放在要表达的内在效果上（场地所固有的）。通过设计者对展示序列的加强、表达、创造，使观察者能够发现当地的正面特征，使之充分发挥令人愉悦的效应。

建成环境

圣米歇尔山（法国），四周被汹涌的潮水环绕，只有一条堤坝能够到达——这是对自然力量和形式精巧而有力的改造

到现在为止，我们都把自然景观作为一个观察的对象，如在大型公园中或风景优美的小路或较好的度假酒店等自然景观中。这种情况下人们作为一个微观观察者，悄然而至，带着敬意欣赏，然后不犯秋毫地离去。但是，能够保持其原始状态或只开发用以展示其自然美的地方毕竟是很少的。

土地利用

我们经常根据使用性来考虑土地。在这一点上，人们或许会问“讨论美和景观特征干什么，我想知道的是如何利用土地？”

在考虑土地利用现实而艰难的问题是要在广义上理解景观特征的意义，规划师要在深刻理解场地的自然本性和外部环境后，才能进行如下内容：

- 认识到哪些使用对于场地是合适的、哪些能实现其全部的潜在价值。
- 在该场地引进正确的利用方式。
- 采用和开发与所研究的景观特征有关的土地利用方式。
- 确保这些土地利用方式能产生一个效率高，视觉上有吸引力的景观格局。
- 评判一个项目是否不合适，是否造成场地本身以及周围环境的不协调，以至看起来像错位、不合适及丑陋。不正确的土地利用不但在美学上而且现实中都会产生麻烦，因为在不合适的土地上强加不适宜的土地利用，既破坏景观的美好格局，又影响正确功能的发挥。

适宜性

由于我们生性讨厌无序、不和谐和丑陋；由于我们本能地被和谐、有序吸引；而且由于大多数人造物和开发都是为赏心悦目而设计的，因此成果之美是人们高度期望的目标。

它很合适：它看起来适合这个地方；它一切正常：有一种各部分之间的高效组合；它看起来很好：美丽；我喜欢它。

景观中的任何规划都影响景观。每一个新规划的应用都将引起场地和其周围环境的一系列反应和相互作用。环境影响可能向各个方向延伸很长一段距离，影响面积也许很大，甚至包括许多平方英里。

在考虑地球表面任何一个地段的开发时，我们必须认识到地球表面是一个具有连续性的表面。在这个表面上一个项目的开发不但影响特定场地而且影响经过它的所有河流。无论增加或变化多么小，它都对土地的自然属性和视觉施加影响。由此可见，规划师在致力于一项连续的景观改变过程。

协调

未受干扰的景观处于相对静态的平衡之中。它有自身严密而协调的秩序，各种形态都是地质结构、气候、生长和其他自然力量的综合表现形式。在原始森林里或是空旷的平原上，人类是入侵者。

如果人类在荒野中修路，那么人类或是依据地形发展一种和谐的关系，或是违逆于地形而造成毁坏性的后果。在一个地区，随着人类活动的增加，景观将变得更有组织性。如果这种组织是一种合适的关系，那么将有助于人类的开发；如果这种组织是无序、不合逻辑的，那么将阻碍人类的开发。一个地区的开发需利用其所有自然景观特征，使自然和人工建筑和谐，或创造一个完全人工的、空间和造型的综合体。无论在何种情况下，一个好的规划应能形成基于所有元素和影响力的方案，产生一个新的处于动态平衡之中的完整的景观。

我们都熟悉处于和谐状态之中的人工景观。我们可以回想起美丽的新英格兰农田的连绵景观，西部牧场，还有弗吉尼亚的庄园。身处其中或接近这些地方，我们能体会到安宁与愉快的感觉。我们说一个城镇或地区优雅、美丽、如画，其真正原因在于我们下意识地感到这些地区有一种特有的和谐在吸引我们。我们喜欢这些。无序、混乱、污染、“低品位”和“规划差”的地方，不但令人不快，而且会干扰我们。如果在旅行中，我们将回避这些地方，我们不愿住在里面或走近它。

审美效果每时每刻都在影响我们，他们有意识或大多数情况下无意识地诱导我们产生友好的或敌对的反应……他们影响……甚至涉及一些最现实问题的解决，影响日常使用物品例如汽车、桥梁的造型。总之，影响人类生活环境的成形。

——西格弗里德·吉迪恩
(Siegfried Giedion)

Barry W. Starke, EDA

构筑物与环境的融合。密西西比州匹卡云勒，克罗斯比植物园

在以后的重新规划中，我们要消除这些地方的负面影响，保留和加强景观的正面影响。我们要以保护和建成令人愉快的场地特征，使各种要素处于和谐之中作为我们的指导原则。

我们对于和谐这个词已经讲了很多。我们的意思是不是通过保护性的着色或掩饰要求每一个要素都融合在景观之中，或者消失于其中呢？不，从小片土地到广大的地域，规划都要综合地考虑建筑物和地形，创造一个最合适的组合。如果一个完成的项目与景观相融合，那是灵感设计的结果，而不是缺乏灵感的设计者的错误目标。

对比

众所周知，一个物体的形状、颜色和结构可以通过对比得到加强。这个原则同样适用于景观规划。瑞士著名工程师罗伯特·梅拉特（Robert Maillart）设计的桥梁便是例证。它们横跨于瑞士和巴伐利亚（Bavaria）的荒野山谷之间，所有见过它的人都为其轻巧、优雅的白色水泥桥拱而惊叹。当然，这些结构的形状，原材料对于崇山峻岭的自然背景来说是外来的。它们在这个地方合适吗？如果用当地的木材和岩石建设这座桥是否更合适呢？

一个设计和选址恰到好处的建筑、桥或道路能为乡村增色而不使之受损，这难道还不可想象吗？

——克里斯托弗·滕纳德

在国家公园里，所有的桥都是由当地的材料建造的。虽然很多人对于这条原则很有争议，但它的确造就了许多具有很高质量的桥梁。它们使公园游人少受一些钢筋水泥预制件的困扰，这些预制件出现在众多的河流上。

在梅拉特的桥梁设计中，他只是简单地直接把一种必要的功能——高速公路桥——架于自然景观之中。他用合理的材料、以焕然一新的清晰的结构来表达其建筑物的力量。而且他通过动态优美的桥和崎岖的山林之间强烈的对比，使每一座桥都具有很高的质量。峡谷越是荒野，设计的桥梁就越是精致和优美。

作为对比原则的另一应用，我们可以回想起色彩理论。要想产生一片最绿的面积，我们可以引入一块猩红色的斑块。艺术家们把最绿的颜色作为背景，能使一小块红色像火焰一样耀眼。

http://www.en.wikipedia.org/wiki/Salginatobel_Bridge

梅拉特设计的桥梁

对于我来说，追求和谐是人类最高尚的激情。目标无边无际，广阔到能包容每一样东西，但它还是能保持完整。

——勒·柯布西耶

把对比元素引入景观之前，我们应该深刻领悟被强调特征的属性。对比元素要设计成加强和丰富这些自然特征的视觉效果。相反，要强调引入的构筑物和成分的某些特征时，我们应该寻求与这些特征有对比关系的景观特征以达到预期的对比效果。

以梅拉特的作品为例可说明对比的另一个原则。两个对比元素中的一个必须占主要地位，一个是特写，另外一个是支持和衬托的背景。否则，如果两个对比元素的权重相等，就会使人产生视觉紧张。削弱或破坏而不足加强视觉感受。

John O. Simonds

流水别墅［Fallingwater，别称熊跑溪（Bear Run）］美国宾夕法尼亚州。精密的富有光泽的混凝土板看上去似乎与周围自然场景、颜色和场地的肌理格格不入。恰恰相反，这栋建筑仿佛本就像安居于此一样的自然。这是为什么呢？或许是因为大量的悬挑的平台再现了重岩叠嶂的悬壁石；或许是因为石质的墙体展示天然之外的精美绝伦的纹饰肌理；或许是因为这栋建筑充满活力，与荒野和繁芜的密林一样生生不息；抑或许正是通过不同种类不同程度的差别，每处截然对峙的元素都被有意识地唤醒了最极致的自然景观

Gary Knight & Associates, Inc.

Maricio Luzuriaga

线的排列组合，交叉运动构成了建成环境的形状

我们已经说过，为使一个场地具有美好的特征，必须使场地的所有要素都和谐相处。我们找到了许多似乎违反这一原则的实例，如梅拉特的桥，弗兰克·劳埃德·赖特在宾夕法尼亚熊跑溪（Bear Run）建的流水别墅。我们评价这些建筑物时起初会觉得它们与周围的环境不和谐。然而，仔细研究，却能感到每一个都是精神、功能、材料和形式的和谐。

构筑

我们研究了自然景观要素以及在规划中的重要作用。同时，构筑物的形式、特征和动线也是规划的主要因素。

我们看任何道路图时，可以根据其类型和颜色辨别出高速公路、次级道路、街道、铁道、渡船路线甚至地铁等。这些路线在纸上显得无伤大雅。但对于我们用摄像机在高速干道上空随着行驶的车流拍摄时，站着等特别快车呼啸而过时，或是试着手摇小船越过渡口的尾浪时，我们会赞成地图上描绘路径的线条表明了强大的动力。这些线条是人类的运动和物资的运输所必需的。不幸的是它们也可能被中断，有时是致命的。每几分钟就有一个美国人被机动车辆撞死，严重伤害事故的发生率也很高。如果考虑到这些事实，会感到我们规划师没有高度重视运输路线的设计，或者我们还没有学会用远见和想象力来设计它们。

还有许多建成环境的特征，它们虽然不是特别重要，但对规划有很大的影响作用。为了理解它们的重要性，我们列出在工程场地值得调查的一些内容。对于工程启动者来说应了解下面几项：

周围的街道

人行通道

要保留的周围建筑

要拆除的建筑

地下建筑

能量来源和供给

市政设施导向和容量

合适的区划

建筑规则和管理

红线退让

行为限制

这种调查本身似乎很艰难，但它还不包括邻里风格、一般的场地因素、矿物权、便利设施和公共设施的额外考虑。这些特征中的任何一个都可能导致投资的成功或失败。由于项目的类型不同，例如居住区、学校、购物街、码头等，我们的调查内容也会有很大的差别。

如果我们的设计要对许多不同自然状况和设计做出反应，那么该如何着手呢？可以提议这么做，首先依次仔细研究每项条件，找它的可行性和问题所在。然后我们可以将所有可能的益处最大化，在适当的范围内减少或排除任何负面影响。一个好的办法能够把不利因素转为有益的资产。

景观设计学的根本原则只是把一个系统调整和应用到另一个系统中，使对比的事物形成和谐的关系，从而产生更高级的统一，即“秩序”。

——斯坦利·怀特

Alan Ward/Reed Hilderbrand

场地特征得到保护并加强

© D. A. Horchner/Design Workshop

与景观特征相和谐的发展项目

变化中的景观

景观特质是处在持久的变化中的。除了生长过程和季节的变化外，我们永远在土地上苦干与挣扎，有时会无意识地破坏景观的正面价值，有时也能理智敏感地使功能和场地特征得到完美的统一，提高景观质量。当一个场地修建了人工建筑时，它的景观特征因此也就被改变了。

景观进展是一个持续的过程，最好是在其进展过程中，使适宜的开发利用和谐地融于自然和建成环境中。

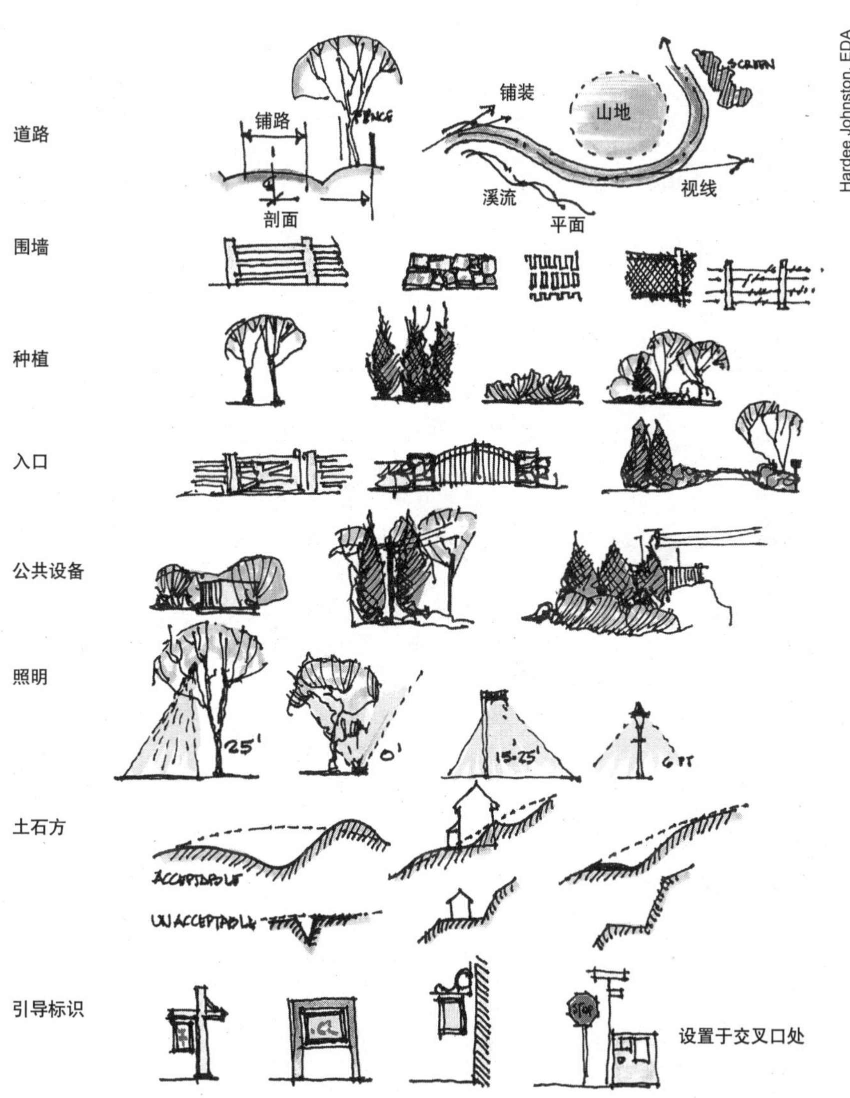

乡村景观的设计元素

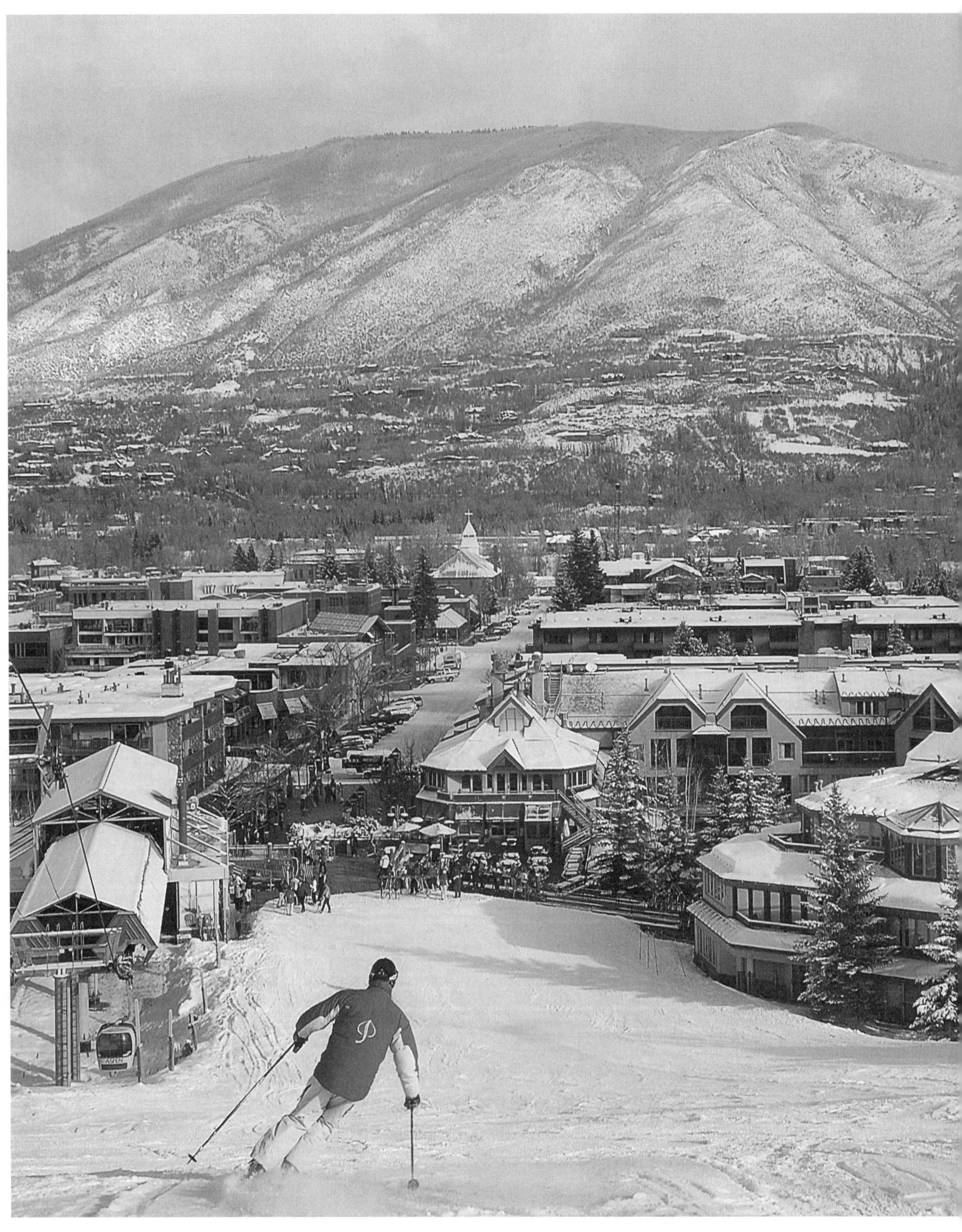

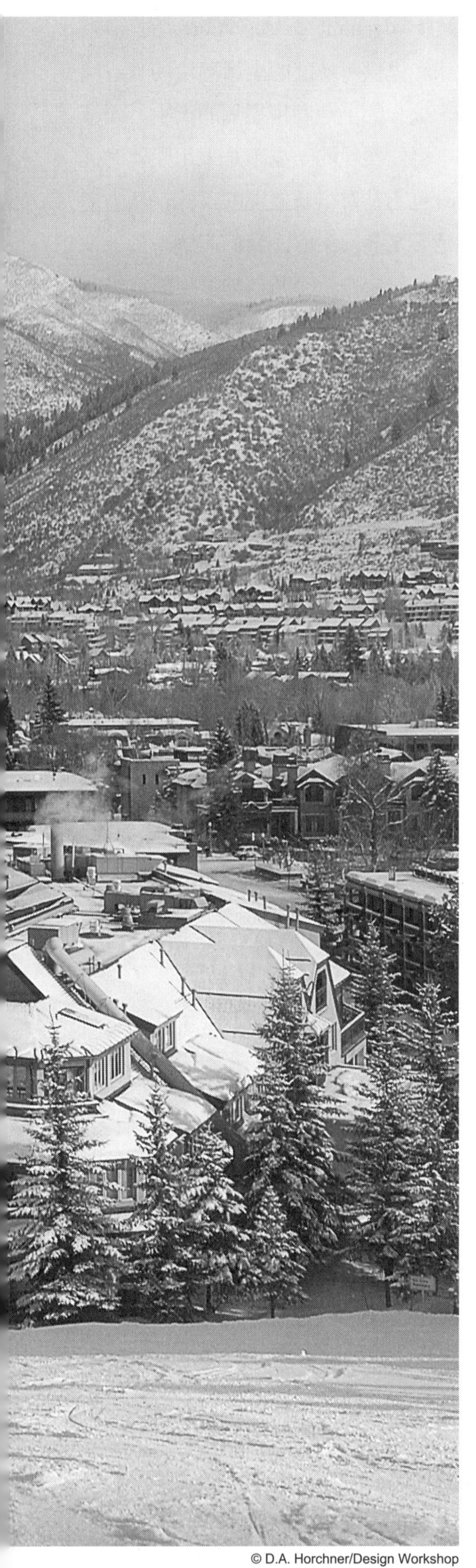

© D.A. Horchner/Design Workshop

7 规划的环境

我们的国家已经经历了，或者仍在经历一个开拓的阶段。直到现在，我们仍然认为自己享有一项野蛮的特权，即我们可以根据我们的意愿，任意对待我们的土地。在实施这项不确定的权利时，我们已经贪婪地侵吞了我们的自然财富，并且无情地摧残了这片土地。

我们将大片被森林覆盖的流域变成了冲沟和废墟；野蛮开荒的做法，将无数的肥沃的地块转变成了贫瘠的废弃地；眼看着无数的肥沃表土遭受冲刷，最终无可挽回地流入大海；野蛮地用生活污水和工业废水污染了河流；对自然环境的掠夺已经达到了其他文明无法逾越的地步。我们已经铸下大错。现在，虽然很迟，但我们最终还是逐渐认识到这些行为方式的错误。

在寻求如何控制这些废物和破坏的过程中，当前的规划哲学一直主张通过约束或禁止来实现目标。在很大程度上来说，这仍然是一种消极的规划行为。无疑，这些约束起到了一定作用，但并不显著。目前我们亟需重新评价整个物质规划的过程，以便寻找到一套积极的规划方法，与我们对土地利用新的理解与认识相适应。

通过被验证的规划技术和立法手段，能够将当前分散的城市要素进行聚集和重组，成为不同类型的活动节点——这样的节点与土地和谐结合，每个都是更加自给自足和完整，同时每个都由公园道和高架轨道与一个加强的城市区域核心相联系。

许多新的思想都被归入动态保护（dynamic conservation）的范畴。这个概念源于人们对管理、关爱地球和提供可持续的生活环境的日益增加的需求。所有这一切都在呼吁一个综合的土地利用规划的产生，而不是对现状的一种态度，因为态度是不可能实现的；也不是采用强硬对抗和无休止诉讼的一种消极方法；同时也不是对增长僵硬的反抗，从当前的情况来看，增长在大多数地区都是必定会发生的。我们应该采用一种由公共机构和私人企业共同协作的方法，制定一个长期的、不断完善的土地利用规划，从而最好地满足有秩序的区域增长和发展需求。

保护信条

保护运动究竟是什么呢？

- 一个为了精明和持续地利用、恢复和补充我们的自然资源的一个长期战略
- 保护我们最佳的生态、历史和风景资源
- 公众可以到达海岸、河滨及开放空间用地从事不破坏环境的土地利用和游憩活动
- 提供风景优美的公园道、徒步旅行道和自行车道，以及穿过田野的绿色通道
- 控制公路的出入口，并且公路应从动植物群落和人类聚集地以外绕过，而不是穿过
- 在土地利用规划中采用合理的承载力办法，而不是采用（简单的）区划
- 社区的建设结合或者围绕景观中最佳的要素
- 终止城市蔓延和灾难式的扩散
- 更加紧凑和有效的城镇由受保护的开放空间隔开，这样的开放空间由高产的农田、林地和自然保护区构成
- 通过教育，培养公众对地球环境健康的关注

环境问题

最近几年我们已经听到太多关于环境问题的言论，这种关注是全世界范围的。在一些学者当中，它通常延伸到了关系人类存亡的地步。对于许多人来说，“环境”这个词是如此模糊和普通，以至于它已经逐渐失去了应有的意义。然而，当与这个词相关的问题和可能性变得如此复杂起来的同时，相关的议题却显得很清楚。它们都影响或受到土地利用规划的影响。下面简要地介绍了这些议题，同时附上已被验证了的解决方法建议。

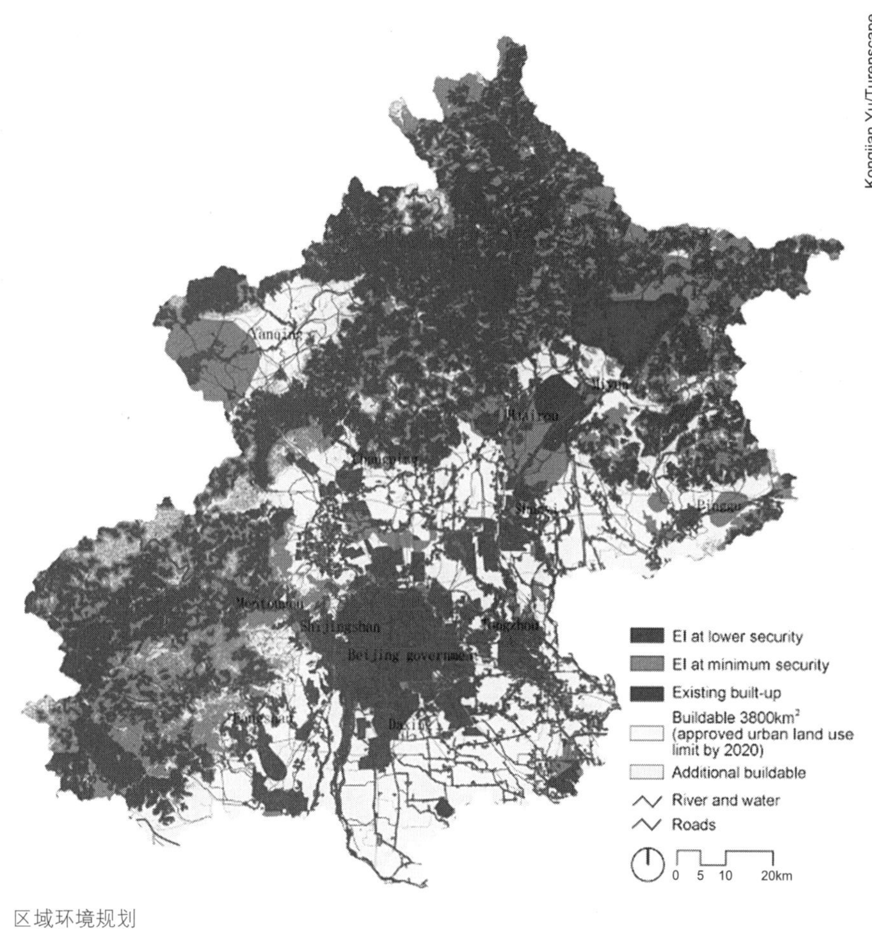

区域环境规划

在文明起源时，也就是说大约5000年前的时候，世界人口总数不超过2亿。如今，世界年均增长人口数就几乎是这个数的两倍。这种现象，就像钱的复合利息式的增长一样，世界人口的在19世纪50年代达到了10亿，在20世纪20年代达到了20亿。更令人不安的是，人口的增长率一直都处于稳定的增长状态，如果按照现今的增长速度，当前的人口数量在50年内将再翻一番。

——**朱利安·赫胥黎**（Julian Huxley）

增长管理

增长管理意味着需要由区域规划或者大都市地区政府机构制订远期规划。任何类型的开发仅当与已被采纳的区域土地利用规划相一致时，才能得到批准。同时，只有当所有需要的服务都是适当可行的时候，土地才能允许被占有和使用。

区域规划

一个地区的人口数量与人口中心的分布方式相比，通常相对比较次要。一般有一个误解，认为一个辖区如果吸引了越多的人前来工作和居住，那么就会为其带来更多的收入和税收。然而在土地利用和扩散不受控制的大多现状情况下，结论往往是截然相反的。昂贵的道路和市政基础设施的扩张，同时伴随着学校、社会福利、消防和警察以及其他一些服务设施的设立，所有的支出将会很快超过总的税收收入。而且，往往增加的交通和破坏通常也会迫使原有的居民迁出。

许多单个行政区的官员和工作人员往往都倾向于为了当地的利益而工作，而很少会考虑到更大区域的长期利益。有许多官方设计的区域委员会是非常成功的，这些委员会通常致力于区域的长期福祉。为什么没有出现更多这样的机构呢？道理很简单，地方政府不愿意放弃他们的权力，官员也都不愿意放弃他们原有的位置。对于这种进退两难的困境，有一个有效的解决办法，即向全县或州政府申请特许成立一个区域范围内的区域规划机构，这个机构享有具体的、有限的权力，但在实施这些权力方面则享有充分的职权。这些权力可以很好地包括单个地方政府所不具备的能力，如对土地利用、交通网络、基础设施系统、水资源管理和废物回收利用等方面进行长期的规划。

关于土地利用，一个长期的区域规划应该是不断发展的，其仅仅为居住、公共服务、商业和游憩中心指定粗略的用地。这些中心都应该安排在有需要、有充足水源和其他必要资源的地方，同时能与自然和建成区的环境很好地融合在一起。在这些划定的粗略的用地内，地方政府和官员将仍然拥有对土地进行细分和管制的权力。这些用地可以保留细分地块的其他功能，只要它们不违背区域规划和上层法令。

大都市地区管理

更进一步大都市的管理形式，在这方面有非常显著的例子。对于大都市区的管理，可以由州政府授予一些邻近的县以特权。虽然被赋予了广泛的基本权力，但它们仅仅被安排了区域范围内特定的主要责任。地方政府以此被确保享有他们持续的职责与管理权。这样一个政府（在多样的行政单元之上建立的统一的政府）的效率和有效性是显而易见的。

Mia Lehrer + Associates

社区参与

公众行动

当政府的支持与庇护已经成为环境的威胁时，建立一个公众团体是有必要的。宾夕法尼亚西部的阿勒格尼集会正是这方面一个例子。在50多年的时间里，它已经将这个曾经荒无人烟的地方转变成了在美洲地区最适宜居住的城市之一。

这个集会最初是由一群商人创立，他们从第二次世界大战返回后，发现居住和工作环境是如此叫人难以忍受，腐败盛行。他们成立了一个非政府的委员会，由公众中的领导者组成的委员会，每年举行一次集会，并对工作的进一步开展提出要求，同时听取有关工作进展的报告。这个委员会配备了一个执行委员会及相关工作人员，并且通过私人和相关的基金会筹集资金。通过一个又一个项目，这个团体正在不断地改变该区域的景象。

公众的行动团体可以有多种规模或者组织形式。它们缺少的仅仅是一个或多个能致力于此的市民的参与。有时这样的组织的成员数可达到数千人之多，如山岳俱乐部（the Sierra Club）和全美保护基金会（the American Conservation Foundation）等，这些组织正在为改善我们的生活环境作出贡献。

保护地役权或土地赠与

一个有效的保护景观完整性的方法可以通过出租或出售保护地役权的来实现。这种方法限制了一些原有的土地使用权。农场主可以在享有农庄完整使用权的同时，享有一次性地役权转让或出租的利润，以及持续的税收减免政策。

地产中重要的未被利用的部分也可以在一定限制条件下，被出售或者捐赠给保护团体，以获取一定的赢利或者税收上的优惠。永久性的开放空间也因此被纳入区域规划的考虑中。

水资源管理

规划师们在认识淡水的短缺问题上是比较滞后的。在许多地区，这个问题已经达到了相当危险的程度。沿着美国的东西海岸线，城市中心地区的采水区和地下水位已经降到盐水入侵的程度。由于受到森林砍伐和灌溉的压力，高地上的河流也进一步被耗尽，用以补充大量浪费性的用水需求。内陆地区一些原有沿线散布着多座水库的河流，现也已变成了涓涓细流，或是季节性的泥潭。

景观的完整性可以通过保护地役权（conservation easements）的方法进行保护

很显然，我们必须减少或控制全国的淡水消耗。我们已经不能再承受如今这样用淡水喷洒大面积草坪或者清洗街道的做法，同时也不能再用饮用水去灌溉大量不重要的农田。相信很快，大量这种类型的灌溉都会使用处理后的废水。社区将拥有独立的饮用水系统和污水处理系统。先进的水管理措施将会用于恢复、补充和维持淡水的储备。并将从源头

Kongjian Yu/Turenscape

经过恢复的自然河流系统

控制取水，以满足示范区的需求。同时，它还将促进区域和开放空间规划、恢复林地和湿地的保护。主要河流或排水线路的自然形态将得到恢复和维护。河流流域将得到研究并作为一个整体从源头到河口进行规划。

土壤流失

一个国家最基本的财富就是肥沃的表土层，整个食物链最终都要依靠它。如果没有表土，就没有用以滞留降水的植被，雨水也不会通过植物的蒸腾作用散发到新鲜空气中，供我们呼吸以及生物的生存；如果没有它，降水也不会慢慢地渗入地下形成地下水。许多沙漠国家，或者是其中的广大的地区，都是被极端侵蚀的例子。这些地区曾经都是由森林和草地覆盖的区域，同时有着流动的河流和充足的水源。由于建立葡萄园或果园而大量地造船、伐木和开垦土地，使得土壤裸露并遭受侵蚀，肥沃的土壤流向了大海。土地贫瘠的希腊、以色列、叙利亚和西班牙曾经都是完全被绿色覆盖的国家。

在我们国家短暂的历史里，而且可以说就在过去一个世纪里，由于浪费式的农业实践、砍伐森林以及建设活动，美国已经丧失了 1/3 的珍贵的地表土。有必要通过教育使人们认识到地表土的价值，同时利用严格的管理和强化的挖掘和分级措施，对所有的地表土进行替换和储存。

NRCS

Jeff Vanuga, Natural Resources Conservation Service (NRCS)

Ian Lind

NOAA George E. Marsh Album

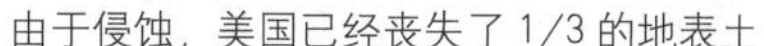
由于侵蚀，美国已经丧失了 1/3 的地表土

与土壤侵蚀类似的问题即是对农田的浪费。一个主要的原因是所有者受到较高的基于地价的税收评估作用，被引诱或迫使他们卖掉自己的农田。然而，土地价值是由再分区或者相邻土地作为其他非农业用途时出售的价值决定的。只有通过基于生产力进行评估，并且通过区域土地利用规划和区划，必要的农田才能得到保护，关键的农业活动才能得到确保。

污染

原始的生存环境现在被我们无耻地污染。在许多地区，我们呼吸的空气遭受到的污染十分严重，以至于危害到了人类的健康。许多人、牲畜、野生动物和植被由于受到有毒气体或者酸雨的侵害而死去。甚至是全球的气候也受到日益增长的包围地球的二氧化碳层的不利影响。我们只有花费时间、呼吁公众、立法和投入大量的资金，才能有希望减少或者根除这些问题。

同时，我们的水体也受到了污染。从周围的土地流入的污染径流和渗漏对我们的河流、蓄水层和水体造成了如此严重的污染，以至于即使从离五大湖地区最远的支流，也无法获取足够我们安全食用的鱼类。农业和开发活动必须得到控制，以确保受到污染的地表径流被截留和过滤。

现在即使表面上看上去无生命力的土壤也正在被污染——由于受到空气中的烟尘、施肥、害虫和杂草控制、不知名的卫生填埋物以及核废料的处理等影响。

公众对待污染表现出不同程度的担忧，并呼吁政府采取相关行动和缓解措施。我们正开始认识到，控制和减轻污染正是环境规划的核心。

安全

家里、工作中或者旅途中的安全，取决于合理的设计。交通工具，如汽车、火车、轮船或游船，都在经历着不断地改变和改善，可想而知，我们的土地规划及道路设置也必须经历不断的改进。通过设计无机动车驶入的步行道和自行车道，将很快把我们的城市和乡村联系起来。具有限制出入的公园道和高速公路，没有路边的干扰，将联系我们的城市中心。街道和公路的交叉口将几乎被消除。地区之间的运输线路在交叉口处抬升或下沉，并且它们将不再横穿社区，而是从社区外围绕过，同时在两边有可达的联结处。

为弱势群体设计将会成为普遍的要求。在所有的规划中，消除危险源将成为设计的基本的要求。犯罪和新兴的恐怖主义威胁正向美国社会蔓延。通过规划清除污秽的街区、废弃地和闲置的潜伏场所，将会有助于减轻这种不良影响。

更值得一提的是，我们城镇的复兴必须为有需要的人们提供就业和游憩机会。在专业人员的努力下，地区得到清洁和重整。所有人都将受益。最初的市民保护组织（the Civilian Conservation Corps，CCC）到后来持修正观点的由年轻人和成年人组成的志愿者团体，都是这方面杰出的例子。

Adam Jones, Courtesy of Jones & Jones Architects & Landscape Architects, Ltd.

非机动车行驶的自行车道

气候

有些人喜热、有些人则喜冷。在规划中预期的建设者考虑的第一件事就是最先选择一个怎样的气候。因为气候不仅影响气温，而且对规划的选址、朝向、材料和形式都有重要的影响。

气候不仅仅是用高和低，湿或干或者是气温计显示的问题。天气还包括光的质量（从沙漠地带耀眼的强光到森林里微弱的光线），以及湿度方面显著的差异。季节相关的特征属于生动的气候因素。

气象、微风、风力和风向、雾、降水、洪水和干旱，都是属于气候的功能。

自然灾害

暴风、台风、地震和洪水都是生活的真实体现，我们只能尽可能躲开它们，而不能消除。近年来，由于预测和监测能力的提高，人们避免这些自然灾害的能力已经有了显著提升。由于预先的警告和对受威胁的聚居地居民的疏散，无数的生命因此得以拯救。

当前的危险却令人担忧。例如，洛杉矶和旧金山的许多城市都建在了圣安德烈亚斯（San Andreas）断层上，这个断层必定会在将来的某个时候发生剧烈的地震和火山爆发。一些居住那里的人们完全不考虑这些危险，而另一些人则并不知情。这个每日都将经历的风险逐渐成为当地居民对生活的一种选择，因为我们的科学家们已经能够跟踪并记录地层断裂带、火灾和洪灾易发区以及高速暴风雨的行走轨迹。

Marvin Nauman, FEMA

2005 年，新奥尔良洪灾，由于不合理的土地利用规划所直接导致

战争

战争是终极的环境灾难：村庄和城镇被炮火摧毁为废墟；地区被炮轰、凿空，成为不毛之地。地区人口大量被屠杀。战士和人民同时受到杀害或致残。战争简直就是一个地狱。

一场战争无论输赢，也不会阻止以后将发生的战争，永远都不会。战争是人类对现状不满的产物，即人口拥挤、饥饿、贫穷、不平等、贪婪以及民族对自由、扩张或权力的渴望。只有通过寻找和治愈这些人居环境弊病的解决办法，战争才能够得到预防。

单凭一个人或者一个国家是不能够找到解决这些问题的办法的。这说明我们需要一个观念不断发展的管理机构，由多个国家组成的市民行动团体，这一团体由公认的非政府的领导者们组成。比如将它称为“国际人性委员会”或其他称号。其机构中的成员将代表着一个国家最高的荣誉。

这些受人钦佩并且有影响力的世界领导者们组成的委员会成员只通过邀请产生，而且每一个国家只限选一人入选。一个小型的配备职员的执行委员会除外，它将全年工作。它的作用就是为成员以及每年的大会报告收集相关的背景信息。政府官员可能被邀请出席会议，但对于年度报告中提出的建议却不享有发言权和表决权。这样一个委员会每年聚会一次，开展一次广泛的会议，以讨论一些世界问题和多样化的解决方案。每一次大会结束时都会产生一份建议报告，并由政府、现有的或新成立的机构、私人基金会或者其他团体优先付诸行动。

这样一个委员会虽然没有执行的权力，但是它的年度报告和建议，由于代表了全世界环境改革者和他们的支持者一致的声音，因此将会产生巨大而长久的影响。

保护

虽然在本书的其他地方曾多次提到保护一词，但作为一个环境问题，它仍然值得重复。为了全人类的利益，我们万万不能忽视或破坏所有生命赖以生存的环境。

有经验的土地所有者和开发商已经认识到土地增值的意义。在考察地产的时候应该首先对场地内外的积极特征（长处、优势）进行分析。

这些特征都将得到保留、保护并且纳入到规划中去。在可能的情况下，它们会成为与相邻地块共享的资源。每一个项目在完成时都应该增加而不是减损场地及其周边环境的适宜性。

毫无例外的是，场地的调查应该对一些显著的特征进行详细记录，包括像一棵树、坟墓、泉水、池塘一样的自然要素，或者如河流、湖泊、森林、山脉等风景资源，也可能是一片稀有的植物群落或者是一种濒危鸟类的栖息地，同时也有可能是一处历史场所或者纪念物。所有这些要素都应该得到保护并纳入规划，以便为使用者提供娱乐及启智功能。

Tom Lamb, Lamb Studio

8 社区规划与增长管理

“社区”这一词有多种含义，且大多数为人所向往。人类同动植物一样，在彼此支持与共享的群体里生命更加欣欣向荣。这种社区群体的本质是什么？它们的最佳形式又是怎样组合的呢？

群居的必然性

有史以来，人类因迫不得已而聚居在一起，以便在古代城墙中或城堡的栅栏里得到庇护。他们形成各种社区，为了从事农业、商业或工业，也可能是为了追求宗教信仰。在美洲拓荒时期，围绕海湾和河边的码头、在交通路线的十字交叉地带以及任何自然资源集中或丰富的地方，都自发地形成了各种类型的居住区。

公共集体中，友谊主要建立在邻近的基础上。因此住所要建于最受人欢迎且造价适宜的地方，然后人们迁家于此，交各种朋友，偶尔也会和邻居争吵。社会团体和工作联盟大多是偶然性的，而家是永久的，因此邻里关系具相对稳定性。乡镇和城市太多情况下是顺街道延伸，呈方格状扩展。通常在周围没有学校、服务设施或令人放松的开放空间的居住区，人们的生活受到影响。随着人口密度和交通线路的增多，远距离耗时更加严

任何对开放空间未来的思考，譬如考虑城区中心存在物，都需要理性地评估最贪婪地消耗土地的项目之一：住宅。人类在住宅上的偏好，导致独个分离的单元以一种令人可畏的连续性穿越乡村，尤其在城市边缘地带。对这类庇护所的表现形式（急于逃离城市，泛滥于旷野，建造一个个盒状住宅）的需求之根源是什么？是为了减少赋税？既定的权利？呼吸的空气？与土地接触？或是追求“甜蜜之家”(home sweet home）的诗中意境？撇去这些不谈，解决方法是满足人类上述偏好的良好规划？还是将分散平铺的形式转化为集中一体的高密度模式？说不定随着单元间空地的减少，城市中心之间的空间就会得以保留，甚至还可能增加。

——沃尔特·D·哈里斯
(Walter D. Harris)

重，污染已变得无法忍受，而周围田野和森林也无情地消失殆尽。

随着20世纪的到来和汽车的使用，从农村到城市的迁移方向突然逆转。最开始是一些有钱人逃离工业城市，建造了一些颇具浪漫色彩的农庄和享受乡间生活的花园洋房，哈得孙河边的一些建筑就是如此。很快大量的中产阶级也加入他们的行列，社会变革带给他们的是日渐改善的生活条件和新式的交通形式。这些家庭都向往着这样一个美梦——在城市郊区外过舒适、充实的生活，那里他们可以生活在森林、原野和花园中，与自然交流。随着逐渐增多的人涌向郊外，新的近郊居民区形成了。这成为美国的普遍现象。新型的住所得到很好的设计，并创造了新的社区模式。重新划分的农林用地、规划的社区及新型的城镇已逐渐进步且仍在进化中。如说它们的视觉效果有缺憾的话，那是因为人们已破坏了太多他们所寻找的，并期望拥抱的大自然；因为人们从城市中带来了太多的城市癖好——习惯于使房屋朝向交通拥挤的街道，而不是怡人的庭院。空旷的保护区习惯于使学校、教堂、工厂首尾相接地沿喧嚣的高速公路线状排列，这是一种坏习惯；因为我们纵容相互连接的道路发展为拥挤不堪的过境通道，以致沿路漫长的塞车、交通障碍，严重影响了经济的发展；因为我们还需了解许多有关群体生活、土地利用及交通规划方面的基础知识和错综复杂的内容。

问题

如果不加控制，不适宜的利用方式就会渗透到居住领域。街道和高速公路的拓宽使它们紧邻的沿街商业区过分拥挤，这会使它们的承载力减少并限制了交通流量。发展受阻衰败处处可见；空闲建筑被善意破坏；不动产价值遽然跌落；在可能的情况下，当地住宅的固定居民迁往城外。可悲的是，他们无论在哪儿重置家业，如果没有较好的规划和法规，这种恶性循环仍将重复发生。现实本不该如此。

单调

我们所知的地块划分是美国典型的发明，欧洲和亚洲几无相似情况。

太多情况下，伴随郊区的发展，植被覆盖良好的场地被夷平，树和地表覆盖物受到破坏，溪流和排水道混于宽大的雨污水阴沟或开放的排水渠中。外形相似的房屋沿几何块状街道成列延展。硬质铺装的地面中，生长着异国情调的植物群。本地的动物群——林中和草地上飞禽走兽——离开这里去寻求更适宜生活的栖息地。

相反，通过精细的土地和社区规划，可保存或获得多样性。多样性居住环境的吸引力要远大于单调，而初期投入和维持费用却少得多。

低效

良好规划的邻里和社区——城市、近郊、郊区——应该是高效运作的有机体。也就是说能量和物质将会守恒，摩擦减少。能量守恒意味着所需的事物和服务如学校、商店和娱乐场所等，应该很便利，意即容易到达，近在身边。然而在许多邻里中，为了买一夸脱牛奶或一块面包常需穿越许多街区和街道。运动场地甚至小学也只能由人们勇敢地经过一系列拥挤的交通线路才能到达。据报纸所言，有些孩子和成年人从未去过那些地方。

Barry W. Starke, EDA

许多当代购物中心的步行可达性不强

对比而言，在规划过的社区中，各式的住宅能围绕活动中心集中排列。穿过禁行车辆的绿色廊道，可步行、骑自行车或坐电车到达中心。这样更安全，更令人愉快，且高效。

房屋和公寓沿道路和街道排列是多年以来一直为人们所接受的模式，它忽视了人们的需求。现今如果给人们提供远离街道的庭院式生活，绝少有家庭愿意选择朝向繁忙道路的房屋。远离道路的住宅群不仅提供更多畅销和可租赁的住宅，也更经济实惠。而且，通过减少每道行车线路的红绿灯，穿越道路的效率将大大提高，同时潜在的干扰也会减少。

远离道路的集中住宅，使得建设街道和高速公路及其主要排水沟和市政干线的昂贵费用可由更多的住户共同承担。单行和双行线路是不经济的，随之而来的是各种各样的问题。

另外一个经常导致困难的根源在于人们通常习惯于在道路权限范围内建设下水道、市政干线和能源分配系统。为避免电线杆和空中线路受道旁树木的妨碍，要定期修理树木以确保线路的通畅。除此之外，为了安置新的旁侧下水道，或是为了对街道中水管、燃气管道或下水道进行修理，挖开一段路面，而且如果不封闭整条街道的话，也要封闭小巷，这种做法明显不切实际。最好沿道路红线外保留市政管线退红线区，从而使街道景观不受损坏。

在许多未经规划的社区里，最大的浪费是不需要的、破坏性的地形改造和不必要的暴雨下水道设施。这一切导致大量开支，原因只在于场地布局与地形相背。自然植被能保护地表、固定土壤和斜坡。天然排水道和河流能带走过量的降水。然而因植被受到破坏，天然水道堵塞，排水建设和稳固地表土的昂贵费用不得不由每个住户分担，更不用说恢复植被了。

在房屋建造和社区发展行业中，尽管它们本身是为利润驱动且竞

1928 年新泽西州拉德本（Radburn）的社区平面图

亨利·赖特（Henry Wright）和克拉伦斯·斯坦（Clarence Stein）针对依赖汽车的生活方式，发明了具有革新性的社区生活新概念。房屋群集于高级街区。汽车预先减速后经由尽端路到达住所。通过人行步道，无汽车行驶的天桥可到达大的中心公园。公园内部及周围地区群集着社区的社交、娱乐和购物中心。

此规划中的理念在随后几年的绝大多数高级邻里和社区规划中得以广泛应用

争激烈，最成功的企业家依然在偶然中发现，经严密思考和很好建造的项目不仅更高效，而且有更好的环境条件，同时更亲切、更畅销或出租，因而更有利可图。

不健康的条件

健康的心灵存在于健康的身体中。社区规划对人类健康有怎样的影响？

如果说，人类是先天遗传和后天生活环境的产物，那么我们最好希望自己来自坚强的血统，因为生活在逐渐被废弃、污染严重且交通拥挤的邻里环境里，几乎不可能有身心的健康。

健全的头脑来源于理性的规则和行为。当生活条件明显不合理时，颓废、焦虑或令人讨厌的日常经历，很难使人们保持一种积极向上的精神状态。

至于行动，我们生活于父辈所不能想象的加速发展的社会里。在我们拥挤的生活中，所有事件都以双倍的速率和强度发展着。在奋进的洪流中，为了赶上时代的步伐，我们在固定的职业中度过大量时间，大多数工作日都弓着身子坐在办公桌、柜台和机器旁，或是盯着计算机屏幕。我们远离了那个让我们的祖先保持理智和身心健康的真实世界，那里有田野与犁沟、森林、葡萄园以及棚中和门前庭院里的各种动物。未来的规划社区能够为这种机械式生活提供一些解决方法或相反的生活条件吗？我们能够在新型邻里中得到有利于健康的室外锻炼、娱乐活动，以及集体活动和令人充实的团体生活的机会吗？相信会如此。

各种危险

谁能否认我们当今的社区，譬如我们多数人生活其中的场所，有害于生活和身体健康？

街道和交通线路的纵横交叉
人群和车辆的混杂
头顶遍布的电力线
有毒的土壤和水体污染物
整日呼吸污染的空气……

不能忽略的另一与日俱增的危险是街道、小巷里的犯罪行为——每星期都发生的行凶抢劫、破门盗窃或开车扫射。这是孤独、空虚的心灵在缺乏光明的生存环境中引发的症状，同时也是由于缺乏更好的生活空间及更有意义的事情可做。

所有这些潜在的及十分现实的危险都有待于在规划中加以预防。

可能的改进之处

在着手规划未来更有益于身心健康的邻里时，要考虑在何处可能得到改进？估计有以下几方面：

建筑与土地更好地匹配
住所与交通线路更好地适应
住宅与住宅，以及住宅与活动中心之间更好地结合
可看和可做的事情丰富多彩
个人表现手法自由并具有创造性改进
所有人和谐共处，共同感受真正的“社区”

建筑的布局

为什么房屋要朝向街道呢？有人可能会说：“因为它们一直如此”。也许这样的反应并没有错，因为我们人类接受任何改变都很迟钝，即使优势很明显。美国直到最近几十年，才正式立法要求所有划出的房屋场地都面朝公共道路。结果，乡村地带一行行房屋开始沿街道和高速公路拔地而起。如果仅是马匹及马拉的二轮车、三轮车、四轮车在道路上行驶，这种布局很少会产生什么严重的问题。

随后汽车驶进来了。一辆又一辆，没有停息。道路开始超负荷运转。迄今为止，道路已被延长、拓宽，交通网络像一个粗糙的网状编织物，遮盖了大部分的景致。同时建筑仍继续沿喘息不止的高速公路拥挤而至。社区被便捷公交线分成几部分，且每部分内部又被不断分割。这种发展态势无论对当地居民还是乘车者来说，都没有太大意义。

寻求解决这一难题时，规划师曾力求废除对建筑前面空地的规定。这种想法得以实施的地方，已产生一种更具希望的建筑—道路关系。

最近一个相当好的进展是所谓的“规划单元开发”（planned unit development），亦即我们平常所谓的“PUD”。在规划大尺度的居住地带中实施PUD法规时，能确保有创意的场地规划会受到鼓励。当土地利用类型，总用地面积及建筑密度确定后，规划不再受约束于早已过时的限制性条款。鼓励新式组合的房屋类型和无汽车通行的邻里。集中共享的开放空间是必要的，同时还要有固有的服务设施和娱乐中心。按此种方式建造的社区和新城已证明，远离街道的居住楼群益处很多，同时它也指明了一条通向真正社区生活新概念的途径。

Robinson Fisher Koons

社区设计中人车分流的设施

入口和环流

如果新的居住区是禁行车辆的，那么汽车怎么办呢？可以推测专人驾驶的各种类型的机动车辆将是未来长期受青睐的交通方式。特别当行车路线上不再有无数人行十字路口或危险的交叉点，干道和环流设计成没有平面交叉且出入口分散分布的景观路时，更是如此。

社区将不再与道路和街道交叉，取而代之的是各种依地形而建的一系列相当规模的人行步道。每一人行道都傍依非临街的车行环流，并作为彼此间的联系通道。到达每一个邻里及更大的社区将需从外围驾车，向内直接驶入居住区的停车场和综合服务区。行人和车辆分离，彼此设计有自己单独的活动区域。这样，邻里生活将会更安全、更宜人，而车辆也可不受阻碍地以恒速前进。

活动中心

学校、商店和娱乐中心是社区主要的目的地。而在许多早期规划的社区里，它们有意识地与单一用途的居住楼群分离。这边建一组外形相似的独户住宅建筑，那边一片看起来相同的城镇住宅，别的地方又出现外貌相似的公寓。这样的建筑分区组合中，除了远处的学校、运动场地或购物中心外，少有具吸引力的可观可做之事。结果，居住邻里安静到令人厌烦的程度。

近几年规划的综合用途社区里，各类住宅单元围绕活动中心组团状分布．这样不仅更容易到达活动中心，而且这种充满活力、更民主化的混合模式促进多样性，为邻里间聚会和友好往来提供了更多的机会。

在随意组合、更紧凑集中的居住楼群中，活动中心和节点像相互连接的步行道一样，可具更多用途。特别当这些场所有了植物、灯光及喷泉、雕塑、旗帜等装饰时，会更具诱人魅力。道路两侧的土墩、遮阴的树木、座凳、不经意分布的自行车架或儿童娱乐设施为其平添几分景致。

在大多数较成功的“规划单元开发”（PUD）范例中，住宅和公寓安置得很紧凑，或群集在一起，以便在建筑周围和之间挤出更多剩余的分散空间。这不仅更有效地利用了土地和资金，且在相同的建筑密度下，增加了更多数量的公共开放空间。

良好的活动中心里，紧凑也是很明显的。无论在邻里层次还是社区层次，紧凑的利用方式是混合布局而成的。这样的例子包括：小学和公园结合；高级中学、娱乐庭院和运动场地结合；商店、商务用房和专业办公多功能大楼结合；社区建筑、教堂、图书馆和集成艺术展览场所结合；或是博物馆和艺术、工艺品展览中心结合。在所有相似情况下，强化集中是有益的。而且在整个社区的规划中，将一度分散的用途集中于一更具活力的核心，会增加额外的开放空间。

开放空间

为什么社区需要开放空间？因为团体生活主要在室外道路、场所上展开，没有了开放空间，人们会觉得缺少社区感。

社区公园和开放空间

开放空间的功能相当于许多娱乐场所。有些运动像长柄曲棍球或野地曲棍球，需要大量的空间，而另外一些运动，例如儿童的滑板、篮球架等，只需很少的有限空间，几乎适宜在任何地方摆放，棒球和篮球场地属于需要精确定位和建造的，而更安静的娱乐活动，如野炊、放风筝或捉迷藏，几乎完全可在空地上进行。线状娱乐空间，如慢跑道、健身远足路或自行车道，必须仔细地编入社区规划以确保其连续性。

开放空间还有其他价值。如果它沿排水道和河流延伸，将有助于保持自然增长，并以令人耳目一新的绿色界定出可建区域。同时它也给那些为当地景致增添许多情趣的鸟类和小动物提供庇护。不仅在郊区是这样，在城内也是如此。

这类的开放空间能在何处产生呢？有人解释说，在建筑密度固定、建筑安排集中的情况下，它是 PUD 规划方法的必然产物。可用来作为开放空间的地域包括街道权限内未铺装地带，或整个公共设施的开放区域；公园和娱乐系统的部分地域可成为其一部分；无法建房的地方，像洪积地、沼泽、陡坡及狭长的地表隆起也可作为开放空间；商业园区的开阔地、大学校园及慈善场所更是如此；通过改造挖掘的大坑、回填土地、裸露的采矿基地、砍伐后的林地或废弃的农场，可得更多开放空间；社会机构像交通部门、水管理区或军队也可提供一些多余的或闲置的所有地。另外，最基本的地带可在免税奖励或无免税奖励的情况下，由机构和公民个人捐献一些土地而得，风景和保护地带也有这个可能性。

只要每一社区都有计划和规划，为了所有人的利益，一个开放空间体系总会一点点、一块块地拼凑而成。

社区规划的新伦理（P—C—D）

保护（Preserve）最佳的自然和历史风貌。

保存（Conserve）限制使用互为联系的开放空间构架。

开发（Develop）选出的高地区域，依地势建房。

许多主张保护并确保最佳利用土地和水源的保护主义者应认识到协作的、大规模、大范围的规划比通常限制发展的“阻止及延缓”战略要有效得多。

用这种方法规划，项目用地先要由经验丰富的规划专家和科学顾问团详尽分析，然后在地形勘察的基础上，划线勾出那些具有较高风景质量、历史价值或经济价值的区域（P），这些地方和内部要素将受到保护，不受人的干扰：它们周围，即为保护扩展区，就是所谓的需“保存”的次一级景观价值带。C（即保存）区域可作为限制性开放空间或用于娱乐，从而使它们的自然属性不受破坏；开发（D）或建筑区域只位于可接受的地势较高地带，在这里建筑通常以更紧凑、更有效的排列方式集中在一起，且位于绿色和蓝色开放空间框架内。这里没有干扰性负面影响，人们可在自然氛围中安逸地生活、工作。

这样的规划社区是环境保护与高速经济发展共存的重要范例。然而即使最生动的例子也是在经历了与陈旧法规、与积极鼓吹但我行我素

Ed Chappell, Inc. EPD

一个采用P—C—D方案（佛罗里达州科利尔县佩利肯湾）的社区规划。沙滩、沙丘和潮汐河口都受到了良好保护。湿地、水路和本土植被都受到了保护（保存）。在高地集群发展，并具备开放空间之间相互联系的体系。所有的一切都很合理

具备高尔夫球场作为开放空间的社区规划

的环境保护分子的长期斗争后形成的。运用综合的社区规划，水边数英里外的地域、原始森林和湿地外成千英亩的土地已被有意识地闲置一旁，得以保护。

如果这个过程实施能与当地居民，活跃的保护团体和公益机构充分协作，将会带来更多的效益。可以看出，这种 P—C—D 规划不仅能应用于居住区的开发，也可用于各种大小不等的地块——包括应用于整个区域，甚至是整个国家。

新动向

欣赏最近几年规划社区的较好范例时，我们发现有许多很有发展前途的东西。一些规划理念，像"开发权转换和灵活分区"（transfer of development rights and flexibility zoning），几年前甚至闻所未闻。一些规划方法被立即接受，另外一些被遗弃，还有一些仍不得不充分试验一下。尽管有些方法最初应用时失败了，但它们可能包含一些能在未来社区发

EPD

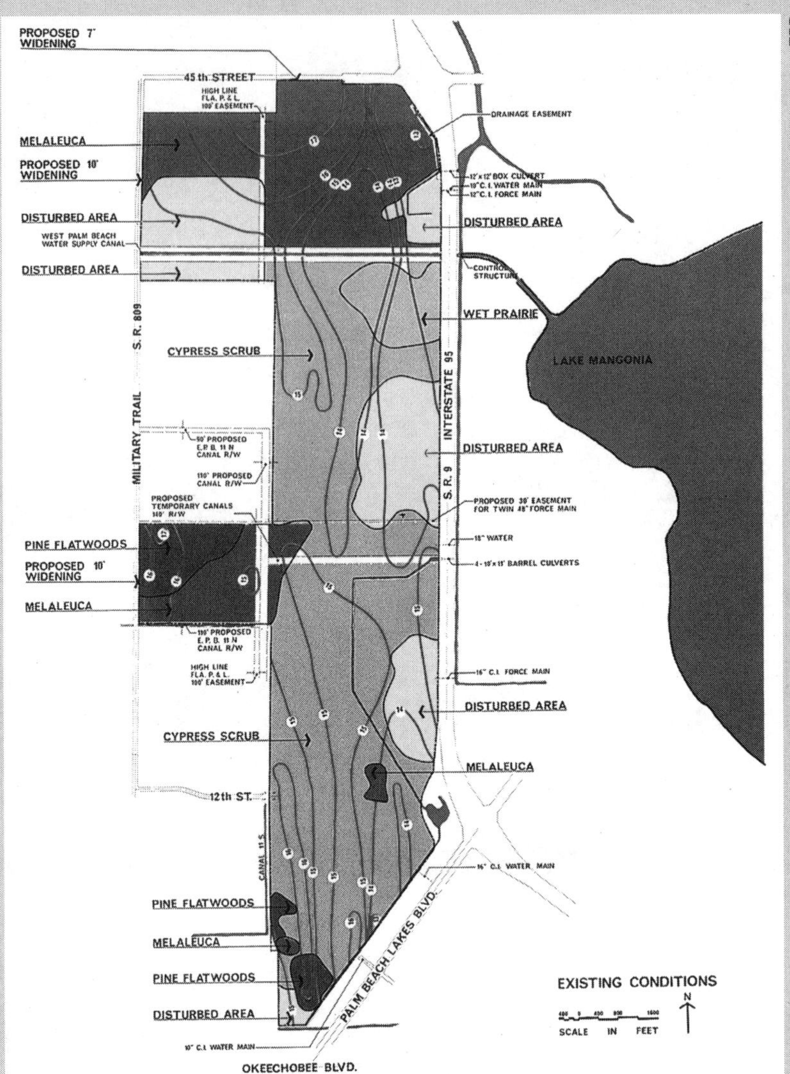

场地现状条件

规划的社区

与佛罗里达州大部分地区一样，西棕榈滩（West Palm Beach）也经历了空前的发展，提供了经济增长的基础、许多公共设施以及其他的益处。同时随着快速而分散的开发，也带来了常见的问题。

认识到面临的机遇和对统一邻里复合规划的需要，该城市很早就使用了创新性的“规划社区开发”（planned community development），即PCD规则。如下所示规划意向是验证该规则效力的最早范例之一。

概念性社区规划研究

（佛罗里达州西棕榈滩的村庄）

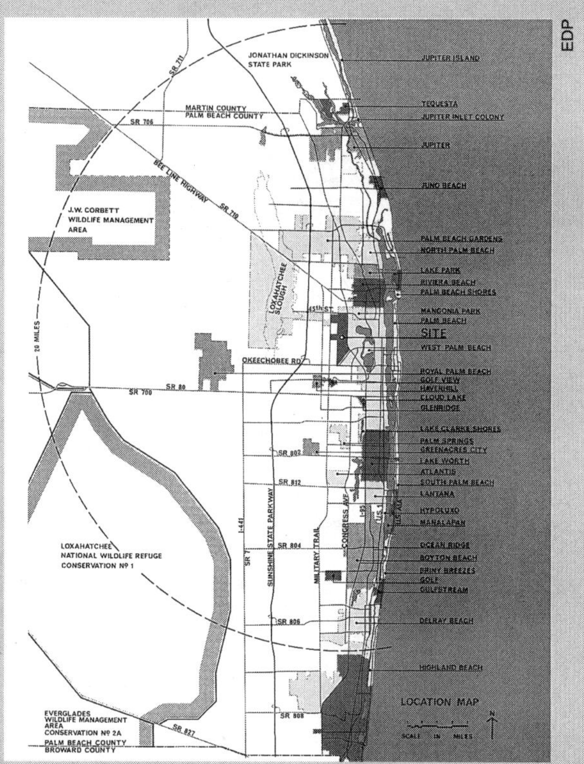

区域框架（Regional framework）

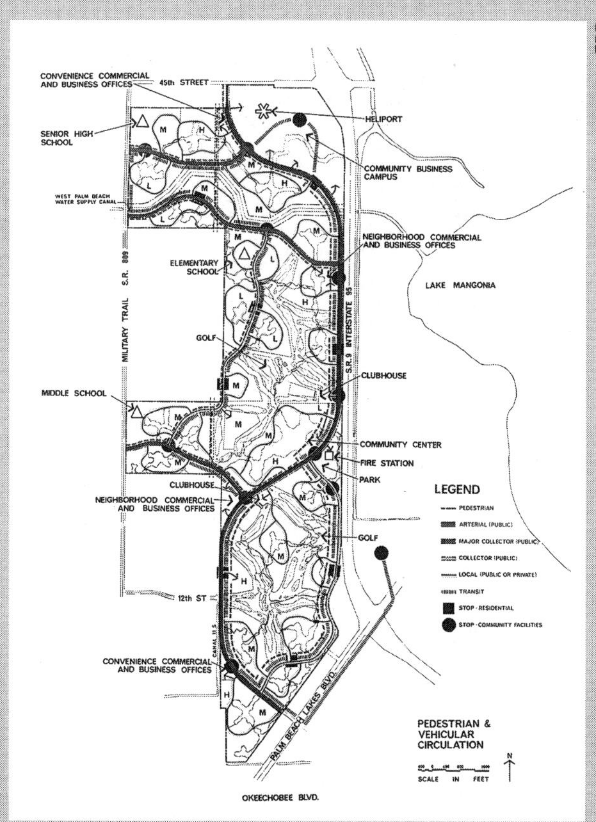

交通方式（Circulation patterns）

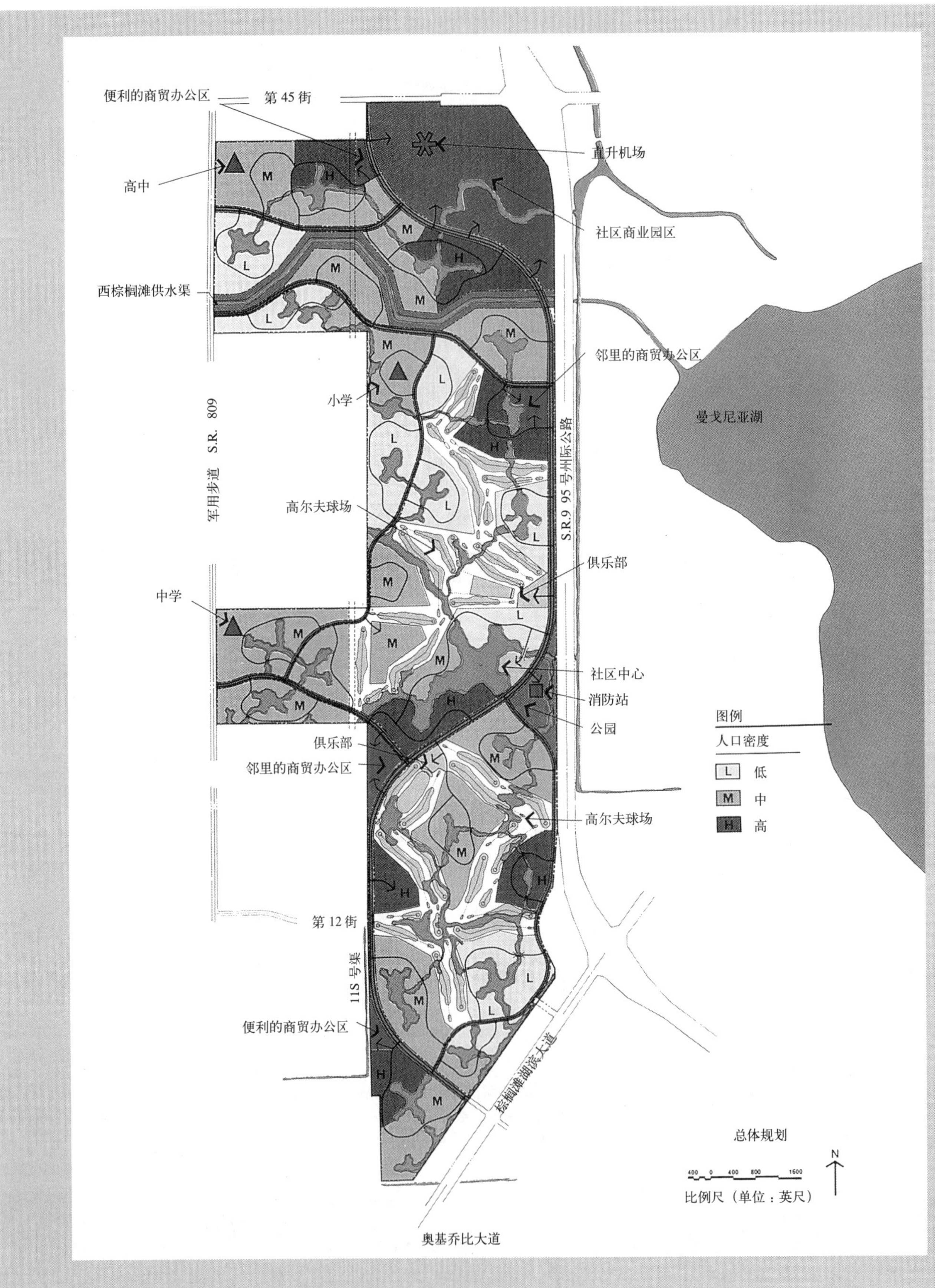
便利的商贸办公区
第 45 街
直升机场
高中
社区商业园区
西棕榈滩供水渠
邻里的商贸办公区
小学
曼戈尼亚湖
军用步道 S.R. 809
S.R.9 95 号州际公路
高尔夫球场
俱乐部
中学
社区中心
消防站
公园
图例
人口密度
低
中
高
俱乐部
邻里的商贸办公区
高尔夫球场
第 12 街
11S 号渠
便利的商贸办公区
棕榈滩湖滨大道
总体规划
比例尺（单位：英尺）
奥基乔比大道

概念性社会规划

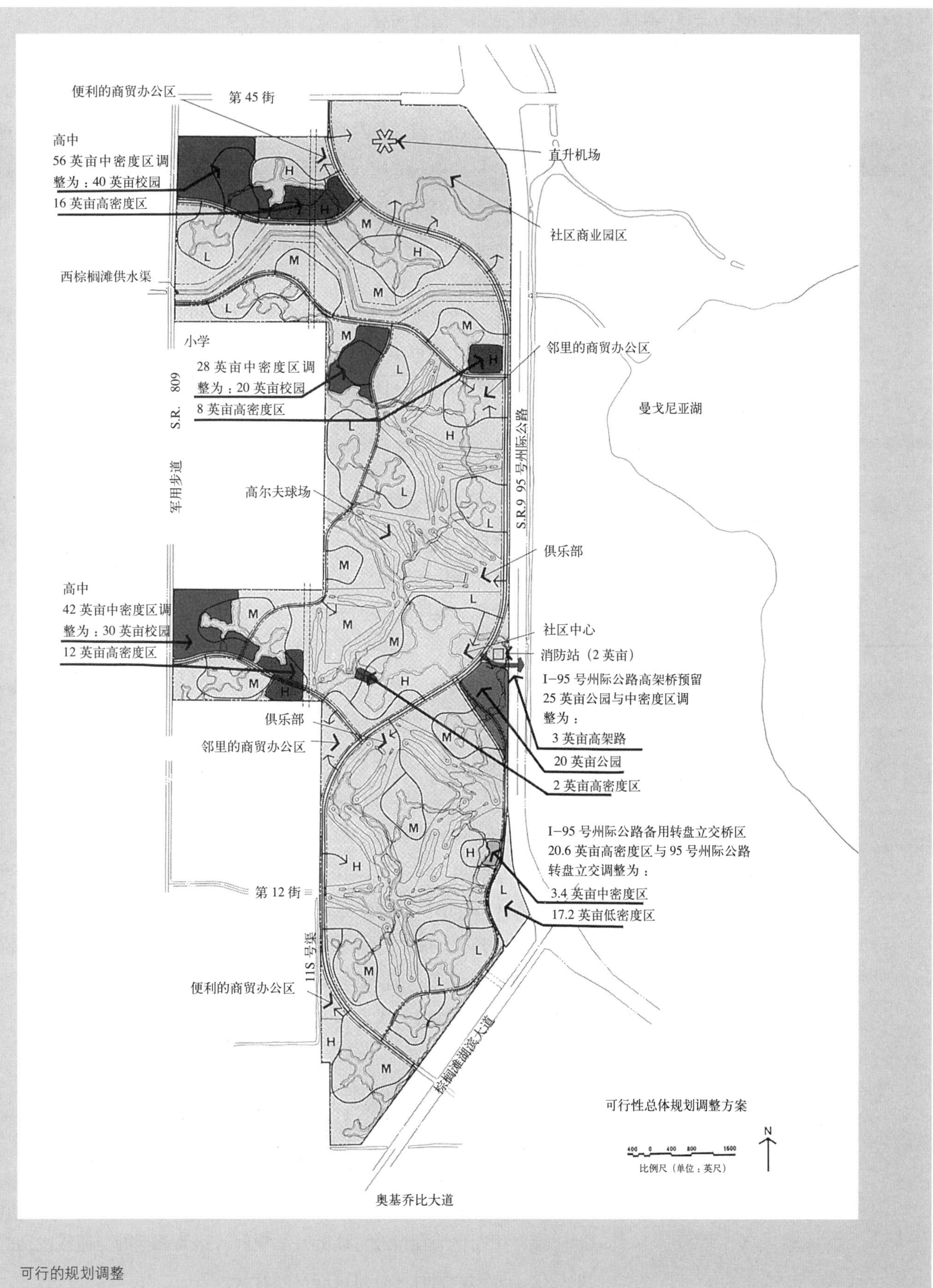
便利的商贸办公区
第 45 街
高中
56 英亩中密度区调整为：40 英亩校园
16 英亩高密度区
直升机场
社区商业园区
西棕榈滩供水渠
小学
邻里的商贸办公区
28 英亩中密度区调整为：20 英亩校园
8 英亩高密度区
S.R. 809
曼戈尼亚湖
S.R.9 95 号州际公路
军用步道
高尔夫球场
俱乐部
高中
42 英亩中密度区调整为：30 英亩校园
12 英亩高密度区
社区中心
消防站（2 英亩）
I−95 号州际公路高架桥预留
25 英亩公园与中密度区调整为：
3 英亩高架路
20 英亩公园
2 英亩高密度区
俱乐部
邻里的商贸办公区
I−95 号州际公路备用转盘立交桥区
20.6 英亩高密度区与 95 号州际公路转盘立交调整为：
3.4 英亩中密度区
17.2 英亩低密度区
第 12 街
11S 号渠
便利的商贸办公区
棕榈滩湖滨大道
可行性总体规划调整方案
比例尺（单位：英尺）
奥基乔比大道

可行的规划调整

良好的规划必须首先对资源（景观、人群、社区一天内的各种活动）进行现场考察。好的规划绝不会始于强加社区的抽象和独断的策划，而是始于对现存条件及机遇等的认知。

经济体系最终的检验标准不是它产生了几吨钢、几吨油或几英里布，而在于它的最终产品——培养出来的人的好坏及社区整齐、优雅、健全的程度。

——刘易斯·芒福德

展中开花结果的思想萌芽。

随着开发权的转换，生态敏感或产量很高的农用地的主人可能要同规划部门协商，通过交易将原土地所有权没收，取而代之的是给他们一块在另一可选地区的相近或不同项目类型的土地开发权。通常经过这样的安排，有价值的社区财产得以保护——大面积闲置的或荒芜的地带转化成高需求的房地产。每个人都能因此受益。

好的社区太少见了，甚至少有要产生的迹象。它们需经严密思考和辛勤劳作后才能形成。改进的规划方法在不断地出现，而且给住宅、健康、教育、娱乐和社区等词以新的含义。在构筑属于我们的更先进的居住区时，以下几条原则正得以成功利用。

应用 PUD 方法 规划社区开发，或通常称之为规划单元开发，是社区规划阶段性发展的理性框架。它从一开始就建立了所包含的土地利用方式，总住宅数量及构思性规划图。旧有的规划条款被废除了，详细运作的每一连续阶段都要同概念规划吻合，并只能用可能的未来情形判断好坏。

要求区划灵活 对于较大地带，只要建成区域可重新达到平衡态，不超出规定且与社区发展目标保持一致，允许在区域边界内自由安排及进一步再研究土地利用图和交通图。

考虑开发权的转换（TDR） 由于生态、风景或别的价值，一些土地和水体区域应加以保护。认识到这一事实，TDR（transfer of development rights）规则允许并鼓励开发商从那些最初区划时允许的土地开发区转移。但却是生态上或风景上的敏感区域转移出来。尽管在别处重新安置居住单元有时是可行的，但只有通过增加同一业主相邻地方上的建筑密度来接收迁置的住户时，TDR 才是最有效的解决方法。

全面考虑水资源管理 这样做有四重目的：防洪、保护水体质量、补充纯净水水位和提供废水处理设施。

预留周边缓冲区 围绕较大的开发场地可预留一块自然状态的带状土地，用于作为预留或可能的开放空间。这为邻近的交通线或别的用地提供了屏障，同时又是建筑的良好背景。

创建社区入口 营造一种邻里或社区氛围的最佳方法之一是提供一个连贯的交通系统和一个有吸引力的入口通道。

确保区域通达 欣欣向荣的社区需要同商店、文化、娱乐中心及围绕区域的开放空间相连。远离道路和控制性通达道路的地方。同别处的连通可利用自行车道，有水的可乘船而行，还可通过多种形式的快速公交线。

排除大型车辆穿越社区的可能性 尽管重型货车（在允许的情况下）及运送每日物资的小型车辆必须通过当地的街道，建设一条通往社区仓库和物资分配中心的直接货运路还是有很多好处的。这样载重量大的货车可只在一些地点停车，像家庭或商业运输地点、重要场所，以及提供了季节性设施、船只和娱乐车辆的私人存储空间。

规划开放空间构架 尽管可选择让房屋及其他发展用地直接面对交通线，现今许多社区已明智地提供了各种形式的草坪作为公共或私有的屋前空地。车辆由后方到达建筑、停车场及服务区域。通常位于河道两边的开放空间体系内也可包含人行步道、自行车道和慢跑道，以及开阔的娱乐场所。

规划好交通线路的层次关系 即使是在很小的社区里，主干线、环行路和屋前小道也应该存在明显的差异，以确保更高效的交通流和更安全、更怡人的生活环境。

限制道路红线 尽可能不要让建筑物朝向主干线或环流街道，主干道上当地住宅街道间的开口距离要不小于660英尺。

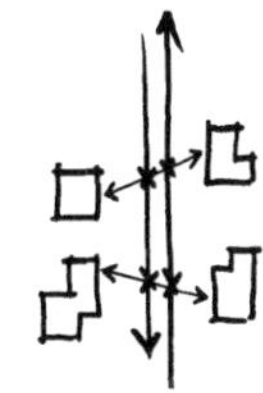

穿越繁忙街道或高速路的住宅间的关系……

利用三向（T字形）街道交叉线路 这样的线路减少了车辆，增加了能见度，使行人过街更加安全。

提供快速交通 遮蔽的公共汽车站和小型站点以及颇具吸引力的快速交通，一旦在一地得以实施，将大大激励快速交通的利用，并减少汽车交通。

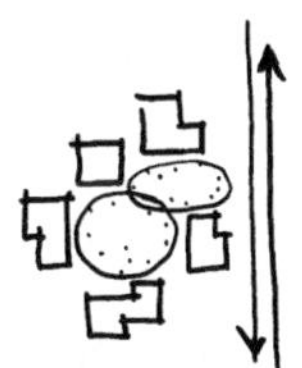

应该围绕公共庭院集中建设

整合运动路径 只有当街道、步行路、自行车道和其他运动路线得以统一规划时，才能充分发挥它们的作用，并使人们认识到它们最佳的内在关系。

房屋类型多样化　达到很好平衡的社区不仅能提供各种类型的住房，从独户住宅到多户住房，而且可以提供不同的生活方式，并能满足多种收入水平者的需求。

多样的房屋类型

具备舒适便捷的购物环境

鼓励社区活动

场地配置系统化　所有社区中的物质元素——建筑、车道、步行道、便民设施、标识系统以及灯光布置——都需要精心规划使之相互关联成为一个系统。

建筑集群而建　独立式住宅，越是密实地成组排列，就会额外产生受欢迎的开放空间，这样的空间为邻里提供了缓冲地带，同时也可作为休闲娱乐的良好去处。

创建以“学校－公园”为特色的校园　学校同邻里及社区公园的混合使得每一项都能以最节约的形式得到更充分的利用。

在大不列颠一个叫“向景观学习信托基金会”的慈善组织，将近10000所校园改造成了人们理想中的学习乐土。

——《景观设计》杂志
1994年10月刊
(Landscape Architecture magazine, October 1994)

附建便民店　尽管区域购物中心有最大量的家用物品，但却通常要乘车才能到达。邻里和社区中心在步行和自行车可达范围内需要有一些较小型的便民商店和服务设施。

提供就业机会　卧城（bedroom communities）——那些只为居住而居住者——需要花费时间、金钱和精力在上班、下班的路途上。让工作区域位于社区内或其周围将为社区注入活力并提供便利。

同区域中心相连　较大的商务办公区、工业园区或区域商业购物中心最好置于社区外部，但却很容易到达居住楼群。这样的中心从理论上讲应接近区域快车道交叉处并与内部联系交通相接。

规划暂住性住宅　当与高速公路相连的汽车旅馆、旅店或船泊区住宿房不能满足旅客的需要时，社区内部的小旅舍会是一个很好的补充。

考虑建造会议中心　除了学校 - 公园型社区中心的礼堂、会议室外，与购物中心、商务办公区、文化中心、小船停泊港、高尔夫球场、网球俱乐部或旅店相关的会议设施，将会是广受欢迎的娱乐场所和宝贵资产。

让休闲成为一种生活方式　除了私人娱乐设施及那些邻里和社区公园提供的娱乐机会外，如果社区在水边，还需要游泳场所、高尔夫和曲棍球俱乐部、海洋馆和滨水俱乐部。另外也要有青年活动中心及直达远足、慢跑和自行车道的通路。可提供的娱乐范围越广，社区的生活就越丰富。

鼓励社区开展各项社区活动　尽管大多数活动并不需要特别的空间或场地区域，但如果忽视那些对社区生活做出巨大贡献的社会活动，社区发展是不完满的。这种活动包括礼拜仪式、再教育和保健运动、托儿所、手工艺中心和作坊、小型剧院、游戏和会议室、报亭、服务俱乐部、小的社团组织、舞会、各种比赛及公共散步小径。这其中一些是自发形成的，而另外一些则需要鼓励和引导。

随需要而向外扩建　分散或部分完工的建筑区域是不经济的且内部混乱。较好的社区中，建设是随阶段性道路、公共设施和发展区域的扩张而进行的。它们作为范例而“建造”，建筑材料和所需设施都从后部运入，预先安排的阶段性建设区域及连接道路的地方被作为建设的前沿阵地。

确保高水平的维护管理　维护中心及闭合庭院（可能包含蓄水池或废水处理厂）最好位于不显眼的建筑外围。同时有道路同运输和服务

Barry W. Starke, EDA

保护历史地标性建筑

Christopher Brown, FASLA, JJR/Floor

建立自然保护区

区域相连。自社区开发初始，就应先于房屋建设而做好配备及阶段性规划以提供完善的维护管理。

尊重历史遗迹 当具有考古价值的事物存在时，它们应得到尊重。它们的存在扩大了人们对社区位置、起源及风俗的理解，并给社区的生活更深的含义。

建设自然保护体系 每一地点或场地在一定程度上都有一些值得引为骄傲的自然要素。无论它们是微妙的还是引人注目的，它们为当地增添了财富和情趣，应该得到保护，得以诠释和尊重。

指派科学家顾问团 无论在规划初期还是正在实施规划，指派一科学家顾问团将会大有收获。定期集会使得专家能更好地对进行中的规划及意向贡献其专业智慧，特别是在对大型而复杂或生态上敏感的地产的研究尤其有益。

任命环境监控官员 在每一新的阶段性建设中，环境保护的责任最好集中于一训练有素的人，他应该参与规划、设计、评审和现场安装整个过程。

组织设计评审委员会 所有建筑的规划和主要场地的开发最初应由经验丰富的设计团体设计，然后要通过评审和提建议以确定接受、否定或是修改该规划。建筑师、景观设计师及环境监控官员是该委员会的合适人选。

拟订开发指导手册 作为社区所有规划设计和连续运作的基本相关文件，可以不断扩充内容的活页手册是最基本的。随着它的不断完善，具体内容将包括：

- 社区的各种发展目标与措施
- 构思性社区规划（大纲）
- 经过仔细研究的阶段性邻里规划或局部规划
- 描述规划评审过程的章节和流程图
- 规划申报的要求和形式
- 建筑设计导则
- 场地设计导则
- 总体种植规划、政策及建议种植树木列表
- 环境质量控制章节
- 能源保护章节
- 固体废弃物回收与利用章节
- 住户相关契约

随着对需求的预测及需求自身的发展，将加入附属章节，以确保手册的及时性和完整性。为了发挥完全效力，其中条款必须公平、统一地实施。

建立管理体制 从规划的初始就意识到该社区会成为什么类型的政治团体是很重要的，这是一关键因素，它决定了所提供公共服务的类型和档次，决定应该如何进行规划评审和获得许可，如何提供市政设施：街道和其他改进以及必须考虑的税收的决策过程。

创建住户协会 开发商、建设者和最后的居住者都会从及早建立的永久组织中受益，在这个组织中每一别墅或住宅的主人都有一定比例的责任和投票权并提供对项目的评估。协会的目标是形成一种机制，制定和实施社区的持续性维护和政策的改进与完善。

确保控制的灵活性 最成功的美国社区在发展中有以下几项政策指导：

- 建立土地和谐利用和交通组织的纲要
- 提供所需的导则以确保灵活性、设计质量和环境保护
- 鼓励个性和创造力

增长管理

在未来的数十年里，增长管理将会是土地规划中最重要的方面。从表面上看，对人口扩张和分布进行管理似乎显得不太可能。例如，目前惊人的人口暴增如何才能够得到控制？然而，对增长的管理势在必行，因为按照当前的增长速度，在接下来的不到 100 年时间里，人口数将会翻番再翻番。我们可以想象，人口的增长将会对可建设的土地、农场、食物生产、清洁水储备以及道路的承载力产生多大的影响。

又如，怎样使人口持续不断地迁移到境内得到控制？这些令人恼火的关键问题最终由我们的公共机构和政府提出。暂不提全国性的有效的解决措施，有许多我们规划专业可以采用的手段，能够改善地方的目前这种情况。

导则规划

在一个给定地区，为了管理人口的增长并且确保该地区合理开发，对每一个社区、城市和区域的现存环境，以及将来可能更好的状况有一个清晰的了解，是非常关键的。

Barry W. Starke, EDA

未加控制的增长对于土地来说无疑是癌症一般

增长管理是对人与土地、水以及其他资源、迁移的路线等最佳关系的一种探求。

这说明我们有必要根据需要考虑地区的大小，决定是否需要建立一个规划委员会、理事会或者相类似的团体。理论上讲，这样的团体体现了一个由专业的规划师和相关工作人员支持的地方最佳领导能力。他们的任务就是制定一个导则规划和行动计划，用以定义类型、位置和发展的限制，有预见性地创造最令人向往的居住和生活环境。它将保护并维持森林和农田等自然要素中有价值的部分，也将提供一个由开放空间构成的土地保护框架，开发活动则围绕该框架进行。该框架将为所有类型的功能安排相应的地区，这些功能被认为对于及时营造一个平衡和稳定的社区是必要的。它同时利用由畅通无阻的小路、街道、公园道和高速公路组成的系统，为多样化的活动中心提供相互联系。这仅为一个概括性框架，并具有一定的弹性，以满足变化的环境。

这个导则规划和改进项目将持续不断地进行升级和修改，以用于检验将来所有的开发项目提案。

项目检查

通常，任何开发不受管制的地方，不受欢迎的入侵将如期而至。道路和各种公用设施超载，自然要素被破坏，农田被侵占，学校系统超员。宜居的社区惨遭破坏，变为无法挽回的程度。通常，它们的本质特征改变如此之大，以至于现有的居民都迁移到了更加宜居的地区。

那么，如何才能阻止这些破坏呢？这可能比我们想象中的更加容易。在有规划委员会或者理事会的地方，就要有开发规划和导则计划的存在，每一个新的开发项目都必须接受阶段性的检查，以决定该项目是通过还是被否决。

第一阶段是一项决议，即考察提议的项目是否满足导则的核心思想及条件，或者是需要经过修改后才能够达到这一要求。如果尝试性的批准得到承认，这个开发会通过一系列更进一步的步骤实施，这些步骤包括详细的影响陈述、成本 / 产出分析以及根据需要进行的实施债券的记录。只有通过这样一个严格的检查过程，并及时在公众会议上展示，确保市民以及他们的领导者了解工程有秩序的增长和转变过程。

需要的服务

在满足了适宜性和项目复查过程后，增长管理中最关键的是在一个项目被批准建设时，确保所有的公共服务都准备就绪。这些服务包括必要的可进入性道路的改进、所有场地外公用设施的引导、充足的消防和治安保护、学校设施（在住宅区开发的案例中）、开放空间和游憩。那么，究竟谁来为这些服务埋单呢？只有让投资商、开发商而不是现有的市民来承担相关的费用时，才真正有意义。

即便是经过很好规划的开发工程也不总是好的——特别是当它将已建立的系统置于不正常状态时。不受控制的开发很少是合人意的，因为它们总是会给现有社区的居民带来破坏和额外的费用。未受管理的增长导致癌症般的美国式土地利用形态和开发方式，我们通常称其为城市扩张。

在环境设计中需要处理的多数问题都属于增长管理的范畴。它并不是教你如何去安置暴涨的人口，而是最基本的如何取得人、土地和其他资源之间的平衡。通过努力，它能直接影响各个地区的未来。

有一些，不肯定是有许多地方，已经取得了良好的平衡，这些地方的土地得到了保护或者说它们被最大限度地最好地利用；这里交通通道、公用设施、学校和其他的设施都良好地协同运行，可以说要在此基础上进一步增长的话，将会是破坏性的。另外，还有一些基本未受到干扰的地方，如风景优美的名胜、生态敏感地带或者是具有很高的农业生产力的地区。然而，在每一个地区，如果经过合理的规划，那么能够发现潜在的用于社区或者其他功能的最佳场地。

除非我们爆炸式的人口增长被证实，否则越来越多的建设活动将不可避免的继续。要知道，我们已经不能够被允许在原始的自然或农业用地上毫无限制地进行开发活动了。我们必须尽可能地探索进行景观恢复和场地再开发的方法。我们必须改造、再定义、再利用和经常重新塑造那些已经荒废的或衰竭的城市、郊区以及乡村的土地。我们应该而且必须创造一个全新的经过改造的景观，这个景观处于一个巨大的地形环境中，其中的山坡、河谷盆地、海滨、沙漠、森林和农田都受到良好保护。

远期规划（long-range planning）中隐含着可持续发展的概念。除非可持续发展的概念被纳入进这个系统中，否则“远期”一词不代表任何意义。理论上讲，土地、水和其他资源的供给都是无限的，但这个前提在现实中是不存在的。那么，我们的规划也必须是由限制、精明利用、补充和恢复等策略所构成。

Tom Fox, SWA Group

金门国家游览区

对能源有效的利用包括了广泛多样的考虑，诸如限制消耗、土地利用控制和循环利用等。在土地和景观规划中，能源要得到有效的利用，城市扩张或扩散就必须得到遏制或逆转，取而代之的是处于一个受保护的、多产的开放空间环境中，集中的、相互联系的人类活动中心。简而言之，就是需要对土地和景观进行综合的区域规划。

在我们规划和再规划的过程中，我们必须保护一些极其重要的自然地区不受开发破坏，这些地区对于保护我们的流域、保持地下水位、保护森林和矿产资源、遏止侵蚀、稳固和改善气候、提供充足的游憩场地和野生生物的庇护地、保护具有重要风景、生态或历史价值的资源的场所，都是极其必要的。这些公共财产能够通过合适的联邦、州或地方机构或保护团体进行收购并管理。

我们必须确保对现有景观进行合理的开发，这就需要我们建立一个国家层面的资源规划的权威机构。这样一个机构应该在一个广阔的尺度上，探求和决定主要的土地、水体以及其他自然资源的最佳用途的权力。它将建议收购那些应该受到保护的资源；它将通过区划、加强立法和联邦资助，鼓励对这些资源以及所有保留下来的地区进行最合适的开发，以实现整个国家的长期利益。它将不断地对资源利用状况进行重新评价，保持相关项目和总体规划的弹性，并且将最好的受过专业训练的规划师、地理学家、地质学家、生物学家、社会学家以及其他相关领域的专家整合在一起进行工作。区域、州和联邦的各级环境咨询委员会由杰出的科学家和思想家所组成，其中的成员主要由各个领域的专业团体提名产生。

进一步，我们必须有意识并且精明地将人类发展导向一个新的物质秩序系统。这将导致人与人、人与社区以及所有生物与生命景观之间关系的改善。既然我们现在已经实际上成为世界公民，那么这个新的秩序可能从一个哲学方向中产生，它从已有文化中吸纳了最积极的驱动因素。

上文提到，雅典人喜欢将他们的住所向内朝向私有的家庭领域；埃及人表现出了一种呈线状前进的强制性；中国人将他们的房子、街道和庙宇设计成为自然的一部分；而西方人则表现出了对流动空间连续统一体的偏好。新的普遍的哲学导则可能是一种巧妙的混合。

安全的、供私人冥想的空间的价值可能被大众所熟知。对线性要素的感知可以认为是设计一种沿运输线路、公园道和小道的宜人的、有益的移动方式。整个城市和区域可以与自然景观和谐地整合在一起，其中相互联系的开放空间可以为我们新的建筑和工程构筑物提供一个有益的环境。

在历史的长河中，环境保护第一次成为一个全世界关注的话题。对土地、水资源以及地球景观进行精明的管理正在成为人类共同的目标。庆幸的是，当这些问题正逐渐转化为危机时，我们已掌握了解决问题的关键技术。或许我们可以及时地利用先进的、具有创造性的规划，将所有问题加以解决，并且比想象中的要快。

重要的环境改善并不总是需要我们做出巨大的努力。有时，我们通过有效且广泛的洪水控制计划、清洁空气立法或者对区域农田、湿地

W Architecture and Landscape Architecture.
www.w-architecture.com

Barry W. Starke, EDA

David Vadlowski/City of Vancouver

城市改善的细部

或森林的科学管理，就能够从大尺度上实现我们的目标。然而，对于大多数情况，我们是在一个更小的基础上就能实现我们的目标。这是无数小的景观维护和改善行为的总和。具体包括 ：

- 一个精心设计的公园或小游园的出现
- 在新建社区中，将电力线和电话线埋于地下
- 对一条被遗忘的溪流进行清理，沿道路进行水体边缘处理，并沿路配置植物
- 邻里负责照料自己门口的街道
- 在一个城市商店的入口旁种植一棵菩提树
- 在一个工厂沿墙种植攀援植物
- 一个小孩在学校的院子里拾起了一张随风飘来的碎纸片

每一个行动都会引起其他行动的产生，这些小行动加在一起就会产生很大的作用。

城市扩散与城市扩张

毫无疑问，没有什么比城市扩张给我们的城市和外围乡村带来更大的破坏了。本书之所以重点强调这个主题，主要是因为大多数对其感兴趣的读者都是经过专业训练和专业实践锻炼出来的，是最适于处理并解决这些问题的人。

美国早期的城镇都是紧凑而独立。紧凑意味着便利。街道是泥泞的，马作为仅有的交通工具，不得不被套上马具，拴在马车或货车上。郁闭的森林不友好地在城镇四周环绕。独立是因为仅需的货物和食物都可以从森林或自家花园中获得，或者从一般的商店也能买到。

当城镇逐渐扩张，城镇中心随着周围的开发而得到加强。当新的道路和高速公路建成后，大量的居民沿路定居形成一个个节点，很快周边被农田所包围。当铁路出现后，新的居民又在铁路或河流的交叉口或自然的港口处聚集。很快，交通线路与远处的农业、矿产和伐木中心或者是重要的风景资源联系起来了。

类似的土地利用格局持续盛行到第二次世界大战后。随后，工业化加速和道路、高速公路网络迅速扩张，城市中心臭气熏天，冲撞激增，

Tom Lamb, Lamb Studio

二战后猖獗的城市扩张

Historical Society of Pennsylvania Archives

匹兹堡的某地，约在 1990 年左右

城市中心的吸引力减少了，而开放的乡村空间开始产生吸引更多人的目光。现有的城市居民和建造者从城镇中心迁出，到偏远的地方安家，开发郊区，这种现象是一种独特的“美国创造”。而随后，商店和工厂也跟着迁移出去了。最终城市失去了昔日的生命力，只剩下不断增长的空置率、荒废和不断增长的税收。大量低收入家庭和社会救济的接受者们流入城市，城市的这些问题日益激化。

不仅仅城市面临着这种随之而来的困境，在乡村景观中，只要任何开发活动一出现，他们就会想方设法地征用相邻的农田和林地，而这些用地并不是根据其用途而是根据其潜在的开发面积来进行征税的。大量的农民被诱使或强迫卖掉他们的农场，这样更加速了城市扩散的过程。

这就是我们今天的结果。我们的城镇几乎毫无例外都背负着债务，内部散布着荒废的、闲置的构筑物，污染严重并且充斥着犯罪。在周围的土地，已经再也见不到繁荣的家庭农场。曾经不受破坏的“美丽的美国”被混乱的道路和未经规划的扩张构成的迷宫所充斥。紧接着，外围地区的居民对公路、市政服务设施、学校、公交等公共服务产生了极大需求。没有比这样的发展格局更低效、更具有破坏力了，而这正是我们所熟知的城市扩张。

增长管理并不像一些人所想象的那样是一个猛然关上的门，对一切扩张予以否决；它更像是一个起调节作用的阀门，通过它，流量和容量能达到最优的平衡。

城市复兴是对付扩张的主要武器

恢复

庆幸的是，我们当中现在已经出现了对未来有明确远见的人，同时也具备了将困境中的邻里和城市恢复成为健康合理的城市和区域的基本知识。每一种解决的办法都是经过试验证实的土地利用规划方法，都为创造更加舒适、便利、有效和更充实的生活环境奠定了基础。

单独地或总体上来说，它们为终止城市的扩张指明了方向，也明确了如何进行一个更加适宜居住和工作的城市中心的综合规划。

城市

城市扩张在极大程度上是从城市中脱离出来。当一个城市受到严重的污染、难以维护、充斥犯罪并且负债累累时，当诱人的乡村景观大部分还未被区划时，当不受限制的道路网络向外延伸时，城市人口的大量流失可以认为是必然的。

那么，我们如何制止这种人口的外流并且逆转这种趋势，将企业家和建造房屋的人重新引回来呢？一个肯定的回答是重新改造城市使其更加安全并更具有吸引力。在许多城市，这种做法不仅可行而且被事实所验证。

活动中心

活动节点，比如说那些社区、商业、金融、研究、医疗、大学或游憩中心，都属于持续运行的功能体。它们若是不加以规划将难以使用，但通过设计或再设计，他们将成为一台台运转良好的机器。

为了使每一类中心都能够更加良好地运作，首先应该罗列出其必要的组成要素，如工人住宅等。然后，再对这些要素进行布局，并分期实施，以实现最优化的功能。

通过公园道或快速交通，每一个活动节点都将与其他的节点以及中心城市相联系。这些功能性的节点中心常常规划在城市中，或者，如果有需要的话，设置在控制出入口的高速干线沿线，成为城市扩张极佳的替代方案。除此之外，它们极大地减少了场地到场地之间的通行时间与交通量；它们是更加舒适和便利的，同时对于所有相关的人而言，它们都是更加有利并成功的。

确定的边界

城市扩张和扩散的过程也是一些更加成功的企业和更加宜人的房产向城市周边的乡村逐步扩张的过程。各种类型的支持服务也随之扩散。这样的结果不仅削弱了中心城市的功能，而且以不协调的道路网络以及不匹配的开发类型，渗入进周边的农田、森林和湿地。

如何防止这种城市失血以及周边区域遭受破坏的现象呢？只有通过设立确定的边界并加以开发控制，才能阻止这种外向的压力。

当地方设立了强有力的大都市或区域规划委员会时，这些限制性的条令才能够通过严格的区划办法来实现。有一些投机者可能会提出反对意见，但是这种限制性的城市和中心所带来的利益是极其明显的。由于城市中的土地变得珍贵，闲置及荒废在城市中的地块就会减少。维护、土地价值和税收都会升高，经济也会复兴。而且，城市的中心将会是完全的、便利的，并处于一种良好的平衡状态。

开放空间

开放空间由哪些要素组成呢？它应当是未经硬化的、未经建设的土地或水体。在大都市地区，最好的可能的开放空间系统是由沿自然河流

© D. A. Horchner/Design Workshop

Tom Fox, SWA Group

Olin Partnership, Ltd.

© D. A. Horchner/Design Workshop

Cole, USDA

EPD

开放空间可以有无数的形式

和水道分布的一系列游憩公园或小游园组成。经过处理后的水道能满足50年一遇的防洪水要求，形成了一个相互连接的绿色的滨河绿带，在这里土壤最为肥沃，同时落叶和植被固定了丰富的营养物质。在绿带内侧或边缘，是布置公园道、自行车道、步行道/跑步道的最佳线路。它们都属于公共领域。即便现在它们被水泥涵洞或建成区所封闭，水路也能及时重新开放并恢复成为自然的河流。城市开放空间也可以由中部覆盖植物的公园道、防浪堤，或公共空间及城市森林提供。通常作为交通通道中的防风林或提供宜人阴凉的行道树，能够进一步补充开放空间。

未来的城市格局将有着紧凑的、限定范围的城市中心，周围由公园、游憩用地、花园和农业用地、自然保护区或森林所包围。无论是在城内还是城外，自然都触手可及，而城市扩张则不复存在。

车行道

原本公路是为使车辆安全、高效、舒适地从一个地方行驶到另一个地方而设计的。然而，除了国家公园道、收费公路和州际高速公路以外，几乎所有的交通线路边都分布有建筑物，常常每隔 100 英里或 100 多英里的距离，都会有机动车的出入口。每一辆车为了避让其他车辆而降低车速，从而降低了高速公路的容量以及交通流量，而交通经常是到了近乎瘫痪的地步。这些相邻的地产所有者有什么权力将用公共资金建成的高速公路，变成高贵的私人建筑临街面呢？道路工程师们清楚路边的冲突带来的风险和摩擦，于是选择了沿所有主要的交通线路设置禁止开发的边界（development free borders）。因此，新开通的高速公路和主干交通线路应该被设计成带有有限的出入口，在两侧间隔不少于 1/4 英里设置上下的斜坡。享有特权的土地所有者将不再让他人为其埋单，真正通行的公众将通畅无阻地享受他们付过费的高速公路，这本来也是他们应得的。因此，连成一片的商业带或未经规划的城市扩张也将被根除。

土地价值增值

我们常常责备开发商没有提供给我们一处宜居的环境，有时这是应该的。事实上，好的开发商是解决这些问题的关键动力。如果有一个开明的政府和鼓励合理创新开发的规划框架，大尺度、长期的土地所有者和开发商将是美国景观的希望。

只有重量级的开发商可以通过独立的或者协会的形式，具备足够的经济实力完成和掌控以下内容：

两个关键的增长管理政策条款是：企业家应该承担进行场地外改建所需要的资金；所有必需的服务应该在土地占用被批准前到位。

- 聚集相当广阔的可建设地块
- 建设一个进行了良好综合规划的社区或其他活动中心，这样的场地是将经过周详的考虑并包含所有必需的构成要素
- 分期实施，通过长期工作完成
- 保留或保存大片的最具美学价值、敏感的或多产的开放空间用地
- 让经验丰富的规划师和顶尖的科学顾问参与进来

- 与一些公共机构完善地协作，这些公共机构包括：交通部门、学校行政单位、水资源管理行政单位、公园 / 游憩 / 开放空间管理部门以及区域规划机构。

进行大尺度、长期工程的开发商有获得和维护声誉的需要。事实证明，高质量的产品为开发商的工作铺平了许多道路。当一项非常重要的投资面临危机时，他们明白任何不良的使用和建设都将对他们的信誉和社会关系产生极坏的影响，同时也会影响到他们的投资。所有资深的土地所有者或开发商都会想方设法地让土地增值。简单地说，就是每一次建设或者改变都应该使剩余的土地增值。

回到中心

几乎毫无例外，肆意的城市扩张造成了压力和破坏。问题不仅仅是对侵入的土地造成干扰，而且主要是将这些要素以公共消费的形式与购物、上学和其他目的地联系起来。

往往这些肆意扩张的项目的选址并不让人称心如意，由于气候、地形、便捷度、远离亲友以及就业等原因，它们因为极少使用而被卖掉，要么完全被荒废。许多单独的农场所有者或者企业所有者很快就丧失了规划社区或更新城市的优势，从而返回城市或继续向其他地方迁移。

怎样才能够抑制城市扩张并且恢复郊区土地的完整性呢？以下提供了多种可能方案：

- 对扩散的地块进行评估征税，以满足必要配套服务和场地外改善工作所需要的成本。实践证明，这将很快抑制偏远地方居住用地的开发。
- 通过收购不合理的地产的方式获得土地是最直截了当的方法了。对于地方当局而言，收购地方房产和开发项目多用的花费，比在此地进行交通改善、维护、建立学校等设施所需的开销要少得多。收购的一种情况是向土地拥有者提供终身的租金。

当意识到新建或重新规划的新区比散布的居住有更大好处时，土地拥有者们就会马上移居到更加宜人的地方居住。这些分散的要素逐渐被重组为明确的、平衡的活动中心，每个都带支持服务和相邻的工人住宅，为舒适、便利的生活营造了一个更加适宜的环境。

区划

传统的区划正如它通常实践的那样，是非常陈旧和有害的。按照传统的区划实践，大面积的土地被规定为单一的土地用途，如分离的独栋住宅、联排住宅、公寓或商业开发、商务办公、轻或重工业、公共机构、游憩或开放空间等。区划的地块边界的确定并没有考虑到地形、交通网络，甚至是毗邻土地的用途。通常它们的面积都被规划得过大以"确保充足"，同时也回应了谋求其地产出售价值最大化的土地所有者的行政压力。这样的过分区划的做法导致了都市地区内大量未建设的地块的产生，增加了为连通而建设道路和公用设施所需的成本，同时还促进而不是抑制了城市内部的扩散。

区划不能作为规划的替代物，同时规划也不能作为设计的替代物，这三者必须协同工作。

一种先进的、非常成功的区划形式是规划单元开发（PUD），它专门为完整的、平衡的社区或活动中心规划而设计。在每一个案例中，对于一个给定的地块，现有的区划限制被放宽并鼓励创造性的做法。住宅和其他建筑物可以自由的摆放，它们不需要面向公共街道，而是面向远离街道的庭院、小广场或专用的步行道，同时在其旁边或地下设有停车场地。它们可以被设计成由高低不一的建筑混合而成，同时配备着使这个社区或中心完整的必要的服务设施。

这些经过 PUD 设计的活动中心在所有方面都要优于传统的沿街道和公路而建的构筑物格局，不像后者那样危险、带有烟尘和噪声，同时具有到达游憩场所、学校或购物中心的良好可达性。如果 PUD 区划过程能够在城市内部规划出如此具有吸引力的社区和教育、商业中心，那么人们还有什么理由逃离城市并沿着公路向远郊发展呢？

建设管制 城市扩张的一个共同的诱因往往是在边远偏僻的地区缺少对选址和建筑的管制。即使有些地区可能有区划和建设法规，但通常是实施不力或根本不能正常实施。这促使了一些在树林里、河流边或乡村农场道边寻找建设场地的人入侵，在这些地方，他们平整场地并建筑一个小木屋、房屋或就地建立房车基地。需要强调的是，整个乡村地区有许多有吸引力的移动家庭公园，显示了将分散的单元组合成繁荣社区的多重优势。即便是最轻微的乡村入侵也会导致破坏，但是当大量的清理和平整场地活动出现时，将会导致整个邻里的灾难。在不到一天的时间内，推土机或链锯的操作人员可以破坏一整面山坡，使其遭受严重的土壤侵蚀，或者导致数英里的河流污染以及排水通道底部的泥沙淤积。

废物处理的前沿问题仍然有待进一步探讨。除了垃圾填埋山和岸边废弃的暗礁能为表土补充提供可能性外。回收的木材纤维、塑料和玻璃碎片以及处理过的废物，能够及时地将大片受侵蚀的土地恢复成肥沃的表土层。

WCI Communities

一种积极的规划方法。海滩和湿地得到保护；居住组团，独户邻里到塔楼，都建在高地上；同时有抬升的海岸对所有人皆可达

我们需要的是一项强制性的全州范围的土地利用与建设法规，而且必须严格实施。相关条款应该根据不同的地理位置而相应调整，如对海岸、大草原或平原、山脉、河流盆地或湿地。

然而，在每一个案例中，下面的主题应该列入考虑范围：

- 土地利用
- 影响陈述
- 坡地保护
- 清除自然植被
- 土方工程（挖掘、填埋和平整场地）
- 表土保护
- 湿地排水
- 自然排水道堵塞
- 水供应
- 道路临街面

如果没有这些限制，城市扩张带来的破坏势必会扩大。有了立法的控制，城市扩张就可以被制止，同时其带来的破坏就能够被消除。

© D.A. Horchner/Design Workshop

9 区域景观

合理的土地利用规划是绝不受产权边界或行政边界限制的。因为河流是流动的，交通道路是连通的，被污染的大气也在随风任意飘散。

每块土地和水体都与其他地产相连接，应该尊重这种关系。每处下游的地产都受上游的排放物影响，每一个居住点、社区和城市都与周围的社会、经济、政治、自然区域的条件相互影响。既然这些条件都不相同，那么区域的边界应该是什么呢？它们因人们研究的性质而变化。这一弹性灵活的研究边界的原则，对所有成功的区域规划都是基本的。

相互关系

很长一段时间里城市被认为是一个有界的实体。传统的观点总是把城市与农村，郊区、乡镇、县域相对立而论。因为缺乏协调的规划，许多严重的、经常是不必要的冲突发生了，同时也导致许多昂贵的机构和设施的重复设置。彼此之间产生的敌意，使得最最简单的地区间问题长期得不到妥善的协作解决。然而，令人欣慰的是，现在出现了一个明智的、不断增长的趋势，那就是把城市的发展同它周围的基质作为一个统一的区域来规划。

伴随着把规划范围从单一城市扩大到整个区域的趋势的是一种将居住区建设和改建成更加自立的邻里的驱动力。这些居住区被绿带所环绕，有通往工业区，城市核心以及城市外围乡村的高速公路，从而，保证了一个更具人情味的居住环境。

我们的家、邻里和城市是我们的思考和生活方式的生动实体表达。它们的规划布局和形式处于连续的演化之中，这种演化反映出我们在不断追求与自然和人工环境和谐相处的过程中生活观念的变化。基于这种观点，我们最好对当前社会和土地利用的结构模式作一提纲挈领的研究，通过这种进一步的理解，也许能促进相互之间的关系，改进我们的生活方式。

正如我向我的农民朋友们请求一样，我也向我的环境保护者朋友们请求，请求他们认识到：我们必须停止孤立地考虑乡村，只把它当作割裂的产品和产业：烟草、木材、畜牧、蔬菜、谷物和娱乐等等。我们必须把每一区域或地段的土地利用作为一个经济整体，无论是乡村的还是城镇的，都包含所有当地的产业。

——温德尔·贝里（Wendell Berry）

家庭

和过去大多数的文化一样，在我们这个民主社会里，家庭是最小的但又是最重要的社会单元。

今天人们理解的家庭生活方式和过去的小木屋、农场或种植园截然不同。早期开拓者们的自由而艰苦的生活已被循规蹈矩的农庄生活和千篇一律的市井生活所取代。父辈们的态度也已变化，过去一度由家长管制的家庭生活纪律已经变得越来越放松与随意。沙龙、盛大的舞会和聚餐，和从前的侍女、厨师、训练有素的仆人一样已成往事。

景观设计师的问题——甚至是建筑师、城市规划师、工程师，以及所有有良知的人的问题——已经日趋明确，那就是寻找沟通城乡之间鸿沟的途径和方法，消除城乡生活方式之间的对立——更明确地说，城市中的砖瓦、沥青马路、怪异的建筑物与静谧清幽的草地、森林、海滩之间的对立。如何使城市面向乡村，如何将城市文明融入乡村——那将是我们的首要问题……。

——加雷特·埃克博

生活变得如此汽车化，以致许多家庭把小汽车开入室内或停在门口。家居和庭院更少做作和虚饰。它们都是机械化的，更为开敞、简洁。再也看不到前后门廊，以及马厩和小径，宽敞的前草坪已被围有墙篱的花园、带室外餐桌的院落和城市住宅所取代。建筑的外墙向外开放，能够让更多的空气和阳光进入，同时充当观赏花园、天空和风景的景框——为人们提供更多的接触石头、水、植被等自然物的机会。正是因为家庭生活观的改变，人们的居住形式也随之变化。

组群

大家都知道 3 ～ 12 个家庭组成一个最适宜的社会群体。如果规划布置合适的话，咖啡会、社交会、儿童游戏、聚会将变得自然而然，相互间甚至可直呼小名。邻居之间互借黄油或糖，在停车场上叙叙家常、增进友谊，孩子们一起分享玩具，一起在草地上游戏。理想情况下组群

看城市和乡村的相互依赖的关系……领悟一下城市和乡村之间的和谐与平衡——这种能力正是我们所缺少的。在我看来，在我们能够以任何尺度去建造以前，我们必须发展将城市和乡村联系起来的区域规划艺术……

——刘易斯·芒福德

只要人类的活动基于对自然的同情和爱护，或者只在足够小的范围内进行以至于不会干扰自然的再生机制，景观将免于遭受破坏，不管采取的是以自然为主的形式，还是以人类和自然和谐相处的形式。但是，一旦人口增长及城市活动剧烈到足以扰乱自然平衡，景观就会遭到破坏，对于人类来说，唯一的解救措施是有意识地参与景观的演化过程。

——西尔维娅·克罗（Sylvia Crowe）

任何一个称职的建筑师都知道建筑设计并不只是把一系列房间放在一起，任何一栋好的建筑都是有一个基本的构思，它把所有的部分联成一个整体，没有理念的建筑不是一栋建筑。一个由一系列紧密联系的项目组成的邻里设计也是这样，首先必须有一个基本的设计构思把各个部分连接起来，成为一个整体。

——埃德蒙德·N·培根

物质规划很少能创造“邻里”，除非“邻里”一字被赋予极其抽象的含义，但它能在物质上协助所有其他的力量来促成真正的邻里。

——亨利·S·丘吉尔

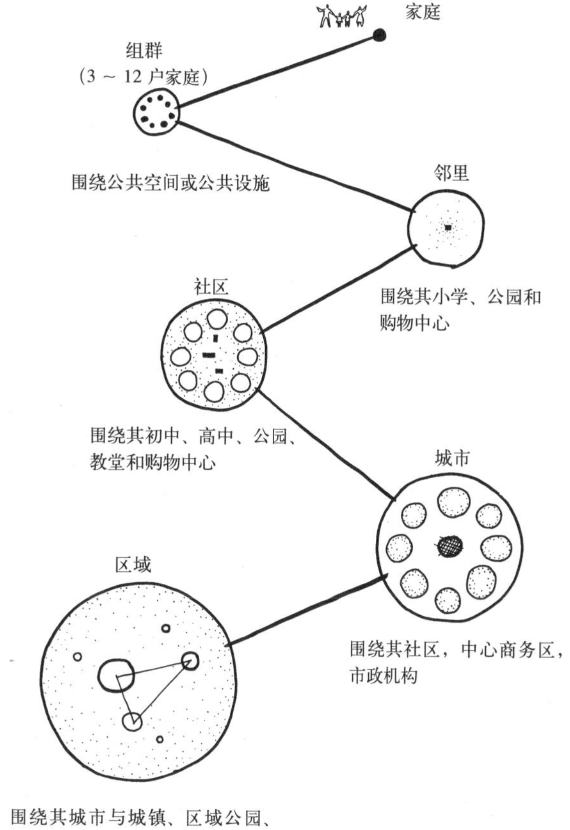

是：所有家庭有着共同的目标和准则，而每个家庭的具体情况和兴趣则各有不同。

一个组群如果在数量上超过 12 ～ 16 家，将变得不方便，将失去凝聚力，自动分裂成几个较小的社会组群。

最理想的组群规划是：提供一个远离街道的停车场，以避开喧闹而危险的来往交通，内部交往借助于步行道，同时有一个诸如中央大草坪或儿童游戏场的集中场所。这样一个组群拥有和谐的场地和建筑特征，有一实体隔离带与邻近组群或构筑物相隔。聚会空间的紧凑和共享是许多成功的组群的标志，平时用不着的边角空间都被挤出来，汇总起来以供集体活动或娱乐。

邻里

邻里最好由一组共同分享开放空间的居住组群组成。它应该足够小，以至能够鼓励所有的家庭参与群体活动；同时也应该足够大，以至包括一个方便的商业中心、运动场和绿化隔离地带。一个持续的邻里规划，一个适应社会行为和教育观念变化的邻里规划应该建筑沿着四周布置，提供通往小学的安全步行道。在规模上应满足一个相应的学校设施所需要的适宜学生数。当然，学校、商店和其他公共设施并不一定要位于邻里单元中心，如果它们位于外围或风格和规模各异的副邻里之间并以相互交织的绿色通道、步行道和自行车道联系，那会更为理想。

在构思很好的邻里内，外缘道路将提供与区域高速公园道相联系的出入口和节点，过境交通将被阻挡在外。理想的状况是，邻里由周围的规划过的成组地块组成，这些地块围绕着半开放公园，并被公园的指状延伸所隔开，这些公园又通向更大的社区学校－公园系统。每一个这样的地块将都作为一个整体来开发，它们将免受所有硬性规定的宅基条款的限制，其规划布局将由规划部门根据可居性来评价。土地利用方式和密度如果被批准，就应该依据土地所有者和市政当局的契约给予确定。

社区

和邻里不同，社区最好由两个或多个被绿带所分隔的邻里所组成。

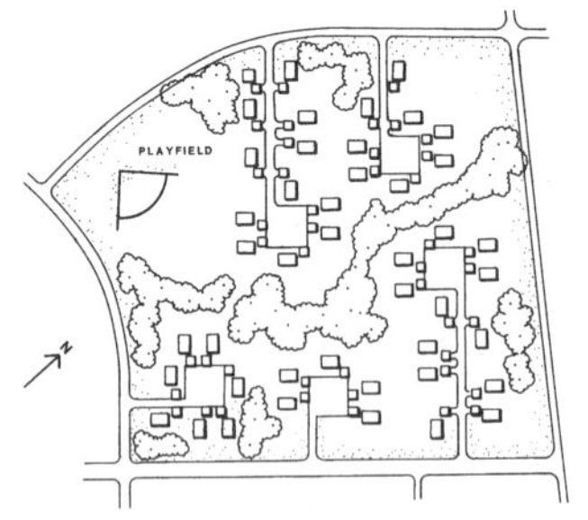

迪特里克堡（Fort Detrich）

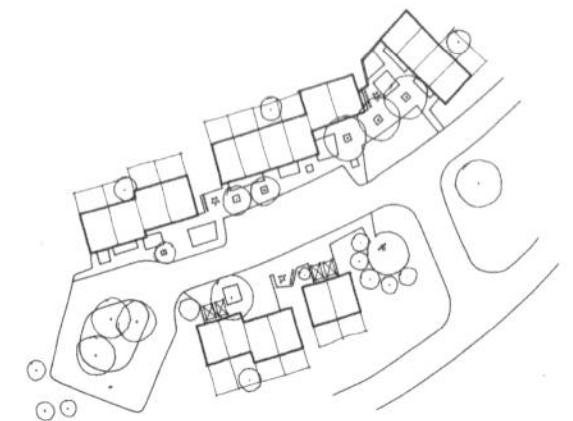

瓦利斯普林斯（Valley Springs）

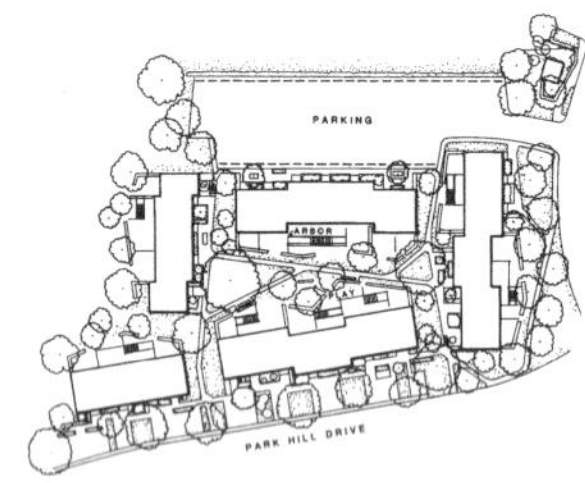

东希尔斯（East Hills）

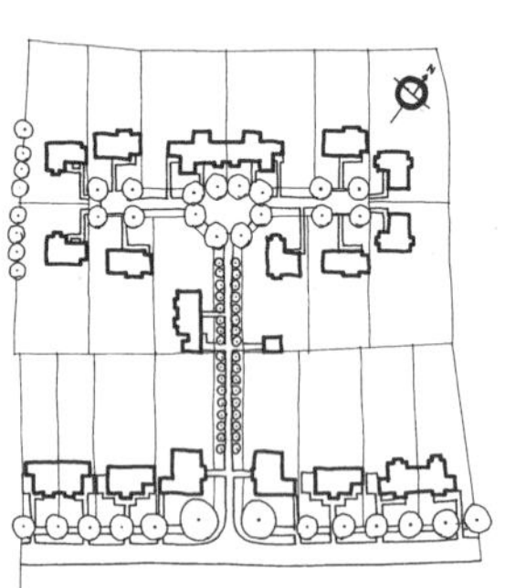

韦林花园城（Welwyn Garden City）

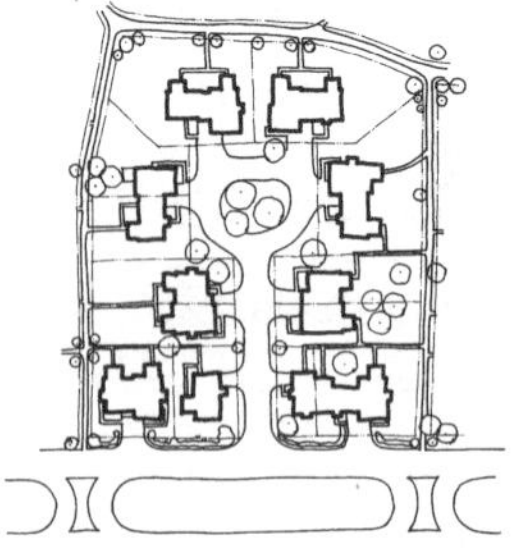

拉德本（Radburn）

构成组群的五种尽头路布局

© D. A. Horchner/Design Workshop

© D. A. Horchner/Design Workshop

Robinson Fisher Associates

© D. A. Horchner/Design Workshop

具有区域特色的社区规划方案

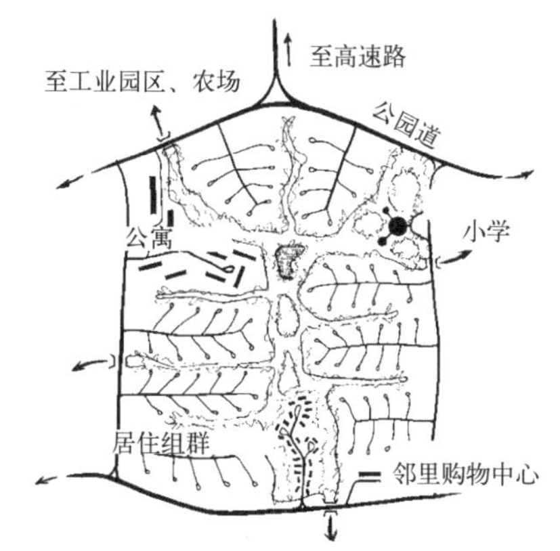

邻里规划设计图解 1
大约 1200 户（1/3 是复合家庭单元）

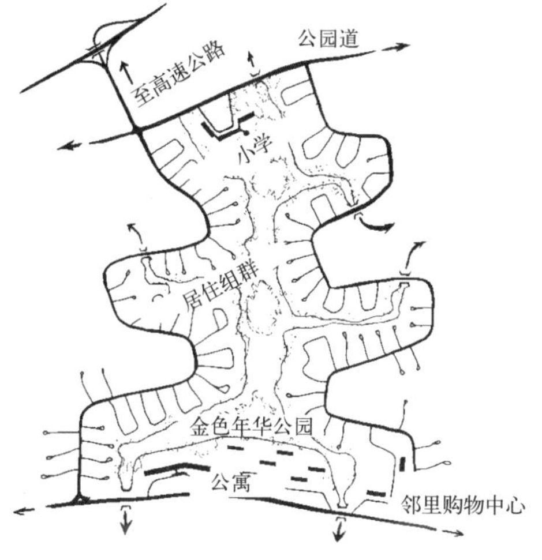

邻里规划设计图解 2
大约 1200 户（1/3 是复合家庭单元）

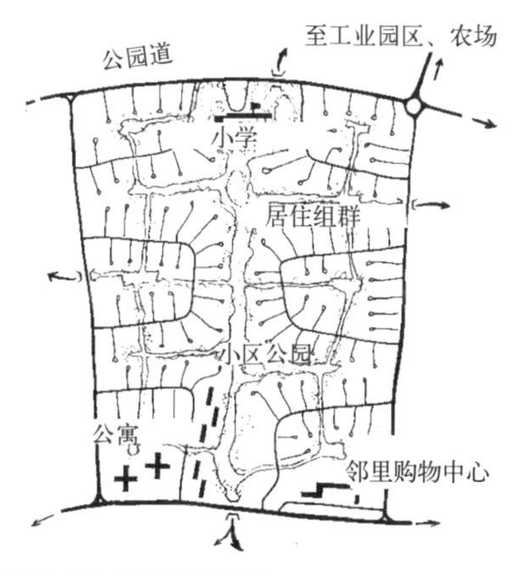

邻里规划设计图解 3
大约 1200 户（1/3 是复合家庭单元）

它由限制出入的公园道内部连接，并朝向比较重要的公共设施和节点。它不一定被限定在城市范围内，分布在开阔乡野之中的、有高速公路和快速公共交通为之服务的卫星城镇或较大的新城镇也具有许多优点。

它们因为更加自给自足，所以减少了所需的对外交通，从而节约了燃料和能量。和在居住区内部或在邻近其他居住区而开发的社区相比，这种方式对邻里交通、土地利用和已建系统的干扰要少一些。所有规划过的社区，不论是集中型，还是像卫星城镇那样的自由型，都具备这样一个优点：即根据一个平衡的全面构思与计划进行逐期逐步地建设。比如，道路、学校、公园和自来水供应干管的最终容量都应该被预先决定，其他设施也应如此，以避免昂贵的分期扩建和改建。

土地利用模式、交通流线图解和人口规模最初就应被决定。划定的机动用地区（范围越大越好）里被批准的用途和规定的住居数量可以根据环境因素、后期详细研究和不断变化的长期需要而自由地安排。环

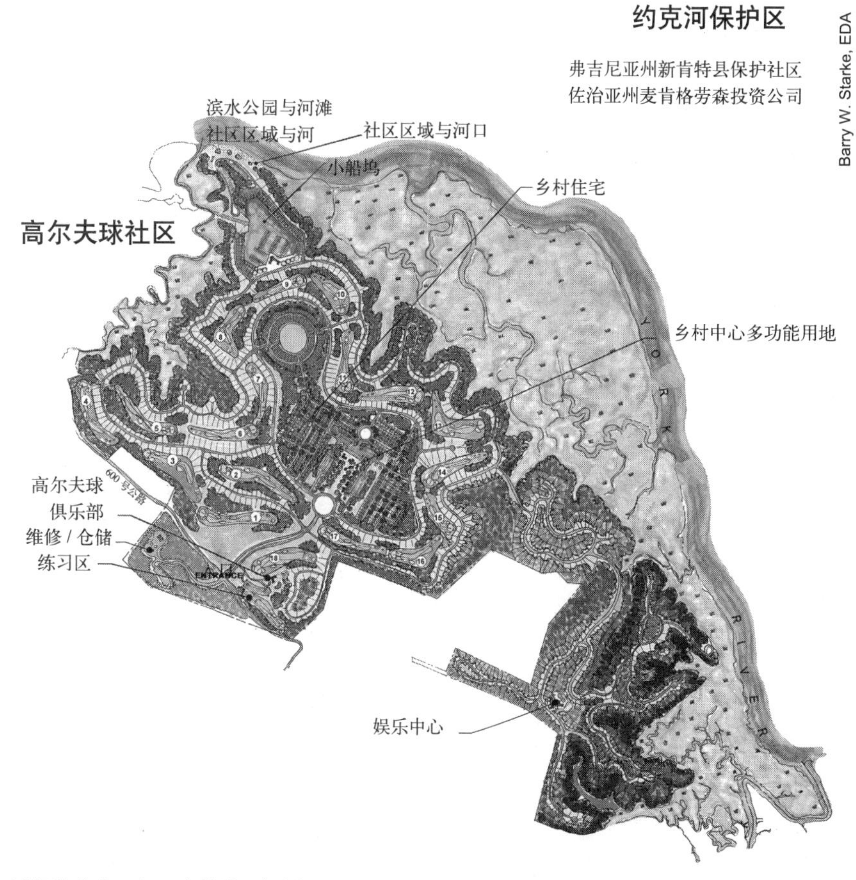

以保护作为组织要素的社区规划

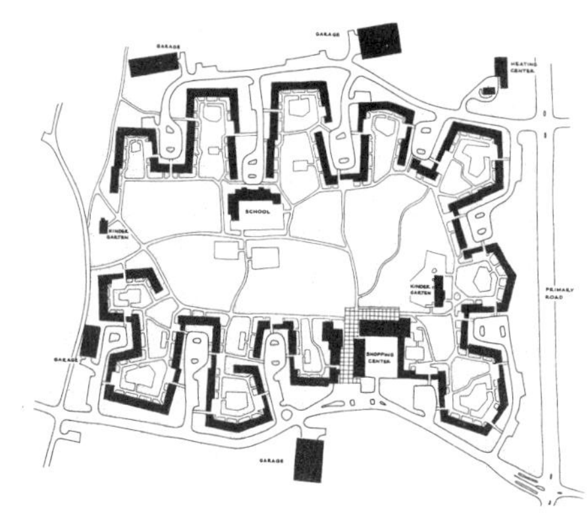

一个公寓住宅组成的邻里，每一户都与一外部出口和一内部的社交院落相连通，并都通向一处大型中心公园，公寓组群的相对高密度在适当位置让出了大块的开放空间

境保护契约、操作标准和设计指导方针一开始就应该被制定并且被执行。经过这样规划的社区，已经清楚地显示了它们的诸多优点，它们是未来的希望。再也没有比这更好的关于区域增长和资源管理的答案了。

从理论上讲，理想的社区由几个到多个相互联系的具有不同社会、建筑和景观特征的邻里组成。每一个邻里既独立、个性分明，同时分享着公共的公园道、公益设施和开放空间。一个社区的修建过程或许需要几十年，全部建成以后，通常会包括和负担一所中学和两个或更多的初中，每一所都位于学校－公园式的校园里和社区中心，都拥有游戏场、体育场、会议室、会堂和图书馆。每个社区都应拥有社区商场和商务区，同时，每个邻里分布有便民中心。车站和轻工业或商务区通常也是需要的，同时提供各种负担得起的文化、娱乐设施和就业机会。

我们是环境的创造者，所以更好的社区将随着更新更好的社区生活、土地所有权和土地利用的概念发展而发展。我们今天所能想象的最好的社区将具有如下一些特征：

- 由高速公路、绿带、河流，山脊、悬崖、沟壑或其他自然障碍物划定的天然边界。
- 社区一体感；体现为能形成社区焦点和赋予社区意义的象征符号，如中学、教堂、购物中心或公园，为社区的户外活动提供干净、有阳光和阴凉的、不为交通所隔断的空间。
- 使用汽车时尽量减少冲突和危险性，同时达到最大的方便。高速的交通线路，没有水平交叉口。
- 社区共享开放空间框架，建筑簇拥在其周围。

每个社区都需要一种其存在的象征符号。大量现代社区失败的原因在于社区生活的视觉含义的象征正在消失。因为发现不了象征的符号，所以也就没有生活得以聚焦的中心。

——拉尔夫·沃克（Ralph Walker）

城市

城市是一个规模巨大的、人口聚集的、经济、社会、政治活动的中心，具有相对固定的地理位置和由国家以宪章形式赋予的特殊的政府权力，它还是都市文化的中心。

优秀的城市必须符合开明的公众的允许或要求。在当前的城市规划中，这种对市民行为和进步所做的教育和说服工作是一个经常被忽略的阶段。

依环境背景而建的城市：夏威夷的怀基

从完整意义上来看，城市是地理中枢，是经济组织，是制度过程，是社会活动的舞台——是聚集统一体的美学符号。一方面它是普通家庭和经济活动的物质框架，另一方面它是更重要的活动和人类文化更高层次需要的展示环境。

——刘易斯·芒福德

城市的形式最好是其各种不同功能协调一致的表达，优秀的城市表达出了我们的时代、我们的技术和我们的思想。它是一个扎根于过去、着眼于未来的不断发展的有机实体。

一个有活力的城市必须是一个不断生长、正常运行的有机体，它需要并有能力提供光、空气，水、食物、循环、废物清除和再生，否则它将萎缩并死亡。理想的城市特征包括：

在城市中……
人们聚于有人之所，
坐于可坐之处，
观可观之物，
喜欢面对面的相遇。

- 都市文明中的优秀品质尽可能多，时代所摒弃的丑恶现象尽可能少；
- 与自然景观和周围环境相协调；
- 紧凑而综合的大都市格局；
- 精心设计的、紧凑集中的CBD，其周围分布次一级的中心——这些中心之间以快速交通相联系；
- 不同的地区——城市中心、内城、外城、郊区，每一个都有其自己的发展规则和标准；

除了我们所处的时代，在其他每个历史时期，有文化和有影响的人，知书达理的文雅市民不可避免地生活在城市中……事实上，城市的名称也表达了它的优点：civis——城市、文明的、文化；urbs——文雅的；polis——有礼貌的和举止优雅的。

——伊恩·L·麦克哈格（Ian L. Mcharg）

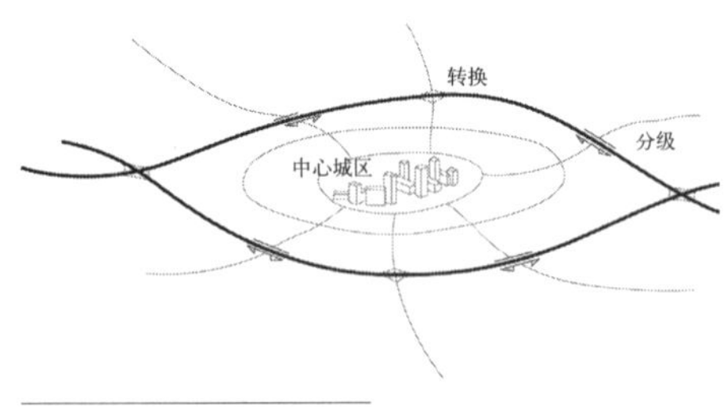

高速公路应环绕城市中心而不是穿越城市中心，集散公路用来提供内部的交通，高速公路的建设如果穿越交通已经达到饱和的城市中心，只会导致城市的混乱

区域规划是对所有那些依靠土地、资源、构筑物等活动的有意义引导和整合。……

——刘易斯·芒福德

新的区域模式将取决于景观的特征：它的地理和地形特征、自然资源，取决于土地利用、农业和工业方式及其分散与整合；取决于人类活动，包括形形色色的个人和社会活动。

——路德维希·K·希尔伯塞默

把各个行政区分散的规划拼凑起来，再附加进一步的限制并通行于区域全体，这样的区域规划只会是弊大于利。

有价值的区域规划从对人类的需求和景观的理解开始。

- 城市外缘具有高速公路和公园道系统，并有放射状的林荫大道到达CBD旁路环线；
- 通过定线和分级，把不同的车辆交通道路和运输线路分开；
- 方便的交通和停车场，但又不会主宰更为重要的城市生活层面；
- 城市居民群居特性的表达——人们能遇在一起来交换货物、服务和思想的聚集地——市场、购物中心、公园、广场；
- 人体尺度，让城市居民、工人和参观者感到他们在适宜的尺度下去看、去听，同时也让他们分享到一种与城市和周围世界和谐相处的感觉；
- 漂亮的建筑和景观，同时辅以雕塑、壁画和喷泉；
- 有序、高效、漂亮，以及整个人类权利得以发展的社会环境；
- 清洁、健康的环境；
- 城市、郊区、乡村之间交通便捷流畅。

区域

区域是一个大而统一，但界定宽松的地理范围，它为一个或多个的人口中心提供支撑的基础。把复杂的区域规划问题简化到近乎单纯的问题，那就是：建议对每一个区域的分析和规划都应最好地利用区域的土地和资源。

在区域基础上规划，不管是从地理、政治、社会和经济的哪方面着手，都应该提供一个更广泛、更有效的参照物框架，而不是仅仅考虑单一的社区、城镇，城市或乡村。

区域规划机构最好是非政治性的和以服务为宗旨的，为行政机关提供规划协调、区域信息和技术服务。其首要功能是：

- 数据收集、分析、储存和分配；
- 全面的区域规划的准备和更新；
- 指导对各种不同的规划元素如居住、运输和开放空间的研究；
- 为州、联邦和地方的行政机关提供联络；
- 处理州和联邦政府为地方政府提供的财政援助；
- 记录和协调与重要地段和水域的保护、改变或开发相关的所有建议；
- 就区域环境影响的重要性提供建议。

网格状都市（假设的）
（在美国城市化进程中十分常见）
消极特征：

- 交通干线两旁建筑临街
- 中央商务区被分割
- 交通混乱阻塞
- 商业呈条带状，过于拥挤
- 城市蔓延分散
- 导致街区冷清荒凉
- 活动中心之间缺少便捷联系
- 无序，低效
- 土地利用区域不统一
- 缺乏开放空间体系或保留地
- 缺少对海滨及水道的保护
- 不考虑地形

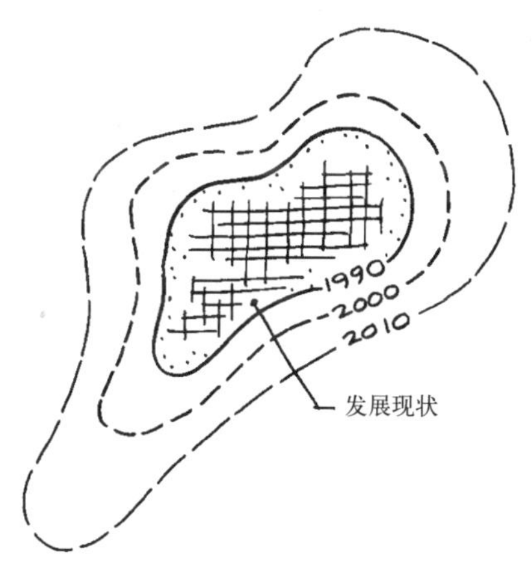

都是服务线
作为一个确保土地充分供应和保护开放空间土地的措施，一些城市把城市服务线图作为城市深入规划的要素之一，这张图反映公共设施逐年允许发展的界限。在注明期限内，超越界限的开发都将被禁止

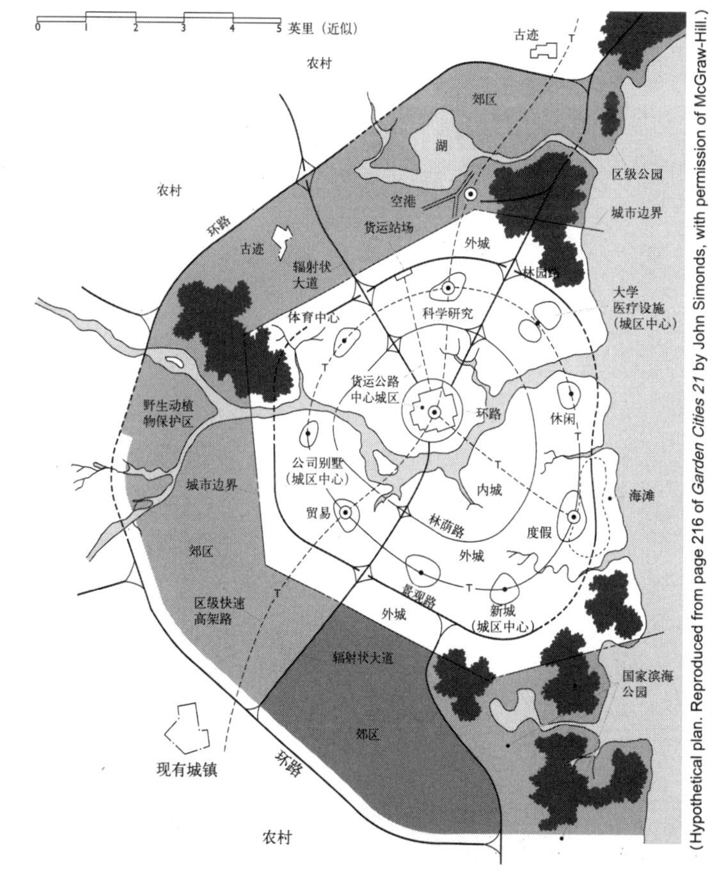

(Hypothetical plan. Reproduced from page 216 of *Garden Cities 21* by John Simonds, with permission of McGraw-Hill.)

21 世纪的城市
一个分期实施的开发，再开发及更新的城市远期概念规划模式
所示为典型城市化地区的概念规划或模型。图中可见，规划保留，保存（保护）了优势地形特征中的最佳部分。开发区域，联系路径与自然景观框架非常协调

区域形式

区域规划的目标是通过政府间的协作建立起尽可能最优的土地利用和交通路线的图解框架，提供确保环境完整所需的操作标准，从而鼓励私人企业的自由和创造性的表达。

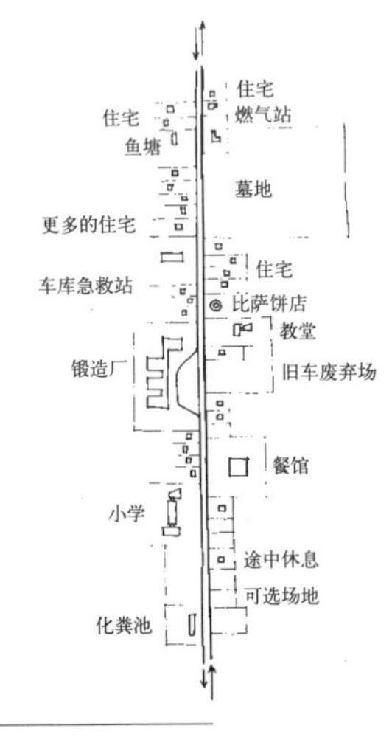

交通干道及相邻的用途　交通干道几乎充斥于各个州，每英里 50 个地道口；没有规划过，没有被分区，不明智的——摩擦、混乱、低效、嘈杂的

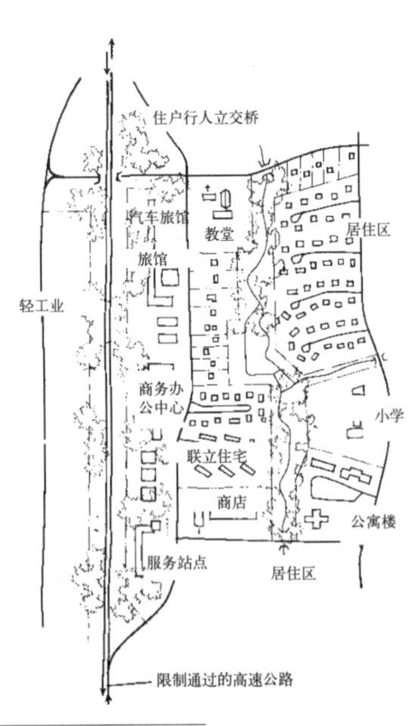

经规划的、分区的、明智的：干道交通自由流畅；功能分组集中；家居朝向公园、学校；教堂和商业区便于抵达

每个区域的土地利用和交通模式考虑得当的话，会与这块土地的自身需求相呼应。它们会保持最优美的景致，保护生态敏感区域，确保自然系统的完整；会尊重并适应土地和水的自然形式；会避免道路的平交带来的耽搁和危险；会给旅行时间和距离，给建设、运营和维护的耗费带来经济性；会提供一个环境，在其中和在其周围开发活动可以自由而富于创造性地发生，直接表达人类的需求。

理想的区域特征包括：

- 为开放空间所环绕，邻里，社区和城市远离公路，紧凑布局，富有活力；
- 阶段性的发展界限避免了城市的无控制的增长和蔓延；
- 以公有产权．或者税收调控下的私人产权的形式维持一定的土地储备，以满足不可预见的发展需求；
- 为农田、森林、休闲地、野生生物管理和庇护所预备的广阔自由的不受干扰的保留地；
- 所有新的活动中心的选址都应与土地和水资源、地形特征及其他规划

区域开发应该与理想的土地未来相适应

的用途有最佳的联系；

- 没有临街面的高速公路，绿化美化的环路和放射型道路为抵达城市中心和卫星城镇提供畅通无阻的通道；
- 直达快速公共交通与区域轴心相连，通过地下或高架通道直达车站／场；
- 单独、固定的货运通道走廊联结主要的生产、加工和分配中心；
- 有计划地配备和富有策略地布置所有基本服务中心和高质量生活所需的福利设施；
- 统一的公园、休闲和开放空间系统；
- 主干林园路，以及穿越自然和历史名胜区的风景—历史环路；
- 基于持续的生态研究和区域资源调查的长远的土地及水管理计划；
- 基于最优的土地利用和操作标准的开发，而非僵化的传统分区。

区域规划机构在如下的情况下才有效率：

- 州政府官方规定了每个区域的边界
- 区域沿县的边界，因为社会经济数据通常在县的范围基础之上获得
- 区域机构中的及支持区域机构的县的成员由州政府委任

大多数城市和区域规划都有远远超过可预见需求的发展用地。这不仅鼓励了片状的分散建设，而且导致了税额和生产力的失调，使得房地产所有者失去他们的地产，农民失去他们的农场。

新的建筑物最好顺应现存的中心，直至建成和统一。当发展需要额外的土地时，新的内聚社区将通过总体规划的程序来形成。

野生动物的生境被保留

开放空间框架

区域的开放空间框架将环绕和分隔各种不同用途的土地和活动节点。它提供背景、基础和呼吸的空间，同时当它被用于保护最好的景观属性的时候，它将赋予每个区域独特的景观特征。

区域规划师最重要的任务可能就是构建和协助形成一个广阔的，相互联系的且永久的开放空间保留地，并以此作为可持续发展的框架。

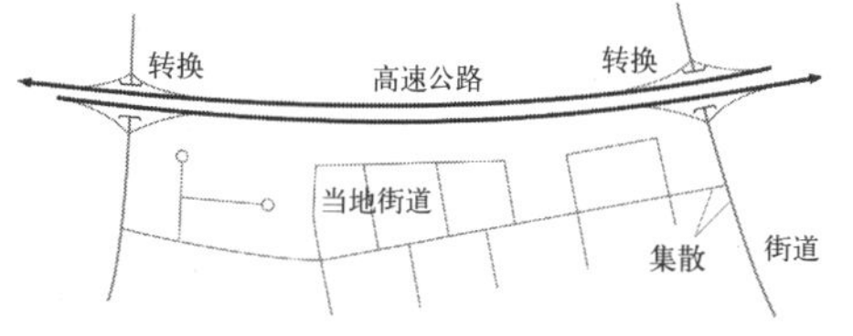

只要可行，所有大都市区内的过境道路或集散道路都应同高速公路一样，在建设中采取限制出入口的思想，避免建筑物邻近过境干道，而应鼓励并促进其与街区道路的联结

区域的开放空间保护区应该被标明，只有那些不会给土地造成重大危害的农业和休闲用途才能被允许在其中，土地也应据此征税。

绿色通道和蓝色通道

绿色通道是为车辆、步行者运动和野生动物迁徙提供的通道。称之为通道是因为它们是路，称之为绿色是因为它们为植被所环护。它们在尺度上变化很大，从林地小径到穿越大范围山地的国家公园道。

蓝色通道沿着地表径流的流线——小溪到河流，再到宽阔的甚至咆哮的大江大河。就像人体的静脉和动脉，它们常常结为相互联系的系统。它们从高处运来营养物质，滋养和浇灌低地。在通道内会发现茂盛的植被、大量的鸟类和各地的野生生物种类。一年四季它们改善着气候，增添景观情趣。它们最好以天然状态保留下来。

只有当已有的交通路线或主干道的经济扩展确保足够的公共服务（或者在卫星社区的情况下通过集中的设置）时，“保留地”才能被重新区划，开发被允许进行。

作为对都市蔓延所导致的野生动物栖息地被破坏的对抗行为——许多土地所有者都建立了他们自己的居住环境和野生生物保护地。

如果卫星商业区制约了现存商业中心的活力的话，还允许它们兴建就是愚蠢的行为。新的区域商业点只有当被确定为必要时，才允许建立。

绿道和蓝道

只需一个简单的规定，不需任何费用，最合理的开放空间秩序就得以在每个区域中建立起来。即：

从现在开始，严禁在河流或水体50年一遇洪水上限内进行任何方式的未经授权的建设活动或毁坏天然植被的活动。

实施结果将是所有公私土地上的一条受保护的径流通道，从而减

一个完整的区域休闲系统应该尽可能地提供一整套设施，从居住组群内部的儿童活动场到州或国家公园。

在自下而上的社会群体序列中——即家庭、组群、邻里、社区等——每一个都应该提供满足其自身特定休闲需要的设施。在此之上，两到多个群体或行政区可以联合提供额外的单方面无法承担的设施，如公共游泳池、网球中心或者高尔夫球场。

大一些的设施如动物园、植物园或主要的游艇停泊港需要广大区域范围的支持，面积广阔的区域公园、森林保留地也是这样。

在更大的尺度上，州立和国家公园在风景或历史名胜环境中提供了休闲的功能。

少降水的地表径流量，减少侵蚀和淤积，保护水体，调节极端气候和提高景观质量。作为耕作和建设用地的边界，它将充当防风林带和洪水控制带。

如果能借助公共所有权的理性运用，或者借助缓冲带的设定，绿色通道的布局穿插或同蓝色通道接壤，那么效益将会成倍增长。

要点

可以确信，评价一个良好的区域开发项目可以归纳为四个简单的检验：

1. 它是否适于本区？土地或水域的规划用途与联邦、州及区域的计划和社区的目标相一致吗？
2. 可持续吗？它的建设有没有超越土地的承载能力？如果它把沉重的长期压力强加于自然生态系统，那么这种用途将被禁止。如果可能存在问题，最好作出一份环境影响评价。
3. 它会是一个好邻居吗？规划的土地用途与周围土地现有的及规划的用途共容互补吗？它会不会有物理上的或视觉上的有害影响？它会不会损害地价？它是破坏了，还是保留、珍视了土地标志物？一个构思、设计良好的项目将提高，而不是降低环境质量。
4. 有无足够的、不同层次的公共服务？在项目建设和使用的每一阶段，需要的公建设施随之发展。交通、电力、给水系统、暴雨排泄系统、污水处理系统、防火系统与保安系统以及（如果是居住区开发项目时）学校和娱乐设施都没有超负荷现象，不仅这些设施应随时配备。而且，当地政府应确保开发商和使用者共同合理承担费用。

如果这四个条件均能满足，那就没有理由反对这个项目，因为它会成为一个可喜的区域资产。

通常实施的区划措施都无法达到预期的效果。

区域规划

有三种区域规划的方法——其实有四种，第四种方法是其自然的无为策略——坐视景观逐步被蚕食，直到它们在接缝处碎裂。分散、交通混乱，因小失大都是实施这种方法不可避免的后果。

对于创造健康的环境而言，自然的协作不仅重要，而且是不可或缺的。

——伊利尔·沙里宁

一个较为理性的方法是：区域的行政机关组成一个由当选的地方官员作为代表的自愿组织，与少量由税收支付报酬的研究人员一起进行研究，并为各主管机构提供建议。这样一个组织虽有政治影响力之优势，但也有政治竞争的弱点。

一个更为有效的方法是民间组成的顾问团，在形式上它最好是公民委员会或公民议会，由一位或多位具有公益品质的人物发起，通过邀请组建起一支非政治性但在区域生活中深受尊敬的队伍。商业、教育、金融、科学、社会、劳动和农业等领域的代表都会是这种组织的潜在成员。然后，在少数但受到良好训练的人员的参与下制定目标和方向，并开始进行全面的分阶段的研究，这样的委员会也许一年只见面一次，但一旦他们的共同意见被采纳，将给政府和有关机构带来重大的影响。

一个土地－水体区域或自然生态系统的承载力是在其系统没有明显退化或崩溃的情况下维持种群数量的极限能力。

处理区域问题的第三种方法是建立一个官方的区域行政规划机构，他们对一些大都市的项目负有责任。这样一个大都市市政委员会从州政府那里得到特许，拥有明确的权利和资源。委员会成员通过全区域范围内的选民选举产生，然后任命专业负责人和专业成员。在其任务范围内，焦点集中在从最大满足整个大都市区域及所有居民的利益出发进行协调的规划、建设和运行。

管理

每一个地方的居民和行政机关都喜欢自己处理自己的事情——也应该如此。他们应该有他们自己的校董会、委员会、议会和选出的官员，以监督地方事务，并对地方的需要和希望负责，这些都是合情合理的。

然而，一个并不合理的现实是：在密集的大都市区内部，如交通运输、电信发送传播、区域土地利用规划、资源管理、法律实施以及回收利用等一些普遍但又非常重要的问题，却一如既往地用孤立的、无效率的方法来处理。目前，大多数城市、城镇和乡村各行其是——从不考虑或经常蔑视他们周边所发生的事情。那些负责重大区域事务的人只是疲于奔命，试图把众多的地方方案拼凑起来，而不考虑如何使一致的、区域范围的规划得以实施。显而易见，大量人员、管理机构和设施的重复——任其互相抵触——代价是非常昂贵和极端浪费的。

因为众多原因，大多数（尽管不是全部）的区域规划、建设和执行程序应该被系统化和集中控制。这就需要一种叫大都市市政的管理形式，那些做得好的地区，应用了如下几项基本措施：

城市和乡村一定要联系在一起，这样才能产生新的生活，新的希望，新的文明。

——埃比尼泽·霍华德

（Ebenezer Howard）

- 在一系列教育说服和公共论坛活动之后，公民通过投票使大都市市政的管理概念得以成形。
- 赋予立法机构和议会机构更宽的权利，同时把最初的责任限制到区域范围内的少量明确的项目。在已被证实的表现基础上，责任可以逐次增加。
- 一定的权利和义务保留给地方的行政机关和官员，以确保他们独立的权威和支持。
- 大都市市政委员会的成员组成应包括代表区域不同利益的当选领导人。

总而言之，一个明显的事实就是：凡有益于区域整体，也必有益于区域内全体人民。

INTERCONTINENTAL
US SHUTTLE 2045

Illustration courtesy of the National Capital Planning Commission's *Extending the Legacy Plan*. Rendering by Michael McCann.

10 城市设计

当代的规划有时看起来像一个不合理的游戏，它把尽可能多的城市或建筑堆积于一地。我们引以为豪的城市地区通常只不过是砖、石头及水泥砂浆最高、最宽，最密集的堆积物。在砖石建筑堆中，被遗弃、被胁迫的人类在何处？他们能够在这样的城市环境中获得身心再生，并受到鼓舞和激励吗？这几乎是不可能的，因为在我们当今时代，太多情况下城市是一个沙漠。

城市景观

坦率地说，急速增长的美国城市，已被必不可少，无止境的交通网络切割成大小不一的几何方块，它们比起现今或过去其他文化实体下的建筑，更具有荒芜沙漠的特征。

如果我们比较一下1784年罗马的地图和当今纽约的航空影像，会惊奇于这座永恒的城市所拥有的怡人空间的多样性。诚如拉斯马森在《城市和建筑》中所指出的那样，“伟大的艺术家创造了城市，而居民本身如果懂得该怎样生活在其中，就也是艺术家了。”很奇怪为什么在当代的城市规划中，这样的空间大都消失了。

当代大地景观的特征是无边无际的都市机场、曲折的高压线及严重破坏的历史古迹。我们最熟悉的景观不是小的农庄和土路，而是漫漫的城市开发的扩张。

——帕特里卡·C·菲利普斯
(Patricia C. Phillips)

传统的美国城市空间以廊道为主。我们的街道、林荫大道、人行道从某地而来，又延伸到别的地方；我们的城市、郊区、家宅与廊道相互连接在一起；我们总是在徒劳地寻找那些能够吸引、容纳我们并令我们感到满意的地点或空间。我们不愿住在廊道中；我们想住在房间里。过去城市里到处都是这样的房间，它们被规划和装修成与周围建筑紧密结合的形式。如果能有这样一处动人的室外空间，我们一定要把走廊建成自由流通的交通路线，而不是有待安置的廊道。同时，空间的规划必须满足人们的使用和享受要求。

以往的城市

欧洲、拉丁美洲和亚洲的老城曾有过，而且至今仍保存着它们的荣誉和值得纪念的魅力，这种魅力存在于广场、市场、庭院、街区和喷泉，还有它们显著的、不可言喻的奋发向上的追求生活乐趣的精神。这些城市被看作是三维的城市艺术，是意味深远的建筑和开放空间的典型。而我们的城市，除了极少数例外，大都朝向交通拥挤的街道。

最近的民意测验表明，绝大多数美国人（56% 的人）愿意选择郊区；而只有 19% 的人喜欢都市氛围。

这一切该怪谁呢？亚里士多德曾在他的《修辞论》中说过“真理和公平的本质优于它们的对立面，因此如果做了错误的决定，必须归咎于发言人（由于缺少坚定的信念）”。而从我们的目标出发，这段话可很好地理解为“灵巧，趣味和优雅本质上优于混乱、阴暗和丑恶，因此如果做了错误的决定，必须归咎于规划师，因为是他们缺乏坚定的信念（或缺乏城市生活的新概念）”。

从几百英尺的高空看大城市，整体而言它们并没有呈现一种整齐有序的外观，庞大是它们最显著的特征。所有的质量都淹没于绝对的数量中，无序空间占主导地位。建筑在市中心堆积并向郊区随意分散。少数的绿地及游客所知风景优美的去处，掩藏于触角般向周围乡村扩展的、灰色无形的块状迷宫中。城市的确切边界无法界定，垃圾废弃物地带和乡村相接。如果我们停下来注视一下现代城市，想一想规划下的城市该是什么样子，我们最终承认，撇开它的巨大活力不谈，城市是人类创造的最主要的败笔之一。

——乔斯·路易斯·塞特

寻找更进步的城市规划方法时，须回顾并重新评价古老的价值观。认识到对“城市美”狭义理解的谬误的同时，我们必须重新挖掘那些能激励人心、满足人们需要并运作良好的古代建城艺术。我们确实要这样做，因为我们已经厌烦了城市的乏味，而这些城市是我们规划的，或者说得更严重一些，是我们纵容它们在无规划的情况下发展到分散而毫无意义的混乱状态。

明显的需要

当今时代，我们缺少组织总体规划的艺术和对这方面的探索。城市缺乏凝聚力和规划的连续性。随着汽车成为时代标志并作为要求最高的规划因素，蜿蜒的街道、住所以及古城的规划形式已不再适合。我们曾以很好的理由拒绝了不能变动的“宏伟规划”，但却发现大多情况下，很少有其他替代形式能弥补机械式格子和其他乏味的几何模式的缺陷。

房间和街区的关键在于其内部空间的质量。

——卡米洛·西特

摘自乔瓦尼·巴蒂斯塔·诺利（Giovanni Battista Nolli）的罗马地图

城市设计的基本原则极其简单：最好的城市在于它给人们提供最佳的生活体验。

很大程度上，那些最宜人的城市应该对时代、场所和文化特征最佳的表达和反映；具多功能；能提供便利；同时是理性和完备的。

图中廊道一峡谷是纽约街道无终止的延伸，没有焦点，缺乏有用或有意境的空间形成令人欢愉的中断

城市社会空间的唯一衡量指标是其独特性……

——阿瑟·B·加利翁（Arthur B. Gallion）

城市规划是对生活在其中的居民意愿的表达，否则，它将毫无意义。

——亨利·S·丘吉尔（Henry S. Churchill）

完美规划的第一步是对人类的想法和需要作新的译查。

——刘易斯·芒福德

从摇篮到坟墓，乱中求静、辨别方向、自由里守纪律、多样中求个性的问题一直就是且必须是教育的责任，因为这是宗教、科学、艺术、政治和经济上的道德。

——亨利·亚当斯（Henry Adams）

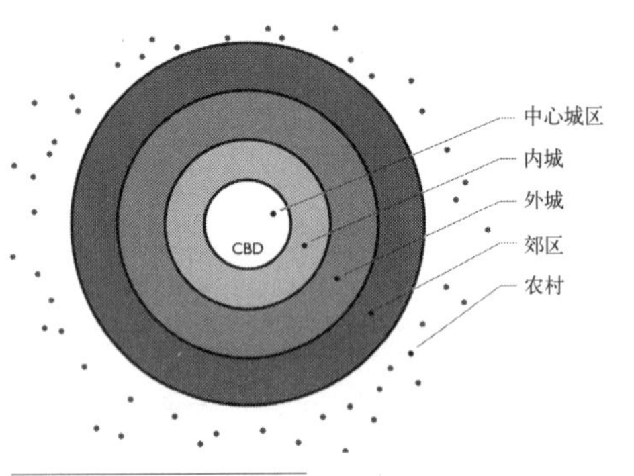

在繁华的城市中，每一部分地区都是明确界定的，并能发挥其功能

城市还能宣称自己是适合于生活的好地方吗？这是不可能的，除非城市的改造人员在思想上有决定性的转变。现实中最常见的城市形象价值太糟糕了——一个充斥着颓废、罪恶、肮脏道路以及贫穷、陌生及怪诞的人群的地方。然而，未来的城市景观是什么样的呢？即将实施的巨大的再开发的计划使我们领略了城市的新形象——贫瘠且毫无生命力。尘埃和喧嚣消失了——但同时城市的多样性，令人兴奋的事物以及其自身的精神也消失了。是理想主义使城市变得更糟糕。令人沮丧的新乌托邦主义并非无用，因为他们只能如此；它们真切地表现了对城市功能极深的、有时甚至是自以为是的误解。

——小威廉·H·怀特

经纬仪、角规、罗盘为我们描绘出一个完全人工模式的生存地域和空间。我们必须发展一种新的规划机制以更好地适应我们的生活方式。未来考虑周全的城市规划里，意味深长的空间注定会实现，人类的状况和地位将和建筑物一样重要。

城市的荒漠特征集中于市中心。在这里常见的都市景观是金属、玻璃、石制立方体的混合物，它们耸立于沉闷、油腻的水泥和柏油基面上。冬天这里阴冷、寒气逼人，冷风阵阵；夏季这里自身储藏的热量相互交织、发散。而透过光秃秃的高楼景观所见的远处开阔乡村，通常冬天要暖和许多，夏季也凉爽许多。

如此沉重、荒芜的城市景观远远缺少自身的标志。我们的城市一定要向外开放，以充满生机与活力。超负荷的交通干线应得到重新调整，从地下穿过或绕过市中心及办公楼、商店、饭店密集区，且人们可自由行动于不与车流交叉的统一步行区或层面。同呆板的石砌水渠和喧嚣的大道相比，新的步行居住区将如同花园一般，布满了随意组合的高楼和台阶式建筑群，各种不同形式的庭院以及人行步道，这一切构成了一幅由植物、阴影、飞溅的水花、鲜花以及明亮色彩组成的受人欢迎的浮雕画面。像绿洲一样，这种强化的多用途广场将把城市转变为身心放松的环境，以创造生机勃勃的城市生活。许多可仿效的范例正在美国和国外许多国家出现。

城市图解

为便于理解一个城市怎样运转（或为什么它不能正常运转）以及如何为其改进做规划，将城市分解为不同的部分并分别进行研究是很有用处的。这种方法揭露了一个令人惊异的事实，那就是很少有城市对各部分做功能一体化的规划，甚至从未考虑过。至于这些部分，为便于操作，我们建议，先分开考虑然后统一规划。具体可分为中心城区、内城、外城和郊区。

市中心，或中央商务区（CBD）

市中心有双重功能，它不仅是大都市的核心，也是整个周围地区的极化和动力中心。这里人们可以看见政府、商业和贸易中心；金融机构；工业、加工业和交通业的总部；通常还有高级文化建筑——大教堂、表演艺术中心、中心图书馆、博物馆、画廊以及剧场、体育馆和运动竞技场等。

诚然，这里有大量的改造市区的理由——萧条的零售业、下滑的税务、不景气的房地产业、严重短缺的交通和停车条件、衰落的公共交通以及贫民窟的聚集。然而，我们该更中肯地考虑一下怎样为市中心注入活力，怎样使市中心充满吸引力，充满令人惊奇且令人兴奋的竞争与匆忙，从而使人们向往进入城市并在其中闲荡。当然，我们并无意弱化那些严重的问题。因为吸引力是问题的难点所在。所有市区的价值都是其副产品。将市区建设为文明、繁荣的环境并不是一个无意义的目标。

——简·雅各布斯

Gerry Campbell, SWA Group

纽约市中央公园是美国建造的第一个公共公园。它的设计竞标始于1858年，获胜者弗雷德里克·劳·奥姆斯特德（Frederick Law Olmsted）和卡尔弗特·沃克斯（Calvert Vaux）是美国景观设计的先驱。这片843英亩的庞大的城市开放空间在两侧吸引了这座城市许多优秀的居住、商业和文化建筑。它对房地产价值的影响，对城市不可估量的贡献，以及对很多见过它、体会过它、享用过它的人们所产生的不可言喻的意义，都成为城市规划师永不能忘怀的一课

CBD为了更紧凑将向上而非向外发展；过时的东西将消失，密度将加大。核心将恢复其动态的活力。

当今麻烦特别多、早已过时、极度低效的城市中心正漫出界限，破坏了乡村的宁静。这种难以控制的外延可以且必须制止。这不仅使正在丧失中心支配权和活力的城市受益，也同时使急剧衰退的农田、森林、乡村景观受益。

全天营业的购物街、商场及餐馆有助于保持街道的安全和市中心活力。办公和商业建筑顶层公寓的居民为夜晚的街道增添了生机并起到全天候监视作用。

闹市区提高安全保障的最好办法是确保街道充满活力，可信的城市居民来此享受夜景和各种活动。这样的氛围里，餐馆和剧院欣欣向荣，商店全天开放，人们可在相对安全的环境里四处散步、闲逛。

每一建筑综合体内部都构成了一个小的王国，这样就需要根据综合体与中心区的关系确定其经营特色。既然所有建筑综合体都有对购物、餐饮和旅馆的需要，建议建设一大型中心广场，围绕此广场，各种建筑群林立。大部分情况下，停车场、仓储、（水电）分配系统和动力系统将位于广场地表以下。

在CBD（central business district）内，将不再允许开车穿越街道——逐步加以禁行；并用来往于没有交通干扰的广场庭园之间的内部车加以代替。而那些广场间的路面车道，将成为出租车、公共汽车、紧急救援车辆的自由环线，有限数量的获特许的私人轿车也可通过。

在活力重现的中心商业区彼此相连的广场之间，将屹立着新型的都市建筑。现今随意耸立的“巨石”将为联系紧密的高低建筑综合体所代替。它们带有空中露台、屋顶花园、内置阳台、开敞庭院、圆顶温室及画廊。高空中，盒状的凸窗、阳台和屋顶退台将成为中心城区的私家花园。屋顶上的饭店、灯火通明的娱乐庭院和游泳池为天际线增添了闪

烁和动感。步行层面的建筑将展现于由景观庭院和蜿蜒的人行步道构成的“迷宫”中。两地之间及两层面间的通道将风雨无阻，且两侧邻接季节性展览、表演及植物等——即那里会有鲜花摊位、图书市场、糖、坚果和比萨饼店铺；椒盐饼干、水果、爆米花摊位……还有步行道旁的市场，经营绘画、雕塑、手工艺品、古董珠宝、电动玩具等；也有演员表演及所有能为人们增添兴奋和欢乐的消遣活动。

世上令人难忘的城市——伦敦、阿姆斯特丹、巴黎、哥本哈根、马德里、雅典、罗马、蒙特利尔、纽约、新奥尔良、旧金山——都是工作和居住一体化的城市。城市和商业中心散布着城市住所、公寓和咖啡屋，点缀着面包房和珍品店，以及出售酒类、牛奶、水果、鲜花的商店和艺术家工作室。

City of Vancouver

利用屋顶空间

OLIN

恢复活力的现有开放空间

J. Brough Schamp

滨水区改造

由于地表交通和停车在市中心受到限制，便捷公交线将得以兴旺发展。(斯德哥尔摩、多伦多和巴黎就是很好的例子。）多层次的交通枢纽位于中心部位，是地区主要的目的地和换乘节点，相互连接的电脑化车辆在这里到达和离开，以极快的速度穿行于灯火通明的地下交通线或架空的单轨铁路。

据推测，未来的CBD将为一个紧闭无弹性的“圆环”所限制、紧缩，以防止中心区向外扩展，并确保其强度。在宽敞的道路内，甲板状分流环路将拦截经由辐射状林荫大道抵达市中心半径的车辆。到达圆环的车

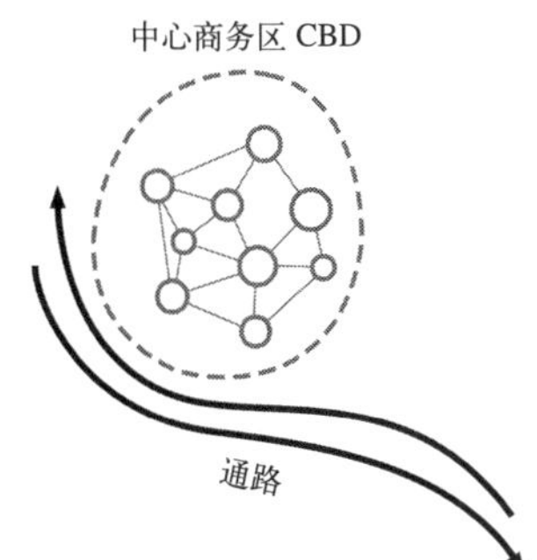

紧凑而充满活力的 CBD

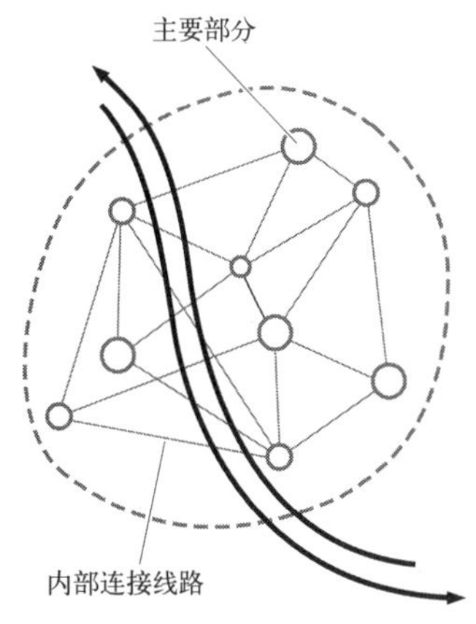

CBD 作用弱化——割裂且分散

在理论 CBD 中，圆圈代表主要的目的地，如银行、百货商店、城市中心、区域体育设施或娱乐区，线条代表人行交通的路径，CBD 内要素节点是互助共生的，一个紧凑的中心无论从时间，距离还是阻力来讲都是易于空间联系的，扩散的 CBD 将失去作为市中心区的优势

混合方法是很重要的。充满朝气的城市是新与旧、高与低、简洁与景致的融合体。

当成行的商店和住宅为粗陋的办公大厦或乏味的建筑体干扰时，夜间街道生活消失了。为了保持街道的吸引力和夜间活动，办公和公寓大楼最好成群围绕远离街道的广场或庭院布置。商业、居住和经济的联系可因此得以加强。

酒店、公寓和办公楼的合理层面安排，终将被证明是保持夜晚街道活力，以及使人们能就近享受的成功举措。

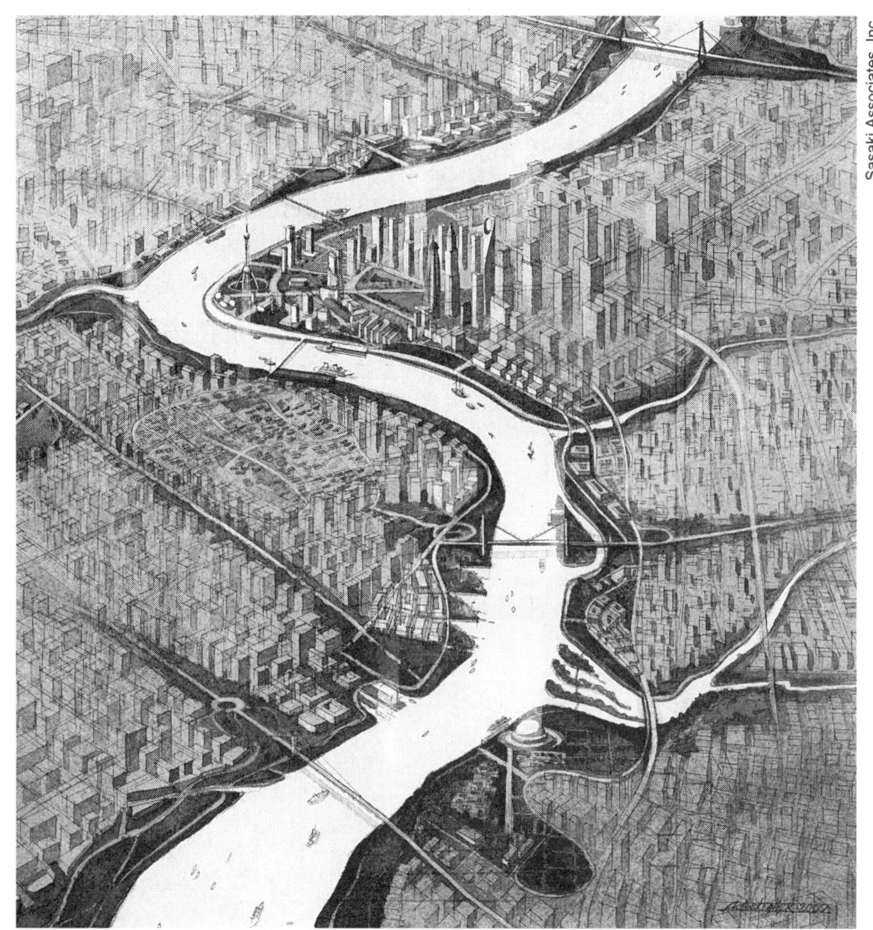

中央商务区规划：上海黄浦江

辆如需要的话可沿整个 CBD 环行，也可通过布置良好的斜坡进入广场的停车区或交通层面。这一圆环远不只是自由流通的交通线路，它所辖的很宽的空间带可容纳大量的开放停车院，同时也可安排管理用蓄水池及娱乐区域。这里，还可设置一些对市中心的参观者具有吸引力的要素，像动物园、植物园和鸟类饲养场等，可能的情况下还可设年度艺术展或风俗节。

居住的情况如何呢？一些较为成功的城市已证明将建筑和塔楼的高层用于内城公寓是很有意义的，经理和高薪员工夜晚可在人行道和步行空间穿行，从而使他们能保持活力与斗志。

内城

圆环之外的区域最好描述为“内城”。这里是一个包含大量房屋和服务设施的地带，它为 CBD 和城市卫星社区提供了必要的支持。通常，当今的建筑形式大多早已过时——是成群的先前居民随着交通路线的外征用权是一种特权，政府或公共机构利用它可通过支付适当的补偿，将私人财产转变为公共用途或公共事业。为使实施更易接受，应用时可遵循以下条款：

1. 只在公开协商试过且失败后使用。
2. 当土地所有权的获得受到阻碍时，可用它获得最后 10% 的土地。
3. 大范围所有权的获取对公众有益时，准许土地所有者租赁一定时间或终身租用。
4. 购买。在限定用途的条件下，地产可长期出租。

扩迁出而遗留下来的。破败不堪的环境里，充斥着废弃的建筑和闲置的地产。四下是一度繁华的邻里单元残存的房屋。这里还有在改建旧房中兴起的公司以及公司新员工建造和翻新的成片楼房。

可提供的机遇

内城里常有成片木质建筑和瓦砾散布的空地，这样就让人有机会以可承受的价格购置一块场地，用于建设成群住宅或整个新社区。在此之前，由于土地所有者不在或不让步，这还不可能。然而现在有了创新的再开发技术和征用权，所需相当规模的场地可由再开发机构集中并统一清理。

PWP Landscape Architecture

纽约市世界贸易中心纪念公园

一个接一个的城市中，内城废地这类再改造地带现在正发展为规划良好、功能多样的居住区。住宅的类型从独家住宅到高层公寓楼，居住者大多是就近工作的，可以有低收入、中等收入的工人，也有高收入的经理。

内城为城市的更新和再开发提供了最好的机遇。通过整体规划和自助式开发，它不仅提供了住宅而且为支持邻近 CBD 和外城提供了所需要的各种服务和供应设施。失业和房屋短缺成为两大主要的城市问题，而内城却充满着对此潜在的解决方法。

Jerry Howard

David Vadlowski/City of Vancouver

David Vadlowski/City of Vancouver

City of Vancouver

David Vadlowski/City of Vancouver

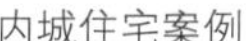
内城住宅案例

住宅

内城的各类低档到中档住宅，是其最有效的发展动力。CBD 内的塔式公寓（位于地价高昂且需要电梯的地带）主要是为高收入住户设计的，而环外多用途的社区将有各档住宅供各收入层次的人入住，甚至包括流亡的和目前无家可归的人。

规模较大的住宅将是无地界房屋、城中住宅、花园式公寓及水平向展开的低层复合家庭公寓。零散的、面向当地街道或尽端路（将前院用于展示，侧院弃置不用）的独家住宅无疑还会长期存在，但有公共围墙围合，内有户外活动空间的居住模式将日趋盛行。

联排住宅有其持久不衰的传统——从波士顿、费城到旧金山皆是如此，华盛顿 D.C. 的乔治城确是美国最宜人的居住区域。房屋由窄砖砌成，院墙相接，顺狭长、阴凉的街道延伸。砖铺步行道从马路一直延至建筑墙面，其中不时留有裸露地供树干光滑的悬铃木生长，或点缀着

常言道：任何麻烦和可能的灾害都与机会并存。从多方面讲，我们当今的城市并不乏灾害，但机遇潜藏于何处呢？

内城这个看起来最无望的地方可能变成“希望的土地”。罪恶的地带将出现许多健全及兴起的商业建筑，吸引着人们重新居住于此。推翻旧建筑、清理土地、重建街道和公共线路又提供了无尽的工作机遇，同时这里为私人投资再开发及规划社区提供了机会。

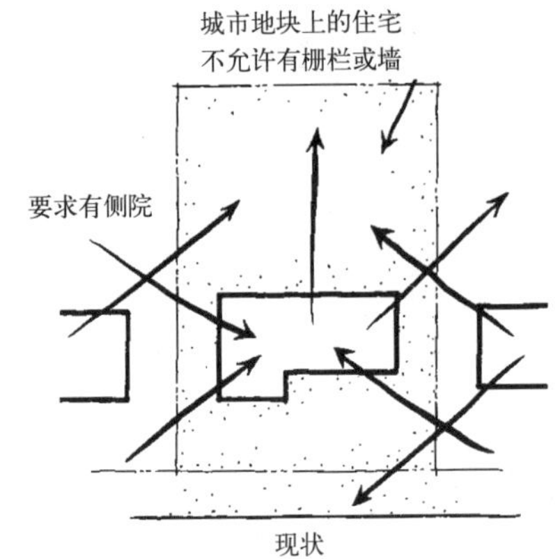

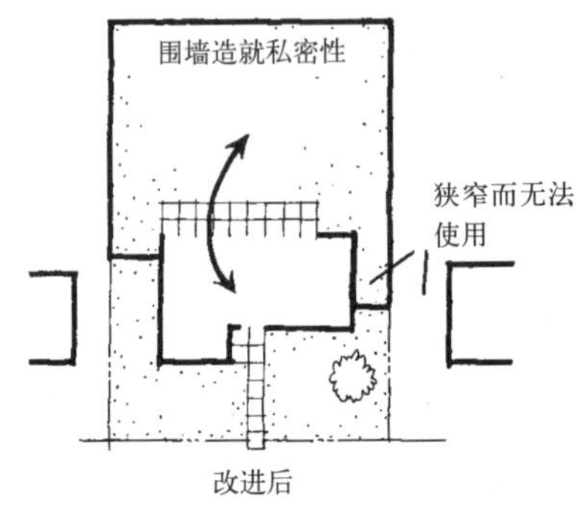

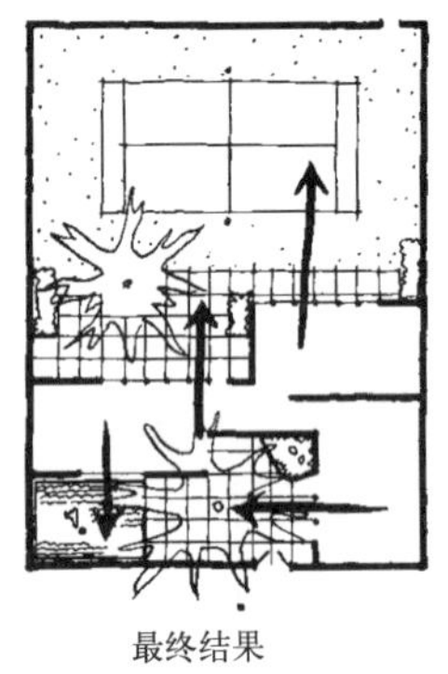

放松对侧院、退线和围墙的限制将便于充分地利用地块，创造私密性和室内－室外过渡空间

冬青树、黄杨树、开花树木或长春花植床。这种紧凑的社区里，空间是如此珍贵，开放区域被艺术地用篱笆、墙或建筑围合，从而为建筑朝向的地方提供了私密的空间并创造一个凉爽且令人愉快的花园。

中小规模的住宅也将设计成紧凑的布局，周围为开放空间，使学校、儿童护理中心和便民店等近在咫尺。同样一些住宅建筑将集中呈水平状分布的"栖息地"，内部有普通洗衣店、存储空间、花园甚至还有厨房。新理念将在模数化和预制型房屋中得以体现。

尽管建筑的构架组分和墙板将统一尺寸，但住宅的形状和安排形式是无穷尽的——墙板的材料和细部也是如此。设备、配置和家具将标准化，但却可在生活空间里自由安排（这将是古老、经济、变化多样的日本住宅模数建造方法的现代化翻版）随着宽阔的前院和侧院闲置地合并为共享的可利用空间，建筑群变得多样而紧凑，可看可做的事情近在身边。这对于绝大多数房屋的主人和租赁者来说，都将是需要的。

作者在研究城区重建和城市发展模式时发现较新社区的开阔首先获得较旧社区或令人痛苦不堪的贫民区里的家庭的青睐，他们纷纷重新落户于此。但居民很快就不再满意新区中严肃呆板的建筑、阔大的草地以及置于平地上的娱乐设备。政府官员开始疑惑："这些人们怎么了？他们为什么不高兴？他们期望什么？他们还想要什么？"

他们所想要的、所期望的，潜意识里期待的是那些集合空间，有粗木凿刨而成的店前长椅，后院门廊里的门阶，袋装的黏土，充满阳光的庭院，葡萄藤架或天堂树斑驳的树荫下放置的柳条箱和各种盒子。他们怀念的是蜿蜒曲折的小径，昏暗的灯光和刺鼻的气息，漏水的给水栓，阴暗潮湿的地方衬托出的炎热、明亮的空间，地下室的门，倾斜的木围栏，下陷变形的大门，塌坏的外部楼梯形成的混乱局面。他们怀念的是残破的马戏团海报，生锈的磁漆烟草标牌，用词粗鲁的招贴，经风历雨斑驳不堪的油漆。他们怀念的是面包房里散发的热葡萄干面包及温和香甜的午餐面包卷的气息，鱼市的腥味，汽油气息，硫化橡胶的气味。他们思念的是刺耳的邻里嘈杂声，断断续续的呼叫和谈话，儿童的尖叫，高分贝的呼喊，口哨声，"啊里，啊里公牛"的呼声，石锤的敲击声，敲打铁箍的叮当声，隆隆而过的运输卡车，小贩的手推车，湿淋淋、嘎吱作响的雪橇。他们思念的是生活中的形状、图案、方式、气息、声响以及律动的生活感觉。

他们所怀念的，所需要的是一种紧凑感，一种乐趣，一种变化，一种意外的惊喜，一种休闲感，还有一种久违了的、说不清道不明的邻里魅力。这同样的魅力还存在于那或拥挤或宽敞的空间中，存在于引人入胜的变化和对比中，存在于欢乐的意外之中，它正是我们一贯追寻的规划的本质特征。我们发现魅力的一个主要组成正是一种微妙的感觉，一种亲切的紧凑感。个体和社区的生存空间只有在他们及他们内部的生活保持在舒适的人类体验的尺度之内时，才能得以实现。

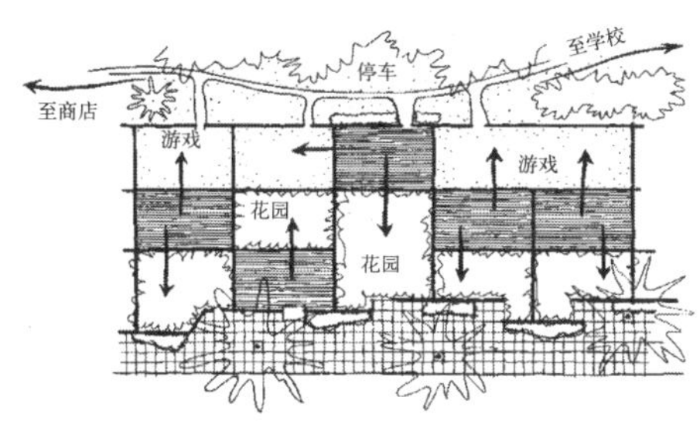

最小的房间提供最大的生活

Tom Lamb, Lamb Studio

混合使用不是推倒重建

我们规划中更进一步的错误源于导致我们城市变成统一尺寸和用途的地块和大楼的强制力。这种单调一致的“理想”城市是灰色调的。如果我们查阅一下最近几年的城市规划，就会发现这一区域标明是独家房屋，那一区域是城镇住宅，另一区域是高层公寓；孤立的街区被划定为商业区；绿地区域在某天会变成花园。可以在这种区域中安置一艺术家的工作室吗？不行。建筑师的办公室？一间花店，一个书店？一间面包房？不行。居住区中的这类土地利用方式通常是不允许的，因为这会成为功能分区的污点，所有规划罪过中的官僚主义罪过。太多情况下这些原则变成了戒律，以至于世上城市区域最令人愉快的本质——丰富的多样性，至今仍被拒于灰色城区之外。空袭后的伦敦大多是按这种防腐式规划通则重新规划、建造的。最开始的伦敦新城空旷、整洁、秩序井然，除了一个最主要的缺点——难以置信的乏味外，一切看起来都是那么理想。没有人喜欢这一切。在很大程度上控制我们城市发展方式的区划条例，对我们来说仍是相当新鲜的事物。当我们不再排斥它们且开始学会运用条例确保城市质量时，它们很有希望成为实现城市活力、效率及魅力的有效工具和关键所在。

外城

在重新规划、效率更高的城市图解中，充满活力的内城边界由外围环形景观路界定，这些景观路便于外部车辆到达，且通向外城的卫星城中心。

在过去向外延伸的扩展环带中，离市中心最远的那些街区通常较新，许多高质量的社区仍然存在。然而由于没有土地法规，大多数外城居住区渗入了许多不和谐的土地利用方式。举几个例子，如修理店、旧车市场、卡车站点等。这种不和谐的土地利用将被消除——将它们集中于它们自己统一的集合体，在那里它们可更高效地运作，同时又不干扰邻里及周围的景观。

正是在外城，用于医疗保健、教育系统、商业办公、加工制造和娱乐的新卫星城中心能在一可接受的场址上形成，职员居住的社区绕于周围。这种卫星城中心之间的连接依靠内城便捷公交线，在其边缘地带利用区域间的高速路和绿色环路，吸引公司集中于更有利的环境中。这样，卫星城作为活动中心的效率会高得多，同时又有就近住宅和最佳区

Barry W. Starke, EDA

郊外蔓延

间连通的优势。人们确信这种“中心化”将是结束所有美国人责骂城区蔓延的唯一途径。

郊区及以外区域

对灾难性的城市蔓延，可通过在基础设施系统中投资先发制人，以保护并孕育健康的城市环境。

——迪伦·托德·西蒙兹
(Dylan Todd Simonds)

看起来郊区生活已成为美国人的梦想。最初抛弃工业城市寻求绿色牧场的运动来势凶猛，直到惨败而终。汽车的到来和高速路网络的外扩为迁移提供了动力。而且伴随家庭和商业的迁移，城市税收将为弥补损失而增加，同时个人资产的价值下降。外迁持续至今，许多在城市工作却住在城外的人不得不每日在来来往往通勤、于交通高峰中耗费数小时。也只是在最近，外迁的平衡才始见端倪。随着郊区的商业化和吸引力的丧失，恢复生气的城市却变得更加诱人，于是出现了与日俱增的返城运动。结果郊区外围的农用地和森林受到的威胁大大减少。随着城市扩散的逐步停止及对区域规划和再开发的逐渐认可，我们将会拥有世界上所有最佳的东西——繁华的都市，诱人的郊野以及受到保护的、由高产农庄、森林和原始保护区构成的区域性策源地。

Barry W. Starke, EDA

Barry W. Starke, EDA

高速公路边的雕塑

无所不在的汽车

过去许多年里，汽车是美国土地规划的主要决定因素，它甚于工业革命，甚于威胁我们的人口膨胀，甚于电子技术。在可预见的未来，情况会依然如此。如果我们的思想不发生巨大转变，汽车还将会主宰我们的城市、社区以及我们的生活。面临的挑战就是要分离并改进我们的交通线路，同时设计一种方法以使内聚的生活和工作区域免于汽车穿越的干扰。

当旅行经历成为一种穿越愉快而多样化廊道的流动时，汽车的驾驶员和乘客会更安全、更快乐。街道十字路口和平面交叉对快速交通来说是极让人憎恶的，应该设法避免。通过在居住区和活动中心外围（不再穿越其中）重新布局快速路和高速路干线，交通堵塞和事故会大大减少。

人性场所

城市居民喜欢去哪儿？不是那些让他们感到恐怖的、拥挤的交通或要面对的、体量巨大的办公大楼的空白墙面；不是那些从这边到那边需经历漫长的步行、等待或烦人的攀爬的地方；不是在炙热或寒冷的铺装空旷地；不是令人乏味而无所事事的地方。人们宁愿居住于或穿过舒适、有趣和令人欢愉的道路和场所。他们喜欢步行于时窄时宽的蜿蜒小路，喜欢那些颇具魅力的狭小角落和通道，可休憩，可谈天，可观望的场所。这种经历不常发生，它们必须经过缜密的规划。

最近经美国残疾人法规立法会(ADA)通过，现已有了一全国性指令，即在塑造和重新塑造我们的生活环境时一定要考虑到残疾人。这种尊重人的规划将使所有人受益。

设计较好的道路和场所，特别是那些用于公共服务的场所，要能接纳每个人，不仅包括那些身心健康的人，也包括所有因年龄或残疾有特殊需要或问题的人。人一生中，从坐婴儿车时期到用拐杖、手杖、扶车、轮椅的时刻——就运动性或认知来说，都会有一定程度的不便利时期。

一般来说，在审查任何建筑或景观设计方案的价值时，应间接地检测一下所有潜在用户的体验。

直到最近几年我们的公众机构和自然界的规划师才开始认识到这种需要和可能性，并采取了积极的行动。现今绝大多数建筑法典和规范中都综合了那些能使人们的生活更安全、更舒适、更便利的必要条件。

更为有益的创新包括标识清楚、照明良好的人行过道，使街角的路沿石下陷并去棱角；在公共汽车站设置坡道以便于在运输层面载卸旅客；停车广场里、管理房靠近入口处以更好地方便残疾人；通往公共建筑及区域的台阶将逐渐减少，或代之以缓坡带扶手的坡道；通常，大门和侧门完全自动化；由于许多人不能读懂或有语言障碍，利用国际标准符号已成为信息和方向标识方面极受欢迎的特色。

一度极不友善的市区的贫瘠已因绿荫植物、街头绿地、座椅、喷泉和花卉点缀的存在而变得丰富。我们逐渐演化的都市区域将围绕联系方便、无汽车穿越的商业、购物和居住中心形成．在这些配置良好的绿岛上，穿行或生活于安全、诱人、清新的环境中的体验将赋予城镇以新的意义。

都市中的绿色和蓝色

很少有人否认，城市减少光秃的地方而更多地公园化会更令人愉快。这对城市系统是否要求得太多了呢？当我们目睹了市区转变的许多例子后，就会觉得这种要求一点不多。曾是光秃的街道现已绿荫遍地、花木扶疏。装饰的花卉、窗台的盆花和吊兰勾勒出商店的门面。闲置的角落和退后地利用立体种植床和座椅，转变成微型公园。水泥干道的中间隔离带成为四季植物的展地，内城里空闲地块的垃圾得以清除，同时在市民团体或俱乐部的帮助下，这些地块已成为社区公园和聚会空间。

当地的装饰是新观念下振奋人心的迹象。更大的城市范围里，提倡和资助植树计划已为数英里的街道和公路披上新衣，绿树在茁壮成长。污染的溪床与河岸已被净化，而重现清澈的水流。湖岸和水边已成为公共改善的重点，成为许多城市的焦点和骄傲所在。

Gustafson Guthrie Nichol Ltd.

Barry W. Starke, EDA

Belt Collins

Hirokazu Yokose

城市绿色与蓝色空间

Scott Shigley/Peter Lindsay Schaudt Landscape Architecture

海厄特（Hyatt）市中心

依据这类成功的范例，实施开放空间计划的热情渐增，这样的计划终将使大块平地和小片公共用地联成整合的系统。在日益扩大的公园、休闲与开放空间管理部门的统一指导下，我们当代的城市也终究会达到理想状态，即“以四周花园式公园环绕，建筑、道路和集会场所优雅地点缀其间”。

不过，也许有人会问，都市房地产价值寸土寸金，怎能负担和获得这类开放空间呢？

在中心城区，腾空过境公路及某些街区道路可以为过境环路用地提供足够隔离带绿地。消除现存有争议的停车场地和建筑物可以平均节省 10% 的 CBD 面积，推平只有一半使用率的过时建筑也有同样的作用。收回的空地或拖欠税款的土地可以补充到公园及游憩用地中去，城市中如果有悬崖、陡坡或巨岩，那就更好了。在有市内河流或水滨的地方，建设开放空间的机会将大大增加。

大都市周边方兴未艾的荒地开拓、旧城改造、再开发过程将会提供充足的开放空间储备地。还可通过热心于公益事业的人的捐赠，利用发行债券或投入预算资本开发基金征得重要的连接带和街区地块。这些不同状况下的土地可以构成一个开放空间体系和一个城市持续发展的框架。

新都市文化

工作、生活于城市中的人的需求应优于迫切的交通和掠夺式的工业需求，也优于冷酷的经济发展的需求。这应作为我们街道和公建布局及公路、广场、公园和其他公共项目发展的始终如一的准则。

所谓人类需求是什么呢？就城市规划和发展来说，人类的一些需求长期被忽视或遗忘，以至于现在让人觉得似乎有点古怪或陈旧。然而这些要求是最基本的。人类需要且必须重新让我们的城市成为一个富于多样性的空间。用心灵规划每一处，以最好地表达、协调城市的功能；让城市成为可使人安全、愉悦地行于斯聚于斯的空间。必须把健康、便利及灵活性作为标准，尽管过去做梦也不会想到这一点。我们还需要有秩序。不是一种呆板的几何或空泛夸张的秩序，而是一种功能性秩序，它能保持城市一体化且运作正常—— 一种有机的、像生命细胞、叶片和

新城区

树木的秩序。一种理性的具凝聚力且令人满意的秩序，容许快乐事情发生。它是可变化的，兼具了古今最为美好的事物。与那些建筑、事物和各种活动产生共鸣的秩序能给予我们兴趣、多样化、惊喜及对比，且具震撼人心的魅力。人类需要从城市中获得灵感、激励、身心放松、优美及愉快的源泉。简而言之，我们需要且必须有一个健康、无污染的城市环境，它能使我们过完整充实的生活。

这类城市不会忽略自然，相反它将与自然融为一体。而且它欢迎自然回归本质——清新的空气、阳光、流水、绿地、微风、树木繁茂的山、重新开辟的滨水区及彼此相接的花园。

美国城市会逐渐加速地焕发新颜。将会是一种整体清洁，通过清理、翻新、拆除和重建形成的崭新面貌。都市里给人紧迫、坦率、诚实、不拘小节的感受。这里有一种新的团体精神，人们协同活动，品味事业成功。他们来自且共同生活于令人愉快的城市氛围中。还有如苹果派般美国化的清新，自然和光彩照人。这种运动的产生部分缘于人们的绝望情绪——财产所有者“拯救城市”且保护他们受威胁的投资的需要。它反映了能源保护及压缩过大开发模式的需要。它来自对污染、污秽、腐败和荒废建筑的厌恶。它强迫私人公司清理房屋、修理和再建房屋。它是一种崭新的生命力。城市中存在着一种具创造力的竞争性。清新的空气正吹拂着我们的城市。

Sasaki Associates, Inc.

11 场地规划

对每一块场地，都有一种理想的用途；对每一种用途，都有一块理想的场地。

项目制定

建筑设计、景观设计以及工程设计中，首先应该清楚认识的是：你要设计的是什么。

许多完成的项目功能实际上偏离甚至与规划的用途相抵触，可能是因为选址不当，或者是设计欠佳，没有明确表达意图；也可能是因为项目的操作受到自身产生阻力的干扰；不过最通常的失败根源在于：策划从未经过全面的考虑，整个项目的基本联系和影响亦未经过周密的构思与设想。

作为规划师，协助每一个项目成功是我们义不容辞的责任。为了达到这个目标，为了明智地规划项目，我们首先应理解项目的特点。编制一个全面的计划是至关重要的。通过研究和调查，我们应该组织起一

在筹划项目时，我们更关注的是“项目会是什么”，而非“项目看来会像什么”。

空想是不够的，美梦和幻想必须转化为可行的现实才有价值。

设计，作为一种产生形式的过程，是通过创造场所、空间以及工艺品来实现某种既定的目标。

在人类的所有努力中，成功的项目总是那些经过了最佳规划和设计的项目。

规划师的职责是引导相关诸方达成最佳解决方案，并且尽最大努力协助保证项目成功。

个准确翔实的要求清单，以此作为设计的基础。为此，我们最好向所有参与人员咨询，从而增长知识和见解——业主、潜在用户、维护人员、同类项目的规划人员、合作者及任何能提供建设性意见的人。我们会从历史中搜寻适用案例，我们将前瞻地去预想在新技术、新材料和新规划理念基础上的改进。

我们试图融汇古今精华。既然完成的工作是项目的具体表现，项目本身必然应被深入而富于创造性地、全面地进行设计。

选址

如果规划师关心的是如何使建议的功能与场地“联姻”，那么首先应确定“这一对”是否相配。大家都曾目睹过与场地格格不入的建筑或建筑群。无论这些建筑单体多么出色，或者规划做得多么理想，整体结果是难尽人意的。

以下选址的例子显然是可笑的：

- 正对干道交通线的学校
- 紧邻路边，道路视距为零的餐馆
- 没有足够停车空间的购物中心
- 没有饮用水源的农庄
- 临近城市教堂的小酒店
- 没有堆场，空间也没有扩建余地的装配工厂
- 坐落于飞机着陆跑道末端的新建住房
- 位于郊区上风向的肉类加工厂
- 建于煤矿矿坑上方30英尺的公寓建筑

任何规划本质上不过是达到具体目标的特定方式的安排……

任何类型的规划都隐含着有意识的目的……

——凯瑟琳·鲍尔（Catherine Bauer）

显而易见，以上每一个项目都注定要失败，然而就作者所知，每一项目都曾为人们尝试过。明智的人都会发现每一个有过经营不顺，亏损甚至破产经历的企业，其失败的根源都在于选址与既定用途不合。

太多的例子中，项目从不合适的区位开始起步而不作论证，这是最基本的失误。规划师的重要作用有时就是以委婉的或直接的方式引导业主争取最佳的选址。

可选场地

作为咨询人员，我们应能决定任一项目必需的场址要求，能衡量各个可选场址的相对优劣。首先，应明了我们正在寻找的是什么，我们应全面甚至不惜冗长地列出我们认为对计划中的项目必要或有益的场地特征，无论这些项目是水电大坝，新城镇，还是冷冻乳制品库。其次，应寻找和筛选场址的范围。这个任务阶段有一些工具可用，如美国地质测量图（USGS）、航空和遥感照片、道路图、交通运输图、规划用途数据、区划图、商业部门出版物、地图册，以及城市、县和镇规划图纸。

工作的目的在于改善一个你力图改变的环境。

——加雷特·埃克博（Garrett Eckbo）

区位评价清单

对各供选居住区场地的分析比较。

图例

■ 严重局限

□ 中度局限

○ 良好

● 很好

建议程序

访问每一处场地和地点是很重要的。拍照比注记能更细致地描述评价清单上符号所注的重要特征。

注：

用数字替代符号（从 10 到 1 代表积极因素；从 −1 到 −10 代表消极因素），每一列的得分之和将反映出各场地的相对总体评价，不过需注意的是：某些情况下，单项严重限制或优势特征会在统计中占主导地位并成为决定因子。

* 社会构成与兴趣
建筑质量
维护水平
免受污染
公园、游憩地和开放空间
地标
总体格调

指标	场地				
	1	2	3	4	5
区域					
气候（温度、降雨、风暴等）	■	○	○	□	○
土壤（稳定性，肥力、厚度）	○	●	□	■	○
水源供应和水质	□	●	□	■	○
经济（上升、稳定、衰退）	○	○	□	□	○
交通（公路和铁路）	■	○	○	■	●
能源（易得性和相对成本）	□	○	○	□	○
景观特点	●	●	○	□	○
文化设施	○	○	○	□	□
游憩设施	●	●	○	○	●
就业机会	□	□	■	□	○
保健设施	○	□	□	○	□
主要缺陷（列出并描述）	□	○	○	■	○
特别之处（列出并描述）	□	●	●	□	●
社区					
旅行（上班、购物等所需的时间－距离）	■	□	○	○	■
旅行体验（愉快或不悦）	○	○	○	□	○
社区环境氛围 *	○	●	□	■	○
学校	○	○	□	□	○
商店	○	●	○	□	○
教堂	○	○	○	□	□
文化设施（图书馆、讲堂）	○	○	○	□	○
公共服务（消防、保安等）	○	○	○	■	○
安全保障	■	○	○	■	○
医疗设施	○	□	■	□	○
管理	○	○	○	■	□
税收	○	□	○	○	○
主要缺陷（列出并描述）	○	○	□	□	○
特别之处（列出并描述）	○	●	○	□	○
邻里					
景观特点	○	●	●	□	○
生活方式	□	●	○	■	○
建议用途的融洽性	○	●	○	■	●
交通（可达性、危险度、吸引性）	○	○	○	□	○
学校	□	○	○	□	□
便利性（学校、服务等）	□	○	□	□	●

指标	场地				
	1	2	3	4	5
公园、游憩地和开放空间	○	●	○	□	○
暴露程度（太阳、风、风暴、洪水）	○	○	□	■	○
免受噪声、烟尘等的程度	○	●	○	□	○
公用设施（易得性和成本）	■	○	■	■	●
主要缺陷（列出并描述）	○	○	○	□	□
特别之处（列出并描述）	○	●	○	□	○
用地					
大小和形状（适宜性）	○	●	○	■	○
从道路所见之景	□	●	○	○	○
安全的出入口	□	○	○	□	●
场地“感觉”	○	●	●	□	●
永久性的树林和地被	○	●	○	■	○
清除杂草的需要	○	■	○	●	○
地形和坡度	○	○	○	●	○
土壤（土质和厚度）	○	○	□	○	○
开挖土方及基础的相对造价	□	□	■	□	○
场地排水	□	●	○	●	○
临近建筑物（或缺乏）	○	●	○	○	□
相邻用地	○	○	□	■	○
与交通格局的联系	□	●	■	□	○
置地和开发的相对成本	●	□	○	○	○
主要缺陷（列出并描述）	○	○	○	■	○
特别之处（列出并描述）	○	●	○	■	○
建设场地					
地形对计划用途的适宜性	○	○	○	□	○
道路的坡度	○	○	□	□	□
入口车道处的视线距离	■	○	□	■	○
对日照、风及微风的朝向	○	●	○	□	○
视景	○	●	○	□	●
私密性	○	●	○	○	○
免受噪声和强光的程度	●	●	□	○	□
临近用地的视觉影响	○	○	□	□	○
对临近用地的视觉影响	●	●	○	○	○
与公用设施的接近性	○	○	□	■	●

有了地图及其他资料作向导，我们将对最有可能作场址的地段进行踏勘。调查队伍可以搭乘汽车、飞机，最好是直升机。直升机不仅使人免于铁丝网、苍耳属类植物（Cockle Cbur）及“禁止入内”标牌的阻挠，而且提供了一个理想的全面观察潜在场地的机会。从汽车上可以注意到许多东西，特别是建议的场地与周围开发地区格局及通路的关系。不过，为了取得深刻的印象，早晚我们要离开座位，亲自在场地中步行调查。

如果业主在场地获得或是其他方面作出了错误的规划决定，并且已经先向规划师通知过，那么错误应该更多地归于规划师而非业主，因为规划师没能提出有说服力的论据。

在了解事实和充分理解供选择方案的基础上，理性会占上风。

当我们的选址范围缩小至几个地块后，再仔细地对它们进行分析，对每块场地的优劣势进行认真的记录和分析，有时与委托方非正式地谈谈不同场地的比较分析。进一步，也许需要准备一份正式的文本报告提交给董事会、政府部门或城市议会。这类报告，无论口头的还是图表的，应该根据适用程度对各个场地进行排列。不过更为常见的、较好的方式是以准确、明白的术语介绍供选场地的相对优点，而把讨论赞成与反对、做出抉择的任务留给决策者们。

理想的场地

众所周知，那些看来自然和谐的规划产物是与它们场地相适应的结果。例如：沿海岸逐级跌落的海滨住宅；优雅的山谷里，那些与植被、等高线及其他地形特征非常艺术性地融为一体的地块；学校坐落于社区中心，有公园般的活动场所，有安全怡人的步行道可以抵达；生产车间、蓄水池、库区、绿荫停车场规划得井井有条，并与相通的公路、铁路、码头的关系恰到好处的工厂。

作为规划师，主要工作就是使人类活动适应于土地的本质属性。

我们必须确定那些最适合我们要求的景观特征，包括天然的和人造的，然后搜寻出能够满足要求的场地。一个理想的场地可通过最小的变动，最大限度地满足项目要求。

Barry W. Starke, EDA

现有的场地外特征可以指导甚至是暗示该场地的开发过程

场地分析

选定了场地以后，下一步我们关注的是什么？在对项目要求进行研究和改进的同时，我们应对场地及其环境有个透彻的理解——不光指场地边界以内的具体地区，而是指整个场地，包括远至天际线的周边环境。

测量图纸及其他相关数据固然是重要的，但是必须通过至少一次、最好多次反复的现场调查来补充。只有通过实地观察，我们才能把握场地的感觉，把握场地与周围区域的关系，从而全面领会场地状况。只有在实地中才会获得一种对场地的理解：那蜿蜒的道路、步行道的曲线、太阳的轨迹弧线、盛行的微风、优美的景致、不雅的景致、造型地貌、泉水、树木、可以利用的地方、需要尽可能保留的特征，以及需要摒弃的特征。简而言之，只有在实地中，才能逐步认识场地和它的特征。我们必须不辞劳苦，攀高爬低，踢踢草皮，挖挖泥土，用眼去观察，用耳去聆听，用心去深刻体验这块特定景观区域的独特品质。

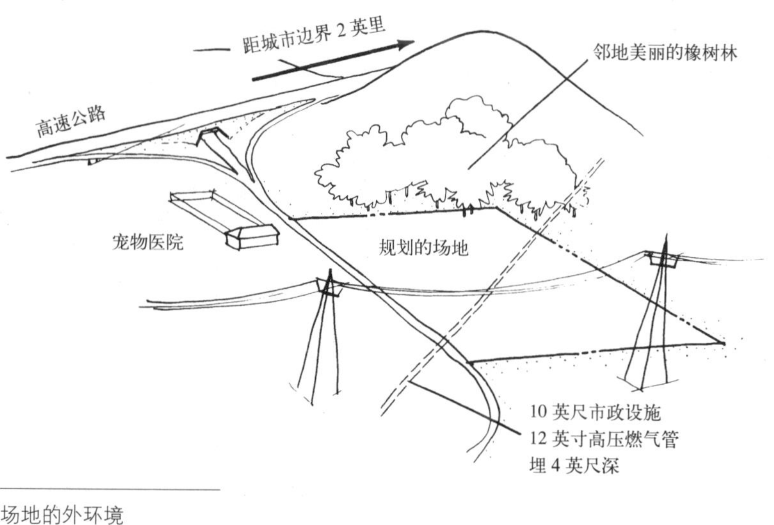

场地的外环境

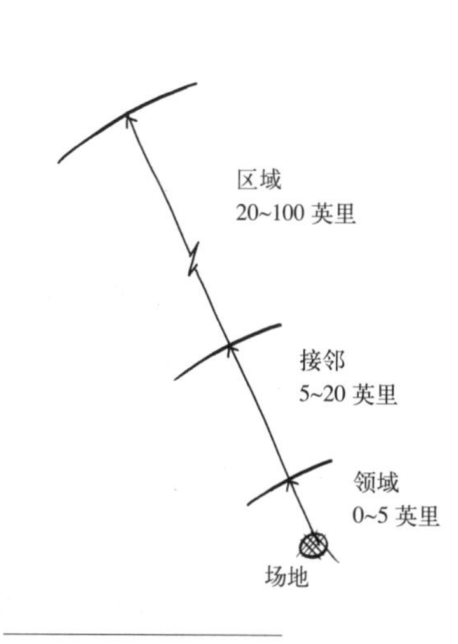

场地及其扩展环境

沿着道路线所看到的都是场地的扩展部分；从场地中所能看到的（或将来可能会看到的）是场地的构成部分。所有我们在场地能听到的，嗅到的，以及感觉到的都是场地的一部分。任何地形特征，无论自然的还是人造的，只要对场地或其用途有任何影响，就一定应作为规划因素来考虑。

在当今服从权威和听从时间表严密计划的时代，培育场地感情这样一个重要的方面往往被忽视。我们完成的工作经常烙下疏忽和仓促的痕迹。

在日本，历史上这种对场地的细心认识在景观规划中起着重要的作用。每一处构筑物似乎都是场地中的自然生长物，保留并强化了场地的优势特征。在日本研究期间，我为这种和谐一致的特征所触动，有一次向一位建筑师询问他是如何在自己工作中做到这点的。"非常简单"，建筑师回答，"比如说设计一所住宅，我每天都要到计划动工的地块上去。有时带着坐垫和茶，一待就是很长时间；有时是在树影横斜、夜深人静的晚上；有时是在阳光灿烂、喧嚣热闹的白天；有时是在雨雪交加的日子。因为通过观察雨水冲刷过地面，降水沿着地面自然形成的水槽汇成一条条小溪，可以了解到场地的很多情况。"

Charles Anderson Landscape Architecture

场地特征可以成为景观工程建造的原因

那么，让我们将赋予生命，充满生活的自然元素重现于我们所筑的房子中，这意味着一种源于场地特性的建筑，意味着向确保设计一所有价值的建筑迈出了第一步，因为在这样一所恰到好处的房子里我们感受到一种惬意，那就是所谓的美。

——弗兰克·劳埃德·赖特

"我到场地去并且待下来，直到开始逐渐认识它。我了解到它的欠缺之处——过境公路的刺耳噪声，被风吹歪的松树的难看的姿态，山色中的煞风景地段，土壤中的水分缺乏，场地一角与邻居房屋过于接近。"

"我了解到它的优点—— 一丛灿烂的枫树，飞流直下深谷的瀑布之上一处宽阔的礁石。我逐渐认识到那凉爽清新的夏日气息从瀑布上升起，在场地开阔处移动。我嗅得到层层堆压的雪松叶在煦日烘晒下散发出的香甜刺激的气味。我知道：这一片场地必须保留不受破坏。"

“我知道清晨太阳从哪里出现，这时它的温暖和煦最受人喜爱。我清楚午后阳光变得灼烫时，哪些地方会受到刺目阳光的暴晒；以及从哪些地点来看，在平静的黄昏中落日余晖最为耀眼夺目。我惊叹于竹丛中摇曳多姿的光影和新鲜娇嫩的色彩变幻，曾几小时地观看黄冠刺嘴莺在那里筑巢喂食。”

“当我逐渐体会到一块突出的花岗岩巨石与道路另一侧花岗岩体轮廓之间的微妙关系后，不禁喜从中来。不过是些琐碎的东西，有人或许会这样想，但是正是它们告诉人们，‘这片土地的本质就在这里，这片土地的精神就在这里。保留住了这种精神，它就会弥漫在你的花园里，弥漫在你的家里，弥漫在你的每一天中。’”

“于是，我开始理解这块土地，它的情绪，它的缺陷，它的潜力。直到现在，我才能拿出墨水和毛笔开始画我的规划图。不过在我脑中，建筑物已经可以看到了。它的外形和特征来自这片场地，来自穿过的道路，来自只石片砾，来自阵阵的清风，如拱的太阳轨迹、瀑布的水声，还有远方的景色。”

因此，我们在所有景观里寻找两种宝贵的东西：一个是景观的乡土特质的表现，另一个是人类可居住价值的最大开发……

场地规划必须被看成是由土地未来的所有者对整个场地和空间组织，以使所有者对其达到最佳利用。这意味着一个整合的概念：建筑物、工程结构、开放空间以及自然材料一起进行规划……

——加雷特·埃克博

“了解了业主和他的家人，以及他们的喜好，我为他们在这儿找到了一处居住环境，在这里他们与周围景观形成了最和谐的关系。这种结构，这所已构思好的住房，不过是空间的组合：开敞的，封闭的，它们

Peter Walker & Partners

对现场的全面了解是获得成功设计的关键

SWA Group

综合土地规划

场地规划的科学和艺术没有什么秘密可言。那些以此为业的人已经把它发展为一个系统化的过程。它的目标是最优安排与场地及其环境的自然和人工特征相关的任何规划元素。不论是私家花园、大学校园，还是军事工程，规划途径在本质上都是一致的。

场地规划的程序一般包括以下十个步骤，其中一些步骤可以同时进行：

1. 意图确定（范围、目标以及目的）
2. 地形测量图的获取
3. 策划
4. 数据收集与分析
5. 场地调查
6. 参考规划汇总和参考文档的组织
7. 探索性的研究
8. 比较分析和对研究的审校，得到准确的概念性规划
9. 初步的开发规划与费用概算
10. 工程规划，说明书及招投标文件的准备

总体规划过程是一种作出决定的系统过程，可以决定：

起点（在哪里）

目标（是什么）

实现目标的最佳途径是什么

通过石、木、瓦以及宣纸满足和表达了喜悦、充实的生活。除此之外，还能怎样来为这块场地设计最佳的住宅呢？”

不会再有其他方式了！在日本，在其他任何地方，简而言之，这就是规划过程——无论是对住宅、社区、城市，还是公路或国家公园。

在美国，规划师解决问题则缺乏如此的深入细致。我们“缺乏悟性”（这种状态我们还引以为荣），“偏重于实际”（可悲的误称）。我们被时间、经济以及公众口味所驱使，规划过程加快，有时以至于草率仓促。但是原则是保持不变的：要想有效领悟一个场地上的项目，必须深入理解计划，深入体会场地及其整体环境的自然属性。这样，我们的规划就成为安排最佳关系的科学和艺术。

综合土地规划

传统的土地规划和景观规划大都是在有限的尺度和有限的目标上

Mario Schjetnan, Grupo de Diseño Urbano, S.C.

区域影响

进行的。按照一个既定的项目要求，规划师被期待着按照最有利于业主的原则，将项目安置到既定的场地之上。有时候，会考虑到邻接土地和水体的影响，有时候则没有。随着环境和土地利用的伦理观念的形成与深入，相信这种影响因素应该、也必须受到重视。

在森林里建造木屋，拓荒者放倒树木，清除地面时，他们朴素的天性也许已经够好了。然而，在当代，随着土地储备快速减退，建筑场地面临压力，每一个开发项目都受制于新的规划因素。项目越大，强度越高，其后果越重要，受关注的程度也越大。这就导致了“综合土地规划”过程的产生。这是一种特别适于大范围或高敏感度开发项目的系统化的方法。

设计标准的最佳来源是实地考察。

即使在独立住宅建设中，规划师收集整理背景资料的档案也是义不容辞的。档案应包括：官方区划图、法规及其他相关规定。城市规划和街道图可以显示社区学校、公园、商店及其他与居住相关的设施的位置。对场地所有地上、地下以及接邻的设施进行彻底调查也是必需的——包括那些潜在的意料之外的地下物，比如采矿巷道、高压燃料传输线，以及埋藏的电缆等。

综合土地规划通常从对项目场地周围区域的调查入手，对紧挨着的邻接区及其与待开发场地的相互联系应做更深入的研究；最后将对项目场地本身进行分析，从而获得一个完整的理解，这对景观规划是至关重要的。

场地分析导则

以下程序建议作为系统的场地分析的指导：

区域影响 场地分析的程序通常从对项目场地在地区图上定位，以

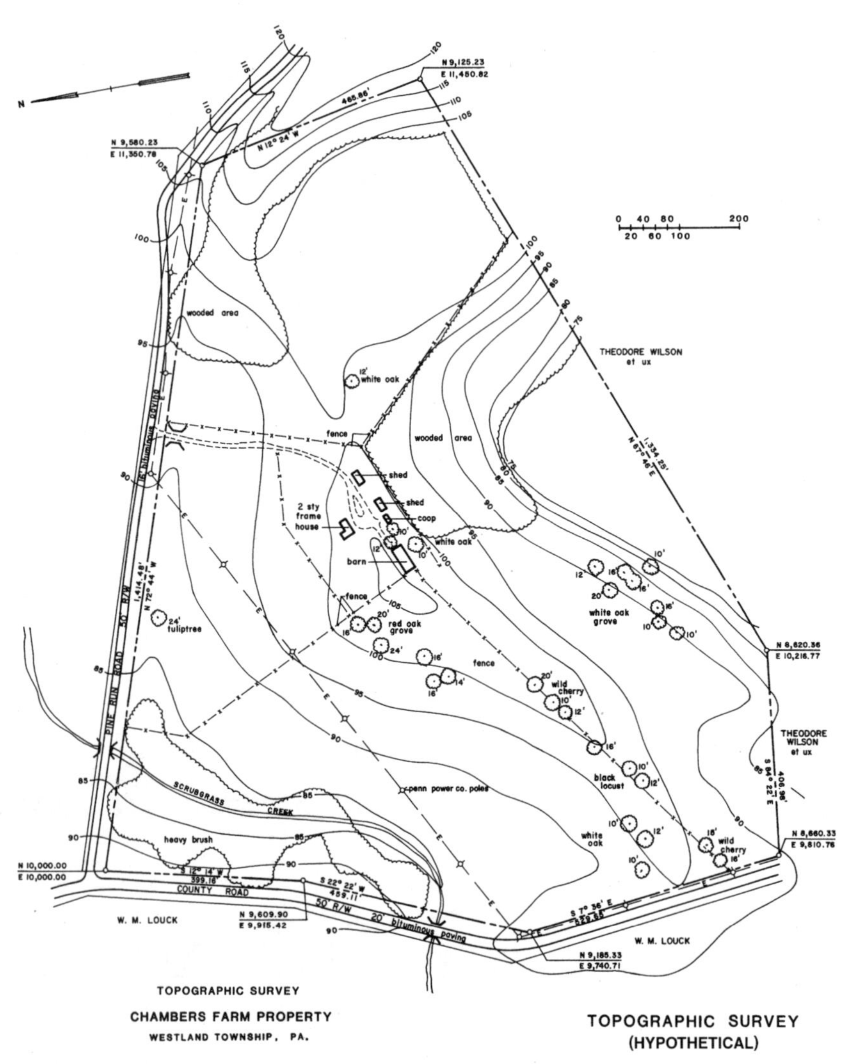

地形测量图

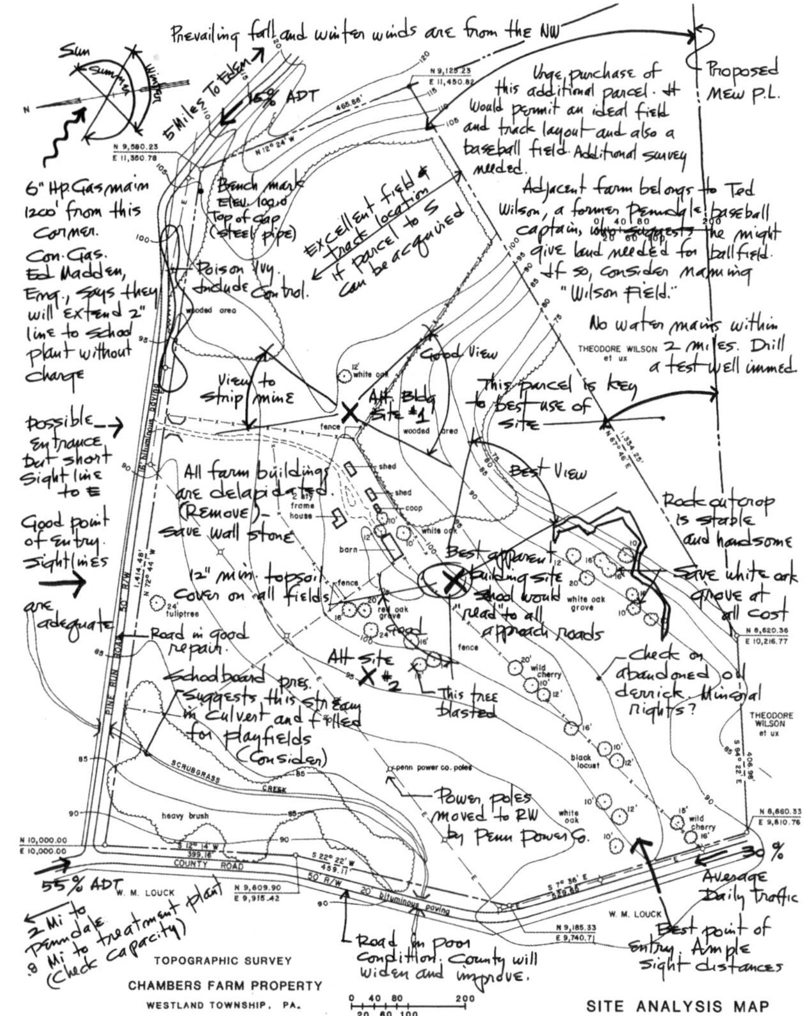

场地分析图

及对周边地区、邻近地区规划因素的粗略调查开始。从一些资料比如美国地质调查图、道路图、各类规划报告，以及互联网中可以得到许多有用的东西：周围的地形特征、土地利用情况、道路和交通网络、游憩资源，以及就业、商贸和文化中心等。所有这些一起构成了与建议项目相关的外围背景。

项目场地　在设计研究能够开始之前，规划师必须深入了解场地的特性——它的限制因素及其潜力，这种认识主要借助地形测绘和场地调查获得。

地形测量　基础的地形测量常规上由注册测量师按比例尺（如 1 英寸 =20 英尺、50 英尺、100 英尺等）提供。这个比例尺根据最适于规划工作而预定。测量师应提出测量说明书，而规划师应提出提交测量成果的格式要求。

场地分析图　在对场地及其特性进行深入评价中，场地分析图的制备不失为最有效的途径之一。测量师提供的地形测量图纸将被带到现场，规划师以自己的符号记下实地观测中得到的补充信息，从而丰富了测量的记录内容，描述了在规划中涉及的各种场地状况。这些补充信息可以记录：

- 引人注目的自然特征，例如泉水、池塘、溪流、岩墙、造型树、有用的灌丛，以及已有地被，所有这些都应尽量保留。
- 勾画出 PCD（保护地、保全地及发展用地）的初步边界。
- 消极的场地特征或危险，比如：荒废的建筑物、有毒的废弃物、已经死亡或有病害的植被、蔓延的杂草、表土侵蚀，以及塌方、沉降、洪涝灾害的迹象。
- 连接道路的车辆流动方向和相对容量；人行步道、自行车道、车行道的联结点。
- 场地进出口的合理地点。
- 潜在的建筑物位置，用途分区，以及活动路线。
- 居高临下的观察点、俯瞰区，以及较好的视区。
- 最佳景致，值得特写的，以及欠佳的景致，需要屏蔽的。两者都需给以简短描述。
- 冬季盛行风向以及夏季微风方向。
- 风的暴露区域以及被附近地形、树林或建筑庇护的区域。
- 场地外的引人之处，以及招人讨厌之处。
- 对场地及其环境的生态和小气候分析。
- 在项目规划中其他的具有特别意义的因素。

除了这些现场观察的信息，从调研中收集到的进一步数据也有可能记录在场地分析图上或单独包含在测量文件中。这些信息可能包括：

- 邻接地块的所有权。
- （场地中）已显示的管线，设施所属的市政公司的名称、地址、电话号码和工程师名字。

- 市政设施管线的设计线路和数据。
- 进入场地的现状道路、车行道及步行道路的格局。
- 邻近道路的交通量。
- 区划限制、建筑条例，以及建筑红线、退线。
- 矿产权、煤层深度、挖空区域。
- 水质及供给。
- 地质勘探资料。
- 基础底图。

在规划阶段的早期准备好底图是很有裨益的。它将为以后的所有图纸提供一个版式。在制图膜或结实的透明纸上描绘得到清楚的复制本，它带有边框以及标题栏，里面填写项目名称及地点、业主和规划师的身份证明、指北针、比例尺以及日期栏，除了产权边界和坐标外，底图只显示那些后续图纸需要保留的信息。

大多数场地及建筑物研究、概念规划以及方案草图都将在此底图的透明图纸上进行。

规划汇总和参考文件　随着测量图、底图、叠加图、场地分析图以及其他背景资料的得到，它们就汇总成一个相互联系的参考文档——连同辅助规划、报告以及书信，它们在整个规划过程中保持完整并不断更新。计算机技术的应用使得参考文档的准备、维护以及获取得以畅通和加速。

参考文档的材料因项目不同而不同，取决于项目的大小和复杂度。对于涉及面更广的规划——例如医院、体育馆、或者新社区——文档可能包括如下的背景数据：

规划过程可以很好地解释成一系列的潜意识对话……问题提出来了，因素权衡了，然而是做出的结论。考虑的越明了，构思的表达能力就越通畅连贯……规划就越成功。

——B·肯尼斯·约翰斯通
(B. Kenneth Johnstone)

- 区域的、本地的总体规划
- 区划和分区的规范
- 规划中的公路网络
- 地区水管理计划
- 机场和起落区
- 通信线路及站点
- 市政设施体系

- 火警以及救护设施
- 洪水和暴雨记录
- 大气和水的污染源及控制
- 人口统计数据以及使用者分析材料
- 学校
- 游憩设施
- 文化设施
- 经济统计和走势
- 税率及估计
- 政府管理情况

在四个主要物质规划学科中，同样也是在其他规划学科中，都有一个共同的概念和成形的过程，这就是通过草图、示意图，使土地利用形式与整个场地的自然的和人工的形态、作用力和特征相和谐。通常当所有规划参与者都能自由地凭着他们的经验各抒己见时，一个最好的规划才能产生。

概念规划

用途的种子——功能的细胞—— 一旦明智地应用于一块乐于接受的场地，将和谐地适应于自然的和规划的环境，并得以有机地茁壮生长。

迄今为止，我们已经完成了一项综合的工作程序：确定了项目的性质。我们已经开始感受到项目在整个环境中的共鸣。一直到现在为止，我们的努力都属于研究分析的范畴。这一阶段是辛苦的，也许还有些沉闷，但是它确实至关重要，因为这是我们完全掌握设计所立足的数据的唯一途径。从现在开始，规划过程成为将建议用途、构筑物与场地的统一和整合过程。

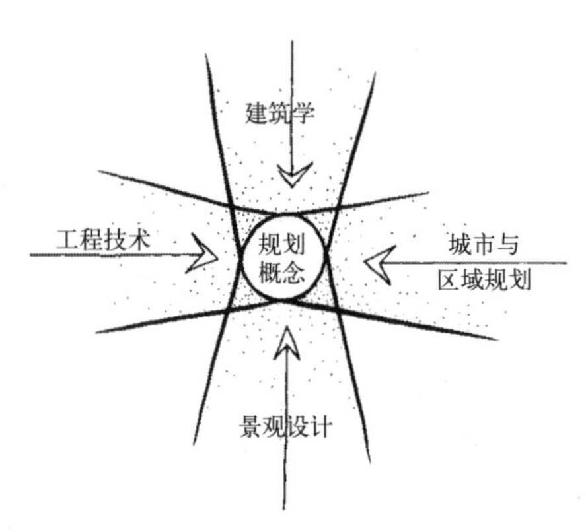

规划构思

如果同时考虑建筑与景观的建设，那么脱离一方去构思另一方都是不可能的。因为正是建筑—场地之间的这种联系才赋予双方各自和共同的意义。

在大型项目里，景观设计师经常作为紧密协作的专业队伍中的一员，这支队伍包括建筑师、工程师、规划师以及科学家。作为一个通才，景观设计师在规划过程中显示了在自然科学——比如地貌学、地质学、水文学、生物学以及生态学上的专业训练，还有对土地、人类关系，以及设计的感情。

在这一点上，也许会产生一个问题：在规划队伍中由谁——建筑师、景观设计师、工程师抑或其他人来做“构思”工作？奇怪的是，这个问题，看起来会引起激烈的争论，却很少发生，因为一种卓有成效的合作把不同知识领域的专家集合到一起，大家在自由的思想交流中，创造一种感悟和充满启迪的气氛。在这样一种气氛中，通常或多或少地，规划概念会同时发展。既然这种合作是由某一位负责人（假定他控制规划队

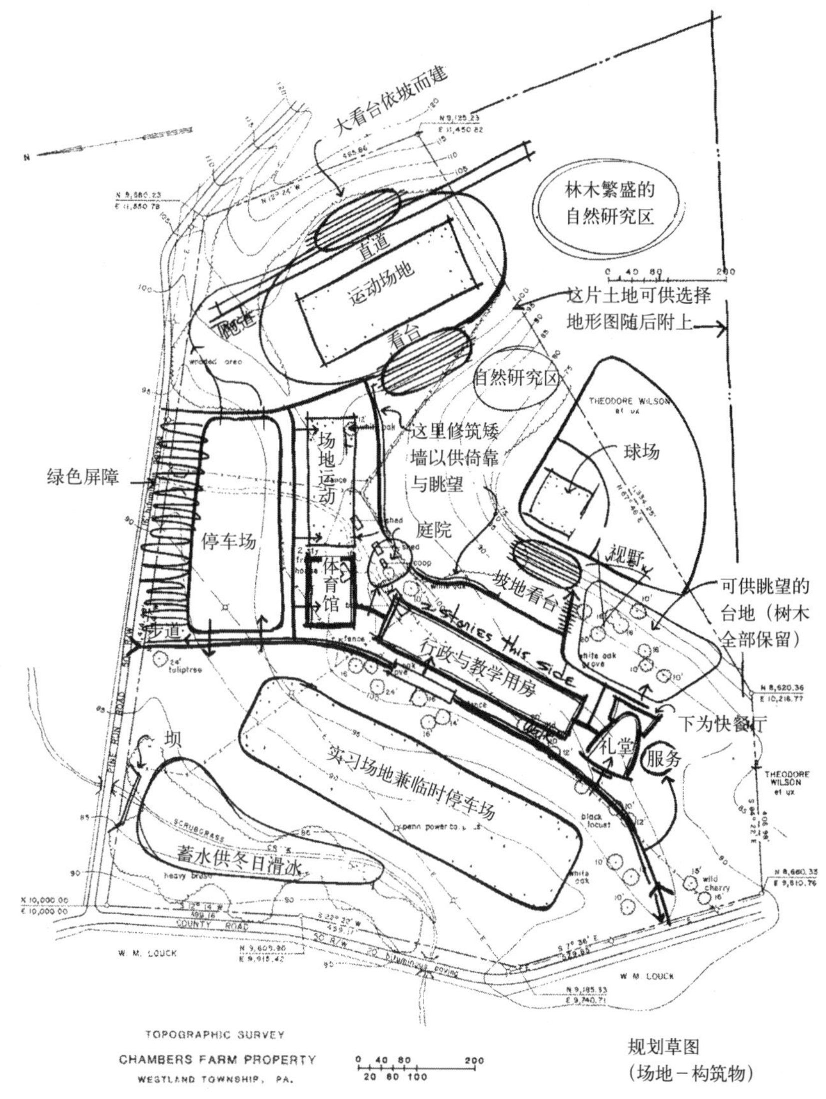

规划草图
（场地－构筑物）

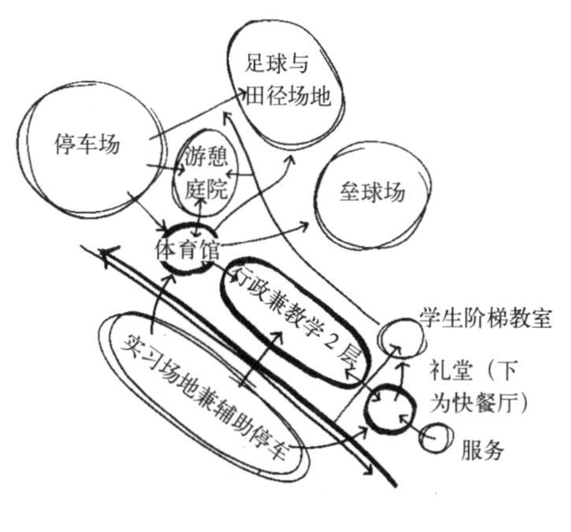

流程图

伍）组织和管理的，那么通常也正是由他来把规划的方方面面进行协调，并取得统一的表达。合作者们的工作是充分完成各自指派的规划任务，并在提出的主体设计思想中尽可能予以帮助。

场地—构筑物图

当规划一个与一定场地相关的工程或建筑时，我们首先考虑场地需要提供的、将被组织在一起的各种功能。以一所中学为例，我们会确定大概的建筑规划的区域以及它们的形状——对需要的服务设施、停车场、户外教室、花园、体育场、橄榄球场、田径场、露天看台，兴许还有将来的学校扩展用地进行总体用地规划。在地形测量图（或场地分析图）的复制底图上，我们就可以用手工线条表示出合理尺度和形态的用

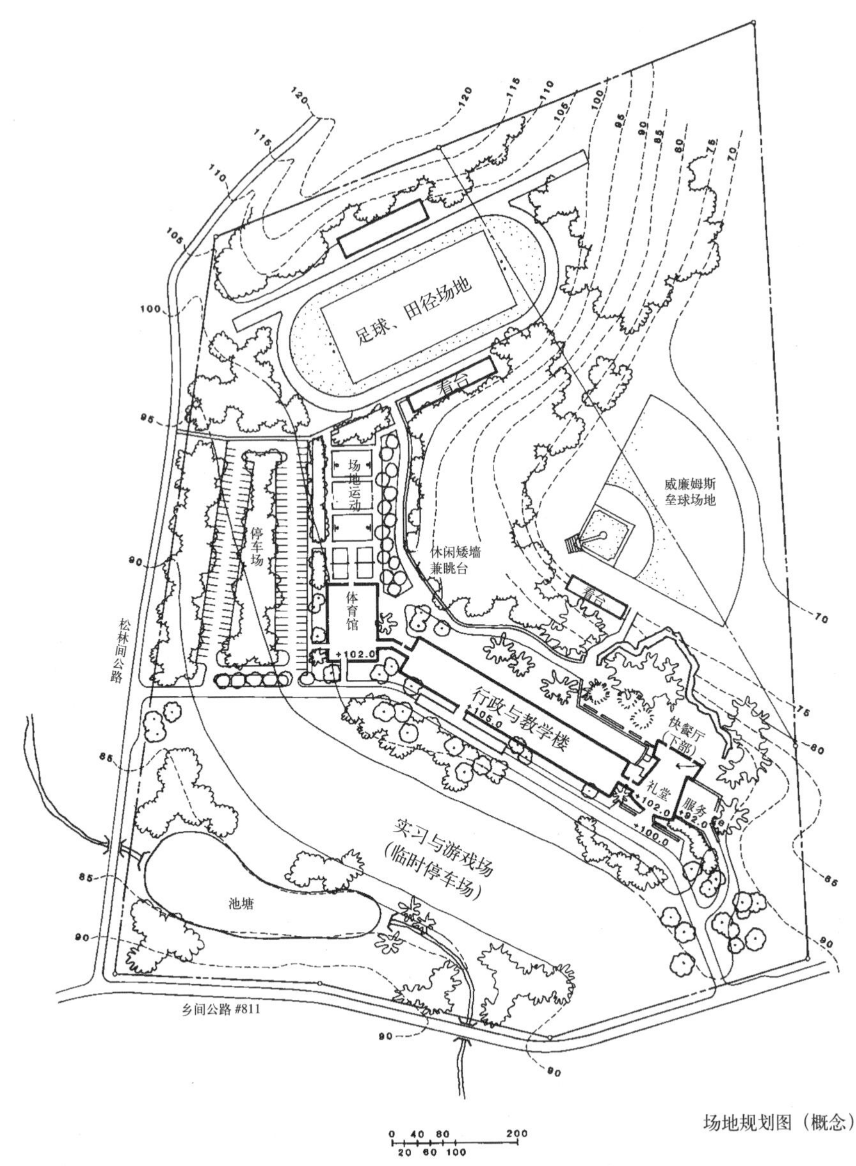

场地规划图（概念）

地范围。它们彼此之间的关系，以及它们与自然和人工景观特征的关系都是经过精心研究的。经过这样一番对场地用地范围的粗加工后，我们终于可以加入项目的建筑要素。这个最终成果就是场地——构筑物图。

场地概念规划

规划过程的平衡就是对细节的比较分析和对细节的改进—— 一个创造性的综合过程。一个优秀的规划本质上不过是一个逻辑思辨过程的记录；一个蹩脚的规划则是毫无思考或者考虑失当的产物。杰出的规划对所有场地因素都给以充分考虑，明确认识各种需要和关系，精心处理所有相互作用的局部。

规划态度

其备受推崇的论著：《论日本绘画原则》中，亨利·P·博维（Henry P. Bowie）写道：

“日本绘画艺术一个最重要的原则——的的确确，一个根本的、非常显著的特征——就是那活生生的动感，可以说，那正是渗入到作品里去的艺术家对被画对象的感受。无论绘画主题是什么——花鸟鱼兽、水木山石——艺术家在绘画的时候必须感受到它们的本性，这种本性，通过艺术的魅力，将传达进作品中去并保存至永远，而创作时画家的体会通过作品也会感染着所有欣赏作品的观众。”

美不是已经完成或做好的东西，而是创作的过程。如果我们欣赏一件物品，那恰恰是因为我们在重温创作时自由超脱的感受。美是在行为选择过程中产生的兴趣和愉悦的副产品。

——雅各布·布罗夫斯基
(Jacob Bronowski)

又有：

“确实，没有什么比这个基本的原则更能持久地促进画家的精力，在艺术中表达感受不到的东西实在是不可能的。”

规划也是这样。我们只有首先投入情感去理解才能创造作品。就说一座购物广场吧，作为设计师，我们得感受场所中加速的节拍、吸引和诱惑、喧嚣以及热闹的场面。我们得注意到小商店别致的陈设，烤饼店那令人馋涎欲滴的视觉和嗅觉刺激；我们的脑海中得浮现出五金店拥挤的柜台，还有杂货店里一堆堆的漱口水、香水、修指甲刀、热水杯以及果冻豆子等。我们得看见市场中成堆的葡萄、柑橘、食用大黄、球芽甘蓝以及香蕉；呼吸得出花棚浓郁的香气；描画得出一架架的折价书，一卷卷的印花棉布，一盘盘的薄荷糖和巧克力奶油，我们得感受到阳光照射到人行道上的刺目明亮，感受到入口及拱廊处的阴凉和庇护。我们得感受到拥挤的人群和交通，感受到长椅、树木，甚至一两处喷泉的闪烁和泼溅。然后，我们就可以开始进行规划了。

有意义的设计远非图表进行阐释的工作，它是一种注入情感的过程——一种创造性的智力活动。

设计始于对空间或物体特性的立意。对“这究竟成为什么”的捕捉可以是一闪而过的知觉灵感，或是对潜在可能性的逻辑分析、或是对以往实例的合理演绎和改进。

优秀设计以对构思、时空、材料和技术的简单直接的表达，以及精制的三维直观形式为视觉特征。

再比如儿童动物园。如果我们想要进行设计，首先应当觉得自己就像是这群小家伙中的一员，跌跌撞撞着，拍着手尖叫着；我们必须理解在这块土地上的欢乐、笑声、喋喋不休、迷惑以及欢闹。我们必须能体会到老鼠城迷你的、吱吱叫的娇小可爱；喷水鲸鱼笨重巨大，空空的肚子里像山洞一般，里面还有朦胧的照明。还得想象出：优雅漫步的孔

环境影响评价清单

1. 判别出所有会对环境造成显著影响的计划用途或行为。
2. 在合适的矩阵中，对消极影响标注上正方形，对看来有益的影响标注上圆圈。
3. 在每一个正方形或圆形里注上数字、从 1 到 10，代表每一影响的等级和重要性（从地方到区域）：10 表示影响最重，1 表示影响最轻，虽然不能作为衡量项目价值的绝对指标，但仍然是一个举足轻重的决定因子。
4. 作为已完成的表格的补充，任何不常见的、显著的、有害的或延续性的影响，以及项目的固有影响都应予以讨论。
5. 在单独的章节中对那些可以用来在项目规划设计过程中兴利除弊的途径予以阐释。

	建议的土地利用、项目或行为	1. 对栖息地的破坏	2. 对栖息地的改变	3. 对地表径流的改变	4. 对江河水流的改变	5. 对净水储备的影响	6. 挖方、填方及坡度改造	7. 疏浚	8. 挖矿及开采	9. 森林	10. 农业用途	11. 住宅及庭园	12. 居住社区	13. 游憩用途	14. 文化设施	15. 商业用途	16. 工业用途	17. 城镇化	18. 交通、公共交通	19. 传输	20. 市政	21. 充公	22. 港口、码头	23. 爆破和挖掘	24. 能源生产	25. 其他
土	地形																									
	土壤																									
	矿藏资源																									
	地质特征																									
水	表面形态																									
	视觉吸引力																									
	水质																									
	来源																									
大气	质量（空气、尘粒）																									
	气候（大气候、小气候）																									
	温度																									
过程	洪水																									
	侵蚀																									
	沉积																									
	稳定性（滑坡、崩塌）																									
	空气流动																									
	光照（曝晒、阴影）																									
植物	生态系统																									
	视觉连续性																									
	树木																									
	灌丛																									
	地被																									
	农作物																									
	栖息地																									
	稀有植物种类																									
动物	鸟类																									
	陆生动物和爬行类																									
	鱼类和甲壳类																									
	稀有或濒危物种																									
	食物链																									
土地利用	荒野																									
	湿地																									
	林地；畜牧或农业用地																									
	游憩用地																									
	居住用地																									
	公共用地																									
	商业用地																									
	工业用地																									
	城镇用地																									
	开放空间保护地																									
视觉和人文趣味	风景质量																									
	景观特点																									
	视景和透景																									
	公园和游憩地																									
	保护区																									
	考古或历史趣味																									
	独特的自然特征																									
	不适宜的用途																									
	污染																									
社会因素	保健																									
	安全																									
	文化模式（生活方式）																									
	就业																									
	人口密度和分布																									
	公共服务																									
	文化福利设施																									
建成环境	建筑																									
	工程结构																									
	景观开发																									
	社区的整体性																									
	城镇化模式																									
	交通网络																									
	市政体系																									
	废弃物处理设施																									
其他																										

雀高视阔步，仪态万千；摇摇摆摆的鸭子“嘎嘎嘎，嘎嘎嘎”地叫个不停；垂耳的兔子软绵绵、毛茸茸的，就像一团白雪；骑着小马，蹄儿得得，鞍儿悠悠，心中慌慌又陶陶。在做规划时，我们的心一定要像在儿童动物园里，能够看到它，听到它，感觉到它，像一个孩子那样地爱恋着自己的天地。

还有景观路、宾馆广场、车站及海滨浴场，如果要对它们进行设计，首先要对它们的特性有所感受。这种自发式的感受我们可以称之为规划态度。成为一个成熟的规划师之前，规划态度就是一种直觉。

影响评价

如果所有因素都考虑过，结果弊大于利，则建议开发项目不应进行。那么如何确定这一点呢？前不久这还是一个争论的热点。不过，随着联邦政府颁布的《环境影响报告书》（EIS）的出台，现在终于有了相当理性的评价途径。

环境影响评价清单提供了在人尺度综合规划中应考虑的一系列环境和表现因素的校核清单。

官方的环境影响报告书（EIS），对于大多数政府援助项目都是需要的，它是通过一些形式上的条文来约束的。报告书将主要阐明：

- 建议开发的项目可能带来的所有重大的负面影响，以及规划师对它们进行的可行性补救措施。
- 所有由项目创造的积极价值，以及它们在规划过程中得到加强的措施。
- 进行建设的理由。除非长远来看，益处大于负面因素，否则获准建设的可能性很小。

这些环境考虑如果早一些确定和进行，它们就不仅是有用的检验，还成了进行研究及最终规划方案确定的坚实基础。这样，项目的消极影响就可以通过规划加以克服，而项目的优良属性也可以大大增强。这种系统方法的许多优点绝不能忽视。

Mia Lehrer + Associates, Wenk Associates, Civitas Inc., Tetratech Inc.

计算机可视化

计算机技术

计算机、互联网、电脑空间技术等的出现，极大地推进了规划设计的过程——当然并未根本改变它。规划的目标和程序步骤仍然一样。不过，作为一种实现目标的手段，计算机已经打开了一个引人入胜的机遇天地。同其他装备一起，计算机提供了一整套全新的、光彩夺目的工具。重要的是，在我们对这些工具兴致盎然的同时，不要迷失需要完成的任务本身。

能力

计算机技术的功能是：获取，存储，管理（控制）和显示信息。关于获取，一旦规划师形成了项目计划并确定了所需的背景资料，计算机就能从浩如烟海的互联网存储库中搜寻出实例和图样，并把它们记录在文件上以便索引参考。甚至测量图、规划图和照片也能被扫描并存储于电脑——可以显示到屏幕上并且随意放大、缩小和编辑。

随着方案研究的进行，它们同样也可被记录下来进行比较分析和优化决策。设计过程中的方案图及最终的概念规划图可以转为三维形式以供从各个角度观察。如果需要，这些图像可被规划师修正以实现改进。或者，还可以对图像进行补充，叠加上实际项目场地和环境—— 一些设计要素如：墙、铺装、灯柱、辅助结构及种植物的透视图。

除了视觉比较，计算机还能提供不断变动的土地和建筑的面积数据，不同类型的铺装或地被植物的面积，砖瓦土石等的立方数——这些正是进行费用比较的基础数据。

作图的技艺是手、眼、脑的完美协作，这对设计专业从来都是至关重要的，熟练使用计算机图形同样如此。

——威廉·J·约翰逊（Willian J. Johnson）

运用计算机的优点多种多样。不光体现在时间—费用的节省上，还体现在研究资料的获取范围，以及资料的组织、存储及快速检索的能力上。不光体现在方案研究时的设计、比较、修正等能力上，还在于对各方案和相对成本的检测。不光能在屏幕上展示各种构想，还能选择不同视点，通过穿越平面和空间的顺序运动来使它们可视化。

在记录测量数据和标注施工图方面，对场地角点、外廓和点位使用坐标使得测算和制图时间大大节省。计算机图像使得幻灯的制备及投影不再需要——会议上笨重的展示板和黑板架也因此过时。打印出的规划图及文本尺幅多样、形式丰富，便于修改，这是计算机另一个明显的优点。就算这些优点还不够，新的功能及改进仍会源源不断地及时出现。

局限

那么计算机设计有什么局限性吗？实际上，受宠的计算机根本不懂“设计”。它既不具有领悟能力，也不具有推理能力，它明白不了业主的脾性，感受不到场地的特点，也难以产生对山石、草木、水体，以及视域中一切精彩之处的感触之情。从体验中它学不到什么，旅行和见闻中得来的经验教训它也不能应用到规划过程去。

一些所谓的规划师们已经深受计算机技术的束缚。对他们来说，只要坐在屏幕或键盘前就算是进入了精彩纷呈的梦幻之境。希望随着时间流逝，他们会认识到计算机的真正角色—— 一个可敬而又高效的仆人，但绝非一位有灵感的大师。

场地开发

场地规划阶段的产物是概念规划，这其实是对所有和谐的适应关系的一种图示——分区和建筑，分区和分区，所有这些土地利用都与场地地形相适应。土地利用和各规划用地之间的关系已经超出了策划和场地分析的范畴，但在一些草案中这种关系已经得到了探索，直至达到最佳的适应关系。规划方案已经过了考验并做了调整以使负面影响减至最小，充分表现那些希望得到的特征。

概念规划只是一个初步的方案——这个构思到目前为止，还没有细部和确定的尺寸。这是有意的，因为在方案具体化时可能是分阶段的。不断地变动、修正和改进是不可避免的。

规划构思获得业主或其他决策者们的批准后，就成为准备具体场地开发施工图和详细说明书的参考和指导。

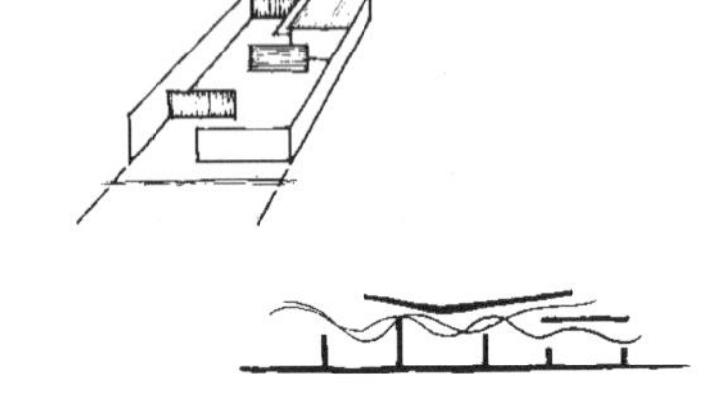

水平和垂直空间相互作用

场地－构筑物的表达

如果承认项目或构筑物必须与整个场地相和谐的话，那么，设计的表达也应与不同场地的不同景观相适应。

柔化僵硬的场地边线，摆脱压抑的禁闭感

为说明这一点，我们以一所夏季周末度假别墅为例，如果建在北缅因州的隐蔽的、岩石为岸的内陆湖边，那么它的设计表达形式将与加利福尼亚州蒙特雷（Monterrey）海边强风带上的别墅形式大相径庭，也不同于建在烟雾缭绕的欧扎克（Ozark）山中，或是佛罗里达散布着贝壳的卡普蒂瓦（Captiva）岛上，或是沿着印第安纳州中部缓缓曲折的密西西内瓦（Mississinewa）河边的别墅。暂且不考虑特定场地的预定要求，我们可以看到，每一处不同的地点都蕴含着内在的设计要求。

因此，根据类型划分场地并确定其暗示的设计特点，是很有益处的。我们来看看四种典型的建筑场地以及其导出的设计特征。

认真考虑引进物体的尺度

城市场地

面积非常宝贵。因此规划不得已做得很紧凑。空间有限。在设计中可以通过面积的综合利用和空间的相互作用来扩展可见空间。通过精巧的规划布置，甚至是最小的建筑也可以让人感觉很宽敞。

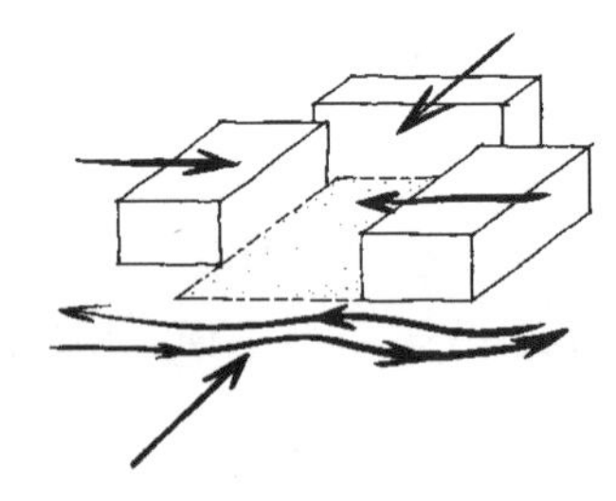

城市地块的感觉

城市环境给人以一种禁闭和压抑感。或许在这里，充满戒心的市民试图通过掘壕沟，挖洞穴或者建造属于自己的堡垒，从而获得一种安全感。然而，更为可能的是，他们想从压力中解脱出来，得到放松。如果是这样，那么在他们的居家和花园（的设计里），那些僵硬，禁闭的形式就应让位于轻灵、朦胧、通透以及自由的形式。

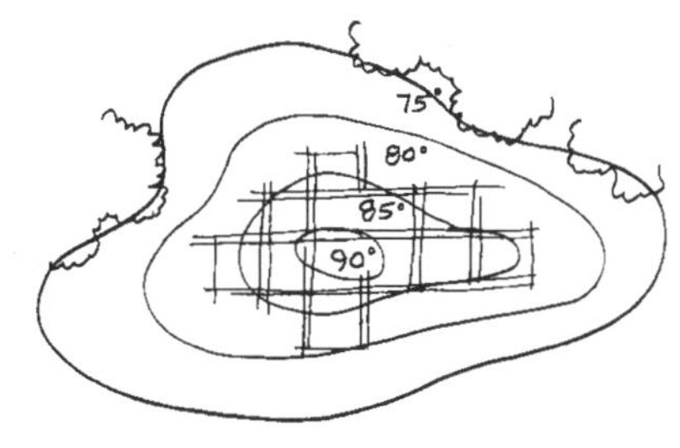

由于构筑物和铺砌的密集，城市比郊区和乡村夏天要热，冬天要冷。这种“沙漠”气候可以通过发展开放空间、公园、街道绿化和私家花园得到改善

城市场所

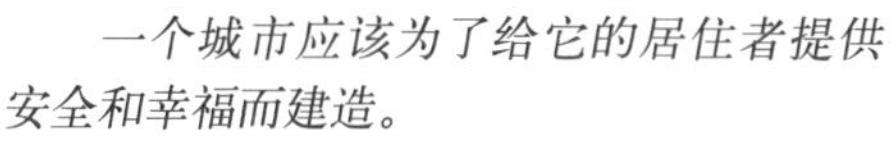

在城市中，一块岩石，一棵绿树，甚至单独的一株盆花，都代表着全部自然

小尺度的面积以及空间。尺度，无论是真实的还是诱发的，都是一个重要的设计因素。与开放场地非常相称的物体在城市景观中会很显著。比如，一棵大树会使一座城市建筑显得低矮；相反，一棵小矮树却能给它增添视觉上的高大感。

城市街道和人行步道是到达、观察和穿过的主要线路。它们是联系住所和社区最主要的元素。车道的喉部和入口处一般设计成表达欢迎蕴意的凹形。建筑物与城市街道线的关系成了一个重要的考虑因素。

一个城市应该为了给它的居住者提供安全和幸福而建造。

——亚里士多德

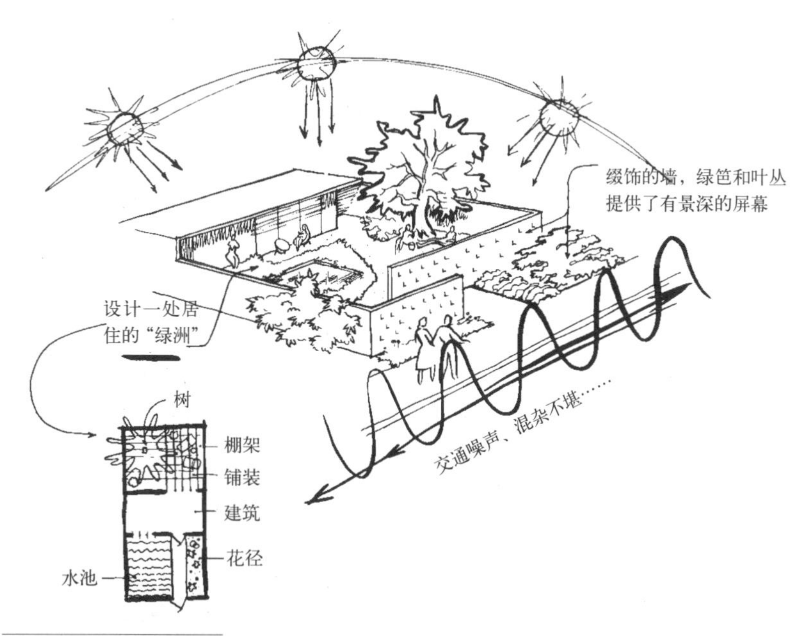

通过设计加强临街的进深感

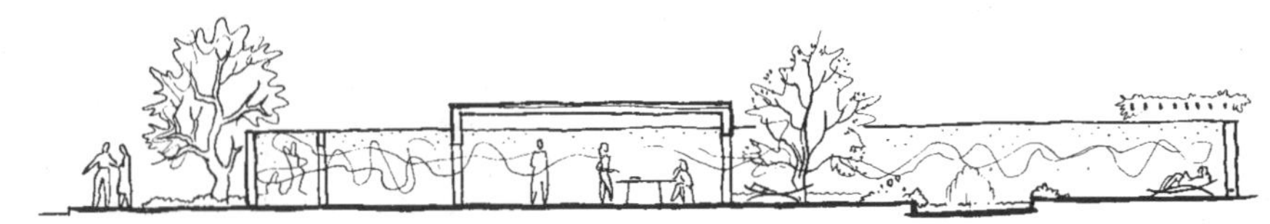

城市中的生活空间可以扩展到整个地界线

城市街道是噪声、烟尘以及危险的来源之一。邻街的规划元素经过恰当的设计可以削弱噪声，增加进深，提供私密性和安全性。透漏的视觉屏障以及装饰过的声障很有用武之地。

从气候学上讲，城市是铺装和砖石的沙漠。在夏天，城市温度经常比周围乡村高许多。因此需要设计"绿洲"；最充分地利用微风、树荫、遮阴方式、遮阳屏，以及借助喷泉、水池、射水等，充分发挥水所具有的令人神清气爽的特性。引导、促进空气运动，通过透空的或是阻隔的屏障，或是经过潮湿的织物，碎石及其他蒸发性的界面。可以进一步调节气候。在清冷的大气里，热量可以利用辐射物或是通过喷泉，水池进行暖水循环来导入。

自然特征——树木、有趣的地表形态、岩石及水体——因为稀有而具有不断增加的价值和意义。它们不再是自然景物的一部分，而成了目前需要以更风格化的方式对待的单独景物。要充分利用自然特征，设计中应使它们能融入方案中，尽量照顾它们。城市中的土壤、植物、水，可以很好地作为雕塑或建筑元素。因此在城市中，所有的材料看来都是外来的，异域的植物和材料也是合宜的。

© D. A. Horchner/Design Workshop

庭园

城市材料显得较少粗拙而更精致。由于受到尺寸和数量上的限制，材料的华丽及细部的精致，占有重要的地位。

由于为左邻右舍所包围，一家一户成了社区整体中的一部分，成了相互关联的单元群体的一员和整体中的重要组成。对街坊特征轻率的违背必将引起社会反应。我们有责任顺应这种特征。在设计富有个性和特色的住宅中追求一种统一性，是一种艰巨的艺术。日本民族很久以前就已掌握了这种艺术。人们以石、木、瓦及编织席为构件的标准化房屋，沿着城市街道紧密排列。这种无限变化中蕴含高度和谐的格局正体现了一种艺术。

从街道到城市地块边界，缺乏从街道的喧嚣到家居的安静之间的必要的过渡空间。精心设计的过渡带是成功的城市住宅的一个标志。日本人欣赏一种称之为“wabi”的品质，可以应用在这里。这种品质可以比喻为一颗裹着粗糙的、斑斑点点的、灰绿色外果皮的黑胡桃：剥掉外果皮，露出来的胡桃壳从结构看，就像是个玲珑可爱的褐色小容器，壳上布满坚硬的皱褶。敲掉外壳，显出了胡桃仁包裹在一层有着纤细文脉的薄膜里。最后，乳白色的核本身就是一件美奂的雕塑杰作。从这个例子中，我们就可以体会到一种从不加虚饰到精美绝伦的渐进意境。

城市地块由于邻里接近而具有鱼缸特征。私密性在城市住宅设计中是一个不言而喻的要求。这类建筑的合理朝向是向内，朝向私人花园、天井或内院。

乡村场地

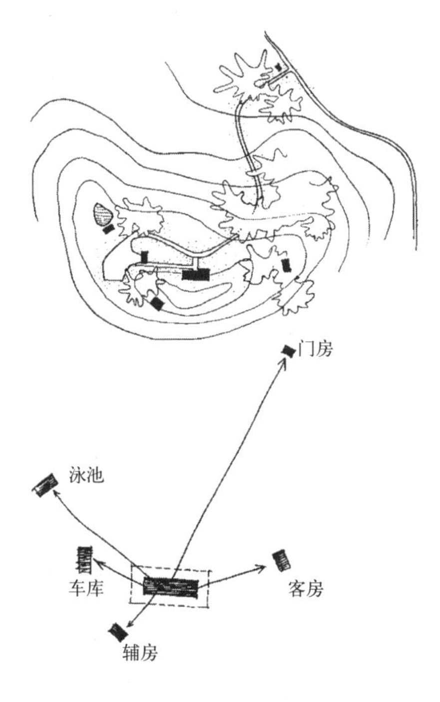

充足的用地允许采用爆炸散布式，每一要素都与最适合的地形特征相呼应

土地充足，规划可更加开放、自由、“爆炸式散布”。尽管特殊场地会受产权界线的限制，但视域跨度很大，可涵盖远处广阔的景观视野。规划考虑的范围增加许多，篱墙的几何图案、果园、围场，甚至数里以外的山峰都可成为设计的条件和元素。整体方案需规划至地平线。

由田野、林地、天空组成的开阔视野具有一种自由感，这是乡村场地景观的基本特性。我们可以合理地使规划向外容纳整个场地的最佳特征，并支配最佳景色。

对乡村场地的选择意味着期望同自然的和谐一致，让自然融于设计的目的和主题中，除非是为了改进自然环境。尽可能不要对它进行干扰和变动。

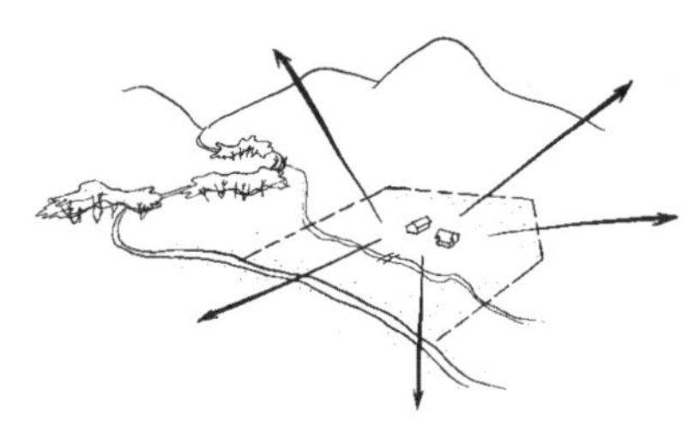

乡村场地有一种开阔感，溪流、树丛、远山，以及所有能看到或感受到的景观特征都是场地的扩展部分

乡村场地

主题景观确立之后，就应在景观之中，围绕它们，依从它们来构建

精心构思的，与地形相和谐的构筑物从景观中获得力量，反过来又强化了景观

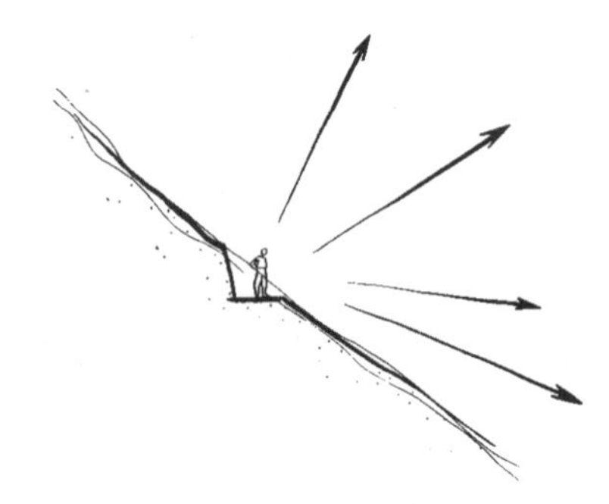

在坡面上，朝向是外向的

主要的景观特征已存在。顺依它们而建造，重点体现最佳特征，屏蔽、弱化不太理想的特征。设计与自然形态最佳结合的建筑形式，顺应地形特征的土地利用可以很好地指导建筑规划的组织。

景观（在特征和意境方面）居支配地位。场地的选中可能正是因为景观的特质。如果现存景观特征是可取的，那么在场地—构筑物示意图中就应保存并强化。如果需要变动，我们可以调整或完全改变场地，但只能采取能够最充分利用现状特征的方式。

地表形态是强烈的视觉要素。一个充分考虑与地形关系的建筑物其本身的力度会增强，同时与地形特征相和谐。

令人愉快的景观可作为被接受的过渡带之一。在建筑和场地间过渡区域的规划里，连接建筑与土地的中间地带是至关重要的。

建筑成为附于景观之上的元素。既可考虑场地，将其当作主体建筑的环境，也可将建筑看作景观的附属，对它进行设计以补充自然的轮廓和形态。

乡村景观是微妙的——树荫、天光、云影交映生辉。规划必须认识到这些特性并恰如其分地处理，否则会浪费美好的景观。

乡村场地里，人们更多地暴露于自然要素和大气中——雨、风暴、太阳，风、雪、霜、冬季的严寒，以及夏日的酷暑。场地—构筑物示意图和建筑自身都应反映出对气候适应的深入思考。

乡村场地意味着足够的土地和更大的机动性。汽车和行人的道路等设计中的重要元素常常可在场地界线以内安排以展现最佳的场地和建筑特征。

乡村场地的本土材料——耸立的巨石、田间的石块、板岩、碎石以及木材——对于景观特征贡献良多。建筑、围篱、桥梁和墙壁如采用这类自然材料会有助于加强构筑物同周围环境的联系。

景观的本质特征是自然，不做作。我们采用的建筑材料应很好地反映这种自然性，无须过于雕饰。

陡坡地：无阻碍的斜坡

等高线是主要的规划因素。通常采用等高线规划（让规划要素与等高线平行排列）。

高程接近的区域呈与斜坡走向垂直的狭带状。建议采用栅栏形或条带形等狭长的规划形式。

缺乏大面积平地。需要的话须在坡面上开挖或堆垒得到。如果是土质结构，须由挡土墙或坡度渐大的斜面支撑。

Tooru Miyakoda, Keikan Sekkei Tokyo Co., Ltd.

固坡处理

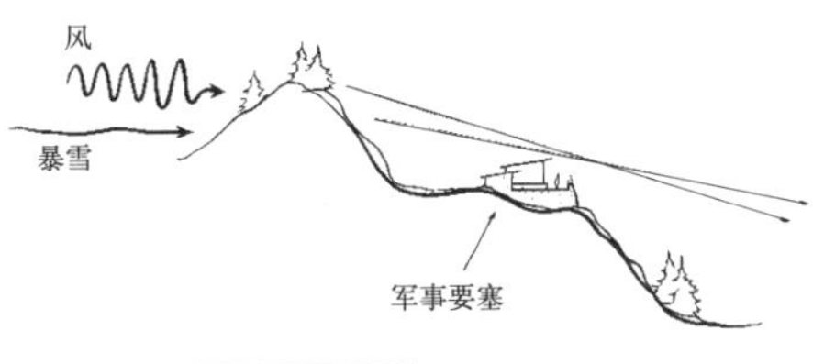

坡地的防护功用

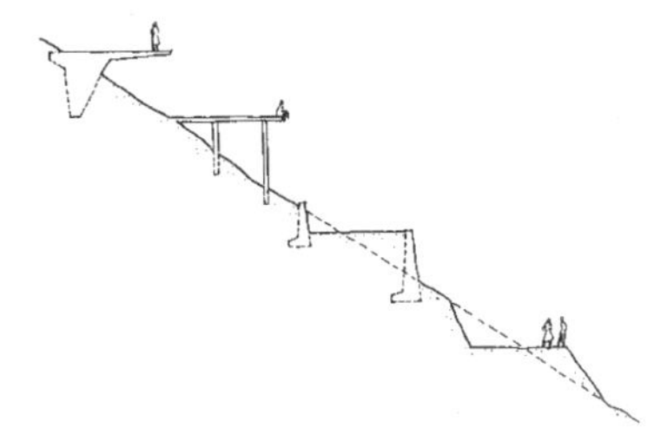

坡地上利用阶梯，挡土墙，支撑平台或跳台获得水平面

构筑物与坡地紧密结合

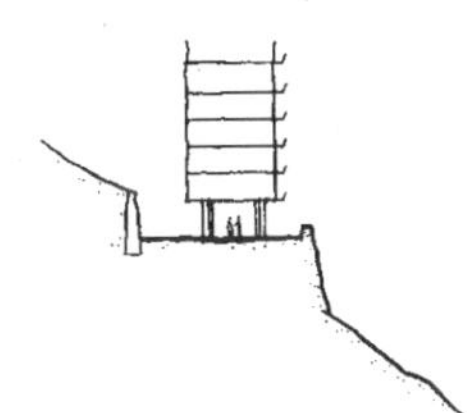

驻于平台上

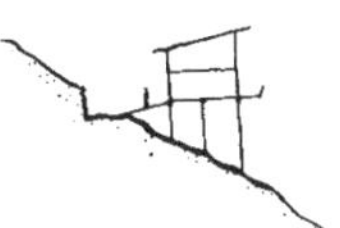

或完全自由地独立于坡上

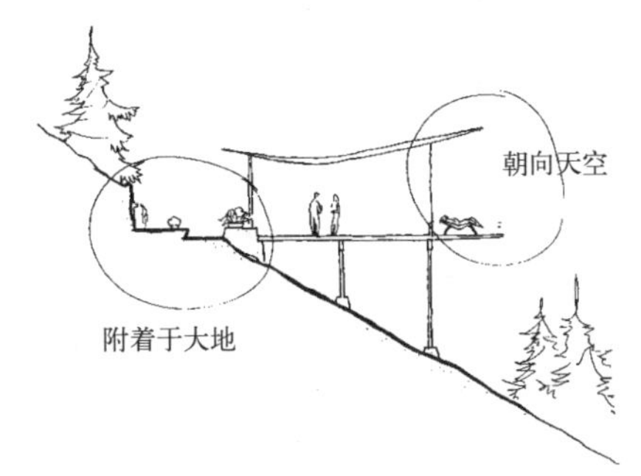

附于坡地的建筑介于天地之间

坡面的实质是升与降。建议采用梯田状方案。在多层结构中，各层面可分隔不同的使用功能。

斜面是一种坡道。坡道和踏步都是合理的规划元素。对于车辆交通来说，斜面的坡度可能过陡。沿等高线行进是最省力的，这表明：一般的道路应是沿边绕行。

重力作用是沿坡向下的。设计形式不仅要具有稳定性，而且要表达出一种赏心悦目的稳定性。当然，那些旨在产生刺激或为满足特定偏好需求的建筑物除外。

坡地具有动态的景观特性。这种场地有利于形成动态的布局形式。坡地有非常引人的特征，即坡度的明显变化。通过阶梯、眺台及挑台的运用，自然坡度的变化得以强化和夸张。

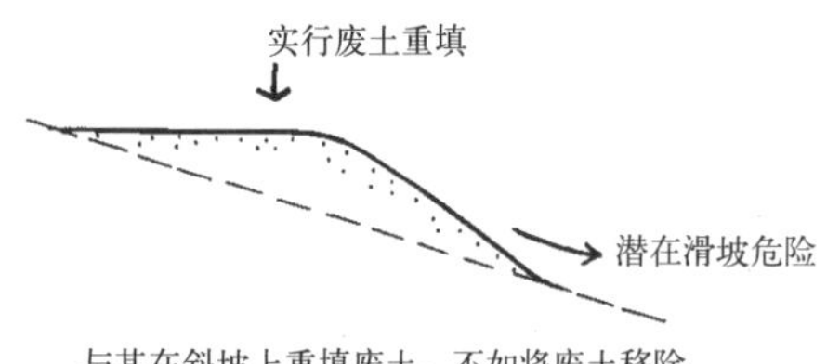

与其在斜坡上重填废土，不如将废土移除

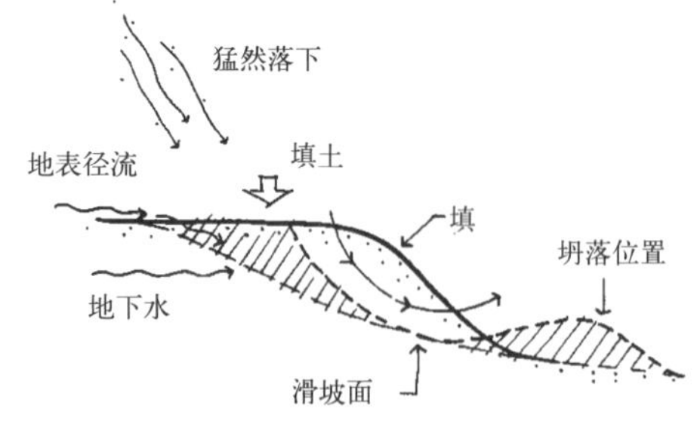

当泥和水变得黏粘混浊的时候，就容易从斜坡上滚落坍塌下来

斜坡动态

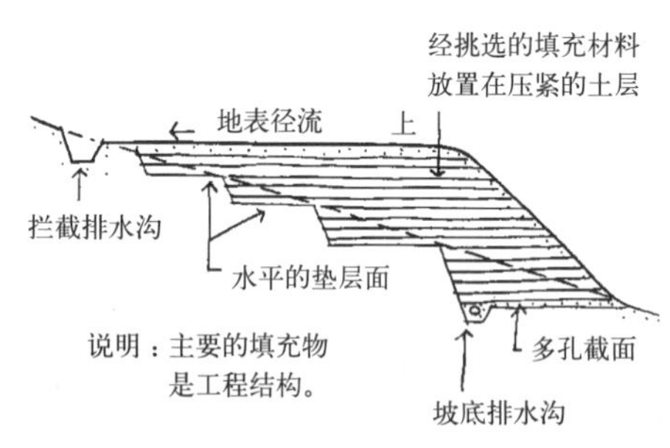

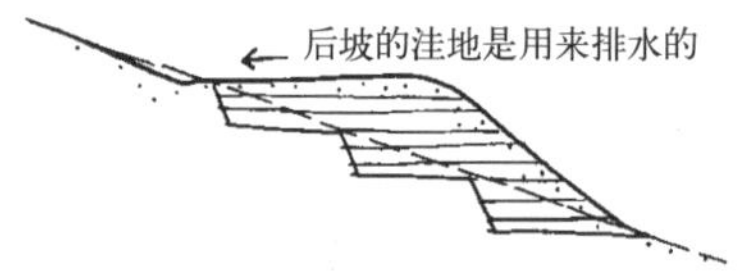

为了阻截径流，可以将斜坡基面上的土层压实，并少量填土筑台

建设稳定的填坡方案

说明：对地表雨洪径流的阻截—通过排水沟和洼地—是护坡处理的先决条件。通过保土材料对地下径流及环流进行调节，一样是杜绝截留水的根本。

Robinson Fisher Koons

陡坡处理

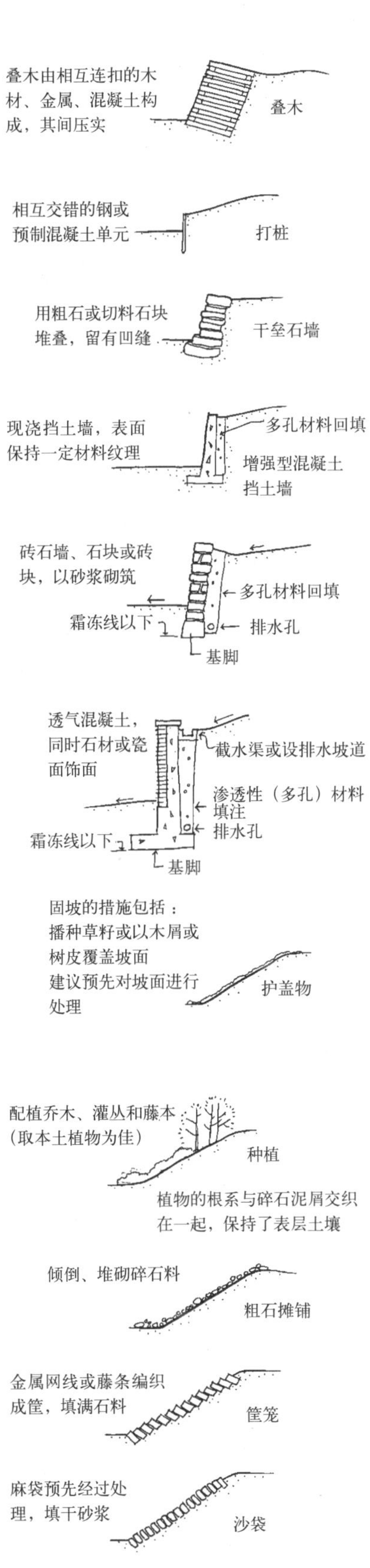

固坡技术

Barry W. Starke, EDA

陡坡上建的直升机平台

坡地本身强调和土地、空气的接触。附于斜面之上的水平元素通常内侧与土地、岩石接触，外端尽头独立空中。

水平元素同土地的交接部分须清楚表达。在悬空的突出一侧，建筑和天空的融合部同样应该给以设计表达。

坡地的顶部暴露于自然环境中。规划师可开发或创造如同炮兵基地的军事工事一样的地表轮廓，即在有充分保护的同时，调整或改动坡地以保持或扩大视域。

坡地为景致增添了情趣。为丰富景观的细部而进行的场地开发工程可减少到最低，因为如果坡地控制了一片优美的景致，就无须太多别的东西。

斜坡是外向型的。规划方向通常是向外、向下的。由于视线一侧是暴露的，与太阳、风及暴风雨的规划关系应予以充分考虑。

坡地具有排水功能。来自上方的地下水和地表径流必须经拦截和改道，或者让其自由地通过建筑物底部。

斜坡创造出许多珍贵的水景特性。瀑布、跌水、喷泉、涓流和水

水面构成了大部分的水平场地

水平延伸的墙体强调了水平的场地

幕的存在显然为规划创造了良机。

平地

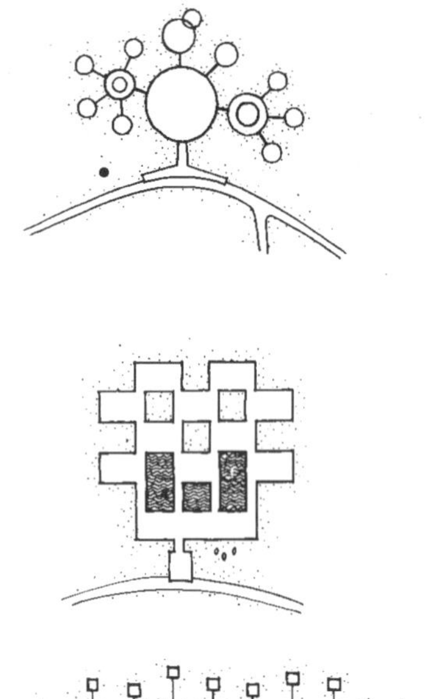
平地适宜作单元结构，晶体结构，或几何形规划

平地上规划的限制性最小。水平场地是所有场地类型中最利于形成单元状、晶体状或几何状规划格局的。

相对而言，水平场地景观趣味较少。规划趣味的产生依赖于空间与空间、物体与空间及物体与物体之间的关系。

平地本质上是一宽阔的基面。其上的所有元素既有非常重要的相互联系，同时，各自又有非常重要的视觉作用。每一附着的垂直要素必须既要考虑自身的形式，又要作为背景，衬托别的物体或透过它形成斑驳阴影。

平地无焦点。场地上最显眼的要素将决定该地的精致。

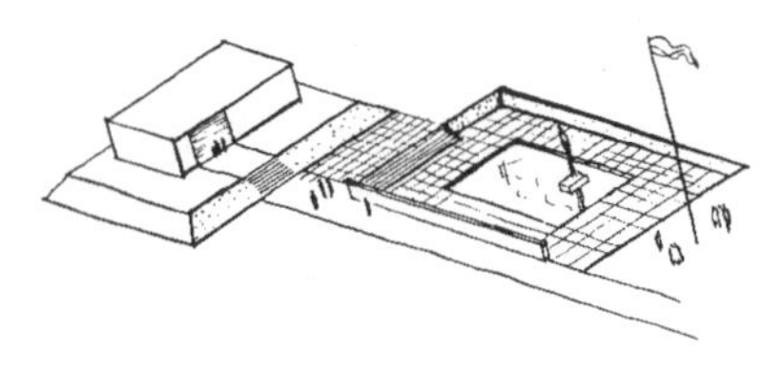
平地上，凹坑、土丘和垂直形体具有重要意义

道路不受地形的限制。从任何方向都可通达，所以任何一个立面都很重要，内外交通环线是重点设计的元素，因为它们控制着规划的视觉展现效果。

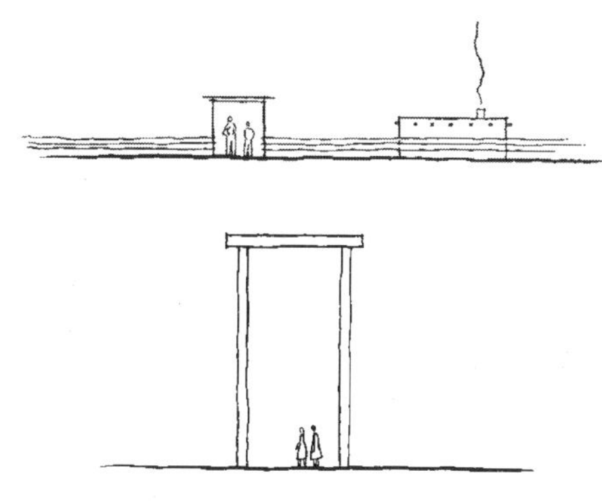

在无尺度感的平面上，尺度是由人创造的

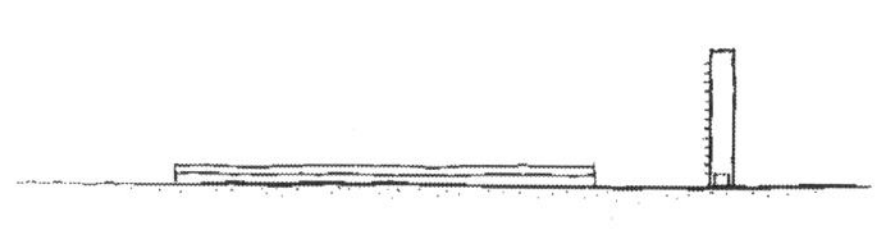

水平形成和谐，垂直形成强烈对比

天穹是关键的景观要素，它孕育着无穷的变化和美感。我们可通过运用倒映、湖泊、水池、庭院、天井和后退空间，很好地展现天空的特性。

太阳是强有力的设计因素。我们可将它视为连绵的光线和洪流，设计时考虑光与影的作用。可以根据光线变幻无穷的特性，最有效地利用与形体、颜色、材质、材料相关的部分。我们可以将光的投影效果加以夸张——厚重的壁影，流动的水光，奇特的造型影像，斑驳的树荫，或作为黑色背景衬托亮丽的物体。

平地具有中性的景观特征。场地的特征取决于引入的元素，大胆的形式、强烈的色彩，更为常见的是外来材料，都可以在这里运用，和这里的原始景观并没有明显的冲突。

场地缺少私密感。创造私密感是规划的目的之一。通过使空间聚焦于屏蔽元素，或内敛于庭院，或自边缘一视点外延于无穷远处，都可以达到私密效果。

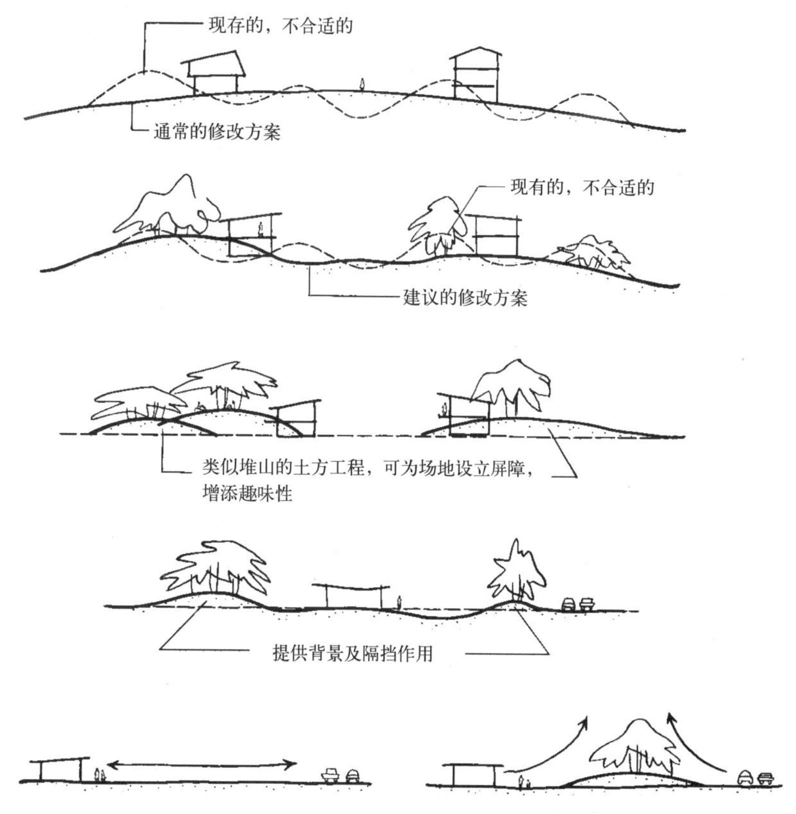

如果我们需要动用土方来新建地形（有时候动土是必须的），我们应该将景观地形创造成一个宜人的具有趣味性的有用的形式

缺少第三维。地表三维空间可通过土地或建筑的平台、凹坑来获得。轻微地抬起、下陷及台阶在平地上都会有夸张的效果。

平地无碍于扩展规划。扩展规划可通过连续的通道或元素来表达。

平地易流于单调。既然平地的趣味点存在于建筑中而非自然景观，那么就该尽可能通过各种手段提高、强化构筑物本身特点。

在平坦乃至单调的地方，须充分利用地形条件

地平线是一条醒目的界线。运用低平建筑形体（补充）或强烈的垂直形体（对比）可获得更显著的效果。

广阔天空下的水平景观通常很沉闷压抑，缺乏人的尺度。因此，从熟知的一切到高大的形体，尺度都容易控制。如要创造人的尺度，就必须精心设计。

其他类型的场地

根据给定的景观类型，（通过感受和分析）确定抽象设计特征的方

OLIN

市中心

© D. A. Horchner/Design Workshop

休闲避暑的山地

David Vadlowski, City of Vencouver

城市滨水地带

Mario Schjetnan, Grupo de Diseño Urbano, S.C.

湖畔

Robinson Fisher Koons

森林

法，当然也适用于许多类型的场地中，包括：

山地	湖岸
旷野	岛屿
雪地	港湾
森林	海滨
溪畔	度假区
砾石滩地	郊区
田园	文化区
池塘	商业区
瀑布	工业园
河边	重工业区

在给定场地进行规划开发或建筑物设计时，首先通过彻底分析现状景观而推断出总的设计特点是很有益处的。

场地－构筑物规划的形成

由此可见，整个场地的作用力、形式和特征对规划方案的形成有着巨大而又微妙的影响。在规划的完善和每一部分的设计过程中，会进一步研究它们同环境各方面的关系。

外向和内向规划序列

每一功能都必须从最内的发生点考虑至场外终点。例如设计一所住宅时，考虑到孩子的活动路线，不仅应从卧床到卫生间再到早餐桌，还应从早餐桌到最近的门，到活动场，到小径，到学校——所有的一切都是一个自然的、令人愉快的进程。或者，再举一个更普通的例子，我们会规划一条运垃圾的线路：从厨房到服务区域，再到垃圾车，再到街上——所有的一切都隐含着方便性。餐桌与窗户及窗外景色的联系容纳并美化着地界以内的景色，直至界外的景致。

另一方面，每一要素或分区的设计都应以满足源于场地内部的功能要求为目的。每个到你家运送货物的人巧妙地被引导到达服务车道、运输车辆的停车地、服务步道、服务入口以及仓库区。通过设计，参加晚会的宾客，可被提醒并请进，迎入前院，引到停车地，然后被引导至入口大门，从这里他们就可进入门厅直至亲切温馨的内室。同样的内外向序列可用于任何项目的规划，无论是锯木场，游憩公园还是世界博览会展场。

规划构思的扩展——收缩

大多牧场地规划的问题只有通过扩大考虑范围直到远远超出场地之外，以及将每一问题压缩到为人类所体验的且不能再细化的细节的程度，才能得以全面解决。因为尽管将一个物体或要素与其相关的所有要素一起评价是正确的，但也不能否认事物只有在单独地、深入地，且在其运动中进行体验，才能被充分认识和理解。

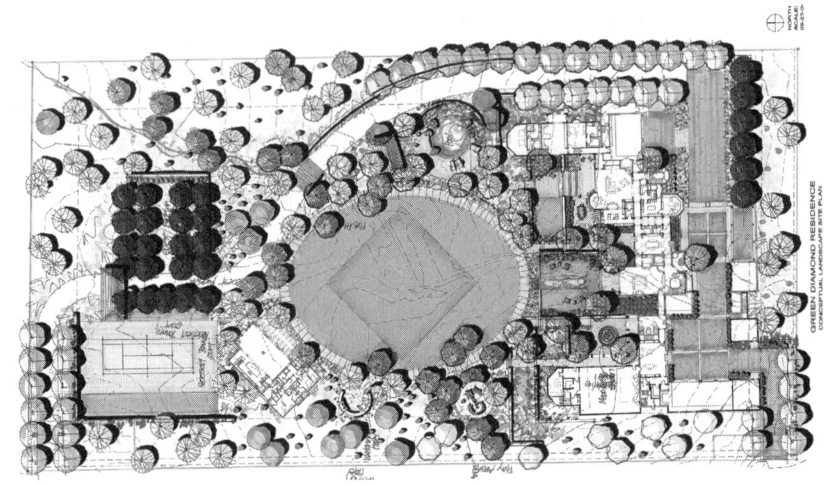

Floor & Associates, Kristina Floor, Christopher Brown

场地综合规划

卫星式规划

既然总体构筑物应与整个场地相协调，那么构筑物的每一要素或区域也必须经过考虑与相关场地和谐一致。例如，在一所小学里，我们将幼儿园、室外活动场所、花园及入口大门作为整体进行规划；健身房同游戏庭院，器械区和活动场协调一致；锅炉房同它的服务区和仓库区作为一体；礼堂同它的道路和停车场，教室同它的户外空间，每一要素连带它的扩展地区都作为一个整体的规划复合体来考虑。这样示意图中的总体方案就很像一个由太阳、行星及各卫星构成的太阳系。

最好的场地规划是：以最小的总成本和阻力取得最大的长期效益。

整体规划

场地上引入某一构筑物会使景观特征发生某些改变。规划师必须控制这些改变。我们的小学不应只是往城市街区或郊区的社区中心一搁就行，理想的做法是：应使它适应于场地，通过对它的构思创造出一种能优于原先景观的新景观，从而使学校与社区融洽和谐。

作为建筑与场地关系的一个典范，我们可以好好地注意一下文艺复兴时期的规划师。在威尼斯壮观的圣马可广场的建设中，委托设计钟楼、总督府、纪念柱的建筑师从未把建筑或纪念柱视为孤立的设计对象。相反，就他的建筑而言，他本能地将他的作品视为广场的组成部分；就建筑和广场的相互作用而言，从总体的规划到细枝末节，他都作了构想。每一个规划师不仅在设计委托给他的部分，也是在重新设计整个广场乃至他的威尼斯城。这样，也只有这样，他才算尽到了对其委托业主及其城市的责任。欧洲城镇富有魅力和美景的秘密就在于自觉地运用了规划的公理，而美国城市杂乱拼凑的外观源自对既有环境的漠视和无知。

检验规划

怎样才能知道我们建议的方案与所在场地的关系如何呢？这里有一可信的测验方法。我们可以通过未来的旁观者和使用者的感觉来体验它。在创作过程的任意阶段，从粗略的方案到最终成图或模型，我们都可以想象自己在空中，以一种不同的视角俯视着项目。在我们的脑海中，项目可以是活的。事实上，我们可以一边俯瞰着一所教堂的规划，一边说：

> *力重（Rikiu）看着儿子松安（Shoan）打扫花园小径。当松安完成任务时，力重说“不够干净”，让他再做一遍。辛苦了一个小时后，儿子告诉父亲：“爸爸，没什么事可做了。台阶已经洗刷了三次，石灯笼和树木也洒过水了，地衣苔藓青翠耀眼；院里没留下一根树枝，一片叶子。”“傻小子”，力重笑道“花园里的小路不该这样打扫。”说着，力重走进花园，晃动一棵果树，于是花园里洒满了落叶缤纷、色彩斑斓的秋意。*
>
> ——冈仓天心
> (Kakuzo Okakura)

“我是一名牧师。当我开车经过或者驶近我的教堂时，它是否表现出了那些我为之奉献一生的精神特质？当我迈进书房时，我能否感觉得到一个足够僻静的空间，供我读书和沉思，同时又容易让那些需要帮助和咨询的人，以及那些来商议教堂事务的人找得着？作为办公室，它的位置适于我指导和监督教堂活动吗？这个我要去管理的教堂有没有一个高效组织的规划？”

“我是这儿的门卫。早上来上班，我的车停在哪儿？盛清洁液的桶怎样才能从装卸区挪到储藏区？在哪儿存放梯子和除雪设备？有人在他们的规划中想过我及我的工作吗？”

“我是一名童子军队员，回家来参加团队会议。规划的这条步道能带我到我要去的地方，或者我能从草坪上抄近道吗？几个朋友正在外面等着我，在哪儿能狂欢一番，热闹热闹，兴许还能练练投篮？我们的自行车放哪儿？还有在哪儿我们可以练习搭帐篷？还有……？”

“我是这个教堂的一员，我要来做礼拜。教堂欢迎我进去吗？寒冷的雨天我能开车到离门口近一些的地方吗？车停在哪里？空间够宽敞吗？礼拜完，挨着门口有没有合适的地方可以让我待一会儿，迎接我们的朋友以及来访者？”

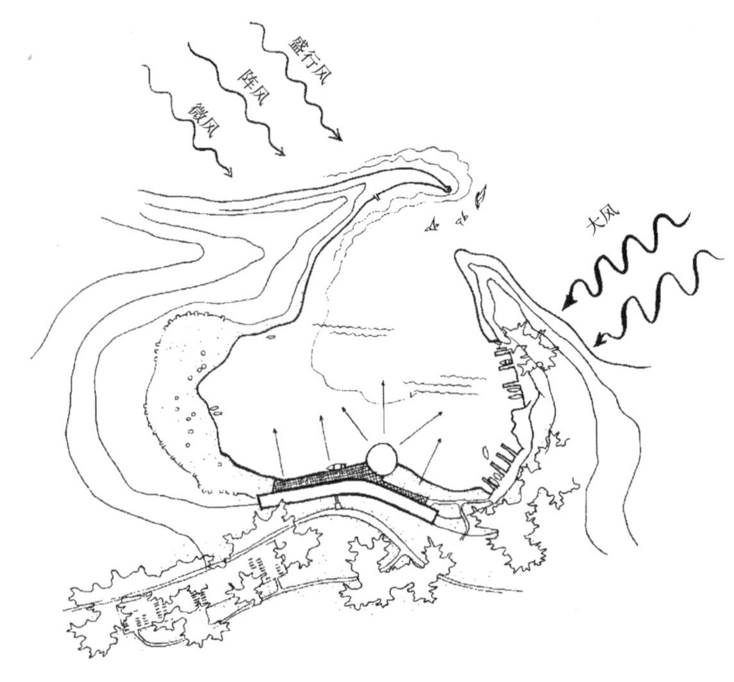

场地－建筑的统一：游艇俱乐部会馆，台地和餐馆依据居高临下控制海湾的自然地形而设计。码头与护卫式山岭非常和谐，水滨地带突出了港湾舒缓包容的水体，泊船湾顺着自然的环行岸堤排列，防波堤和灯塔成为原有岩石山肩的延续，停车场隐藏在树林之中。这样一种对现状地形的尊重和爱护保证了一个适用的、功能与美学统一和谐的规划方案的产生

所有这些都是教堂生活的一部分，在其规划中应该予以安排。以那些典型的未来的旁观者、使用者和服务人员的身份，来与项目做一个想象的接触——借助于这种方法，任何项目的功能和建筑与场地的关系都可以得到检验。

场地－构筑物规划的形成阶段是对合理开发进度和最佳关系进行探寻的过程。

场地－建筑的统一

我们已经讨论过建立适应性的场地项目关系的重要性，现在让我们考虑其他的可以实现场地－建筑统一的措施。

场地和建筑交接处，我们可以很好地“构建”场地，同时过滤景观使其融入建筑。
——佐佐木·秀雄（Hideo Sasaki）

我们可以设计构筑物元素来利用和强调地形。例如，一座灯塔充当了凸出的海岬的延伸；古代的要塞或城堡以建筑的形式延伸了山岭或丘陵峻峭的山峰；现代的市政设施；如水塔、发射塔和接收塔耸起于地形高处，并成为它们高度的继续。这些应用是显而易见的，然而对于一个社区游泳池利用并强化了景观中洼地或山谷的天然碗形结构，这样一种场地利用就不是如此显然了。更为微妙的或许是一个游艇俱乐部会馆

的精心规划：它利用并突出了某一点上护卫式的山肩结构，以及平静海湾平缓的围护地形。

一座退台式餐厅沿着天然阶梯形河岸逐级跌降，浮动的结构与水相接，轻灵的结构与天空辉映，厚重的结构扎根于岩体中——从各自的场地中汲取原生的力量，这种力量源于场地又归于场地并因此发扬光大。以下城市都充盈着这种饱含活力的特性——越南胡志明市悬垂于它阴暗的干流和缓缓流动的支流之上；中国西藏拉萨城巍然挺立在大山岩壁之上、傲气顿生；印度大吉岭（Darjeeling）城借助林木葱茏的山峰之势直指云端。

通过对场地区域及场地要素的建筑化的处理手法，建筑和场地可以很紧密地联系在一起。修剪齐整的行道树和绿篱、规整的水面、造型精确的堤岸和台地，所有这些都扩展了设计控制的范围。许多法国和意大利文艺复兴时期的庄园处理得非常建筑化，以至于墙到墙之间的整个场地成了一个气度恢宏的、内外空间一体的庞大组合体。由修剪整形的山毛榉树、砖石及马赛克构建的巨大平面及拱穹，及一列列的基座，连同精雕细琢的栏杆墙一起，将这些宏大的花园宫殿分隔开来。在它们环抱中的，是庄重典雅的雕塑喷泉，图案丰富的花坛，或是由修剪得方方正正的树篱构成的迷宫。就这样，建筑和场地得到了统一。

Barry W. Starke, EDA

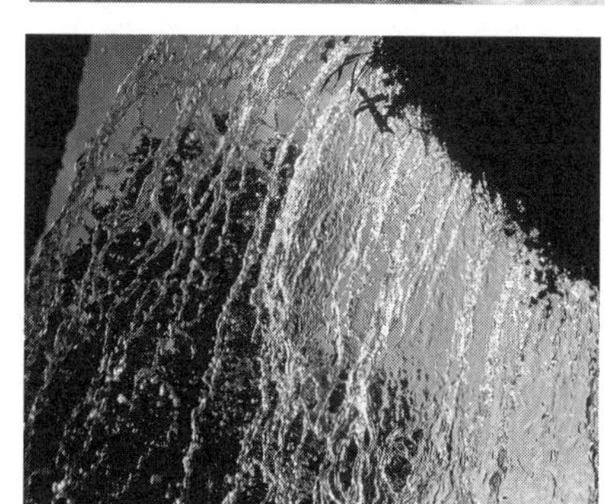

巧妙的水景——埃斯特别墅

可惜，结果往往令人迷惘——不过是一个毫无意义的仅仅追求几何造型的游戏——一种对自然的控制，没有别的理由，只是为了控制。另一方面，还有许多这样的别墅，由于它们那悠扬的交响乐般的美，曾经而且仍将为世人瞩目。这些作品中，毫无例外地，规划师都充分领会了场地自然要素——植物、地形、水体所固有的特质，并予以设计上的表达。例如，水体作为一种景观要素，对它的处理很难找得出比蒂沃利（Tivoli）的埃斯特别墅（Villa d'Este）更富有想象力的作品了：山中的一股急流被迫改道，从别墅的陡坡上倾泻而下，穿过花园，滴落着、喷涌着、迸射着，泼洒着、汹涌着，翻卷着、奔流着，汩汩地、淙淙地，终于在一个明净的石潭中歇息下来，深深地、静静地，泛出一池的波光。这儿，在埃斯特别墅，水体、山坡和植物通过建筑化的处理，既突出了建筑和场地双方，又将两者高度融合在一起。

此外可通过建筑或其他规划要素的分散使场地景观特征融入景观。卫星式规划、散弹式规划、指状规划、棋盘式规划、带状规划和爆炸式规划都是典型的范例。

正如早期北美的英法探险者通过据点的战略性质而控制大片土地一样，规划方案通过要素的合理布局也能控制给定的景观。我们的国家公园正是运用了这种思路：公园中的小径、木屋、露营地的布置把公园最精彩的特征展现给来访者。在带状规划表达中，任何一条穿过乡野、精心规划的风景车道或高速路也体现了这种思路。在广阔的地域内进行军事部署时，每一种功能区——步枪射击场、军官指挥部、坦克试验场、帐篷营地或大炮射击场等——都与特定地貌相适应。基于同一目的，许多新式学校在规划中也采用了分散式布局。不像那种旧式的高大的三层式学校固定在地面之上，我们所说的新式学校是为景观而规划的，它拥有并能展示景观更为美好的特征，这种规划成功地将学校与景观融为一体。

场地与建筑可通过公共区域——如天井、阶梯、庭院的相互结合而加深联系。一种景观特征从院落里看来，会呈现出新的一面，它会显得很突出，似乎成了一件单独提出的标本，可以在不同位置、天气、光线下贴近了频繁地观察。非常别致的岩石碎片，有着完美的形态和细部构造，但在岩石的自然状态下，我们是感受不到的；只有当我们日复一日地观察它——在雨中滴淌着水流、在白霜小雪中闪闪烁烁、在烈日下熠熠发亮、在阴影中斑驳陆离、或是在柔和的夜色中闪着幽幽的光泽——我们才会渐渐全面理解该景观物体及其本质。

卫星式

散弹式

指状

棋盘式

带状

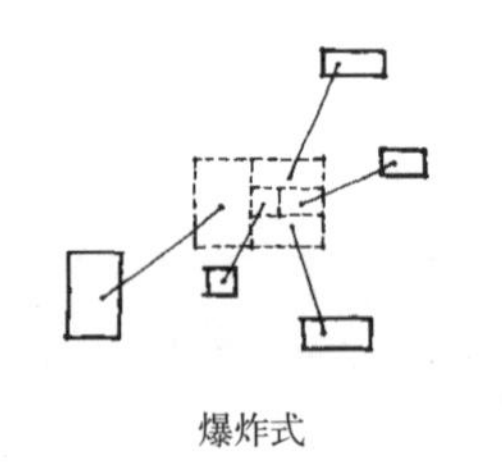

爆炸式

规划要素的分散

通过使房间或区域朝向某些景观特征，譬如朝向远景或视域，景观与建筑物的联系可更为密切。一个花园的景色可看作是一幅壁画，富于变化，多姿多彩，且将房间的视觉面积一直扩展至花园边界（或远景的尽头）。可见，为了获得愉悦感，对于观察到的景观特征，其尺度、氛围、特性必须与观察区域的功能相适合。

日本传统住宅对于外国观光者来说，木制和纸制的可以灵活滑动的隔断是最吸引人的东西之一。借助隔断房屋的整个一面可随意敞开，引入室外繁花如云的李树，生机盎然的一组砂、石和阳光照耀的松树，覆压横斜的枫树枝条间透出远处的重重塔顶。抑或一湾周边长满青苔的池塘，偶有慵懒迷人的金鱼弄皱一池静水。所见的每一事物作为房间的一部分都可视为无瑕的艺术品，它延伸了房屋的空间，使其与花园景观融为一体。日本人此举还有更深远的目的，他们真正努力要做到的就是把人与自然完全融合，让享受自然成为日常生活的一部分。

为了这个目的，只要找得到或买得起，他们总把最好的自然物引进住宅。例如房间的门柱和过梁并不是加工后的方木，而是喜爱的树木的一截树干或树枝加工成的，它们保留了树木天然的形式和纹理结痕。每一块基石，竹屋的每一部分，每一个榻榻米（编织的草垫）都是有心的工匠们精心建造的，蕴含并流露着材料的最天然的本性。在日本家庭，人们发现植物及其枝、叶、草的造型都出奇的美。日本人甚至有意识地、以艺术的形式近乎虔诚地把自然带入家中。

通过这些方法我们同样可把项目及建筑与它们的自然背景联系起来。我们可以同样在大面积上进行设计；可以如此设计入口和道路交通以获得与自然的最佳关系；可以同景观的色彩、形态和材料相适并获得灵感；可以通过室内铺装、建筑墙体或吊顶在景观中的适当延伸，来加深这种联系；从室内到室外，我们可以通过从精致到粗放的过渡来设计建筑装饰。这是前面所提到的“wabi”特质的逆运用。从人工到自然，这种有意识的过渡具有重大的设计意义。

当既定风格的建筑或规划区域强加在另一种风格的景观中时，不同风格间的过渡扮演着重要角色。例如，当市民广场和艺术博物馆建在城市公园边缘，人们离开公园进入广场会感到所有规划要素变得更为城市化和复杂化，线条更为精确，形式更为精致和几何化，材料、色彩、质地和细节更为丰富。自然公园风格逐渐地、微妙地让位于强烈的城市风格，这种风格与博物馆的规划风格相一致。相反，当缓缓起伏长满树木的公共花园建在高度开发的市区时，从市区进入花园保护区，规划形式将随之更为随意与自然。这种控制下的强化、缓和或规划表达的转化是高超的、按照自然法则规划的表现。

场地系统

作为“场地－项目统一化”原则的合理延伸，场地系统的概念值得特别注意，该术语简明地暗示了任何场地的改进应系统地进行建设和发挥其功能。

排水

雨水流过自然地表，一般不会引发侵蚀，极少数情况除外。植物通过密布的根系固定土壤，吸收降水。枯枝落叶也会形成一种能保持土壤水分、冷却空气的吸收性垫状层。自然洼地、河床、河谷等未受破坏的景观可产生最有效的暴雨径流，沼泽、池塘、湖泊则充当基本的蓄洪和泄洪盆地。对这种成型网络的任何改变都是破坏性、高代价的。因为这时需要运输所需物料，筑建新的排暴雨通道和大型的暴雨人工下水系统。一般情况下，随着屋顶、铺装地面和下水管道的增加，排水的数量与速率会大大增加，以至对项目场地和下游土地所有者造成损害。

经验表明人工排水设施应尽可能少用，自然排水通道应得到保护并予以充分利用。

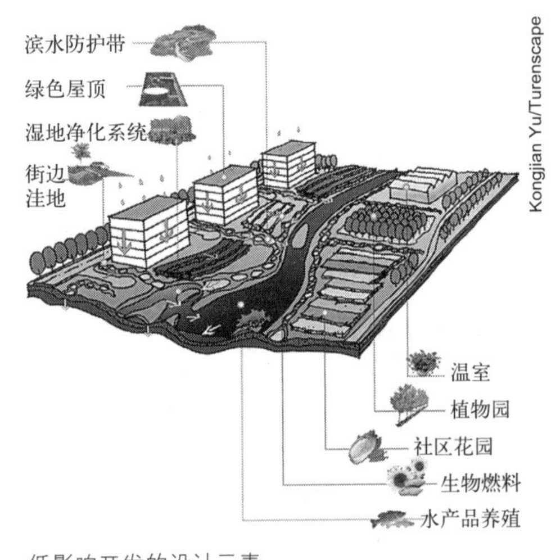

Kongjian Yu/Turenscape

低影响开发的设计元素

运动

不适合现有地形的人行和车行规划线路会导致填挖土方、保护坡度，跨越沟渠、连接下水道以及新建地被等诸多问题和花费。相反，要是这些线路依据自然坡度，沿着山脊线和沟谷、或是采用不需太多填挖的沿等高线方式来安排起伏的话，那么不但在修筑上更为经济，而且更美观和适用。

精心设计的人行步道、自行车道和车行道同样构成保障地域连续性的运动连通网络，它们尤其要与需承担的交通类型相匹配，还要考虑诸如安全、效率及景观统一性的多方因素。材质、削面、外形、照明、标识以及种植应作为一个整合的系统进行协调和设计。

照明

场地照明设施可以带来很多好处：在交通行进及穿越时保证安全，发出危险警示，增加安全性，减少破坏行为；通过对设计重点、人流聚

合理的灯光照明加强了景观效果

集地和建筑入口的强调来体现设计意图；它划清并照亮了相互连接的路线，起着导向作用；通过重点照明，美观的建筑、有特别意义或美感的场地区域可形成视觉的聚焦点。

精心构想过的照明使整体场地及其内部的各个分区更具清晰性和统一性。然而，缺乏构思的灯光布置，则可能难融入场所设计，反而造成光污染的源头甚至可能制造出危险。

不恰当的灯光布置会令人反感而且危险

标志

标志系统与照明系统密不可分，因为二者通常是相互依存、互为补充的。显然，街道照明应与相关的方位标志的定位一起规划，灯柱常常充当标志及消息牌的基座。

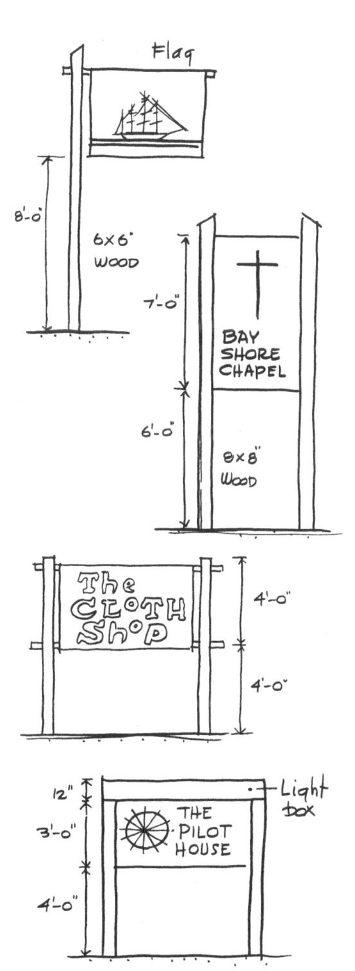

变化中的统一是识别性标志的关键。形状、尺寸、字符样式可随所传达的信息的变化而变化，材料、框架和颜色通常应标准化

标志像照明一样最好组织成一个等级序列：每一标志的尺寸、色调和布置的设计都应服务于各自的特定目的，整体则统一表现为一个相互关联的群体。只有整个系统保持简明、规范，标志才能为交通格局和景观布局提供秩序和明晰的信息。

种植

优秀的种植物同样是系统化的。它表达和强调了场地的布局，构成了开放空间、闭合空间或半闭合空间相互联系的格局，每一空间都与其规划功能相适。通过种植，可以拓展地形，可以构成框景，加固构筑物，提供单体与单体、地方与地方之间的视觉过渡带；充当背景、屏风、阳篷；既能阻挡冬季寒风，又能疏导夏季微风，还能洒下阴影，带来绿荫；吸收降水，清新空气，调节气候。

除了这些实用功能之外，多姿多彩、种类众多的植物还可带来视觉上的愉悦。如果选用某种植物有明确理由的话，这种植物的美感还会大大增强。

PWP Landscape Architecture

Anidika Murandi Charles Anderson

植物种植明确并加强了场地布局

好的种植物，如同其他任何优秀的设计成果：简洁明快，秩序井然。许多有经验的景观设计师往往遵循以下模式配置植物：一种基调树、灌丛、地被植物，1 ～ 3 种调配树种，灌丛和辅助性的地被：禾本草，阔叶草或藤蔓，以及所有其他的占很小一部分的辅助性植物。

除非在城市环境中，大部分选用的植物应是本种，无须特别护理就可繁茂生长。

基本上，每种植物应服务于一种目的，所有植物的整体应有利于规划的功能和表达。

材料

正如品种繁多的植物材料的选用总体上限于那些本地物种，建筑材料也是这样。墙石从当地采石场选用，碎石和砾石作为骨料，砖用当地黏土制成，木料采自周边地区的树木，削下的树皮切碎还可作为覆盖料，这些在当地景观中看来都很合适。进而，把自然中的土地、枝叶和天色作为建筑形、质、色之源也能把建筑物与区域背景联系起来。

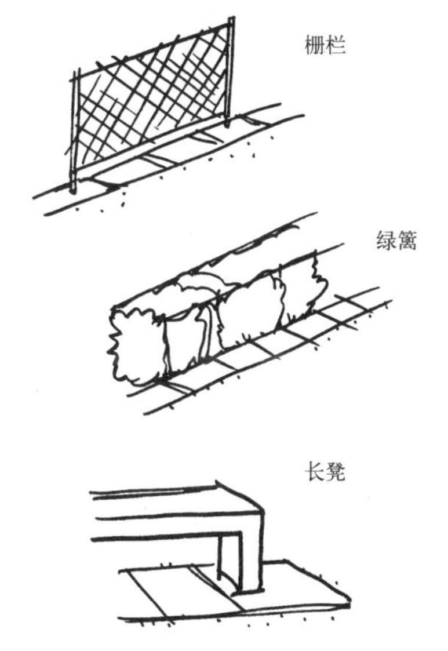

修边道
在草坪边缘，用混凝土、嵌砖或石头铺装的草坪修剪可以承载修边机的车轮，可以减少手工清理

使用材料的数量缩减到一个精选的小范围，有助于规划地开发的简洁性和统一性。

运作

所有项目经过规划都应能运作，并且能高效运作。每一建筑，每一用地不仅应能作为运作良好的单体，还应能一起构成一个有机的整体。这只有当所有部分作为一个整体的有机组成加以规划时才能得以实现。

维护

有效的维护在规划初期就应加以考虑。这需要假设已经做好了所有维护操作的计划，所需材料、设备的存放场所已经有了，出入口和通路在策划上已做了定址，便利的水电接口已安装好了，维护的需要已降至可实际运作的程度。

从小小的家庭院落到校园、公园，到大型产业综合体：尽可能采用的标准化部件、材料、设备可以减少场地施工和维护费用，提高工作性能。在承受范围内使用最好的，就能做到既保证质量，又经济合算。

这也意味着建材、部件、存货的数量也减少到可操作的最小量。这需要灯罩、长椅板条、固定栓、标志板、道牙铸模、涂料及其他东西的标准化。通常，存储物品数量的减少既可以节约，又能提高质量。当然，这只有当维护操作在一开始就被作为或转化为一个高效的系统来规划时，才得以实现。

PWP Landscape Architecture

12 场地空间

在“二维场地规划”中，我们所关注的是如何确定用途区以及各区之间、各区和整个场地间的相互关系。为了进一步深化概念规划，要集中注意力于平面地区向功能空间的转化。每一容积或空间要从尺度、形状、材料、色彩、质地和其他特性上进行考虑，以便更好地调节和表达自身用途。可以说，规划是二维的，而三维构思则属于设计领域。

空间

当规划师第一次觉悟到人们所涉足的不是地块而是空间时，许多土地规划的艺术和科学才会展现在他们面前。例如，一个游乐场，如果游乐设施置于枯燥乏味的平地之上，对孩子们是很少有吸引力的。如果同样的设施安排在富有想象力的一组游乐空间中，却可令人乐不思归。这就涉及如何设计空间围合和空间联系以适应用途的问题。

同理，高速公路也不仅仅是横贯平地的铺装带。经过适当设计的高速路也考虑了容积——在视觉安全和风景优美之处开敞，在需要屏蔽处围合；不断变化空间格局以吸引人且使人从疲劳中解脱出来：调整方向以最佳方式展现周围景观。优质高速路是经过科学设计的、有收有放、形式变幻多样的立体空间。在这样一个空间中，司机可以一边高速安全地驾驶，一边自由自在地欣赏为使他们放松、愉快、同时保持警觉而设计的高速路景观。

一座城市不单单是按僵硬的棋盘模式排列的参差不齐的建筑集合体。一座规划良好的城市应该是不断演化的建筑物和互联空间的组合。不是建筑，而是开放空间的形式和特征赋予城市以基本特征。也许，令人烦恼的美国城市中最令人头疼的一个事实是，绝大多数的建筑物像墙一样沿着交通阻塞的街道两侧排列着。而不是围绕着无汽车通行的院落、广场和集市成组分布。

为各种类型和规模的功能创造具有良好组织的内部和外部空间，是我们环境设计者的宗旨。

Dixie Carillo, SWA Group

空间由底面、垂直面和顶面构成

人们生活在地球上，生活在土地上，但同时也生活在地球表面的三维空间中。规划图和土地利用图可以图解或抽象为平方英尺或英亩来测量。但生存空间则要用由有形物质要素围合或组织起来的大气空间的容积来加以测量……

一个好的三维空间中的体验是人生最重大的体验之一。

——加雷特·埃克博

空间的影响力

空间曾为折磨其使用者而设计。据说，在西班牙内战期间，一位建筑师受命设计这样一座牢房。他发明一种半透明的、颜色繁杂的、由许多尖锐交叉平面组成的多面体——一个危机四伏的圈地。关在其中的受害者，如果不将这个小室弄倾斜或推倒，就无法躺、坐、弯腰或跪着。小室的表面很光滑，阳光下灼热烫人，而夜里则寒冷刺骨。在任何光线下单看一种颜色都令人头痛，而多种颜色极不协调地掺杂在一起，就愈发让人痛苦不堪，以至于要发狂。

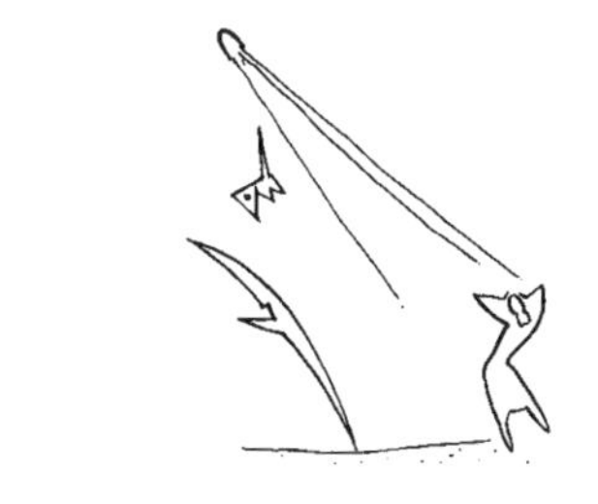

紧张

如果我们能设计出令人痛苦的空间，反之我们也能创造一种使人产生愉快体验的空间。想到这样怡人的空间时，我们可能会回忆起个人喜爱的高尔夫球场的球道，舒展自由，连绵起伏，向天空敞开，树木围绕，绿草如织。

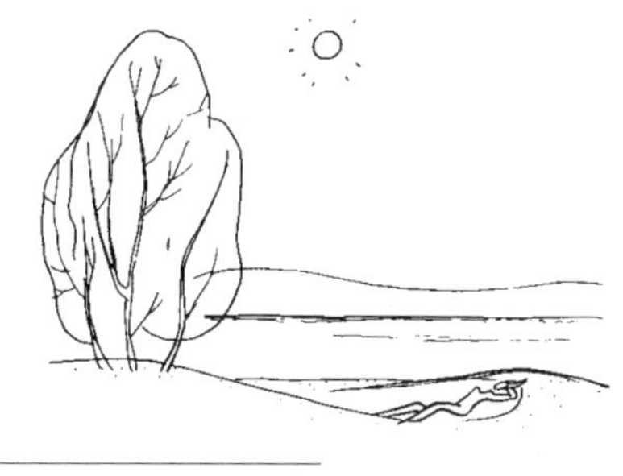

松弛

纽约洛克菲勒中心的瀑布入口广场是一个不同寻常的下沉式室外空间，它四周为金属、砖石、玻璃砌成的墙面所围绕。地面由琢光的石头和水磨石构成。头顶是一个由高耸的塔式楼围合的天空，摇曳的树影和旗帜飘扬着变幻的色彩。这里空间得以艺术地规划，它引人入胜、令人放松、使人兴奋，且使人在进入其周边装修豪华的饭店、商场和办公楼之前，就已融入当地的环境中。不远处，我们还会发现另一处设计得精美绝伦的室外空间——现代艺术博物馆的花园是一个雅致的空间，作为相临美术馆的背景和视觉的延伸可谓恰到好处，也是一个在阳光和斑驳花影中漫步、观赏水池和雕塑的绝好去处。

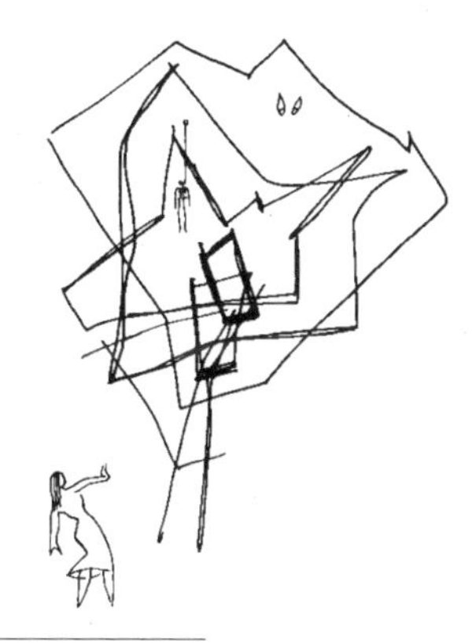

恐惧

许许多多其他类似的令人愉快的场地空间在我们头脑中一幕幕闪现。湖滨的野餐点、体育场、公共广场、私家游泳池和花园。通过分析，我们发现这些场地空间都亲切宜人，这是，也只能是因为它们在尺度、形状、场地个性上都明显地与它们被赋予的功能相适应。

作为启发，我们列出一系列空间的抽象特质或空间属性，每一种特质都是为了引发某种反应而设计的。

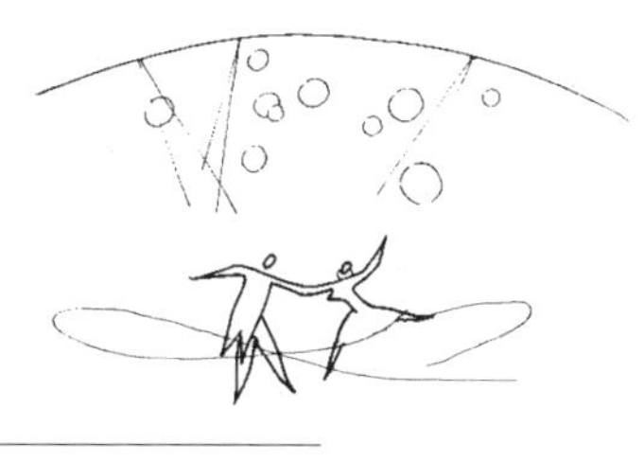

欢乐

沉思

紧张 不稳定的形式；零碎的组成；不合逻辑的复杂性；价值变化幅度大；色彩不协调；令人紧张的强烈色彩；线或点缺乏视觉平衡；没有视线放松点；坚硬、磨光或锯齿状的表面；不熟悉的要素；耀眼、刺目、抖动的光线；在某一范围内令人不舒服的温度；尖锐、刺耳、使人极度紧张的声音。

松弛 简洁；尺度包括从私密到无限的空间；适度；熟知的事物或材料；平滑的线条；曲线构成的形式和空间。结构具明显的稳定性；平展、怡人的质地；令人愉快而舒服的形状；柔和的光线；镇定的声音；充满了宁静的白、灰、蓝、绿的空间；“无须多想”。

恐惧 感到受限制；明显的陷阱；具压迫和忍耐的特性；没有指向；无法判断位置和尺度；隐藏的区域和空间；潜在的袭击的可能性；倾斜、扭曲或折断的平面；不合逻辑、不稳定的形式。危险而不可靠的底面；危险；无保护的空间。尖锐突出的要素；扭曲的

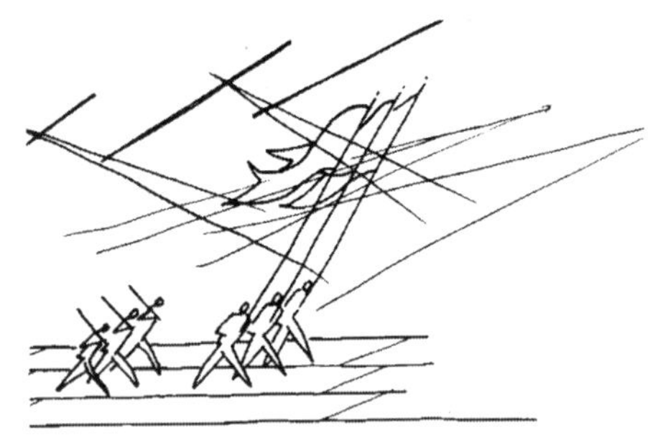

动感

性爱

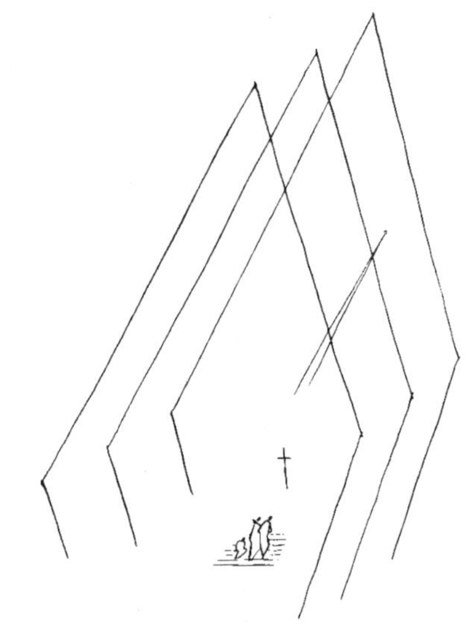

崇高的敬畏

我们必须创造宁静的水面和迷人的地域。这不是为了逃避生活——即使是由标志我们时代文明的新能源创造的激越生活——而是享受生活最深奥的内涵。

——赫伯特·里德爵士
(Sir Herbert Read)

空间；陌生、可怕、惊人、怪诞及离奇的事物；暗示着恐怖、痛苦、苦闷或使用武力的符号；模糊、昏暗、可怕、残忍的场所；暗淡颤抖、令人目眩、鲜艳夺目的光线；青蓝色、青绿色；反常的单一色彩。

欢乐 自由的空间；平滑、流动的形式和图案。转动、翻腾、旋转的运动；缺乏约束；迎合情感而非理智的形式、色彩和符号；世俗；随意；无约束；可接受的做作；受人青睐的、外表奇特的事物；热烈、明快的色彩。闪耀、闪烁、发射、灼热的光线；节奏轻快、感情充沛的声音。

沉思 当主体陷入冥思的时候，尺度就不那么重要了；整个空间温和而不露锋芒；没有讨好的成分；没有尖锐对立所引起的心烦意乱；如果使用符号，那它就该与沉思的主体相关联；空间产生一种孤立、私密、超然、安全与平和的感觉；柔和、漫射的光线；宁静、消退的色彩；如果有声音，也是那种可在无意间领略的、柔化了的声流。

动感 巨人的形体；沉重的结构韵律；固体材料如石头、混凝土、木材或钢材；粗糙自然的质地；有尖角的平面；对角线；有沟槽的垂直面；兴趣集中于活动的焦点，如讲台、集合点或者现有的大门，通过它人们可进入空间。由曲折的线条、成束的光线和形式、图案、声音的高潮所引发的动作；强烈的原色——深红、鲜红或橘黄；飘扬的旗帜；闪亮的军歌；军乐；声音的洪流；渐强的铃声；铜锣的敲击声；喇叭的吹奏声；鼓的震撼声。

性爱 完全的私密性；房间的内向性；支配焦点；亲切的尺度；低矮的顶棚；水平面；流动的线条；柔和圆润的形式；角和曲线的并列；精致的织物；奢逸柔顺的表面；异国情调的成分和气息；柔和的、由玫瑰粉红到金色的光线；节奏性强、令人兴奋的音乐。

崇高的敬畏 超越于常人体验的巨大尺度；同低矮平展相对比的高耸形体；使人在宽阔的基面上伫立，而目光和思维却沿着垂直面升腾的空间设计；指向上方远处或超越无限的符号；完整地构成秩序，通常是对称的；高度发展的序列；使用昂贵而持久的材料；预示着永恒；利用纯白色；如果要用颜色，那也该是冷调、单色调的，如蓝绿、蓝、紫罗兰；漫射光中的强烈光束，传达着玄虚信息的深沉、圆满、升腾的音乐。

不愉快 令人沮丧的运动或展示序列；与期望用途不符的区域和空间；障碍；多余；过度的摩擦；令人不舒服；恼人的质地；材料的不恰当运用；不合逻辑、虚假、不安全、冗长乏味、俗丽、单调、秩序混乱的事物；不合宜的色彩；嘈杂的声响，令人不舒适的温度或湿度，令人恼火的光线；丑恶的事物。

埏植以为器，当其无，有器之用，凿（牖）户以为室，当其无，有室之用，故有之以为利，无之以为用。

——**老子**（Lao-tse）

空间内的创造就是局部空间的交织……

——**拉斯洛·莫霍伊-纳吉**（László Moholy-Nagy）

建筑学，……是美丽而庄严的空间游戏。

——**威廉·杜多克**（Willem Dudok）

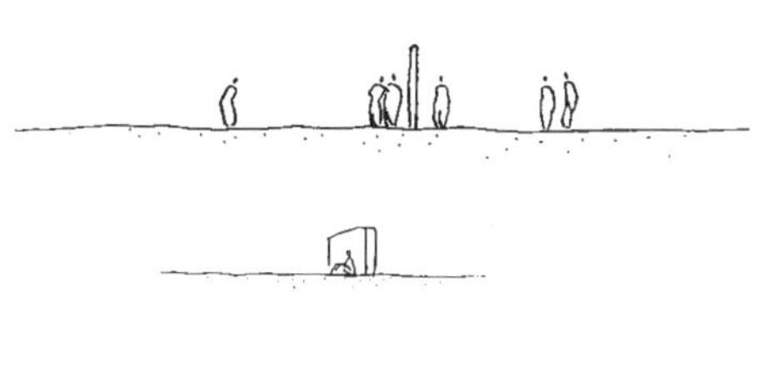

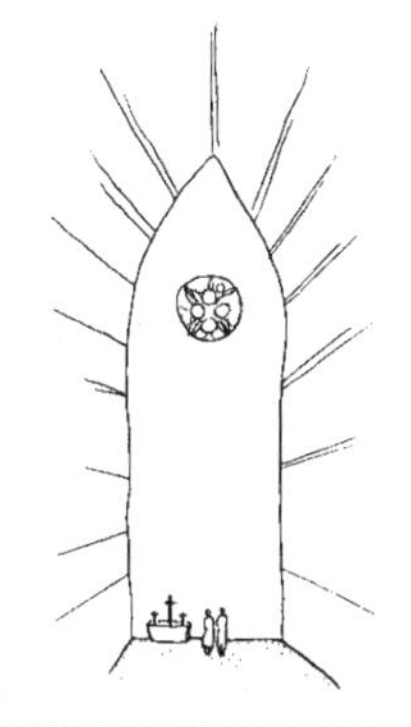

空间的特性

愉悦 无论它是空间、形式、质地、色彩、符号、声音、光线、性质、气味或其他所有的一切，都与用途相符，期望、要求、愿望得到满足；序列得以发展并趋于完满；变化中有统一；和谐的关系；美的综合特性。

如果我们要为每一个不断变化的用途列出其理想空间所必需的东西，我们也许会惊奇于所想到的空间特征的多样性，惊奇于这些特征所能被定义的精确程度。例如，一个儿童游戏场，设计得如同一个引导行动充满惊呼、尖叫的奇妙的小人国。极诱人的形式、变幻多样的质地、五彩斑斓的颜色适于用在这里，因为儿童的触觉非常敏锐发达，且喜爱构型和原色。他们的游嬉空间最好是多样化的，有管道、障碍物、隔板、可移动的物体及一切可爬上、爬下或从中爬过的东西。它该是充满强烈对比的地方：阳光和阴影、光滑和粗糙、明亮和灰暗、开放和封闭、高和低。设计良好的儿童游戏场赋予整个游嬉以想象力。它本身就是一个能让人兴奋、快乐的玩具。

私人室外餐饮空间有一套完全不同的评判标准。作为空间，它应该有简单的形状、亲切的尺度、精致的质地和细节。它的构形要追求安静。它应该创造便于交谈、宁静愉快的氛围。至于人们的最高兴趣点，就会聚焦于桌面和其上用餐者的面孔。它应该是随意但经过研究的、微妙的空间。可以想象，如果把孩子们的游戏活动挪到像我们方才所描述的，为就餐而设的空间里，孩子们很快就会闹翻天。相反如果把宴会搬到游乐场举行，神经崩溃和慢性消化不良势必会如期而至。

空间特性

容积的本质在于其不言而喻的容纳性。

追求宁静的限定空间可以是静态的。它可向内引导且集中兴趣或视线。整个空间外壳似乎是为了收缩或压倒一切而建造，以产生激动或压抑感。

另外，空间也可是外向的。它可把注意力引向边框甚至更远的地方。它可以无限延展或看起来要扩展。它有时似乎要向外迸发。它可以驱使外向运动直至外围边界甚至更远。

空间可以是流动和起伏的，引导定向的运动。空间可高度发达，以至于自身具有足够的、令人满意的特性。它既可自我完善，自成一体，也可成为人或事物的背景。

空间，其实可以是一种真空状态。

空间，可以有一种排斥力。

空间可支配物体，使事物融入它独特的空间特性中。它也可为事物所主宰，由物体获得某些自身的本质。

空间可以是内向的、外向的、上升的、下降的、辐射的或切向的。

空间可成为物体的最佳背景或成为某一特定用途的环境。

空间可以设计用来激发既定的情感反应或产生一系列预期的反应。

空间可以与物体或其他空间相联系，并从这种联系之中获得最真实的意义，它可以与远景近景、日出日落、阳光明媚的山坡、星光灿烂

Tom Fox, SWA Group

热闹的公共场所

Pamela Burton and Company

清净的私人场所

的夜空或者撩人的习习晚风相呼应。

一个复合空间在一定程度上限定了局部空间的特性，并且将其联成统一的整体。

空间的变化可从大到小，从轻盈缥缈到凝重沉闷，从动态到平静，从粗犷到精致，从简单到精巧，从阴郁到灿烂。它们的尺寸、形状、特征可以无止境地变化。很明显，在为任何特定功能设计空间时，我们首先要很好地确定那些最需要的特征，并竭尽全力展现它们。

日本人已在他们的景观设计中学会了发展一种符合人体固有尺度和个性化特征的空间，这种空间只有在有适当人存在时才是完美的。例如，日光（Nikko）寺院花园，只有当寺院主持和他的追随者们安然坐于低矮而宽阔的台阶上或在枝丫横生的松树间及安静的池塘边沉思漫步的时候，它才是完美的。新宿（shinJuKu）皇家花园，曾经有种绝妙的美丽并被修饰得完美无瑕，但天皇没有在场，它看起来似乎有些不尽完满。当代美国人的家庭和花园是作为一个整体加以规划的，它提供一种内部和外部空间的平衡组合，这样设计是为了适应和满足家庭成员及其朋友们的需要。

蹲
吃东西
闲谈
摇摆舞
三人合唱
为鱼价而咆哮

空间尺度

坐
就餐
谈话
狐步舞
轻歌剧
比较汽车每英里的耗油量

规划过的空间通常被认为只与人类相关。牧场、畜栏、赛狗场、金丝雀笼和大象栏是例外的。但即使是这些东西也不仅要注意特定栖居对象的习惯、反应、要求，而且要经过严密的思考。以大象栏为例，极少有建筑师能在规划中敏锐地了解他们服务对象的特性，相比之下，倒是那些乡土的建造者们更能指导人们围合结实的木料和藤木，构造捕捉和训练野生象的构筑物。有着轻巧的框架、装谷物的杯子、摇荡的栖木，用墨鱼骨制成的金丝雀笼也是为金丝雀的健康而精心创造的空间。对规划师而言，为人规划空间如同为鸟和厚皮动物设计空间一样，中间的容纳性和怡人性更值得关注，这似乎是不言而喻的。

就座
宴会
会谈
华尔兹
交响乐
讨论世界贸易关系

众所周知，与人相关的内部空间的尺度极大地影响着人的情感和行为。这点用附图加以说明。

外部空间具有相似的心理影响力。站在广阔的平原上，懦弱的人会觉得压抑、孤独且缺乏保护。如果听任其自行其是，他们会很快奔向遮蔽所或志同道合的人群。然而在同一平原上，坚强的人会觉得受到了挑战且跃跃欲试；因为那里有自由和活动的空间，他们想飞跑、想跳跃、想欢呼。水平地面不只容纳、同时也诱导了大规模活动的开展，例如马球场、橄榄球场、足球场和田径场上的活动。

如果在这片一览无余的土地上设置一个笔直的突出物，它就会成为引起高度兴趣的要素和可视区域的方向标识点。我们会被吸引过去，围着它聚集起来，并在其基面上休息。此微小的自然现象反映了人类固有的自我防卫的倾向。一个竖向平面或墙则能提供这种保护且意味着庇护。

两个相交叉的竖直平面增强了防御感。它们提供一个人们可以退入的角落，从那里可瞭望整个区域，看是否有侵袭者或猎物。垂直面的增加可界定出更多的角落和空间，它们进一步通过增加顶面覆盖来强化空间的控制。这类空间的尺度、形状和围合度是通过相互作用、相互制约的、界定空间的平面体现的。

空间可令人激动或使人放松。它可以很大，提示某些用途；也可以是有限的，提示另外一些用途。无论我们做什么，是远足、射击、吃葡萄还是在做爱，我们都会为那些适合我们需要的空间所吸引，对于那些看来与我们想象中用途不相适合的空间，我们会排斥它们，或者至少我们对其不感兴趣。

自然界中，无论我们把什么当作“美”，它从来不是，也绝不会附属于我们认为是“实用”的东西。所有的有机形态和细节都明显地依赖于自身的结构，并且从来都不会被看成是装饰性附属品。

——理查德·J·诺伊特拉

© D. A. Horchner/Design Workshop

空间还可以通过人们和活动所创造出来的氛围而营造

衡量美的唯一标准是善，不遵循这一标准的人，别人会认为他是傻瓜……有用的是高贵者，而有害的则是卑微者。

——柏拉图

我将美定义为所有部分的和谐，无论出现在什么主题中，他们都以如此适当的比例和关系结合在一起，以至于什么也不能加，什么也不能减、不可改变，否则就会更糟。

——莱昂·巴蒂斯塔·阿尔伯蒂 (Leon Battista Alberti)

蓝和绿的颜色属于天空、海洋、果实累累的平原、南方正午下的阴影、夜晚和远山。本质上它们是大气的色彩而不是物质的颜色。它们是冷调的，使人精神升华，且给人以扩张、遥远、无边无际的印象。蓝色……总是与黑暗、无光明、虚幻相关联。它不对我们施压力，却能把我们推向远方，正如歌德在他的《颜色论》(Farbenlehre)中所说的那样，蓝是“迷人的太虚”。

蓝和绿是半透明的、精神上的、非感官方面的色彩……而黄和红，这两种传统的色彩，则是物质的、亲近的、令人热血沸腾的色彩。红色是有性特征的颜色——它是唯一能影响动物的颜色。它与男性生殖器象征——雕像和多立克柱式呈最佳匹配——但却是纯蓝色，使得圣母玛利亚的帷幕变得扑朔迷离。色彩的关系已在每一伟大的学派中因其深切的必要性而地位巩固。紫色，一种红中偏蓝的颜色，是属于风韵不再的女人和独身教士的色彩。

黄色和红色是大众颜色，是人群、孩子、女人乃至原始人的色彩。在威尼斯和西班牙，地位高贵的人喜欢用庄重而典雅的黑色和蓝色，但却没有意识到这些颜色具有一种天生的孤独情调……

——奥斯瓦尔德·施宾格勒 (Oswald Spengler)

某些空间是人为控制的，人手臂的可及范围或轿车的转弯半径决定其尺度。而另外一些空间则控制我们。大峡谷的参观者深深震撼于这高得令人眩晕且深不可测的峡谷风景。弗吉尼亚的蓝岭公园大道把我们有意识地带到悬崖边。另外在一些狭长的走廊中，人类会如一只在茫茫天穹之下的蚂蚁一样惊惶于自己的渺小。英格兰神秘的巨石阵，一处在荒野之上由粗重的石柱和石梁砌成的巨大的圆形空间，它强烈地提醒着人们，即使新石器时代的人也知道空间有着激励人类或挫人锐气的力量。他们似乎已意识到人的灵魂会因敬畏之情而升华，人的心灵在体验渺小中得以重生。

在微观和宏观空间之间，我们可将空间规划成尺度上无限大的形式，但空间容积永远也不该是随意的。

空间的形式

理想化的说法是设计中要“形式追随功能”。这句话有深奥的内涵。除非我们假定美学和智力因素是功能的一个内在方面，否则人们依然会争执不休。所有这一切意味着任何对象、空间或事物应为能最有效地满足所要完成的工作而设计，而且要恰到好处。如果设计者能实现形式、材料、装饰和用途之间真正的和谐，那对象不仅能运作良好，而且会赏心悦目。举一个简单的例子。斧柄的作用在于传递砍伐者的力量到斧刃。长期以来，一个优质斧柄是由精选的、带有条形木纹的干杨木制成，该杨木要有适度的柔韧性。它做成把手状并和斧头相咬合，以防滑落。从把手处开始，斧柄沿厚度和长度经过研究的、能传递强力且防裂的曲线渐大。当流线型斧柄以最佳尺度与斧头精确结合时，斧子处于完美的平衡状态中，握在手中很合适，用起来很舒服，看起来也很雅观。对有经验的使用者而言，它真是美的化身。

如果拿一个塑料手柄的新斧子给用惯了木柄斧子的人看，他可能会认为这简直不可思议。没有木纹的手柄看起来像玻璃一样，绝对不可靠。这样的斧子看起来很不协调且丑陋不堪。然而，如果人们逐渐通过实践，了解到新斧柄在各方面都是优越的，那么它就会受到欢迎，而木柄斧子不会再像以前那样受宠了。

多帆单桅小帆船是为利用风的推动力而设计的船只。优良的单桅小帆船，其船体具有无瑕的形状以便于乘风破浪，轻快地在水中滑行，只留下流畅而扩散的尾波；船的龙骨将船的形体延展成一个流线型的平衡器。桅杆是如此的合适，可以让航行一直处于最适宜的区域；吱咯作响的支索是最好的不锈钢索链；扬帆索和帆脚索则是尼龙的；帆由薄织物构成；索栓做得恰好使索绳可达；船柄和船舵安装精确且极为平衡，以便于掠水而行和调转方向。这样一只侧身飞速前进的小帆船是形状、材料和共同作用力协调一致的奇迹。这里再次证明了形式是为功能而设计的，且形式本身也是优美的。因为就像诗人济慈（Keats）曾精辟地说过的那样："美就是真，真就是美"（Beauty is truth, truth beauty）。

空间的色彩

顺便提一下，关注中国早期的空间色彩设计理论是件有趣的事。根据这一理论，我们已如此习惯于自然的色彩安排，以至于厌恶任何对公认准则的背离。这意味着为任何空间选择色彩时，无论是室内的还是室外的，底面部被处理成大地的颜色——黏土、沃土、石头、砾石、沙石、林中落叶、地衣的色调和色相。淡蓝和蓝绿让人想起荡漾的水面，所以很少用于底面或楼面，只在那些不鼓励步行的地方才会使用。墙和顶棚的建筑要素，除非为了给人以深刻印象，要做成像树干或大树枝的那种黑色、棕色或深灰色。作背景的墙面要采纳幽远景观的颜色，如阳光照耀的枝叶、远山、地平线处的天空。顶棚的颜色从深天蓝色

Barry W. Starke, EDA

Barry W. Starke, EDA

Tom Lamb, Lamb Studio

Barry W. Starke, EDA

廊道空间

活跃

稳定

积极、粗壮、有力

原始、简单、粗壮

锯齿状、粗糙、坚硬、茁壮、阳刚、入画

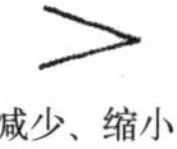

减少、缩小

运动中

流动、起伏

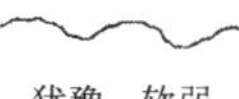

犹豫、软弱

无目的、漫不经心

直接、明确、有力、有目的

兴奋、紧张、颤动

消极

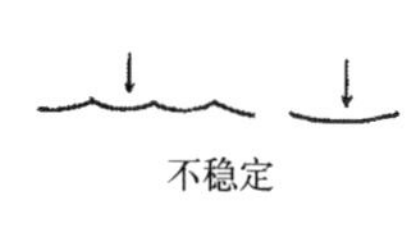

不稳定

脆弱、不肯定、摇摆

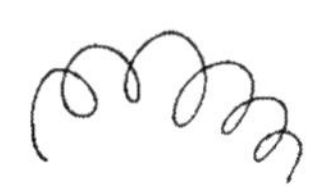

感情奔放

曲线、温柔、柔和、令人愉快、阴柔、美丽

增加，扩展

弯曲、平常、放松、有趣、有人性

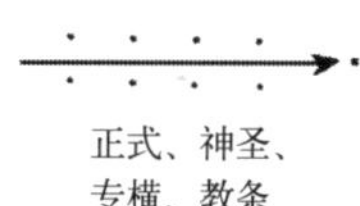

正式、神圣、专横、教条

渐进

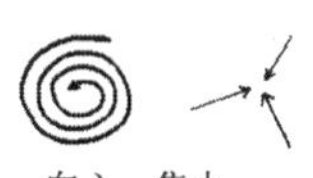

向心、集中

相对的

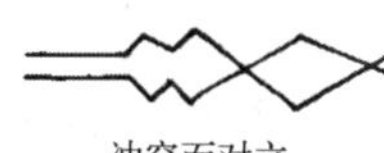

冲突而对立

抽象的线性表达

或水绿色变到朦胧的云白或柔和的灰色，令人想起天空的浩渺。作者发现，这一久经考验的自然适应理论可同样很好地用于材料、质地和形式的使用上。

当然，还有许多其他的色彩应用的理论和体系。一种力求保持空间围合的中立性，采用灰色、白色、黑色。这样空间中的事物或人就能以其微妙或鲜艳的色彩使自身耀眼起来。另一种是将空间充满或在外表附着上那些色调和色相单一或复合的颜色，能产生预期的理智—情感反应。给定一个基调，这种方法可以调节和谐的折光色彩使人情绪平息，同时形成对照以产生情趣和重点。另一体系则利用那些经过研究的应用方法或隐性的，起主导作用的色调和色相，控制那些空间内的空间和物体。

一个熟悉的、合理的室内设计实践，就是利用场地主要图形、肌理或其他对象，作为空间的主题色彩展示区，并极尽所能地运用各种颜色，不论鲜艳还是苍白，去召唤或者说去强调主题。

然而，另一种理论对任何给定的地域或建筑物都限定一种恰当的颜色，这一颜色贯穿始末，可视为一个统一主干。所有其他颜色对这个主干而言则是它的枝干、细叉、叶子、花和果实。这样一个构架可比作柳树、橡树、枣树的整体着色——或云雾缭绕的山脉或河谷的混合色彩。在自然中观察到的所有要素成风景无一例外地都有自身协调的色彩体系。创造有意义的空间时，对色彩博学的处理是最重要的。

抽象的空间表达

我们已经认识到，就像抽象的设计特征可由既定的景观类型去表现一样，它们也可用一种既定的用途来展示。例如，墓地的空间要求几乎难以与游乐公园的要求相似。我们到游乐公园去是为了欢笑、惊奇，为了改变，放松并脱离循规蹈矩的生活轨迹。我们期望被愚弄，于混乱及扭曲、变形、滑稽的形状中获得愉悦。我们寻求引人入胜的、旋转、碰撞、环行、飘忽不定的运动。我们喜爱过山车飘然的感觉和呼啸而至的高潮，喜爱铜钹的撞击声，喜爱铃鼓刺耳的叮叮当当，喜爱招揽生意者轻敲的锤声，喜爱以欢乐的形式弹奏的喧嚣的钢琴声。我们激动于绚丽如油彩的颜色，激动于鲜艳如猩红及橘黄的亮片，激动于艳丽如染色的羽毛、金色的金属小圆片，激动于五颜六色的闪烁。我们期盼的是惊恐，是尽情地欢笑、是调情、是引诱、是戏弄、是嘲笑。一切都是欢欣的喧哗，一切都是短暂的，一切都是愉快的幻觉。我们接受那些廉价、临时的如彩旗和粉饰的四搭二的东西。一切都充满了惊奇、诱人、娱乐、飘摇、舒展、收缩、引人注目、令人愉悦、喧哗狂欢的气氛。一个成功的游乐公园必须努力营造这种氛围，它必须有魔术般建造而成的、经过规划的喧闹气氛和空间上的纷杂感，这不仅是需要的，也是必不可缺的。秩序和严格控制不适宜用在这里，而威严的林荫大道和吸引人的购物中心的存在则会是致命的错误。

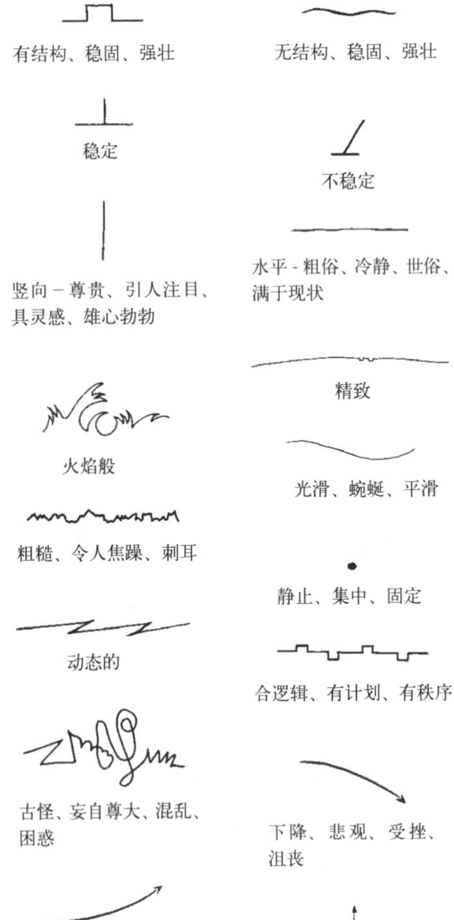

墓地的空间要求却是多么不同啊！这里我们所期望的空间是宁静不朽、开阔而美丽的。我们期望空间围合以提供防护，并暗示超然的隐退。入口大门，像赞美诗的序言一样，给予内部空间以主题，因为这是通往天国的凡间之门。我们怀着最沉重的悲痛进入这里，将死者葬于这神圣的墓园，仿佛回到了时间的起点。

悲痛时，我们来此寻求安慰和舒适。空间大可根据形式和质地的微妙和谐，来提供宁静平和。遇到麻烦和问题时，我们到这里寻求信心和秩序。秩序作为一种空间特性，受逻辑演进、视觉平衡及规划常规或顺序启示的影响。

当我们在死亡面前自觉卑微和心神烦乱之际，我们会自动转向于某些超凡的力量。神圣力量的存在可在规划形式中用符号暗示。古典的轴线处理方法能使人与观念紧密相连，而它颇具灵性的翻版用在这里是最好不过了。这里也可有令人屏息的远景和包罗万象的景象，只要远景和景象与神圣崇高的气氛协调一致。

Barry W. Starke, EDA

阿灵顿国家公墓

Barry W. Starke, EDA

越南老兵纪念碑

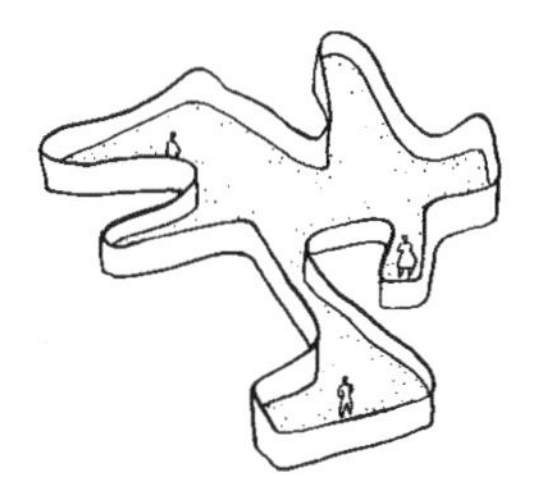

产生兴奋、分割、好奇、惊讶、被诱导运动的复合空间

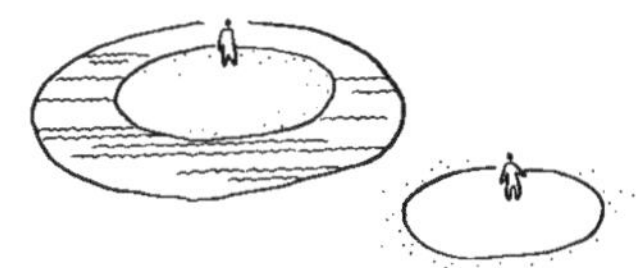

围合可以通过底面的强有力的装饰有效地体现出来

简单的围合以形成思想、形式、细节注意力的集中

闭合产生松弛与宁静

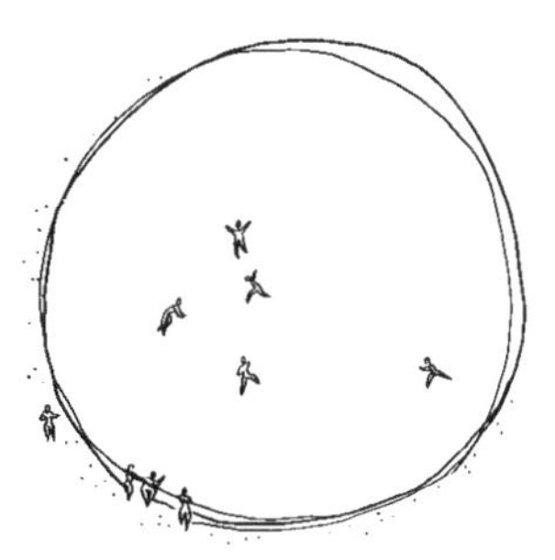

开放与自由诱导活动和勃勃生机

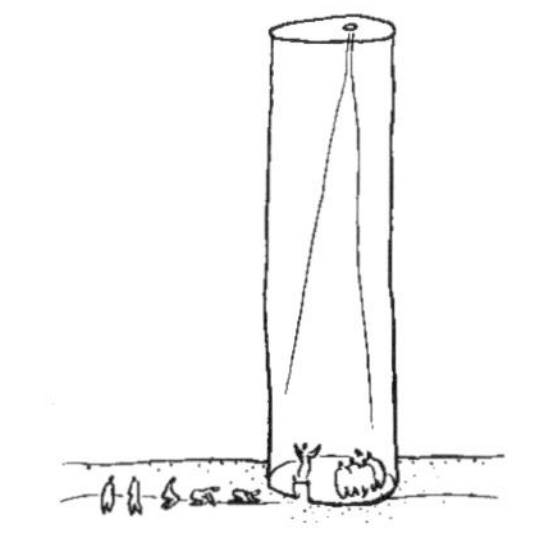

空间通过设计用以产生特定的情感和精神的影响

竖向围合的作用
受引导的人反应因围合的种类或程度而异

在那些经过精心选择的、感召力集中或达到高潮的规划区域，我们可运用引发精神升华的高耸垂直面。一个在云彩衬托下耸立的简朴的白色大理石十字架，也可引发心灵的极大慰藉和精神意义上的情感反应。

在这里我们为所爱的人寻找一块合适的最终的安息之地。这种观念要用永恒和理想的设计语言加以阐述。永恒可用万古长青的景观要素——苔藓、蕨类植物、长满地衣的石头、太阳、多节的古橡树林、坡度缓和的山顶来体现。为了持久耐用，可选一些诸如大理石、花岗石、青铜这类的材料。

理想主义可通过创造空间和高超的艺术形式表达出来。这种空间和艺术形式将会逐渐使人深信：在这个神圣的地方，生者和死者确实都站到了他们的上帝面前。

同样地，任何我们能叫得上名字的功能性地域和空间——购物中心、夏令营营地、圆形露天剧场——都将使我们想到一些适合于它们的空间特征。一目了然，是设计的基础所在。

空间的要素

广而言之，所有空间都从其组成要素中获得生命与个性。因为在某种程度上，每一个这种要素的自身性质都浸染于空间中，它不仅要很好地与所有其他这类要素相联系，也要与为空间设计所预期的本质性特征相呼应。

线条、形体、颜色、质地、声音和气味都对人的理智－情感反应产生某些可预知的影响。例如，如果某种色彩的形式能对观察者传达信息或产生一定影响，这就有充分的理由采用这样的形式或色彩来塑造那些要传达这种信息的构筑物、对象或空间。当然，如果给定线条的抽象表达背离了构筑物、物体或空间的预定表达形式，它就只能在深思熟虑后加以运用。在形体或平面中，每一条明显的线条都有其自身的含义且必须与所在空间的预期本质保持一致。

空间的界定

亚洲的设计者早就知道，要想创造一个有效的空间，必须有明确的围合，而且围合的尺度、形状、特征决定了空间的特质。开放、虚空和仅仅宽阔是不够的，它们可能导致空泛无物。

室外空间的范围可以是无限的，只受地平线的限制；或者它们也可以是有限的如两棵雪松之间的空间。塑造外部空间时，设计者不像在建筑或工程建设中那样，要受材料、形式和尺度的限制，而是可采用所有的人造材料及自然材料。海滨空间可回归自然，有着贝壳遍布的海滩、被冲击得纠缠交错的野生海葡萄藤、起伏的浪涛和灿烂的天空。景观路上由公寓大楼框出的复杂的城市公园空间，可进一步由切割石板拼花的铺装路、修剪过的紫杉、桶植的夹竹桃、旋转的黄铜喷水池，光滑的瓷砖和波光粼粼的水面等限定。

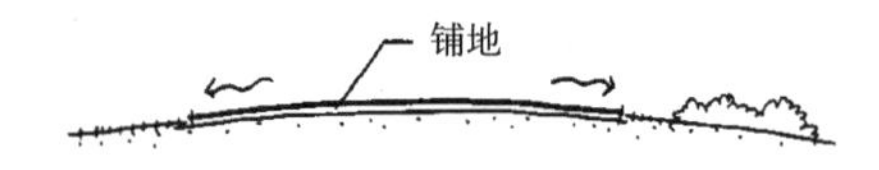

径流量较少的地方、单靠草地、植被或地表覆盖物的吸收就足够了

外部空间可由沙子、开阔的天空和颤动的白杨叶丛很松散地限定着，或者外部空间可由水磨石镶嵌的铺装地面、磨光的大理石墙面、镂花的红木板、有色玻璃、图案丰富的陶瓷壁画和色彩明快的天篷等紧密地围合。所有外部空间，无论是限定的还是自由的，都由三个空间要素构成：底面、顶面和垂直的空间分隔面。

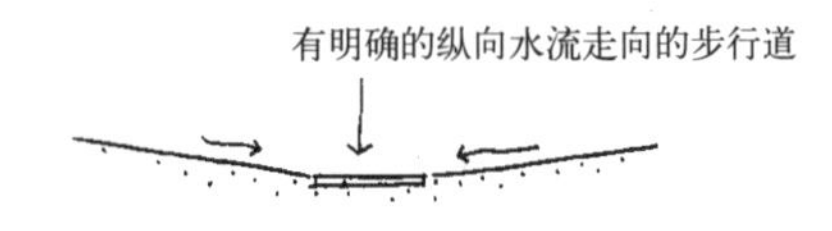

车道、步行道、自行车道常被用作排水道

底面

如果水流较大，路面会在断面上做成凹面

底面和用地的安排关系紧密，因为我们最关心的“用途”就落实在这个空间底面上。我们从一个项目的规划中所看到的就是什么将放于这个底面上。它不仅要确立各类用途，也要确立规划上每个用途彼此间的关系。

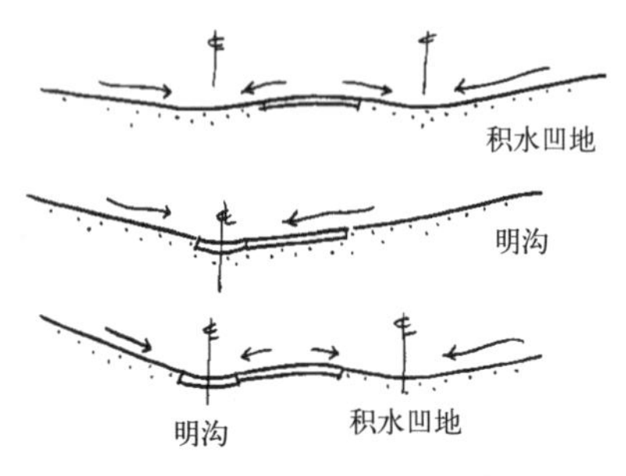

最好是：在宽度允许的地方，路面高出两侧的排水凹地或明沟

底面经常是地球的自然表面。由于地表土层有薄有厚，土壤的水分和养分以及植被各不相同，所以底面实质上是各种生物的生息之地。明智的规划师决不会无缘由地扰乱或调整自然地表，所做的任何调整都应该是在保护项目场地质量的前提下，对预计用途的实现。

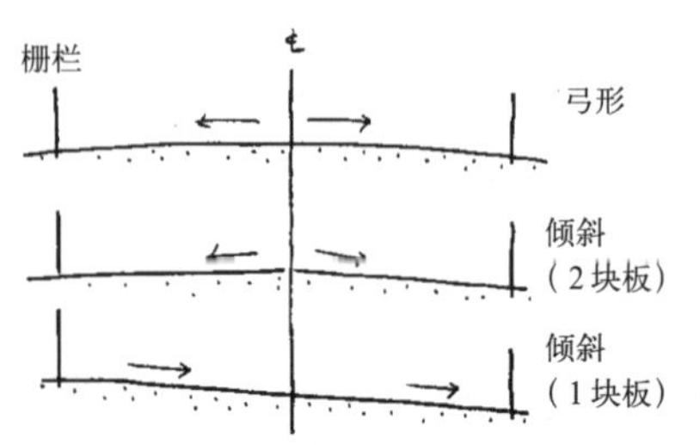

在休闲庭院或其他场地，排水面要与总体设计相联系

地球表面通常是由矿物组成，依其硬度分别为花岗岩、灰岩、页岩、黏土、沙土和壤土。土层的承载力和稳定性不仅取决于每种矿物的性质，也取决于倾斜角度、水位高低以及与其他地层及地面之间的关系。外表并不可信，而欺骗常是灾难性的。当支承程度和稳定性很重要时，可通过分析探井或岩芯钻探来确定土壤类型和承载力。

土壤及其包含的湿气和冰冻是强有力的侵蚀者和腐蚀者。从建设的角度看，选择那些将要置于土地中或与土地相接触的材料时，必须极度小心。对于室外空间，我们把底面与自然建筑材料如石头、砾石、沙

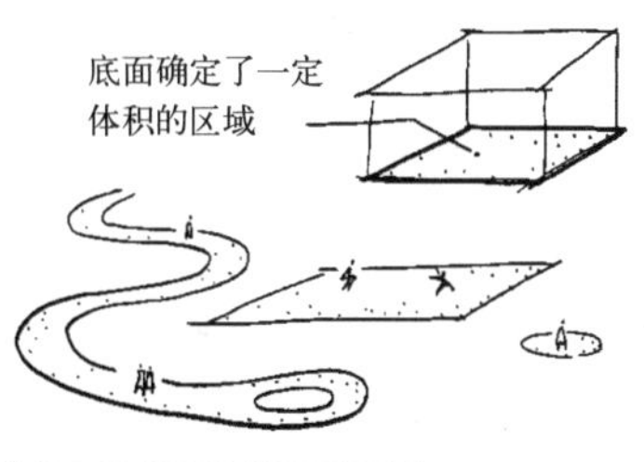

底面的尺寸、形状、质地被设计用来表现用途

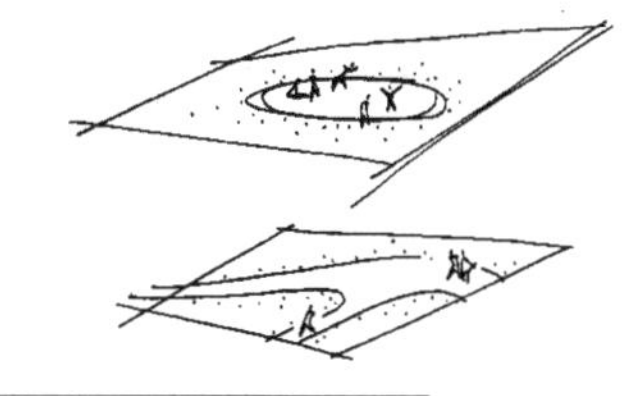

在一个给定的区域里，表面的材料、图案、色彩决定了与其相适的用途

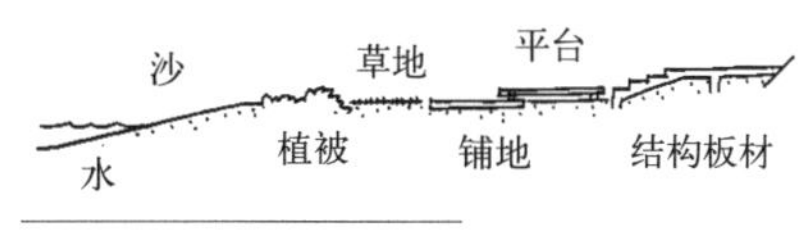

底面从流动性到刚性

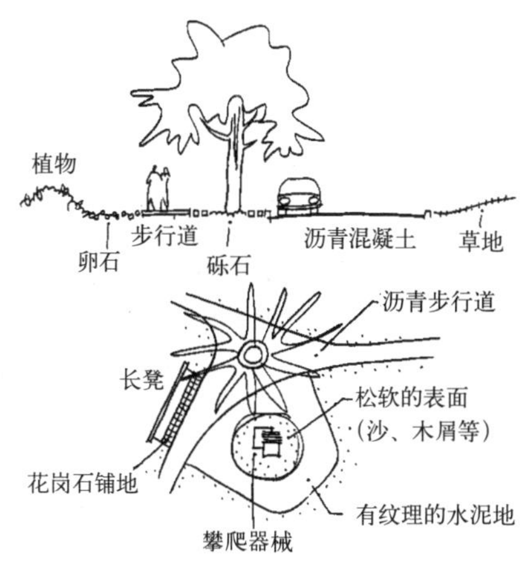

表面材料的不同暗示了不同用途

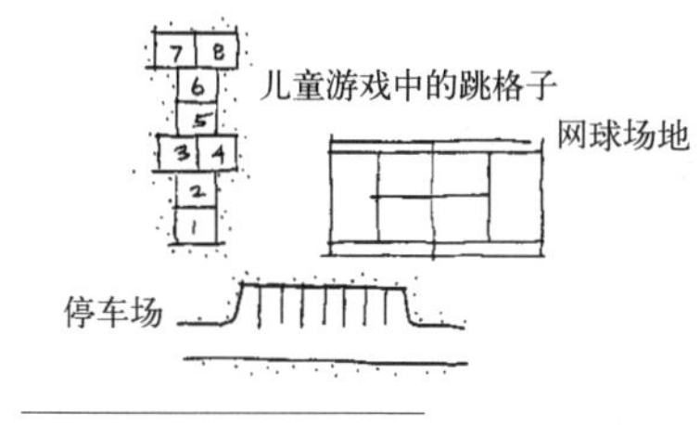

用途由轮廓线定义
底面是用途的平面

子以及诸如砖、混凝土、沥青和瓷砖这类建筑材料联系在一起。这些材料似乎能与地表共处。而多数其他材料，包括未经处理的木材以及未经镀膜的金属，则很快就会腐烂或生锈。

就是在底面上我们建起了我们的交通线，它们最好顺应自然地形。违背地形必然导致耗资巨大的土方填挖且需要昂贵的排水结构。另外，在受干扰的地表区域，必须重新建立繁茂的植被覆盖以美化地表和防止毁坏性地表侵蚀。世界上最稳定且最美丽的快车道和高速路都沿山脊和谷底而行，在穿越坡度最适宜的地方随地形坡度时起时落。也许这类快车道如此怡人的原因在于它们的动力流线基本上与自然形态和地球引力和谐统一。如果我们能就这一点请教我们的朋友柏拉图，他也许会赐以哲人的赞许。

底面上的每一个物体都有其规划上的重要意义，如果某个物体要保留，那么它与规划上其他因素的关系就要详加考虑。如果这个物体需要移走，那么移动的目的地和方法就有待于研究。如果这个物体要进行修改，修改的程度和方式必须要加以分析。

场地上的活动通常发生于水平面上、除非地面渗透性良好，否则必须倾斜或进行处理以利于排水

场地之中使用曲面经常意味着消极区域或缓冲地带

坡道、台阶或露天坡阶用于提供平面间的过渡

台地在设计中用来使水平用途适应于坡地，以及分隔场地功能

底面可以是平面、曲面、坡地、阶地或台地

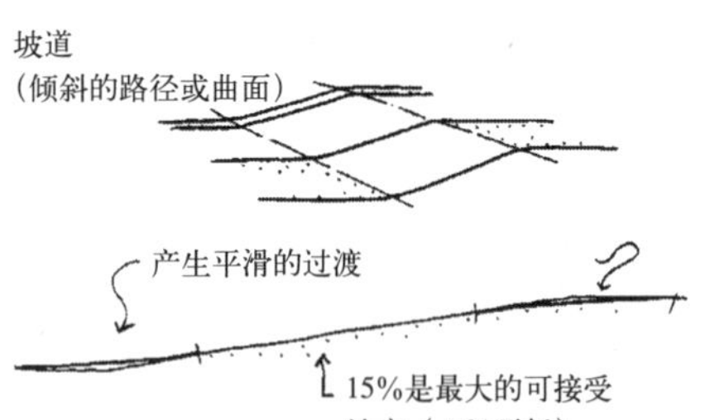

作为底面的连接体，坡道比踏步更优越。坡道：

- 易于上下
- 更利于有轮车辆通行
- 起统一作用而非分隔作用
- 建造更经济

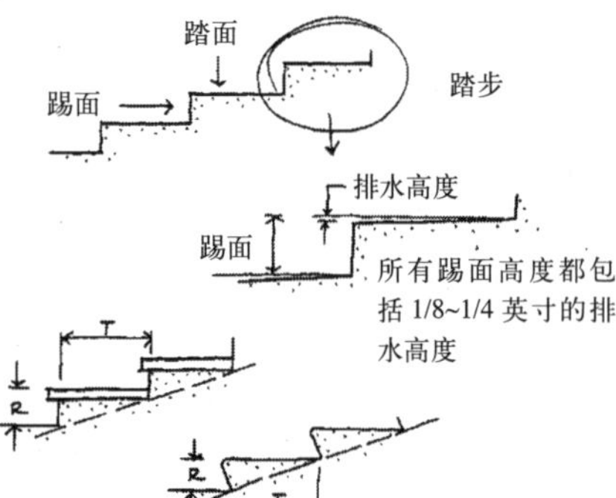

踢面、踏面的相互关系

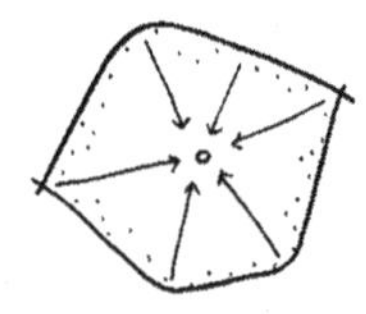

在向一中心落水点集中排水的场地中，落差应从最远端算起

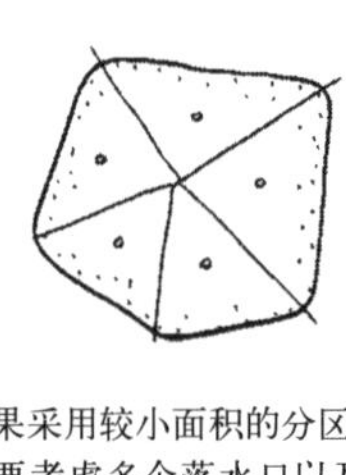

如果采用较小面积的分区排水、就要考虑多个落水口以及结合的部位

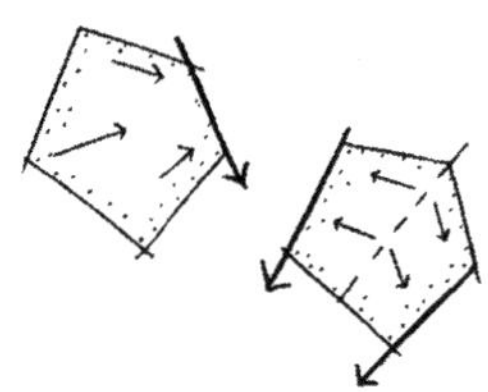

铺装表面可以翘曲或倾斜以引导地表径流汇至一侧或多侧的沟渠或排水口

在模纹化的地区，格网状地块可以将排水和铺装图案结合

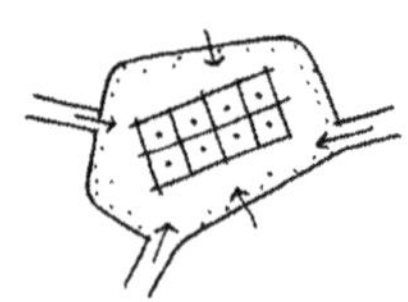

或者，几何形的排水格网可以与不规则的铺装形状相结合

底面的表面排水

狭窄的踏步增强了高度感和水平面的分隔感，宽的踏步则使层面在视觉上得到统一

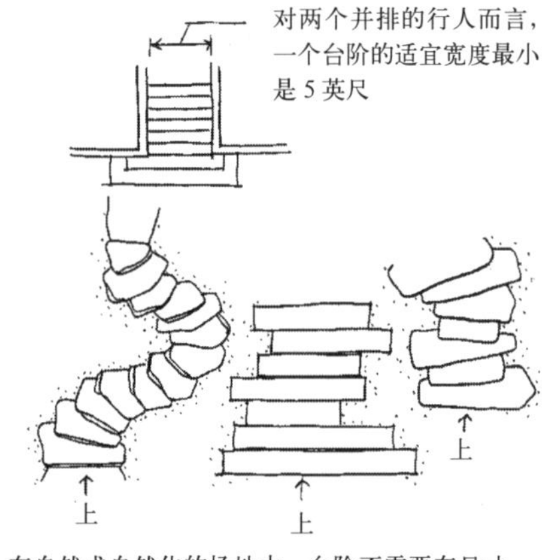

在自然或自然化的场地中，台阶不需要在尺寸、形状、高度或深度上统一

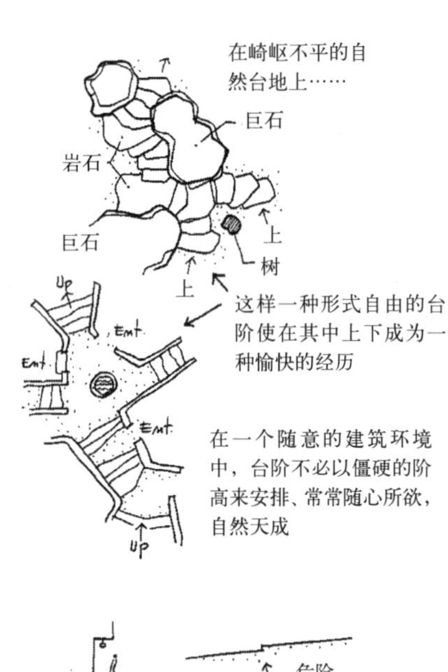

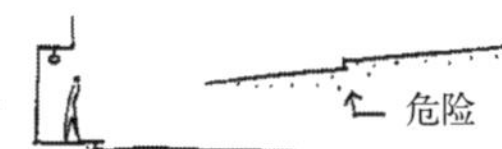

除非在建筑平台上，否则绝不要使用一级台阶

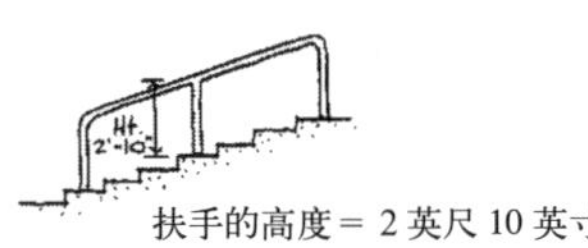

扶手的高度＝2英尺10英寸

在6级以上的台阶中，建议使用护栏

台阶的特性

对各个层面的控制艺术是城市景观艺术的很大一部分。

——戈登·卡伦（Gordon Cullen）

每天穿越的人行道和铺装地可变成壁画式硬质地表或摄取活动片段——一个参与和共享的集体作品，它使人们在此留下足迹。

——卡伦·伯格曼（Karen Bergmann）

底面处于重力法则统治的世界里，它用处最多，磨损也最大，因此需要最多的照料和维护。规划师必须像看管人员一样，认识到所有应用于这一平面的材料、质地都应认真选择，以便于在这个项目的整个使用过程中能够持久耐用且保持良好的外观。

地表——水平的、扭曲的、倾斜的或阶梯状的——是所有建设的基础。这就是所有物体将置于其上、其中或绕于周围的平面。项目最基本的规划形式也将建立在这个平面上。地表的处理对于实现恰当的过渡是很重要的。基础的形状和模式如果处理得很好的话，可以很微妙而强有力地把建设要素与场地及其他部分联系在一起。通过机敏地设计处理地表，我们可协调、强化并整合置于其上的所有要素。

Gustafson Guthrie Nichol Ltd.

Edward D. Stone Associates (EDSA)

© D. A. Horchner/Design Workshop

Floor & Associates, Kristina Floor, Christopher Brown

底面的各种功能

顶面

塑造外部空间时，我们终于开始把顶面当作是自由的，一直延伸与树冠或天空相接。即使造诣颇深的设计师也很少能设计出如此美丽的事物。甚至开阔的天空也有自身的局限性。有时我们需要庇护，再进一

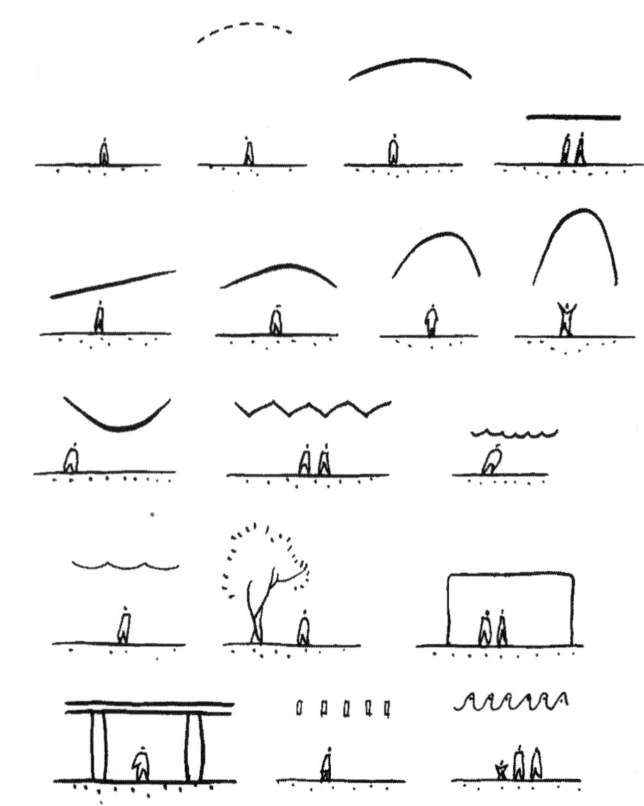

室外空间的界定
顶面围合的形式、高度、图案、硬度、透明度、反射率、吸声能力、质地、颜色、符号体系和程度都影响着空间的特性

Breanna Rau, EDA

花园顶棚围合的人行空间

步，我们懂得场地的空间和容积必须有高度上的限制。为了认识到这一点，我们只需把两只手掌上下相对，慢慢使之靠拢。这样，我们马上就会感受到顶面的空间重要性。我们会记起，孩提时代在门廊的地板下爬来爬去的乐趣，以反成年后坐在一个低矮的门廊或凉亭下的快感。即使在一个很大的开放区域，悬吊或支撑式的顶面也可提供这种心理上，且可能是生理上的功能。

当开阔无垠的蓝天适合于做顶棚时，我们就接受它，并尽可能竭尽全力辨析与欣赏天空流云的形状和白昼的乳白色光线及夜晚群星的闪烁。据说，如果我们一生只有一天一夜的时间可观赏天空，那么我们会把它视为最难忘的凡间经历。

如果天空不适于做顶棚，就想办法做些顶面控制。顶面围合的形式、特点、高度以及范围会对它们所限定出的空间特征产生明显的影响。

新的顶面可轻盈如半通透的织物或叶子组成的格网；也可坚固如横梁、厚板或钢筋混凝土。它可以是多孔的、穿透的或百叶窗式的。如

了解空间，了解怎样去观察空间，是理解建筑的关键所在。

——布鲁诺·赛维（Bruno Zevi）

当今，每一个设计领域——建筑、工业、图像、景观和城市——操作中都遵循功能主义这一普遍的基本原则，即设计对象的最终形式必须来自对其功能的客观分析。

——詹姆斯·菲奇（James Fitch）

天空常常形成室外空间的顶面

果是牢固的话，它不仅能控制阳光、雨水，也通过自身的透明度或悬垂的限度来控制光线的质与量。为了领略既定空间的光影效果，我们只需要考虑表现光线无数特性中的几种。色彩上，光线可以是珍珠色、乳白色、琥珀色、钴色、柠檬色、水色、墨色、硫黄色或银色；强度上，它可从黯淡、柔和或透明到明亮、耀眼、刺目；光的运动，可直射、可穿透、可振动、可跳跃、可闪烁、可潜行、可一泻千里、可缓如溪流。光具有特殊的个性——有斑斑驳驳的光；有柔和、刺目或耀眼的光；有探索的、反射的、朦胧的、闪烁或发亮的光；有意境的、幽暗的、萦绕不去的或神秘的光；温馨的、诱人的或令人兴奋的光；使人放松、恢复或高兴的光。这些只是光的一些具有设计应用价值的性质和效果。

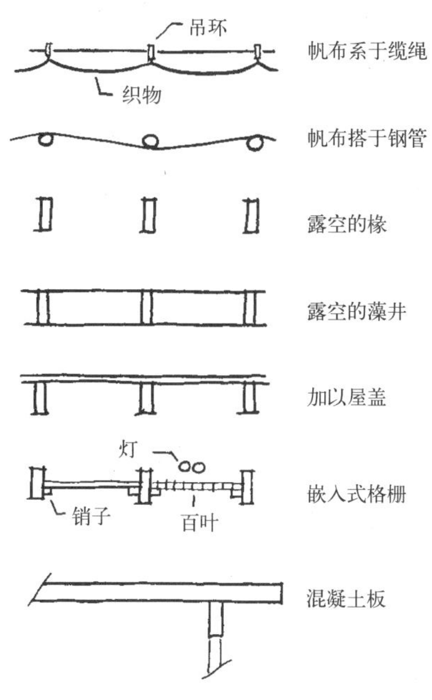

顶上的遮阳板

固体的顶面可遮挡或调节自然光线，或者它也可作为直射或反射光的光源。如果顶面洞穿或部分开放，那在视觉上它就可能没有它所投射的阴影重要。我们可以把这样的顶面想象成一个盘子或有图案的屏幕，它悬于太阳运行轨迹和介质面之间，这个介质面是光线投射所在，阴影在其上移动。通常，空间的天棚要保持简洁，因为它更多的是用于感受而很少用于观看。

垂直物

垂直要素是空间的分隔者、屏障、挡板和背景。空间的三个面中垂直面是最显眼且最易于控制的，在创造室外空间的过程中具有最重要的作用。垂直面容纳和连接着用地区域，可紧紧地控制围合它们，如使用砌石墙体，或更松散地用植被界定室外空间。

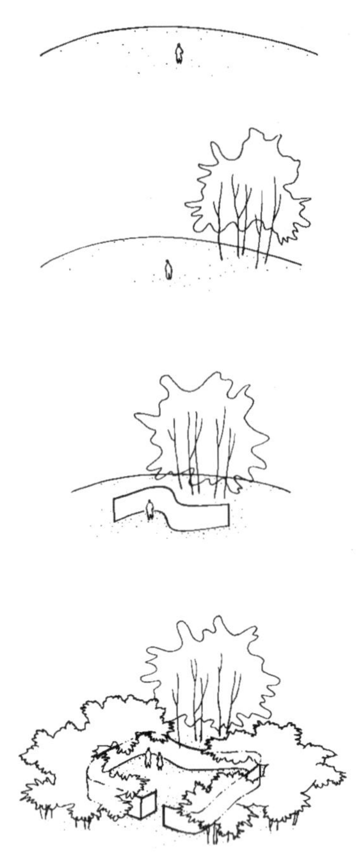

场地容积：垂直围合的程度

垂直面

利用规划上的处理手法，通过屏蔽近处的或景观中突兀的要素，且把远景、地平线或茫茫苍穹等这类退隐的或广阔的要素展现出来。垂直要素可将用地区域延伸扩展至表面上的无穷远处。

寻求私密的围合

围合和开放本身都没有任何价值。围合的程度和质量只有与给定空间的功能发生关系时才有意义。需要私密之时，才需要围合。亚洲文化中，一些人似乎有本领从精神上摒除他们认为会令人精神分散或不安的东西，以创造属于自己的私密空间。他们似乎能从意念上集中一个令他们愉快或满足他们需要的空间。这种能力使得他们即使身处拥挤的市场，也能享受一定程度的私密性。对西方人来说，这可能太困难了，我们需要的私密性通常要通过设计才能寻出或得以实现。

曾有人说过，在我们当代文明中，私密很快就会成为最有价值且最稀有的商品。几乎在任何城市街道穿行，我们都能轻易察觉到私密性的缺乏。

直到现在我们才再次开始认识到那些与公共活动场面隔离且朝向围合庭院或花园的私人起居室和工作室的种种优势。在埃及、意大利庞

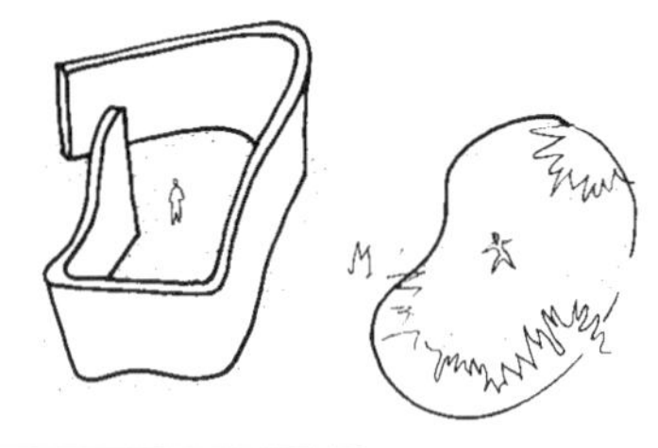

围合可从虚到实

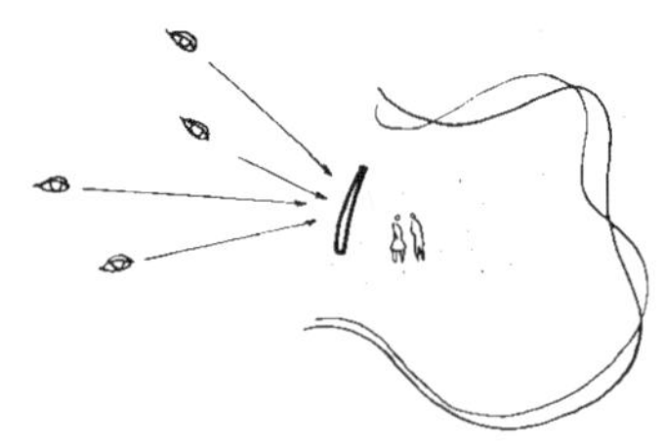

弧形景框可提供适当的私密

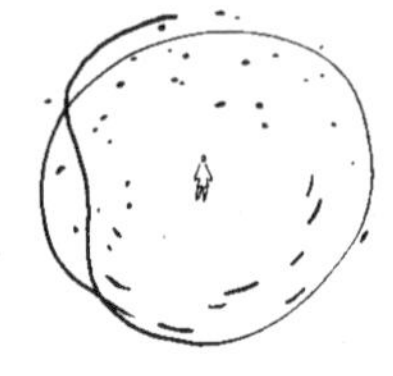

由分散的规划要素形成的围合

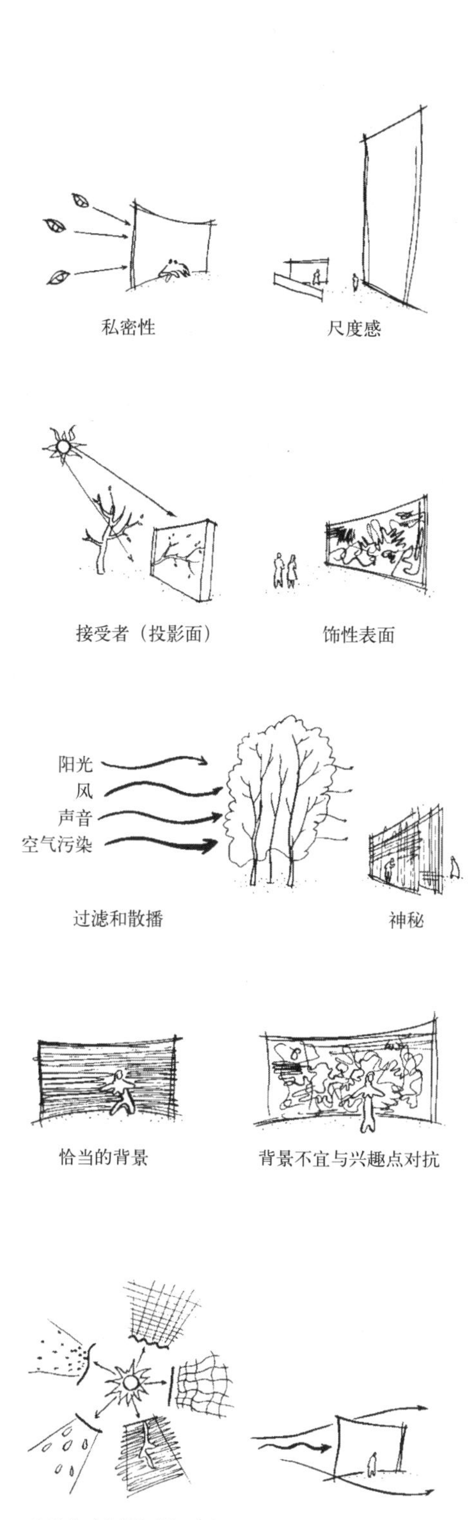

屏障的作用

培（Pompei）、西班牙、日本及所有文化成熟的地方中，这类围墙式的住宅、宫殿庭院、神庙广场都曾是，且现在仍是所有规划空间中功能最合理且最令人赏心悦目的。

很久以来，人们一直认为私密性是培养和欣赏那些具最高人类价值的事物的基础。寻求私密的围合不需要完全闭合。一个放置得颇为考究的屏障或一些分散安排的竖直要素就足以提供私密。

围合的特性

另外，竖向围合可能会像悬崖的石头表面或田中碎石垒起来的墙面一样粗糙，也可同蚀刻玻璃面一样复杂——或同花瓣、叶子的脉络一样轻盈。形式和材料的范围是无限的。但是，无论这种围合是巨大的还是小巧的，是粗糙的还是精致的，最根本的是要使围合适于空间的用途或使空间的用途适应于预定的围合。

视觉控制

空间中见到的所有事物都是这个空间的一种视觉功能要素。不但围合空间的特性和程度，而且连显示的特性都必须和用途保持一致。空间中任何可见的事物从视觉上讲都属于这个空间，因而必须加以考虑。通常，远处的物体可通过向其开放、利用景框且聚焦于特定目标，将其引入空间。远处的山峰或近旁的树木就可这样借入花园。发展中城市的繁忙与喧嚷及其港口，因其趣味性和治疗学上的价值可以被引入到军队医疗场地的休养空间。远处天主教堂的钟楼同样可“转移”至教堂庭院，平静的水池也可引入花园台地。

对那些想突出内部事物的空间来说，围合是可取的。显然在这种情况下，要避免注意力的分散，将兴趣集中于所观察的对象。例如，迎着飘动的衣物或穿梭的车流观赏一件雕塑品时，很难欣赏到那些展示躯体造型的光影的细微变化。再如面对着一个富丽堂皇的远景，对观赏者来说一枝玫瑰的许多魅力也已消失殆尽。任何作为以细部取胜的事物的背景，都不该与物体本身争奇斗艳。

空间的围合同时作为背景时，应该设计得使被观察的事物在它的衬托下能展示最佳品质。

通常，我们如果要将兴趣引向给定区域内部的一个物体，围合要素

垂直平面产生了视觉控制和空间围合感

界缘

抬高

供座

安全护障

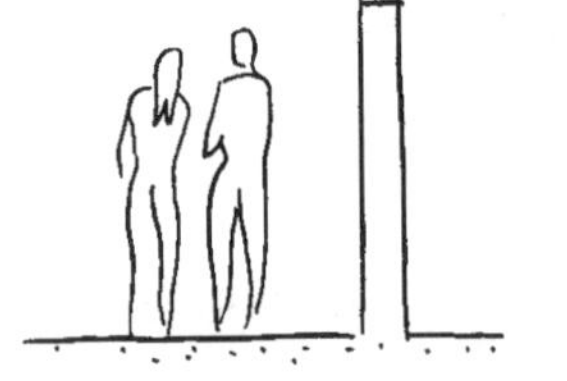
围合创造私密性。墙的高度由功能决定

垂直限定

必须要能使注意力向内集中。当要将兴趣引向外部事物成风景时，围合就需洞穿或开放，以便强化且框住那些引人注目的事物。

空间内的要素

垂直面不但能提供包容、屏蔽、背景，也可成为决定性的空间特征。其他的垂直要素可包括置于底面上的家具、一株花枝招展的观赏木兰花、一个喷泉、孩子们的滑梯或焊接金属管做成的可供爬行的构件。这种独自矗立的物体呈现出一种雕塑般的特性。在规模和形式下，它们必须与空间的尺度相适应，丰富空间，捕捉并强化其特点。独自矗立的物体的形状和颜色应与这个空间的形状和颜色形成对照，由背景下突现出来。如果物体要占主导地位，那么背景平面就该屈从去作陪衬。如果垂直面要做主宰，譬如在壁画或建筑立面中，直立物体的放置或设计就应以增强视觉效果为目的。

当物体放置在空间内部时，物体和围合可视为一个整体。但通常更为重要的是两者之间距离的扩展、收缩、演化关系。例如，通过把一个物体置于一个形状多样的空间中而远离中心的位置，可最大限度地强化物体的圆或方的几何形体，从而发展一种物体与围合面间的动态空间关系。

一个自身具有复杂形体或错综线条的物体通常最好陈列在形状简单的空间中，以使空间关系强调这个物体而不足扰乱或削弱其形态。

当多个物体置于同一空间时，物体间相互制约的空间以及物体与围合面之间的空间，在设计上具重要意义。

建筑物作为垂直要素

通常，建筑在空间内部及周围都是决定性因素。如果建筑是在空间内，它们可视为雕塑般的要素以便于全面地感受。无论建筑是在空间内部还是外部，空间本身的发展都要使注意力集中到主要立面或组成部分上，且提示人朝入口前进。

外部空间可以设计成前景或背景、前厅或外部建筑的空间。建筑的功能甚至集中于外部空间，而建筑自身则成为配角。这样的建筑物可主要作为中间的围合者、分隔者和背景。

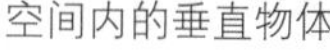

空间内的垂直物体

被建筑围合的公共广场、庭院或集市广场在设计中提出了很复杂的问题，因为它们和使用者都必须比例恰当。哪一个有优先权呢？圣彼得大教堂很明显控制了它的广场和聚集的人群。纽约中央公园则犹如一个统治旁侧大厦的青翠的女王。另一方面，意大利卡普里岛（Capri），墨西哥塔斯科（Taxco）的小型城市广场，实际上仅是充满魅力的旅程场景。从拂晓到凉爽的深夜，闲逛、就餐、趾高气扬的市民和旅游者聚集于此。人们、空间或建筑，哪一个更重要呢？

柱与横栏

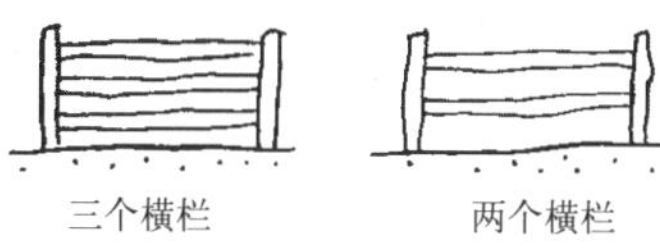

三个横栏　两个横栏

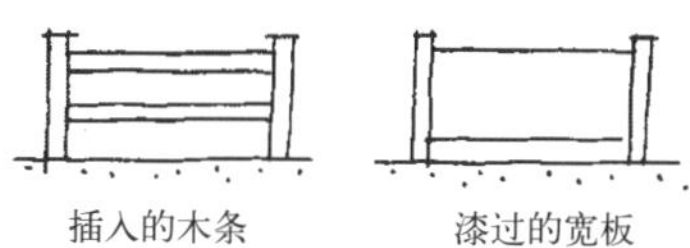

插入的木条　漆过的宽板

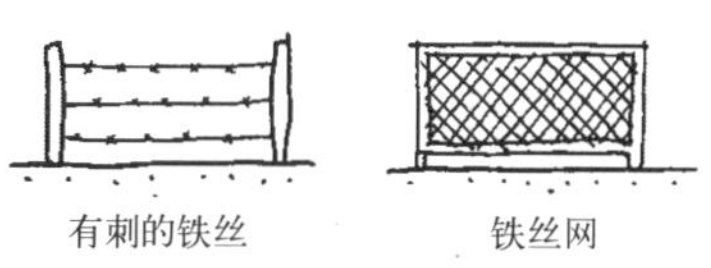

有刺的铁丝　铁丝网

竖向条板

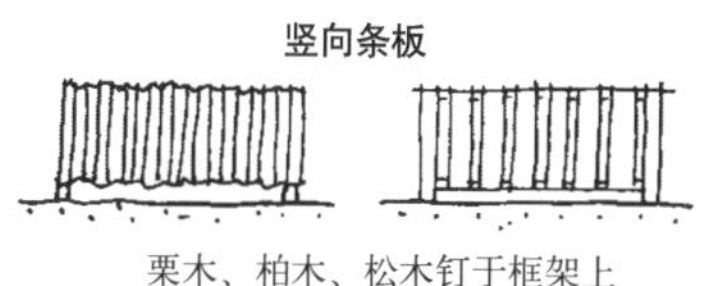

栗木、柏木、松木钉于框架上

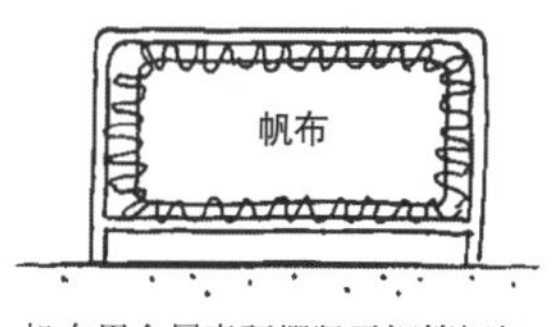

帆布用金属索环绷紧于钢管框架

栅栏

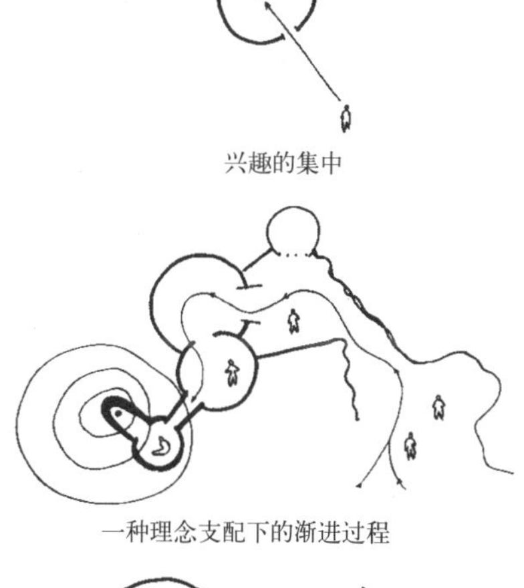

兴趣的集中

一种理念支配下的渐进过程

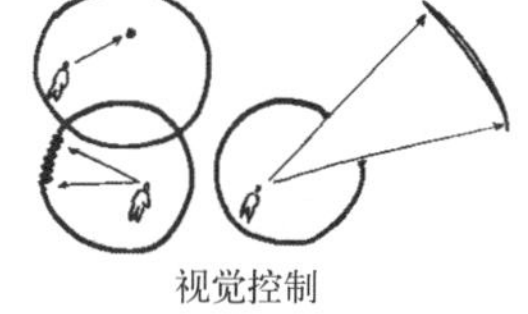

视觉控制

围合的功能

这没有定律可言，只能依次综合考虑每一项，且使所有的关系由于恰如其分而令人愉悦。

作为参照点的垂直因素

无论为了什么目的而规划一个区域，除非要追求神秘、困惑或迷茫，最好建立足够的视觉引导以为使用者指明方向。通常，这样的参照点也会形成相关空间的主题。例如，一个阜氏大转轮（Ferris wheel，即在垂

EDAW, Inc.

水景要素为这个公共空间赋予主题的同时，也作为竖向参考

对形状、材料、光线、声音、温度的精确控制

消除分心现象

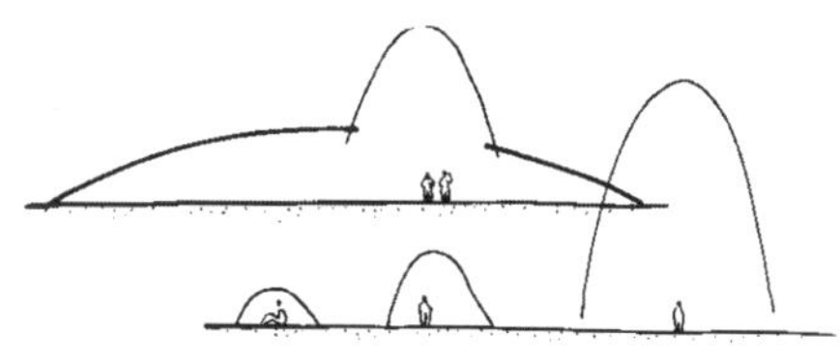

不同空间容积下的情感意义

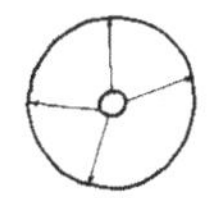

没有空间变化——静止

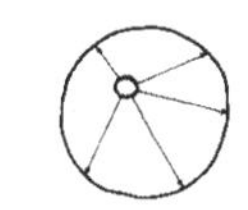

变化——动态

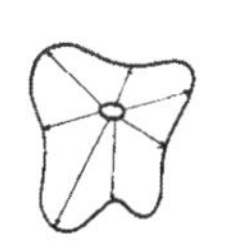

增加空间的变化和趣味

因不恰当的外框而导致物体形式的明晰性丧失

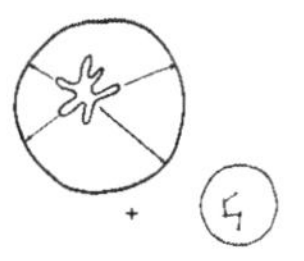

简单的外形提高了复合形状的趣味

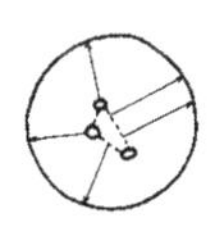

空间内的几个物体与空间围合的联系不只是作为单体，而是作为一个组群

直转动的巨轮上挂有座位的游戏器具。又可译为摩天轮——编者注）可把人吸引至近旁，同时它也是游乐公园的象征。一棵斜坡上的古山毛榉树、图书馆的钟楼或游行场地上庆典用的旗杆，都可“解释”和引导一个人穿过校园。正如一个人可在一个接一个果岭的指引下，在高尔夫球场上转悠一样。

在处理相当大的区域时，作者发现一个很有趣的、具有实际应用价值的规划现象。他发现在一个较大的空间内，独立的垂直要素或面拉近了周围小的使用区域，它以其同使用者之间强烈的视觉关系传递了自身的尺度。例如，一个巨大的广场可以对进入它或在其间闲逛的人产生巨大的压力。而且，如果在这个空间放置一条小长椅，对比之下，这个空间似乎更具震撼力。坐在这条长椅上的人只会感受到他与整个广场的关系。然而，如果我们在靠近长椅的地方设置一棵皂荚树、一个石制喷水池，或一个装饰屏障，我们那位有点惊恐的朋友将首先感觉到他是坐在树下、水池边，或靠近屏障处，只是偶尔才会感到这个更大空间的尺度。人自身同介入物体的尺度相联系。

在大的空间里，可设置许多这样的人为参照点，实际上，如果想追求愉悦、放松，就必须配置这些人为参照点（当然我们认识到，历史上许多大型公共空间的最初目的是使聚集其中的人群感到卑微，有时甚至是感到屈辱）。当神圣、神奇或卑微通过空间影响灌输给人们时，就可不要人为地参照点或使其加以变形。当需要舒适和踏实时，人的尺度必须得以明显地表现。通常，台阶、门口或相邻建筑的窗户足以建立一种尺度感；否则，就需提供这样的人为参照点。

与平视域有关的垂直因素

空间设计中，垂直因素通常最具视觉上的趣味，因为无论是在空间中走动或坐着不动，同我们面对面的都是垂直因素，我们通常更了解的是垂直面，而不是底面或顶面。这样我们就可正当地设想，这种直立的表面或物体提供了最有效的设计可能。最具趣味或最优雅的特征通常置于或包含于垂直因素中，并且在与眼平行的高度。我们可明显地看出坐着的人的平视域比站着的人要低。但由于这一重要的设计要素在大多情况下都被忽略了，所以这一点要着重强调。最令人苦恼的视觉体验之一是垂直面止于视高或近乎视高处，尤其是篱笆或墙。这样的墙或屏障的顶部对那些经过或看它们的人来说，真是大煞风景。

与视线平齐的物体具有吸引力

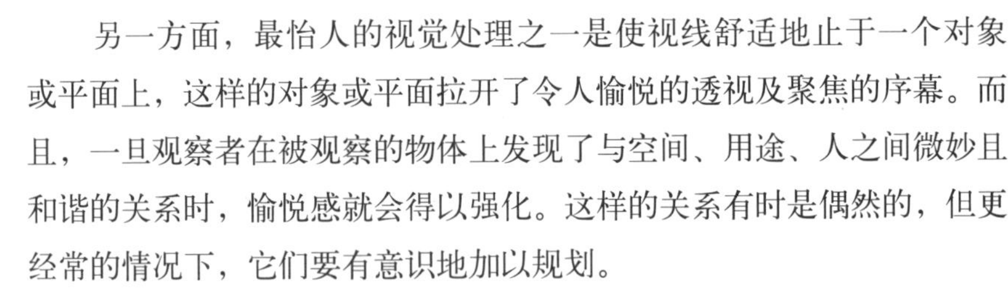

另一方面，最怡人的视觉处理之一是使视线舒适地止于一个对象或平面上，这样的对象或平面拉开了令人愉悦的透视及聚焦的序幕。而且，一旦观察者在被观察的物体上发现了与空间、用途、人之间微妙且和谐的关系时，愉悦感就会得以强化。这样的关系有时是偶然的，但更经常的情况下，它们要有意识地加以规划。

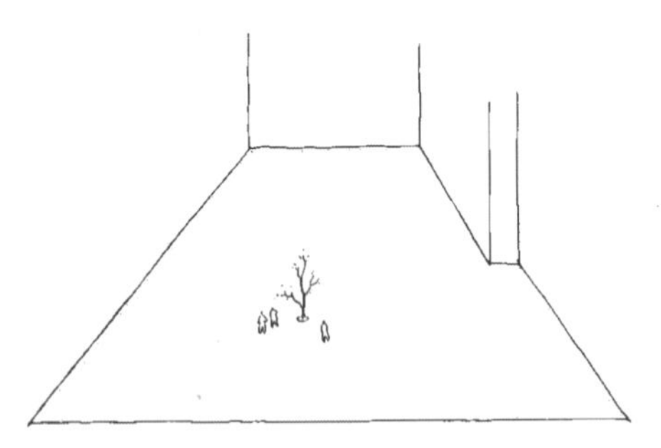

在一个大的空间中，一个介入的对象可能在空间的影响下被告知自己比较小的尺度

垂直物作为阐述词

垂直因素强调并解释了底面的交通和使用模式。就如一个突出于车行道的门廊好像在说“请进”，蜿蜒的路边石在说“请跟我来”，入口平台在说：“到这里来休息吧”。任何空间的垂直因素都必须这样阐明规划意图。它们必须诱导人、可使人掉转方向、引入前行、使人停留、可为人接受且容纳场地所要求的规划用途。底面的规划模式大多设定了空间的主题，而垂直面则加以调节，并产生那些能创造丰富和谐的各种形式。

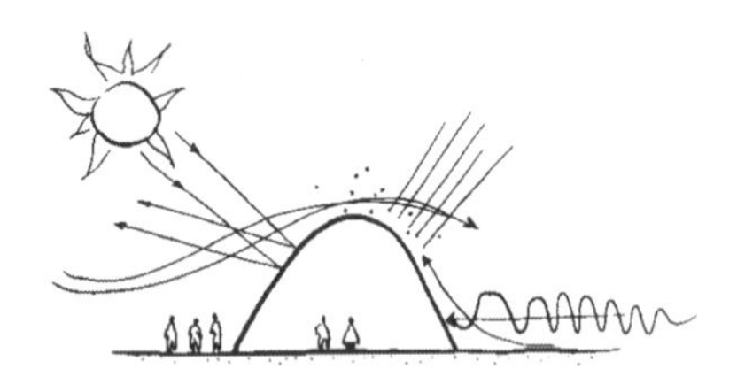

私密性、庇护、防御

垂直物作为控制因素

假若垂直物决定了空间围合的程度和种类，那它们在对风、微风、阳光、阴影、温度和声音的控制方面也是很重要的。风可被转向、减弱或阻挡。惬意的微风可加以引导使其通过潮湿阴冷的表面，或用来使旗帜、树叶、可动物体或那些令人愉悦的亚洲式的消遣物（如风笛或风铃）

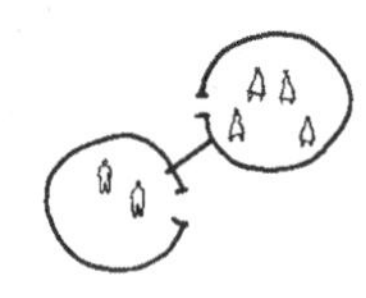

兴趣的分区

垂直连接

活动而产生声音。灿烂、有益健康、给人以生命的太阳光辉可被截断、过滤、发散或吸收。

像顶面一样，垂直面也有一个重要的功能，即投影于地面，在墙上撒下斑点、跳跃、爬行、轻击、颤动、伸展，在模糊寒冷之中拓展空间，在一个投影平面雕刻上有力的建筑图案。

植物材料

以往大部分陆地表面被树木——独立的、成排的、成丛的或成片的——划分成各式各样的空间。已确定的用地地块通常利用现存的已为树木分割的空间来界定场地。另外，为树木或灌木部分围合的地方可通过附加种植、地形改造及建筑加以补充。在这种情况下，本土植物提供了由建成部分到自然景观的理想过渡。如果我们不能利用现存树木进行

Peter Walker & Partners

垂直面切割了底平面

全面或部分的空间限定，在绝大多数地区我们就可在一个由多种多样的植物种类构成的范围内进行选择，这些植物材料的形式可由本色的野生形态到修剪成的规整形态。

有效的围合

必须要记住的是，垂直的空间框架通常不是单独地从空间内部去看，而是要统观全局。它们和它们所围合的空间一起成为一个统一的景观要素，以与所有其他的景观特征发生联系。

Barry W. Starke, EDA

垂直物体形成了空间内的空间

规律

缺乏有效的围合是许多不尽如人意的空间或地段的关键所在。我们极力强调垂直界定的恰当的方式和程度的重要性。一切好的场地开发都意味着垂直面和顶面的组织会产生最佳的围合和最优的展示。

由此可见，我们不仅要综合微观景观，而且也要综合大尺度景观。

Bill Tatham, SWA Group

13 交 通

大多数人工构筑物只对人类有意义，而且只有当人类去体验它们时才具有意义。在各类交通格局及线路的导引下，借助徒步、骑马、飞机、火车、汽车等一切旅行运送手段，我们得以接近、经过、环绕或上下穿越人工构筑物，正是在这个过程中，构筑物的蕴意方得到展现。我们因此意识到：交通格局是任何规划项目的一项主要功能，它决定了感知或视觉展现的速率、序列和特性。

每一可感知的物体既存在于空间也存在于时间之中，这就是说：仅从某一点和某一瞬间的观察不可能理解物体的全部，对物体的感知恰是通过印象的加深来完成的。在运动中，人们所看到的一系列的影像合成了一种对某实体、空间或场景的不断延展的视觉印象。感知并不单指视觉，所有的感觉都包括在内——视觉、味觉、嗅觉、触觉和听觉。感知的速度、次序、类型和程度都是设计中需控制的因素，而这些因素的控制大都要受到规划过的交通格局的影响。

运动

体验难得是静止的，对于被体验的人和事来说，体验总是动态的。对一幢建筑物，人们很少从一固定的视点或正立面来观赏它，因此它的三维形式和空间结构比它的正面更为重要。场地的规划格局同样是借助于行人的无数视点才得以认识的，交通格局越流畅，视点越多，视觉趣味和享受也就越丰富。

形式和概念驱使下的运动

日前的某一个下午，笔者随导游带领的一支观光团进入华盛顿国立美术馆，当队伍站在由黑色大理石柱支撑的穹形大厅中时，导游问道："你们知道这座宏伟大厦的建筑师的设计意图吗？他把你们引到这里是为了告诉这样一个主题——历史之伟大——通过周围的宏大和高耸使你感到自身的渺小和微弱。那些新奇的、怪异的形状和体量，那些惊世骇俗的作品令人敬畏，但建筑师并不想使我们望而却步，就像我们大多数人见到怪异和陌生的事物那样；所以，当我们走近大厅中央的默丘里（Mercury）喷泉时，它似乎想使我们感到放松。那么建筑师是怎样做到这一点的呢？通过尺度和比例。

© Charles Mayer Photography

默丘里的雕像比真人尺度要小，通向喷泉的踏步又宽又低而非高窄难登，泉水泼洒滴溅而不猛烈，建筑师还想给我们一种亲近的雕像的概念，不再是脚踏飞轮风驰电掣的战神默丘里，却更像一位仁慈的神，使熟悉他传奇故事的人不禁想走近他。在这里，灯光和空间烘托的高大穹顶伸出，使我们想靠近，同样使我们感到愉悦和放松。

Golden Bough Landscape Architecture

形式驱使运动

就这样，建筑师激起了我们的好奇心。感染了我们，同时令我们感到谦恭；又使我们的心情舒畅起来。现在他想让我们走出大厅进入展室，这次又是怎样做到的呢？你会注意到建筑师利用一明显的螺旋形主题展开了一个离心运动过程。默丘里的造型可图解为一个螺旋，恰如其分地表达了雕塑的主旨——飞行。水波向外荡漾时更烘托了动感，所有的线条都是向外发散的。头顶上方、过梁上的雄鹰雕饰都像要振翅高飞。甚至庞大穹顶的方格顶棚都排成了巨大的螺旋样式。这样，利用声音、运动和感应心理，利用建筑形式和线条的强烈推动，我们不得不进行向外的运动。"

关于移动的运动学

不考虑运动的成因，花些工夫想想运动本身的各种特点是很有意思的。在设计中，感应运动的线或轨迹可能是曲折的、散漫的、迂回的、环绕的、锯齿状的、跳跃的、上升的、下降的、双曲线的或是向心的；

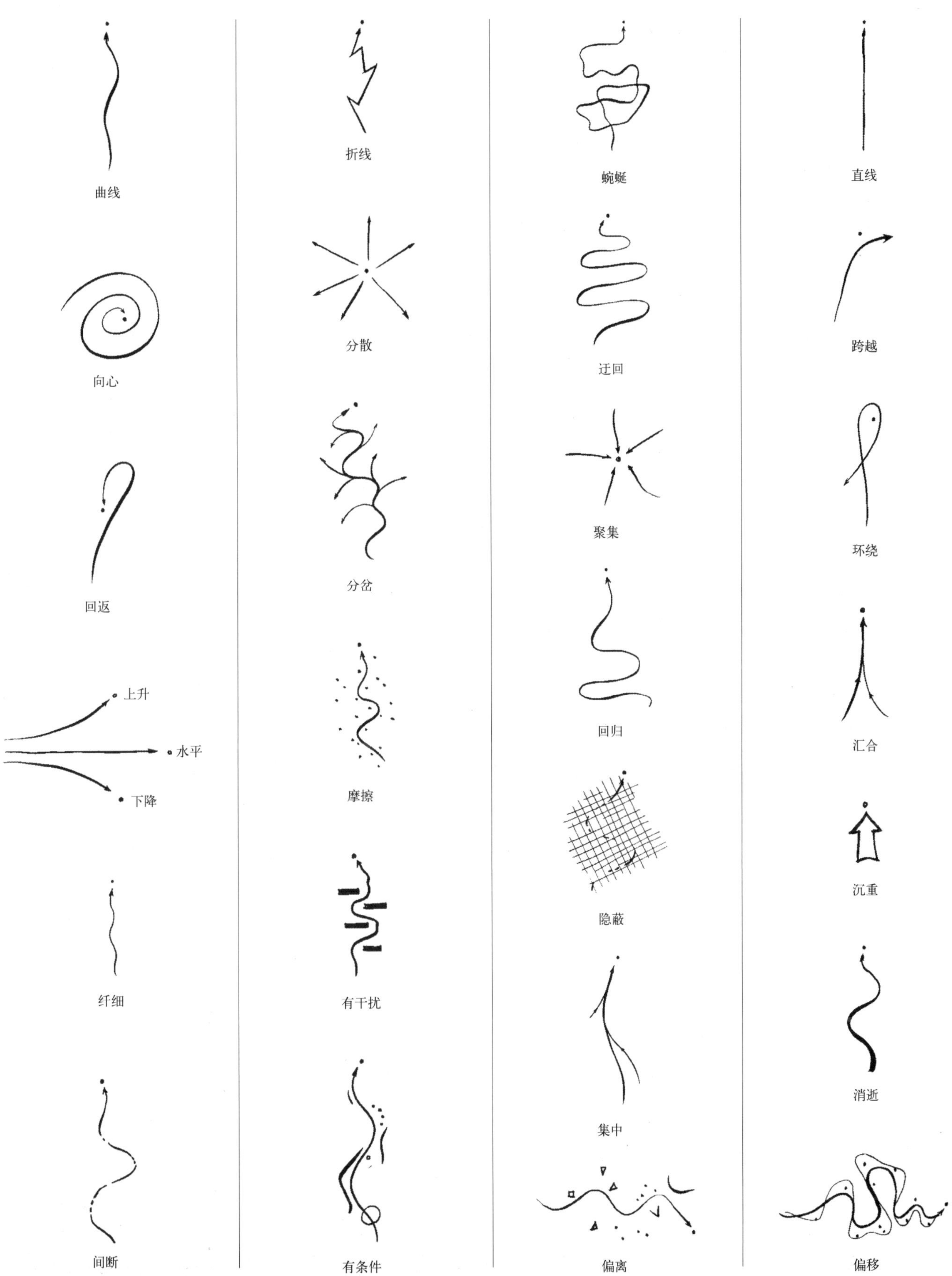

趋近路径的线路：趋近某点、某地域或空间的路径线的抽象变量

可能是一段弧或一段直线。在速度方面，运动可能从缓慢爬行到风驰电掣。感应运动的特性可能是舒缓的、惊心动魄的、可怕的、令人困惑的、混乱的、惊险的、合理的、有序列的、渐进的、有层次的、线性的、波状的、流动的、分支的、发散的、收敛的、畏缩的、强制的、扩张的、收缩的，诸如此类不胜枚举。

运动的序列、速度以及特性都会给运动物体带来可预见的情感和心理效应。应认真加以考虑。接近目标和空间的路径或线路的抽象性质应谨慎设计。由此引发的运动必须得到满意的处理，这些都是显然的，但是正像许多显而易见的事物，常常因为司空见惯而在规划中忽视了。

我们被下列场景所吸引：

印象深刻的

驱策因素

观察敏锐的规划者知道人们水平、竖向和向下的运动是受驱使的——当这种运动是舒适可行，或是空间的阵列引导你的时候。我们的视觉、听觉、味觉、触觉和嗅觉常常是潜意识地指导我们的路线和决定我们的行动的显著因素。物质上的舒适性也是一个重要的因素。

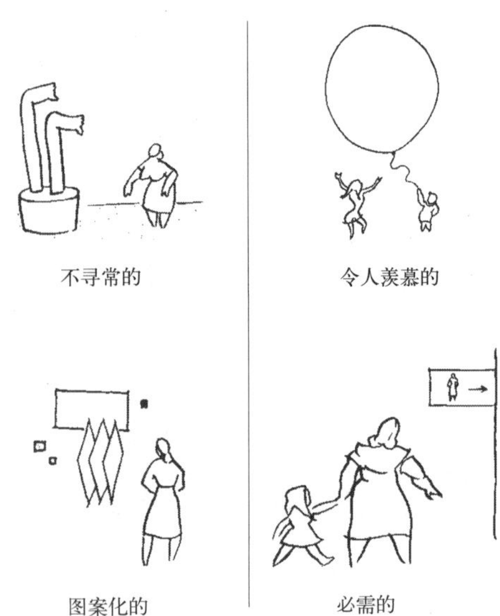

不寻常的　令人羡慕的

图案化的　必需的

我们的运动趋于：

- 沿着逻辑的演进序列
- 沿着最小阻力线路
- 沿着最省力的坡度
- 沿着有指向性造型、标志或符号的线路
- 朝向令人愉悦的事物
- 朝向想要的事物
- 朝向有用的事物
- 朝向变化之处：从冷到暖，从阳光到阴影，从阴影到阳光
- 朝向有趣的事物
- 朝向刺激好奇心的事物
- 朝向美丽和入画的景物
- 寻求运动的适意感
- 体验空间的变动
- 朝向暴露处，如果喜欢冒险
- 朝向庇护处，如果出于威胁
- 朝向入口点
- 朝向接纳型的地段
- 朝向高反差的地点
- 朝向颜色、质地丰富的点
- 抵达目标
- 为抵达最高点、跨越长距离、克服障碍而自豪
- 匆忙时直道而行，悠闲时绕道而行，与交通格局相协调
- 与抽象的设计形态相和谐
- 朝向并穿过令人愉悦的空间和地域
- 朝向有序之处，如果苦于混乱
- 朝向混乱之处，如果倦于朝向单调
- 朝向适合我们情绪或需要寻求的事物、地域和空间

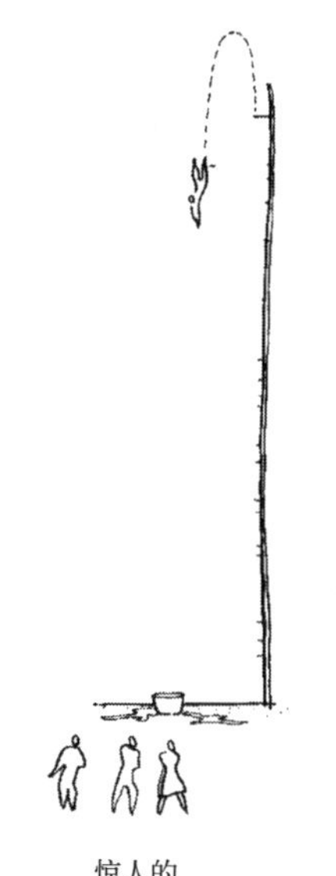

惊人的

给人灵感的

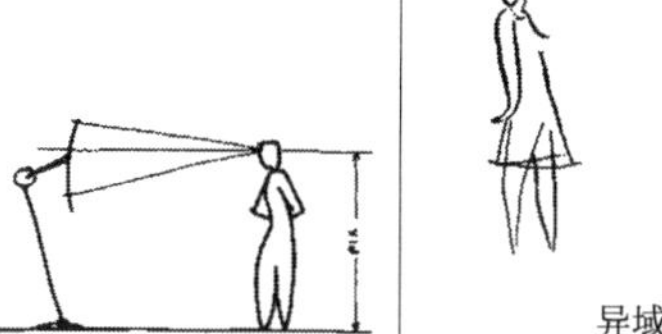

在最适视域内的

异域的

极标致的

疲倦时的小憩之处

精巧的

动人的

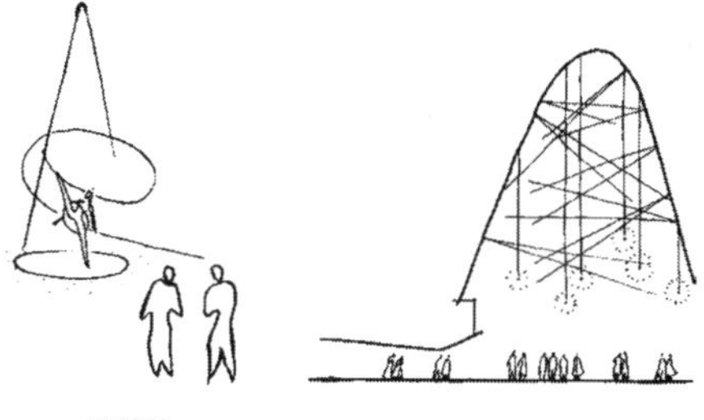

运动的

戏剧性的

排斥因素

我们排斥下列因素：

障碍
陡坡
不愉快的
单调的
乏味的
钝的
丑陋的
不适合的

一目了然的
不受欢迎的
没有灵感的
可怕的
苛求的
危险
摩擦

运动的诱因

我们被下列因素所导向或引导：

自然或构筑物形式的安排
暗示性的交通格局
阻挡、屏障和空间分隔
提示性行进顺序，如从红色到橙色，从洞 1 到洞 2

标志
符号
硬性控制物如大门、边石、栅栏
动态的规划路线
空间形状

静止的诱因

我们被下列因素诱发静止：

舒适、愉悦、轻松的环境
私密的场所
令人能充分观赏景色、物体或细节的场所
令人愉快的形体和空间的安排

使人注意力集中的场所
运动受限
无力前进
难做决定时
休息和静止相关的功能
获得最合适的位置

水平运动

水平运动对我们有以下方面的影响：

水平面上的运动更为轻松、自由、高效
运动更安全
方向的选择余地更大

视觉趣味点集中于垂直面上
大多数功能最适于在水平面上发挥
运动更易控制
运动物体的视觉更容易控制

怪异的

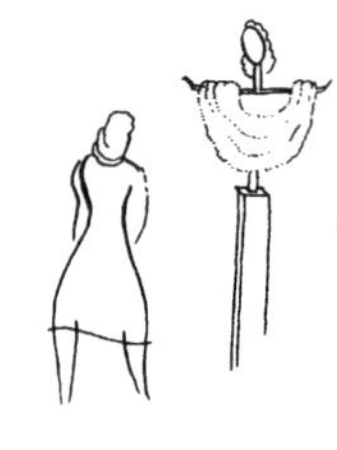

高雅的

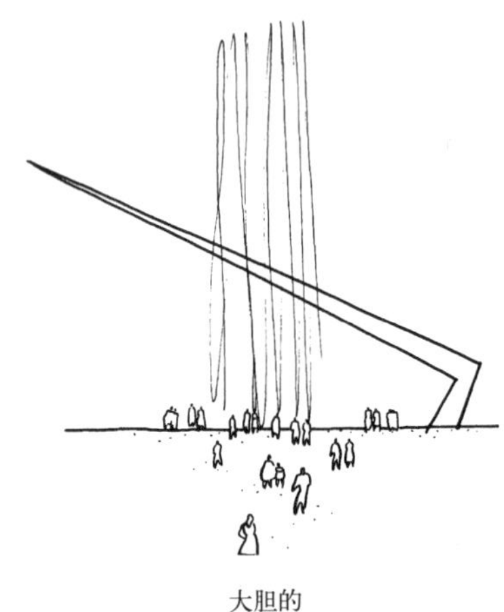

大胆的

向下运动

向下运动在如下方面影响我们：

- 最省力的运动，但必须回复到原高程
- 安全性取决于阻力和质地
- 向下运动形成躲避感、隐藏感和钻入感
- 带来沿重力俯冲的快感
- 视线被导向底平面
- 人对于地面的植被、水体和矿物的兴趣增加
- 因为它提供了相对不费力的运动，在能源有限的住宅地区最受欢迎
- 带来不断增加的围合感、受保护感和私密感
- 暗示着煤坑、沼泽、肥沃的山谷等
- 令人联想到隐蔽的酒吧
- 令人联想到地下室商场
- 向下运动过程和深度通过深色的土地、坚固而简洁的形式、自然的材料、飞流直下的瀑布或幽静的深潭而得以强调

向上运动，上升或爬升

我们受向上运动的影响体现在以下几个方面：

- 向上运动要求克服地心引力
- 使运动增加了一个新的维数
- 它令人欢快活泼
- 对地心引力的克服使人产生成就感
- 使人在生活中勇往直前
- 使人超脱
- 使人意识到苍穹下人类的渺小
- 使人增强对安全性和牢固性的关注和对基础平台及牵引物结构与材料的关注
- 倡导人格升华与上帝接近
- 给人一种贴近太阳、得以净化的感觉
- 感到远离尘嚣、极权与命令
- 暗示着军事优势
- 意味着登临顶峰
- 它使人感到视野开阔、风光无限
- 充分利用太阳和天空，使天顶成为趣味点
- 前述所有效果都随着倾斜角度增加而成比例增强

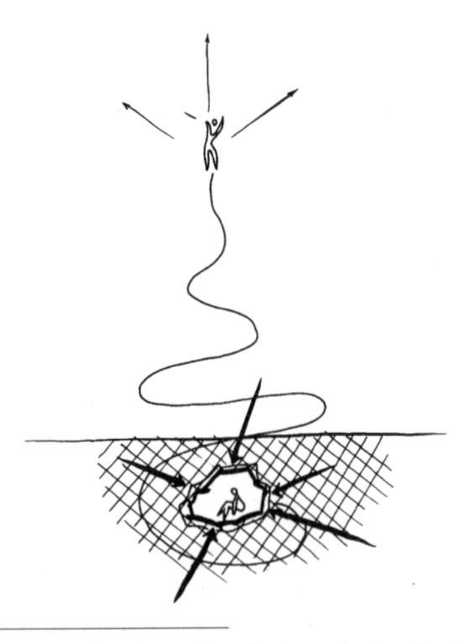

高处意味着获得、潜力、扩张、活跃、灵感、崇高和放松
深处意味着退却、凝聚、禁锢、庇护、世俗及压抑

感应反应

人的反应如下：

对熟悉的事物感到放松，对不熟悉的事物感到兴奋

在统一性、多样性及宜人的场合中获得快乐

在僵硬死板的环境中，人的身心会因之憔悴、萎靡

在有序中感到安全的保障

在奇异、有活力、富于变化的事物中找到乐趣和欢娱

在大街上，在拥挤的商业区，特别是在展览区，我们会受到邀请、引诱、纠缠、说教、乞求，会被喋喋不休的推销或是铺天盖地、花样翻新的视觉传媒所吸引。有时会犹犹豫豫、无所适从；有时会上当受骗、心随眼移。我们常常被具有这样一些特征的事物所打动：

意味深长的
活跃的
对比鲜明的
不寻常的
美丽的
多变的
靠近瞳孔或与眼齐平的
装饰的
必要的
称心的
闹中取静的
令人瞠目的
精力充沛的
大胆的
有趣的
令人兴奋的
抽象的
精选的
成功的
出众的
老练的
综合的
最高的
至高无上的
印象深刻的

令人惊奇的
灵巧的
压倒优势的
壮观的
微妙的
联想的
鼓舞人心的
熟悉中的
陌生的
新的
令人愉悦的模式
令人愉悦的形式
令人愉悦的尺度
安全的
稳定的
合适的
方便的
有条不紊的
教育的
好奇的
异国情调的
超常的
适当的
刺激的
值得称赞的

真实的
消遣的
逗乐的
暗示的
令人满意的
戏剧性的
样本干净的
自然的
怪异的
言之成理的
多彩的
生动的
惊喜的
亮丽的
陌生中的似曾相识
固定背景下的运动
迷人的
强烈光线下的
柔和的
可怕的
象征的
新鲜的
优秀的
有用的

人的视觉、听觉、味觉、触觉以及嗅觉常常在下意识中左右着我们的路线和行动。此外身体的舒适也是一个有力的因素。

作为障碍的距离

无论哪种运动形式，距离往往被当作是需要耗费精力去克服的障碍、去跋涉的区域以及去跨越的空间。出于速度和经济因素的考虑，需要依赖我们的设计师来选择或设计出阻力最小的、直接可行的路径，以保证旅行的快捷顺利。

这样的路径应有合适的坡度和线路，交通的速度和容量应得到满足，不同类型和速度的交通工具应分类并隔离。清除一切障碍，平交穿越应避免，从各方面确保交通安全。总之，路径上的所有物体和元素都应促进并实现运动的顺畅，因为交通道路不仅要直接畅通，还应保证高效。

距离的积极特性

距离是面积的函数，面积是空间的函数，面积和空间常常是值得珍惜的。世界人口的日益扩张及压力的增长，使我们常常渴求更多的空间，拓展我们局促的边界。通常情况下边界已被限定，我们试图用规划手段来拓展它们，即拓展感知距离，这种高超的规划艺术很早以前就被那些生活在有限空间——岛屿要塞、山顶或城墙内的、根植于其文化上的规划师很好地掌握。在今天规划强度不断增加，未来人口密度不断增大的情况下，这种规划艺术尤其值得我们重新学习和发扬。

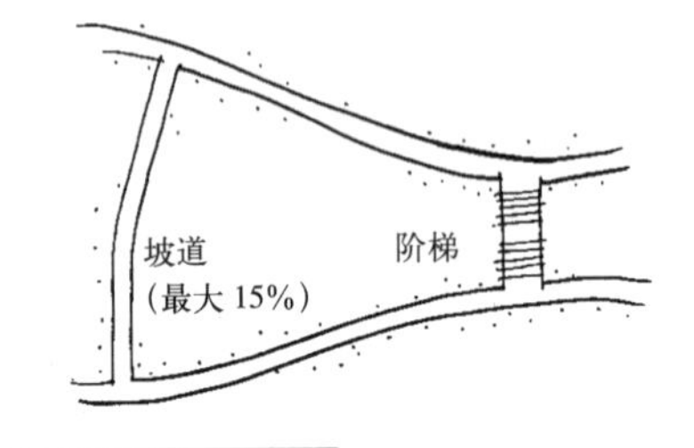

为满足残疾人及车辆和其他设施运动的方便，经常在阶梯附近同时设有坡道

空间调节

一个存在的规划现实是：人们总是在某地寻找和谐，统一和完整，这种特性是任何科学或艺术杰作的标志。人们被这样的地方吸引，同时排斥那些不协调的要素，比如风景优美的峡谷中却设一热狗销售摊。

另外，从一个空间到另一个空间，我们同样寻求一种和谐的过渡序列。从俱乐部的阶梯到低处的游泳池，如果绕道停车场将是令人头痛的；当我们载全家去野餐的时候，行车路线会尽量绕过商业区而选择乡间或河边的风景路，一来保持并增强了人们的期盼心情，二来形成一种赏心悦目的过渡。无论何时何地，人们都在寻求一种统一的、序列化的空间调节的体验。

人们在运动的时候对于变化是极感兴趣时，这种变化包括：质地、光线、温度、气味、视觉、节律，风景线的延展与收缩，以及物体、空间及视线的流动感。

对于一个通过形状、线条、颜色和质地来实现其用途的地方，我们会乐此不疲。我们也明白，地段围合程度经过调整，处理成为一个或一系列的立体空间以更好地发挥效用，将会妙趣横生。我们乐于穿越空间，环绕或经过物体。我们也乐于从一个空间进入另一个空间、一种序列的空间过渡体验。

有时候过渡是巧妙的，人们可能在不知不觉间就通过了一系列功能和感受完全不同的空间；有时候过渡是强烈的，如通过规划刻意使人从一个低矮、狭窄和黑暗的空间转换到宽敞、明亮的空间而取得惊人的戏剧性效果。无论哪种情况，熟练的规划师都能通过空间处理的手法来控制人的情绪、反应和心理，这与熟练的音乐家利用竖琴、笛子和鼓有异曲同工之妙。

北京西郊玉泉山脚下的颐和园建筑群中，有一座围墙环绕的宅院，多年前住着皇太子最宠爱的妃子。在庭院的一侧布置着她美丽的卧室，

Marion Brenner Ptotography/Lutsko Associates

Barry W. Starke, EDA

通道空间

里面摆着漆器、木雕、孔雀翎、柔软的坐垫和精美的刺绣屏风，另一侧是一个轻巧的亭子，是她和她的女仆夏日午后的乘凉之处。传说她来自四川的一个平原，为此终日想念那里的湖泊、树木、草地牧场、悠远的青山以及那里宽广自由的天地。但是在园内，狭小幽禁的宅院却成了她全部的天地。

皇太子和那些规划师为了取悦于她，试图在这狭小的庭院中创造出一个自由、宽广的人间天堂。为造成距离的幻觉，由卧室开始，所有围墙都向内侧逐步跌落以拉大与对面亭子间的距离。另外，为柔化院落僵硬的围合感，远处的植被延伸到围墙的内外，甚至铺地砖的尺寸也被由近到远逐渐缩小。从内往外走，所有的材质都在不知不觉间发生递变：由厚重坚实变为精巧细致，颜色由深红、橙红、黄色等暖色调变为柔和淡雅的淡绿、青色和淡灰等色调；前景的树木枝叶粗大、轮廓分明，而小巧的亭子下的配植则矮小精致；近处的流泉水声汩汩，远处的池塘水平如镜，通过这些透视手法，妃子所在院落的视域得以拓展，亭子的距离也显得遥远了。

当女主人离开她卧房的台阶，在庭院中漫步时，她穿过一片芳香的虬枝柏树，来到一座别致的假山前，静静地伫立在一个长满苔藓的平台上，山石后的石墙雕刻着云纹，上镌诗曰："蜀中原上云，歇住崇山巅"（按英文意译。——译者注）。到此离卧房的台阶不过十步之遥，但通过使视线隐藏迂回，妃子会有在家乡山中漫步的感觉。

不远处，隐约之间，是一条刻有浮雕花纹的绿瓦龙墙，腾跃狂怒的金龙呼之欲出，仿佛正冲着门口奔去。门内有一个矮山石围成的花台，怒放的牡丹花以它富丽的色彩和沁人心脾的芬芳装点着周围环境。潺潺的水声吸引着她的视线来到一处阴凉僻静处。在那儿，水花泼溅的跌水旁放着一张柚木长凳，头顶树影婆娑，柳枝披纷，垂落水面。水中，各色的扇尾金鱼懒洋洋地游嬉于柳叶之间。踏过曲折的汀步进入一片小小的竹林，金丝雀在里面欢快地歌唱，一条窄窄的园路延伸出去，通向蕨草掩映的池塘，亭子的石阶旁有汉白玉石桌石凳布置在茂密的松荫下，一切都是那样的安详和静谧。

从亭子的平台往后看，一个出乎意料的全新景象展现在眼前，对面的卧房显得惊人的靠近。来时的小路被巧妙地隐藏，另一条回路把人引向另一处花园，真是别有洞天。

这个精巧的庭院展现了一系列的空间，每一个空间本身都是完整的。每种过渡、转换，从空间到空间，从一种元素到另一种元素都是和谐的渐变，巧夺天工，这是几个世纪积累的经验。

空间调节！在美国，我们尚需理解这个词的含义；不过，在拥挤的未来，我们定会掌握它，而且毋庸置疑，是在更高的艺术水准。

条件感知

经验告诉我们，事物与我们的联系往往比事物本身更为重要。一棵看不见或不被记住的树等于不存在。远处山顶的树对行人来讲只是那个时刻的一个路标，当我们接近并看清它是梨树时，便产生了丰富的含义：想走过去摘它的果实；8 月炎热的下午我们会喜欢它浓郁的树荫，在低处树枝上给小孩系一个秋千，或在下面来一次野餐。这时树又有了新的内涵，树还是那棵树，但因为我们跟它的联系不同，所感受的就不同。所以当我们在一个空间布置一棵树或放置一个物体时，不仅要考虑它与空间的位置关系，还要考虑它与所有享用空间的人的关系，我们应该通过一系列关系的设计来充分展示物体最引人的特性，从而控制人对物体的感知。

我们对一个物体或空间的印象决定于我们曾有过的体验或对未知的预期。刚刚离开阴凉的藤架，我们会喜欢阳光灿烂的庭院；当我们来自一个灼热、干燥的庭院，水花飞溅的喷泉就显得格外惹人喜爱；当我们感到河流就在前面不远时，（干爽的）桦树丛就有了更多的含义。一个宽阔、自由的空间，当我们体验过它周围的狭小幽闭的空间时，这个自由的空间会显得比它本身更宽阔、更自由。

因此，我们规划的并不是单一的体验，而是一连串的条件体验，它们之间的相互作用使得每一种体验的效果都得到提升。中国的美食家们能领会这种过程，对他（她）而言，面对一桌搭配得体的宴席真是一件赏心悦目的事，鱼翅汤、海菜咸味薄脆饼、浓香扑鼻的鸡蛋羹、水粉栗子杏仁羹、酥松香甜的炒米饭、热腾腾的糖醋鱼浇着诱人的汁、浓茶、闪着油光的脆生生的蔬菜、柔软滑润的蘑菇、滑爽的面条配上小巧的鸽蛋、清口的茶、清凉可口的芒果，最后是少许美酒。所有这些精心的配餐都是一种视觉、味觉、嗅觉的艺术体验。同样，当我们设计自己的生活环境时又怎能缺少了艺术体验，是一种我们已经、正在和将要感知的过程的综合。

当我们在空间或空间综合体中运动的时候，会下意识地追忆以前的经历和感受。回顾过去，憧憬未来，我们会发现每一体验都在使另一体验以及全部体验充满意味。

序列

在规划过程中，序列可以定义为一系列连续的感知。只有当我们体验的时候，序列才是有意义的。换言之，所有的体验都成序列。

在自然中，序列有时是偶然和随意的，但并不总是这样，它是渐进的。这种渐进也许是一种上升过程，比如从低处往山顶爬；也许是有方向性的，如从中心平原向西越过荒漠，翻过前山，穿过山谷，到达海边；也许是向内运动的过程，如从阳光普照的林缘到幽深郁闭的密林深处；也许是一种围合性、复杂性、强度、方便性及理解过程的渐进。

Barry W. Starke, EDA

Barry W. Starke, EDA

Barry W. Starke, EDA

Barry W. Starke, EDA

富兰克林 · 德拉诺 · 罗斯福纪念广场是户外的序列空间，以记录他连任 4 届总统的历史

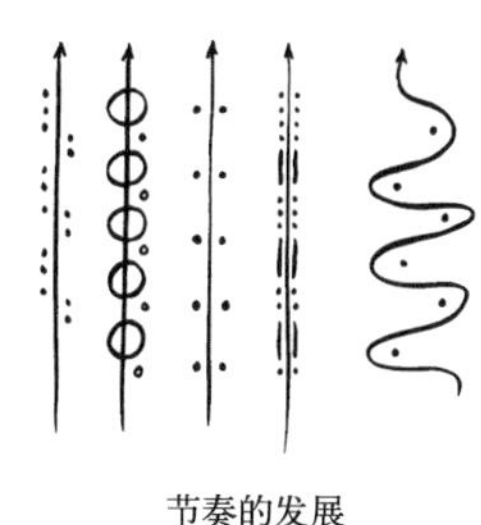

节奏的发展

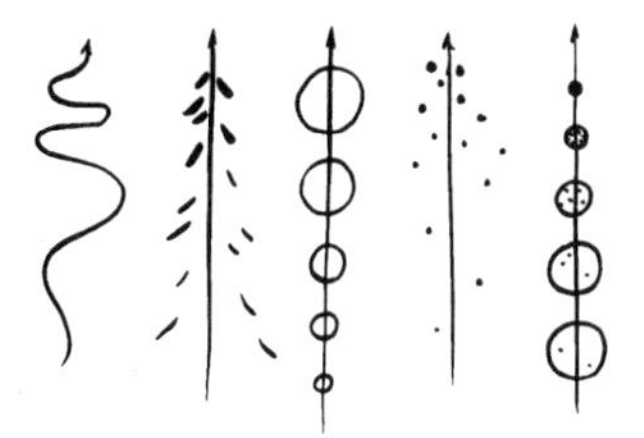

逐渐加强的序列

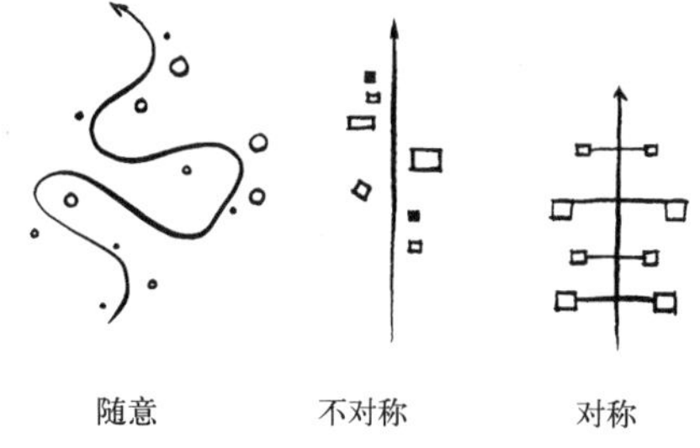

随意　　不对称　　对称

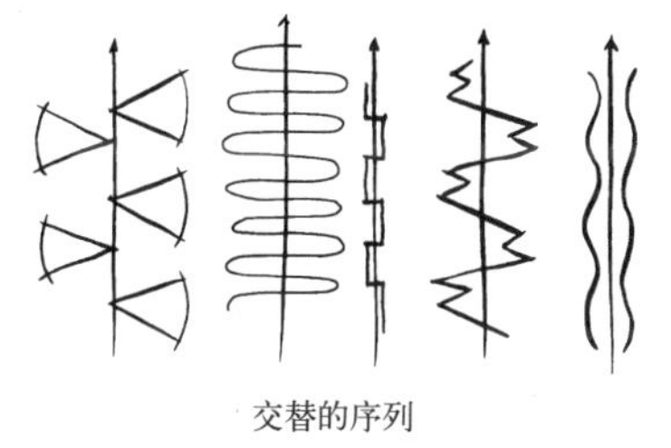

交替的序列

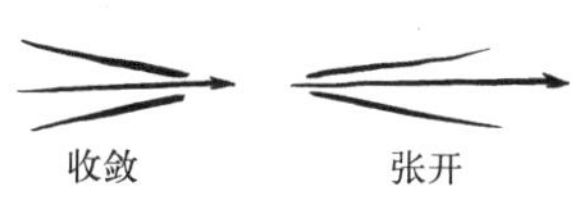

收敛　　张开

序列 各种规划序列的抽象表达
箭头显示的路径为各种规划序列的进程

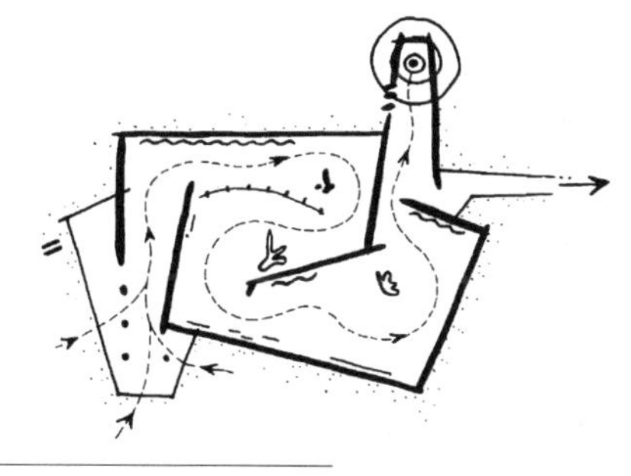

一个预定体验的序列演进设计

有时自然所显示的序列并没有太多的秩序，不过是大人或孩子在无意之间经过某景观时的偶然印象，比如追随着延伸的海岸线，或穿过潮滩上的浅泊时得到的印象。

规划的序列可以是随意的，也可以是特意组织的，它可以是刻意营造的漫不经心，也可以是为了某种目的而设计成高度条理化。规划过的序列是一种极为有效的设计手段，它能激发运动、指示方向、创造节奏、渲染情绪、展现或"诠释"空间中的某个或一系列实体，甚至引发一种哲学观念。

规划的序列是一种空间元素的有意义的组织，它有开始和结尾，结尾通常是高潮，当然也不尽然。有时有多个高潮。每一高潮都必须服从整个序列的完美。通过序列所提示的运动和趋势，人们会感到受某种动力驱使，令他从序列的开端向着结束运动，所以一旦开始，序列或引发的运动应有一个合理而且至少是令人满意的终结。

显而易见，所有规划空间是通过一系列的感知和事件被体验的。序列亦是设计中需被控制的重要因素。一个成熟的设计不仅仅决定高潮的特性，而且对它出现的时间、强度、演进过程都起到决定作用。

序列可能是简单的、综合的、复杂的，可能是持续的、间断的、变幻的、可调节的，可能是聚集式的、分散式的、短暂的或是漫长的，可能是微妙的也可能是强有力的。

序列以其自身的节奏，像那丛林中的鼓声，其变化的鼓点激起了各种情感反映：兴奋、警告、恐惧、狂怒、神秘、好奇、敬畏，愉悦、幸福、狂喜、力量、愤怒、仇恨、挑战、欲望、后悔、忧愁、失控的悲哀及舒适等。

设计师的大忌是在序列的规划中给主体引入与规划功能相悖的情绪反映或期盼。相反，如通过空间与形式序列的设计使主体产生并强化了与设计意图相一致的体验，那真是妙极了。

如果序列以一种或更多的空间特性——尺度、形状、颜色、光照及质感——反复出现，其韵律会很明显。根据它的性质、强度及出现频率之不同，这种韵律对于运动的主体会造成轻微的或相当强烈的情感冲击，其效果有时是令人满意的，有时是灾难性的，这充分说明规划任何一个以步行或其他交通工具进行运动的空间，对其空间调节和空间韵律的把握是非常重要的。

循序渐进

在运动时，我们受到所经过的地理环境的作用，也就是说，当我们朝着一个目标运动时，设计应使我们对目标有所准备，或是当我们去追求某种预期体验时，我们就应为这种体验有所准备。事实正是如此。

举一个反面的例子，假设一家人在前往市内教堂的路上，教堂的前方是繁忙商业区的快速路，在行驶过程中，当他们躲闪着快速行驶的车辆进入通向教堂的狭窄车道时难免有些惊慌，狭窄而拥挤的车道上停了很多车和刚下车的乘客。经过紧张的行程之后，车主人最终决定先把车停在教堂门口附近好让妻子孩子先下车，却发现教堂的停车场已满。懊恼之中，他只好穿过高速路将车停在附近的超级市场，然后上山步行到教堂，在仪式刚刚开始的时候，他终于和家庭成员一起坐在长凳上。然而疲惫和紧张还没来得及消除，仪式已经结束了。很显然，对他们及很多其他类似的人来讲，去教堂的愉快体验并没有很好地通过规划得以实现。

为实现某种理念的渐进序列或通过限定来达到既定的目标

同样一个社区，让我们假设另一个教堂位于安静的社区景观路前。星期天早晨一家人乘车或沿着景观路漫步，绿树掩映的教堂好像在真诚地欢迎他们。车道、入口环路和停车场很容易到达，而且足够宽敞，连接步道通向一个宽阔的庭院，教堂门敞开着。在这里，人们进入教堂之前先驻留片刻，环境空间的形式、符号及特性都使人充分做好了做礼拜的准备。仪式完后，家人和朋友们还可以在这里宜人的环境中会面互访。从抵达、参加仪式到离开教堂的整个过程都被规划为礼拜的有益部分，具有特定含义。

在亚洲文化中，这种入口的设计更为微妙。比如沿着道路走向庙宇群的入口，特定的街道充满了虔诚庄重的氛围。根据传统，院墙和大门把世俗世界隔开，内部围合成一个安静祥和的花园空间，象征着极乐世界。从道路远端到神坛，整个过程被设计成巧夺天工的过渡，从粗俗到文雅、从无知到智慧、从浮躁到参省、从世俗到庄严。

同样，我们可以调节控制任何一种人类体验，这也是我们应该竭力而为的。

步行运动

对照溪流或河流的运动，可以很好地理解步行交通的特点。徒步交通像水流一样是沿最小阻力线运动的，遵循两点之间的最短路径。它具有动势、冲力及侵蚀作用。急速的水流运动要求直接、平滑的水道，弯曲的部位需加宽，这种水道如果不具备将会被强制地生成，如在急流作用下，突出的部分被侵蚀，礁石被削平，以及形成连串的牛轭湖；与此相似，步行交通的力量也会改变那些起阻碍或限制作用的形式，或者干脆跳过现有路径塑造一条新的更自由的路径。

就像运河制约着船运的航线、速率、最大容量一样，步道也确定了路线并控制着行人的运动。另外，正像平原上断续的河流一样，步行路径还受到不可预见因素的制约。特别是校园规划中，步行交通的路线很难预先设定，只有主路是与建筑一起修建的，那些穿插的步道和蜿蜒的小径则是后来沿着校园草坪上自然踩出的足迹而设置的。

行人有序列地运动就像动物的行为一样

Adam Jones, Jones & Jones Architects and Landscape Architects, Ltd.

交通流中的障碍物会导致混乱，即阻力因素。因此在需要定向交通和快速流动的地方，步道中的交通岛最好成流线型以便转移和引导交通。

交叉路口是最混乱的节点。步行道的规划中，这种混乱往往起积极效应，比如在需要令人激动、活跃和高度兴奋的场所，或是在必须使交通流减速的地方，或是规划意图要求人们在这里拥挤，摩肩接踵。这种人群沸扬的场面在规划中常出现在商业区、交易会、游乐场或乡村集市中。如果两个或多个相交的交通流将汇成一条快速自由的交通流，会

某展览的设计者试图预见人们的行为规律。预测何时快，何时停止、观看、聚集，从而达到控制流向和预停即止的目的，但控制流向并不意味着人们会像电车一样按既定路线运动，理想的做法是：规划时应引导行人悠然自得、随心所欲地观赏可看之物。同时还应注意避免使行人在整个活动中迷路、疲惫或失去兴趣。

——詹姆斯·加德纳（James Gardner）
与凯洛林·海勒（Caroline Heller）

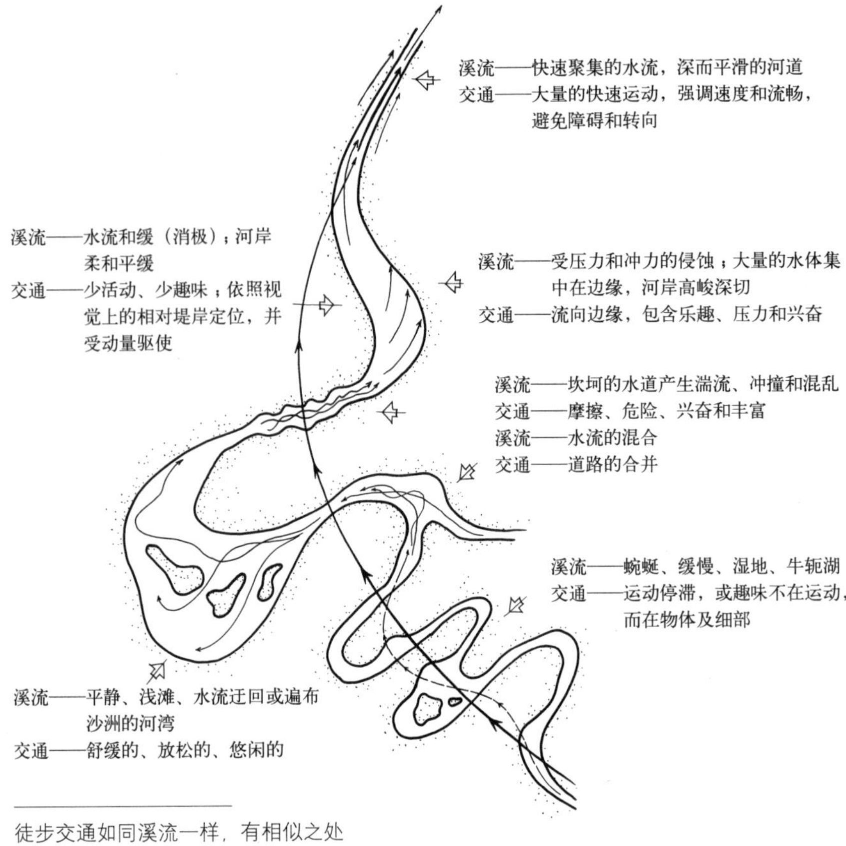

徒步交通如同溪流一样，有相似之处

合处在宽度和形状上必须保证能够平滑而和缓地衔接，并且交通流不被干扰。

交叉路口应充分发挥其作为交通枢纽的作用。从地理角度上讲，河流的交汇点有着重要的战略意义，它不仅意味着两个水系的交汇，也意味着沿河的生活、贸易和文化的交汇。如在匹兹堡，金三角之所以形成是有其道理的，在这里阿勒格尼（Allegheny）河和莫农加希拉（Monongahela）河相交汇而成为俄亥俄河的源头，这里许多交互作用因为积聚效应而发生。这种汇集性，无论是河流、贸易、文化、交通、车辆还是徒步运动，在相关的土地规划中都要予以考虑。

随意的徒步交通，就像一条静静的小溪，循着蜿蜒的线路流动。缓慢的交通正如和缓平静的河水流淌于河湾、漫滩密布的回流区以及偏离主流的静流区。这种庇护性的浅滩特性在交通设计上正对应于那些与主体步行交通相关，但又不在主步行道上的规划功能。同样，水流的急速不羁以及流水曲线的富于韵味，与很多规划的景观地域有异曲同工之妙。

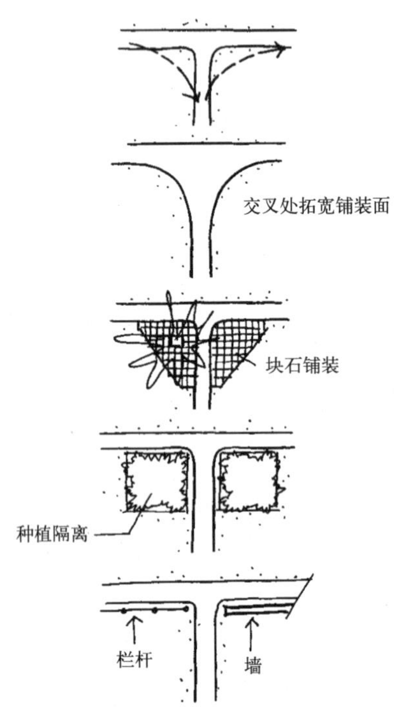

加强曲线和交叉路口
“抄近路”导致破坏和侵蚀，应加以预防

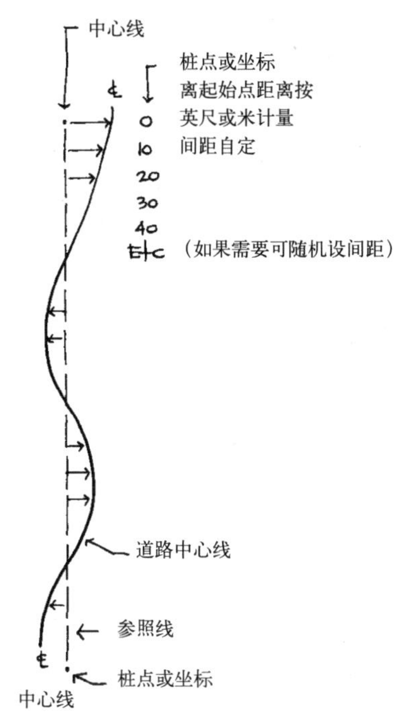

随意的路径设计
以一条参照线为标准，测量道路上的点与参照线的距离，以此可描述或设定一条曲线

所见事物

因为步行仍是最频繁的运动形式，大部分的场地和空间都是在步行过程中和人眼高度上被观察的。我们已经知道，运动的线路可能是固定的，也可能是无目的和自由的，包含多种序列和视觉体验，缓慢运动会形成细部的视觉趣味，当我们快速运动时，简直不能容忍少许迟缓，而当我们轻松漫步时，则喜欢左顾右盼，这时的趣味不在于运动本身而在于对周围事物的感受和体验。

底面

在底面上运动的步行交通对决定其速度和运动方式的底面材质是很敏感的，特定材质不仅能满足而且能吸引特定的使用类型。举例说明如下：

质地	*交通*
天然花岗岩、粗砂岩	平头靴
紧实的泥土地面、林中的土路	旅行鞋、鹿皮靴
雪	雪橇、滑雪鞋
冰	冰鞋、装尖铁钉的鞋
砂	凉鞋、赤脚、便鞋
草皮	钉鞋、足球鞋
沥青铺面	网球鞋
石板路	大头鞋
切石、水泥、砖	正式皮鞋
抛光大理石	舞鞋

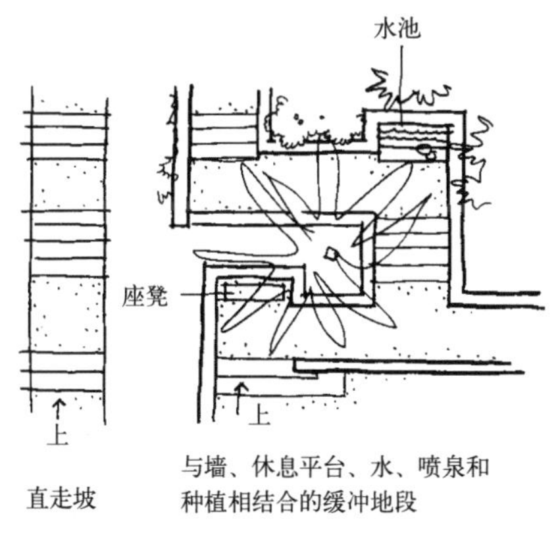

坡度的改变需要台阶，这就为设计提供了机会

距离和坡度

当我们依靠自身力量运动时，会感受到克服距离和爬坡所消耗的体力。如果这已成为消极因素，就应借助规划布置尽可能地减少这种消耗。通过线路的安排、障掩及空间调节都能有效地减小距离和坡度。如陡坡上的步行道采取上下盘绕可以减弱感觉中的高度，因为，比起沿着以一定角度斜交等高线的路线攀登，以一站接一站的方式逐步到达山顶而言，从山下一口气上到山顶要费力得多。

我们常常注意到，在某个限定的空间内，增加视觉上的距离和高

Landscape Architect M. Paul Friedberg and Partners

Gary Knight & Associates, Inc.

Barry W. Starke, EDA

Barry W. Starke, EDA

Barry W. Starke, EDA

Barry W. Starke, EDA

地平面的变化

度正是大家所期待的，同样可以通过对人为交通线路和视线的安排来做到：比如可以从低洼处望高峰，从高峰处望凹陷，也可以从最远的角落引出一条最长的对角透景线。

步行交通，因直接与地面相界，因此更像是一种“流”而不是一条轨道，通过巧妙的规划，这种“流”可以被激发、停滞、分淹、汇集、导入、定向、转换或加速。

汽车

公路、街道甚至私用车道，作为规划要素，必须作为致命线来考虑。在这些线路和交叉口，五花八门的碰撞致死事故屡见不鲜。要是有一条通过社区的高度繁忙的交通线路没有特别的保护措施而很容易被孩子接近的话，必然遭到市民的强烈抗议。然而，在景观中那些缺乏保护设施的公路却在肆意穿插，我们的城市被那些危险的林荫大道和街道切割得支离破碎。这又是为什么？不管是什么理由，我们都要问个为什么。

当马匹不再使用的时候，它踩过的痕迹和小路不会随之消失。汽车继承了它，尽管屡次“改进”，但这种路的基本特点不变。汽车刚开始被推上这些老路时，其混乱还只是有些像脱缰的跑马，后来则成为“交通问题”。今天，我们仍然重修那些为其他车辆服务的旧路，而不是为汽车修筑专用的特殊的道路，这一简单的事实是当今交通问题之全部。

——诺曼·贝尔·盖蒂斯
(Norman Bel Geddes)

目前，我们惯用的这种棋盘式的街道系统除了因为其规划设计本身的方便之外，客观地说没有任何合理有效的依据，这似乎是一个令人遗憾的借口。实际上，我们的街道和地块的格局在马车和老爷车充斥的年代就被设计好了，仅仅是因为测量工作的方便。由于它深刻地影响着我们每天的运动模式、安全和生活质量，已到了非改不可的时代了。

车无处不在，我们发现，交通冲突已经由仅是麻烦发展为一种致命现象。为了自卫，我们不断地设计建造宽路、分车道、立交桥、地下通道、高速路、高架路以及多层转换中心，工程师们在解决人流及车辆穿越空间所面临的实际困难中，创造了令人叹为观止的多种形式。然而，如果仍然要面对我们创造的充满噪声、烟雾的四轮怪兽的话，那些曾新潮的汽车、交通道路和社区就需要新的发展。

城市街道系统和地区道路系统还遵循着畜力驱车时代的古老模式，由那个时代的需要产生的旧式的道路对汽车来讲并不合适。那些为乘客提供休息，为马车提供饲料和马匹的旧的乡村道路如今已被高速公路所取代，在上面飞驰的机动车辆给乡村和城镇带来的是无尽的危险。

——路德维希·K·希尔伯塞默
(Ludwig K. Hilberseimer)

交通流

在规划高速公路与街道时，我们应将其视为无障碍的车辆运动线，当然这是其主要目的，然而如果将典型的街道或高速公路用动力学图解勾勒出来时，浮现在眼前的是我们可以想象的最危险、最不流畅、最混乱无序的交通线路图。如我们深知，两个车辆的汇合点也是矛盾的集中处和危险地，显而易见，这种点越少越好。然而，罕有例外，我们当前的交通线路却纵横交错，编织如网。交通功能丧失殆尽，对此，我们是如此熟视无睹和自鸣得意！

我们花费越来越多的金钱，向越来越远的地方，延伸越来越高级的高速路，以至于越来越多的人，可以越来越快速的驾车，直到停到必须停车的地方——然后为了进入某个越来越难以进入的地方，而越来越长地等待。

——弗雷德里克·比格
(Frederick Bigger)

未来的交通线路，在可能的情况下，平面交叉的现象将不存在。道路将规划成为快速、安全、无障碍的运输通道。转弯半径会大大增加。沿路控制地将得到拓宽和改变，以适应多道路的各种可预见功能的需要，按车型、车速分道行驶。道路边缘的障碍得以清除。高速路将配备各种

未来将不会有平面交叉的道路或轨道，交通线路将下沉或下埋，成为自由流通的管线或完全架空，交通或物资运输更为快捷、安全，完全没有障碍。

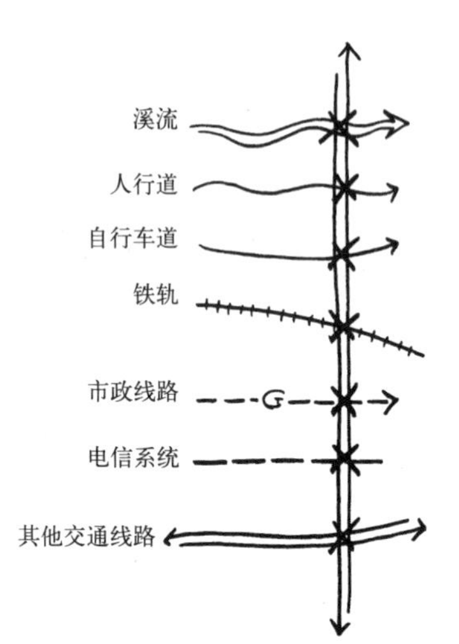

为保证交通的安全、高效和经济，交通线路与其他道路和线路的交叉应尽量避免

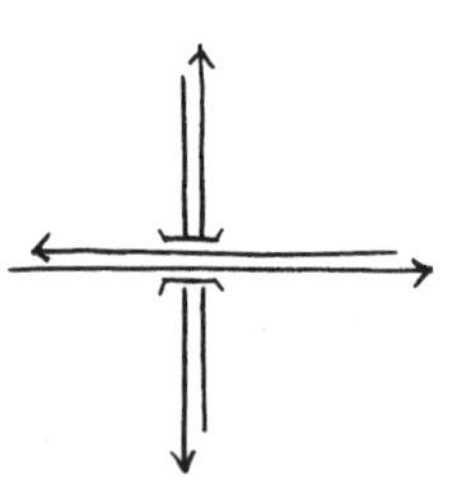

没有水平交叉的交通分隔通常是合理的

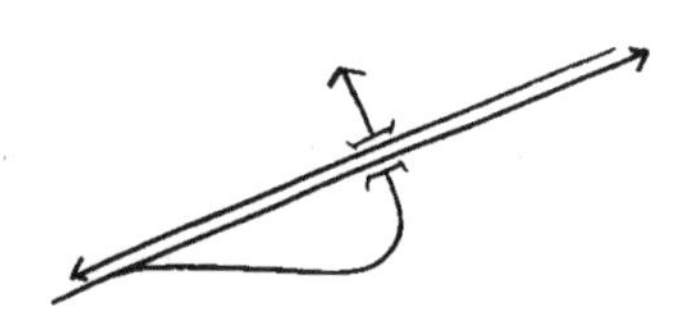

左转弯的地下通道（或立交桥）交通流没有危险和阻断的公路交叉

先进的安全设施和监控设施。州际高速公路将在城镇之间的旷野间穿梭，而不是通过穿过城镇中心来“联系”。商业区、工业区、住宅区将分布于高速公路的侧边，通过足够宽的流畅的园区路或特定的卡车道来分隔和导入。多层次的交通系统把多极化的城市中心和卫星城社区联系起来。

无论是一条普通公路、快车道或一条高速公路本身都是一个完整的系统，它必须是一个安全高效的流动和联结通道。应能为穿越景观的人们带来愉快难忘的经历。而只有道路两侧边界有与当地地形相适应的足够宽阔的道路备用区时，这种令人愉快的道路体验才能被充分发挥，否则体现在身体和视觉上的快感将荡然无存。试想，一条蜿蜒在河谷中的景观路，两侧留有宽阔的保护用地，使峡谷两岸和山脊尽收眼底，那该多心旷神怡啊！

有理由设想，高速公路、普通公路、快车道在今后很长时间内仍会继续成为各地点之间的主要联结方式。每个景观依靠通道与它们联系，每个通道又是其所联结或预达的场所或景观不可分割的一部分。

在景观之中

现代高速公路不仅是景观中的最为重要的特征，而且也是我们进行土地规划和社区规划最为突出的因素。公路一旦建成，即刻成为强有力的标志，随之改变这一地域的原有景观特征。在绝大多数位置结构图中，公路构成了地域相系相关的最具活力的动态干线。毋庸置疑，未来的设计中，最为重要的发展将毫无疑问地体现在如何把握日益增加的交通线路、社区、城市与周围景观之间的关系，并使之更趋向合理化。汽

Barry W. Starke, EDA

人车分流

车业已使以往的土地规划的观念陈旧过时了。

你是否想象过有这样一条路，不使其他任何车辆向你逼近，而只有你自己——在你的线路上不存在撞车或撞上其他物体的危险——你可以决定任意的速度，平稳、准时地到达目的地？听起来似乎不大可能，但是你可以拥有这样的道路。这种设想是可行的，并且正在实践中，只要在你的车里装备全自动的控制系统，高速路的行车过程会非常安全愉快，畅通无阻，无异于只有你自己通行。

——诺曼·贝尔·盖蒂斯

随着汽车的涌现，带给我们的是令人振奋的空前的时空自由。我们的空间运动比以往任何时候都更为方便了。然而，也正是这样，汽车侵入到我们的生活与工作环境中，干扰了固有的备受人们珍爱的步行道及场所，强加给人们苦不堪言的双重视觉尺度。

就大多数景观而言，目前乘车体验与徒步行走方式二者并存。这种被迫的并存关系是互不相容的，这种无所不在的困境几乎尚未为人意识到更谈不上解决了。因为忽视了这一点，而导致了问题的增加，这些问题有时甚至是无法解决的。对其进行研究，寻找相应对策也许会使我们得到对当今汽车年代有充分认识的首例规划图式。

在人们生活的景观中，各种机动车道与人行道将分离开来。人们乘车可以十分方便地到达生活区和工作区。同时，其中分布着令人神往的步行区域，它们不再受到公路的干扰，人们重新得以在没有噪声、强光、烟雾和交通危险的步行区和集会场所闲步，其快慰不言而喻。而在专用的没有其他干扰的机动车道上驱车行进，同样是件乐此不疲的事。

交通线路与土地利用及建筑之间的关系本书其他章节将有讨论。然而，考虑到机动车的流动性，在此列出的公路、引道、机动车入口以及停车场的选址与设计应遵循的基本原理将会有所裨益。

公路

每一种公路，无论是乡间马路还是城市快速路，都是独一无二的设计作品，具有各自的地域特征和功能特征。无论哪种类型、哪种等级的交通线路的规划过程都会涉及以下原则：

遵从合理布局　这意味着高效联结。公路将活动中心与人口集中区联结起来并为其提供出入门。公路应尽可能沿现状边界线布置。应与地形、植被生长相适应，融入景观中去。

容纳交通　道路的最终承载量取决于对公路服务区域的未来发展的预测，如果一开始不能将公路建到最大容量。也应留足公路红线距离以满足未来发展需求。

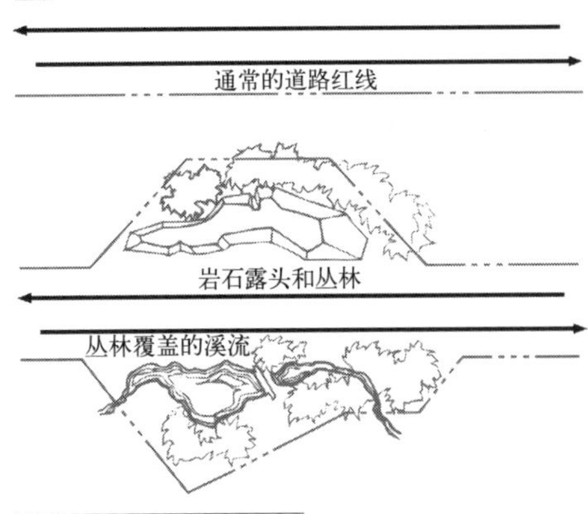

即使在城市地区，道路的规定红线也应足够宽，以便包容自然特征如池塘、溪谷、深谷、树林等，使其作为道路的组成部分

保护自然系统及美好景观 首先要求有足够的、变化多样的红线宽度，需要考虑到日后所有的车道、路肩、路基斜坡、排水道不会过于拥挤。它的延展应包括溪流、水塘、树丛、裸岩等自然景观特征，还应有隔离带以屏蔽不佳之景，保护和框限美景。

提供最佳的横断面 车道的宽度和尺寸取决于所设计的交通类型和容量。如果交通容量大，地形复杂，现状条件和地价又允许，那么实行车道隔离通常是适宜的，由此减少的土石方量和工程费用可以补偿额外的土地占用费用。优点包括：减小车道尺度、消除汽车前灯强光、降低路肩的高度和宽度，并与自然景观更为契合。

在考虑公路的选线时，重点应该放在所选路径是否能够提供最佳风景，这里路径 A 有着良好的视觉效果，路径 B 则不然

调整水平弧度 高速路的设计都应以转弯半径和内接的螺旋形曲线相接，次要道路常在交叉路口以圆弧与之相切。次级路和林间小路常随坡就势，不必采取几何形。无论哪种路，最重要的是：规划中心线在打桩定位时要随时调整以避免遇上不可预见的障碍及不利地形，并充分利用地形和景致。

同时调整其垂直剖面 优秀的竖向设计是沿着等高线的，以使场地清理、坡度改造及土地侵蚀控制最小。它必须保持视线清爽以看见迎面的车辆，必须有从边路进入的入口。路床及邻近湿地、低地须保证通畅排水。其上下坡度亦是在恶劣天气中保证安全的一个重要因素。

设计以确保稳固 精心修筑的道路正像一个精心修建的构筑物，是从坚固的地基开始的。任何道路的修筑，基础稳固、排水良好、各层路面经过很好的胶结和压实，这些都是很重要的。整个剖面，包括排水沟和耐磨路面，都应作为一个单元设计，能够最好地耐受当地气候、承受预期负荷量。

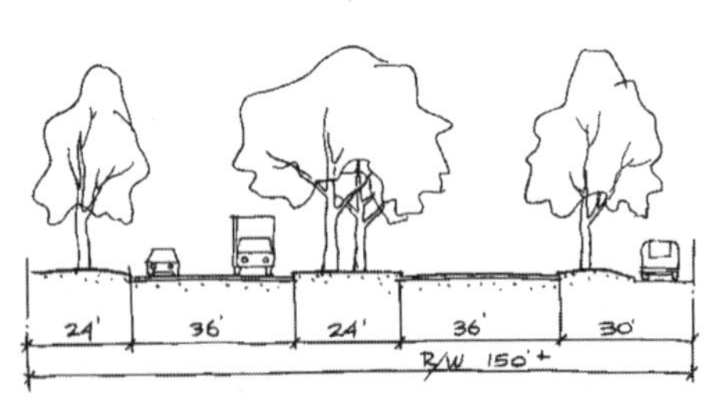

干线：六个分车道
六个分车道的干线负荷大量的高速交通，它们联系并沟通大都市区，在人行道不相容时，迷你列车和巴士可共享同一车道

提供适宜的驾驶路面 路面质地在任何天气条件下都应有足够的密实度，其颜色应能及时散热，不刺激眼睛，并且与路边的土壤和作物颜色区分开来以便于视觉判断。在主路上，这种道路的区分还可以借助于边线和中线实现。利用本地粉碎后的石料、珊瑚礁或天然碎石作为路面混合填料，效果常常不错。

提供安全保障 减小坡度、加宽曲率、控制出入口、排除平面交叉等措施都是为了安全。其他保护措施包括护栏、反射器及清晰的方向指示。在特殊节点如主要坡道或立交桥处，使用不闪烁的照明设备会有助于安全。

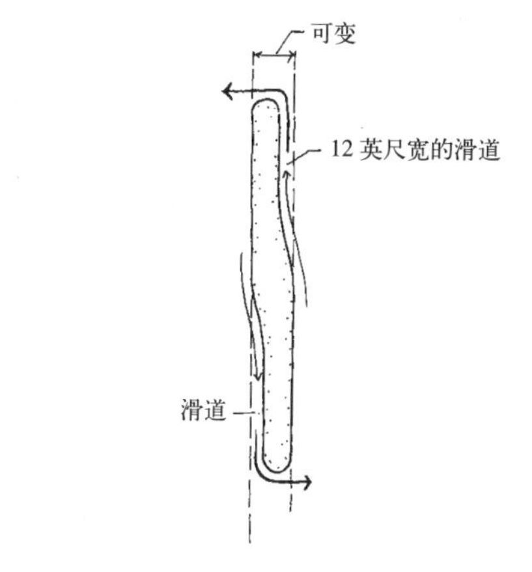

动力干线中央的滑道（slip lane）

保持结构简单 最好的公路结构——桥梁、天桥、地道、防护墙、涵洞——通常直截了当地表达其功用、地方属性、建筑材料。在某些地点如公园中，粗制的本地山石和木材也可用在道路中。在公路上，无装饰性的混凝土及钢材更为通用。

建立信息系统 好的方向标示应具易读性和完整性，它在恰当的地点以一种配合了车道特点和设计速度的清晰可辨的形式来传达准确的信息。

利用当地植被 尽可能保留所有现存自然植被。以形成最好的道路种植。一般还需通过选择性的修剪来明确道路边缘线，形成框景，以及创造一种令人愉快的经过设计的空间围合感，附加的播草和植树主要用来护坡和控制侵蚀。

每条公路都与同样长的闲置带相接壤；这条闲置带不允许放牧、耕作和割草，因此长满了本地植被，以及很多有趣的从异国他乡"偷渡"来的外来物种——这正是每一个城市居民所处的日常环境的一部分。

——奥尔多·利奥波德（Aldo Leopold）

在开旷的乡野地区，在受干扰的路边带全部播种耐性强的野草是一个非常有效的方法。起伏的路沿野草需要修剪，而以外的自然区域则无须如此，任其接受邻近牧场和林地的风媒种子，渐渐形成由树木、灌丛、藤本、野草及野花混生的无须维护的具有高度乡土之美的自然景观。

充分发挥景观价值 在任何情况下，一个精心设计的道路在穿越景观时其选线和建设应采取这样一种方式：即在便捷适用的同时应能保护和展现最好的特征和景色。一条出色的道路给旅行者带来舒适、乐趣和愉快。好的道路也是好的邻居。

入口车道

在任一项目的选址中，内外联系的道路都应予以考虑。人们来去过程中的感受可以成为决定性因素，比如到一个办公中心或居住区的道路如果需要通过一个货场或环境恶劣的地区，人们就会另觅他处。相反，如果路线经过一森林保护区或一个吸引人的商业区，那将是令人振奋的。

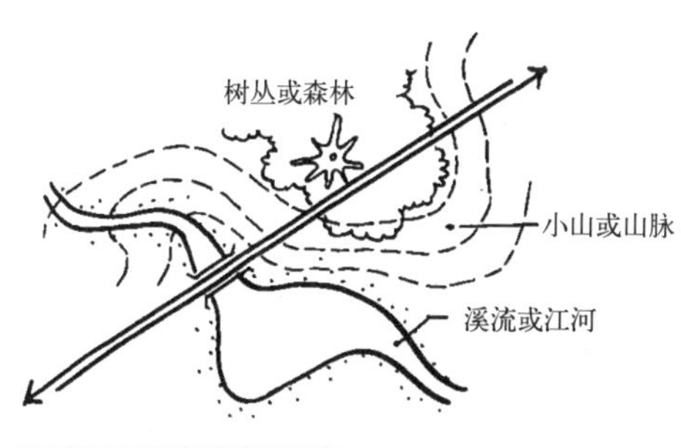

任何时候当道路横切过自然景观，都会导致破坏和昂贵的工程费用

项目选址中，入口道路不仅会影响或决定建筑元素的位置，还会决定场地利用区之间的关系。假设准备在已有环路或大街与拟建建筑之间修筑入口车道，我们得认真考虑设计要求，以下这些事项是同样重要的：

到达的心理学远比你想象的重要。如果停车地点不够明显，如果客人到达后却没有地方停车，如果客人要寻找前门却误入后门，或者如果入口的灯光极差，那会给你的客人带来一连串的烦恼，那将在他们心底久久不散。无论你多么热情，景致多么迷人，这些一开始的不快总会令整体效果失色不少。

——托马斯·D·丘奇
(Thomas D. Church)

在过往道路上显露出自己 车道入口的最佳位置由其自身所决定。一般位于沿场地正面边界上的最合理的切入点或最集中的视觉趣味点。车道应当借助街道号码或合适的入口标志加以明确标识；还应考虑到与邻接车道入口及附近的景观特征的关系。

应以退后的形式迎入客人，就像一个小海湾或小港口那样。在平面布置和场地处理时，入口车道会对所有居前的要素限定风格。入口处将设定材质与建筑风格，并在整个场地开发过程中实现。

提供安全的入口和出口 车道的入口应设在能确保上下过往街道的视距是够安全的那一地点，而不能正好设在陡坡的底部或急转弯处。尽量避免急转弯，只要有可能就应规划为拐弯半径足够大的滑入型(glide-in) 入口。大型项目中如果交通容量较大，常常需设置减速道。呈直角的道路入口节点最适于明察来往双向的车辆。

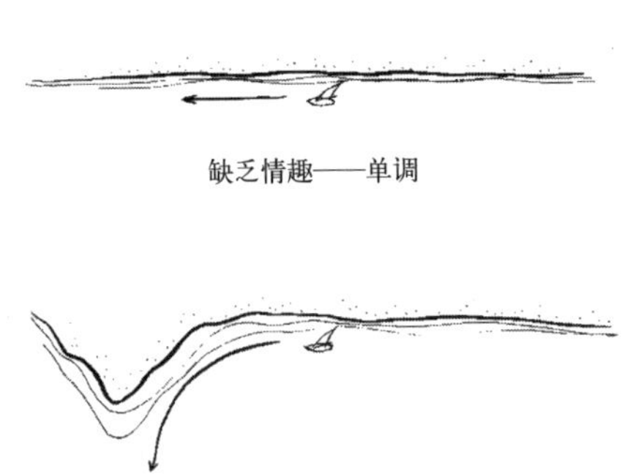

缺乏情趣——单调

向外的推力——排斥

向内的拉力——吸引

港湾的吸引力
成功的车道入口和前庭如同一个包容的小海湾，其边缘最吸引人的点往往是入口或大门

建立令人满意的过渡带 从车道入口到建筑物入口、停车场及回车区之间的地段应设计成一种有吸引力的空间和风格的过渡。车道宽度可以变化，车道入口处、转弯处及前庭处宽度会增大，这种变化常常表示交通流向。

从公路的特点到项目或构筑物的特点——不论是居住区、公寓塔楼、商务区、购物商厦还是学校，都要有设计上的过渡。这种运动，从过往道路的尺度感变到建筑入口庭院的尺度感，从高速运动归于平静。举个例子，某一时刻某人也许还在道路下风驰电掣，两分钟后，同一个人或许已在建筑入口处静静地立着了，在这两种情况之间，人的精神状态的变化是明显的，必须设法得到适当的放松。通过车道设计，必须给予来访者一种抵达感的心理准备。

合理 道路导向应使司机需做的判断量最小。不要忘了交通行进方向尽管倾向于右手，但也会倾向于最容易的岔道及最容易的坡度、分支道路的设置应该明显且谨慎，这就是说道路对于司机必须明晰可辨，尽量减少闯入自然景观的可能。

大部分的居住区街道（迫使遵循严格的细分规则）通常都太宽了，以至于破坏了住户们梦寐以求的可居住性。

街道越宽意味着速度、危险、花费和毁坏的增加。路旁泊车成为交通事故的主要元凶。

充分发挥场地优点 车道选线为场地的视觉——地形、地被、远景、风光及较好的景观特征——的展开和实现提供了绝佳的规划可能性。车道选线应能展现出令人赏心悦目的林缘起伏、地表造型，以及飞掠而过

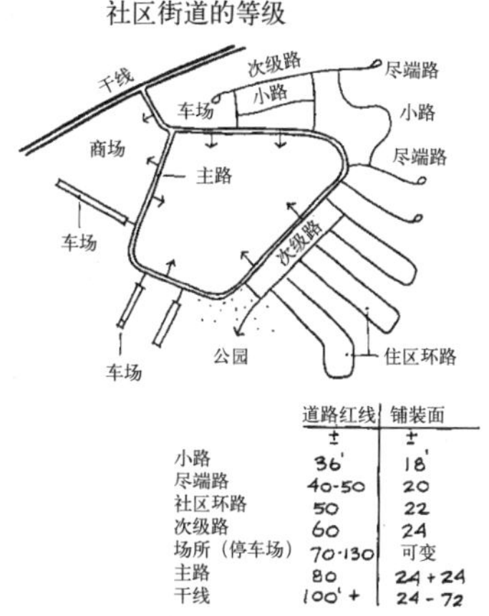

	道路红线 ±	铺装面 ±
小路	36'	18'
尽端路	40-50	20
社区环路	50	22
次级路	60	24
场所（停车场）	70·130	可变
主路	80	24+24
干线	100'+	24-72

- 街坊环路、尽端路及小区内的小型停车场允许低速交通与步行及自行车混行。
- 通常在需与步道系统相接的次级车道的一侧或两侧设置路边步道和/或自行车道。
- 主路、林园干线及林荫大道也可能布设分离的步行道和自行车道——除非内部的社区绿色通道能够容纳步行道和自行车道。
- 建筑正入口和/或私人车道交接点最好能禁止直接分布在干线、主路及某些次级道两侧。
- 禁止在任何社区街道内停车。

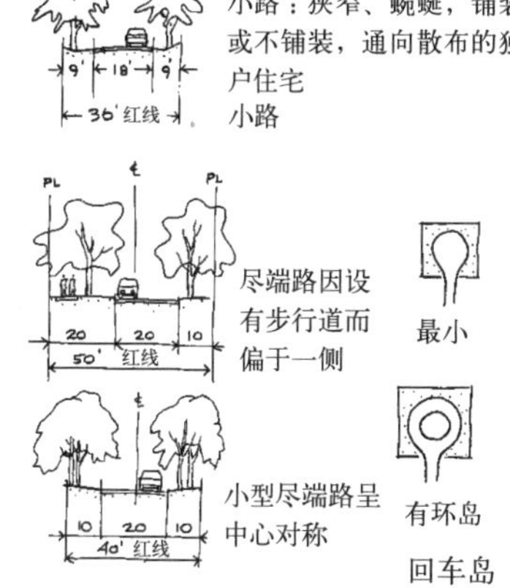

尽端路为低速交通线提供了良好的宅前道形式，可产生亲切的邻里感，尽端路全长不宜超过1000英尺，否则应设中部回车岛

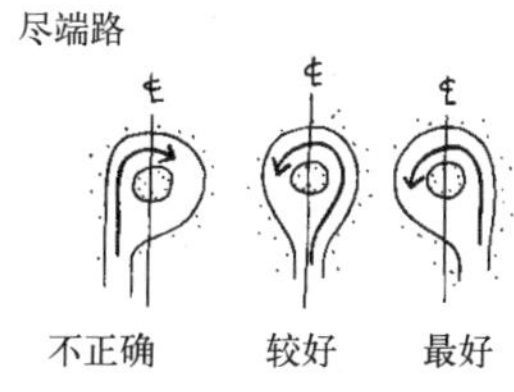

入口环路：转弯（左图）与一般的方向是相反的，由中心或右侧出发的车道会产生正确的转弯运动

的树干，体量与体量的对比，质感与质感的对比，颜色与颜色的对比。沿道路行进的过程中呈现出连绵不绝的景象。

沿等高线运动 为排除不必要的干扰，车道应沿等高线或跨越不大的角度，常常也沿较宽山脊线分布。还可以沿一排水道在自然径流线一侧上行，这样既可以获得一定程度的保护和隐蔽，又可以在一侧有效排水。车道及其排水沟经常要承受来自大面积场地区域的暴雨，因此坡度的设计应该在不会引起过分侵蚀的前提下形成坡面流。它还应能承受任何连续流及下水道的重力流动。

避免分割场地 车道布线要尽可能使土地保持不受干扰状态。规划师在确定统一的土地利用区时，应努力保持最佳的景观特征。

布局要经济 出于建设的经济性和减轻维护的考虑，车道应保持短小。其他一些考虑包括：减少挖掘量、保持挖填材料的平衡，比较不同排水结构或桥梁的费用。

安全 避免穿越其他车道、步行道、自行车道或活动区域。

保持一致性 使入口车道的特点与场地，拟建项目的用途及构筑物的特点保持一致。

逐渐展示出构筑物 入口道路的设计应使场地及建筑物的第一印象具有吸引力。如果从一条弧形车道来观看，趁观者注意力尚未集中于细部时展现建筑物的外形和范围，那么该建筑物会更加富于趣味。一座建筑物许多特征正是通过过往车道或环绕车道，借助于设计手段，展现其造型魅力的。为建筑物展开连续不断的视野，每一个视野都要有最适合的距离和位置，都要能形成最佳的框景。

入口广场

入口广场是建筑和入口车道的共有部分，它是一者的终止，另一者的开始，两者因此得以统一。

道路看起来绝不应该和建筑相抵触，而应掠过，或者说经过它。

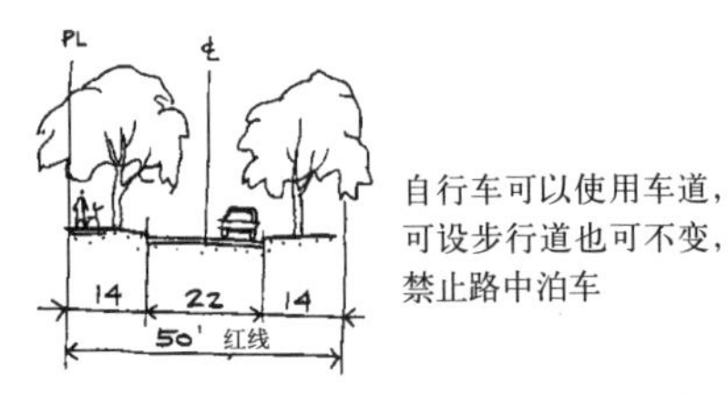

自行车可以使用车道，可设步行道也可不变，禁止路中泊车

沿着这些道路或组团分布着社区大部分的独户住宅和住宅群，低交通容量、缓速以及良好的可见度是基本要求

住区环路

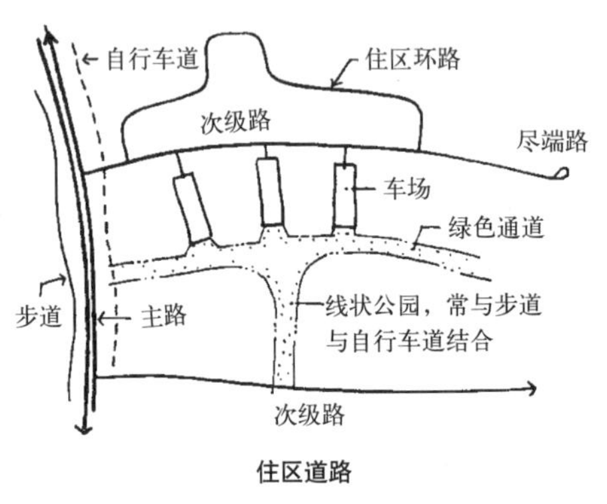

住区道路

右侧经过 因为美国实行右行，已有的行车规章告诉我们，当我们接近目的地时，总会从车辆的右侧寻找建筑入口，因为对于一个双向通行的道路，左侧意味着不方便、不合规定或危险，通常情况下三者都有。在有可能的地方规划单行环岛，建筑入口处实行单行交通是最可取的，也比较安全。还有一个心理学上的优点：对一个司机来说，右车轮靠近路牙，会使他感到有种优越感，甚至出于某种原因，他会觉得自己很机敏。

在必要的地方设置左行道路 某些场地车道只能从左侧进入，如果要这么规划的话，我们应尽量安排足够的进深以使车道绕过门口，然后转回来抵达满意的位置。要是车道必须从左侧进入，那么我们要采取一切措施来使之可行：比如让停车地点显眼一些，在建筑入口对面设一个停车平台，或者通过规划在铺装的前院里停车。

考虑气候因素 入口广场和建筑入口的设计应适应各种天气状况及明、暗光照条件。狂风、下雨、烈日等天气条件下来访者应能得到庇护。因为铺装地面夏热冬冷，故建筑不应建成一个包围在铺装中的孤岛，还应避免通向建筑入口的步行道或视域在铺装中穿越过长距离。

避免形成倒车 入口附近区域，特别是孩子们可能聚集或玩耍的地方，倒车应绝对避免。

完整街道

20 世纪中叶，美国公路和街道的规划关注点在于尽可能快的让汽车和商业机动车辆实现位置的转移。而对于其他利用街道和高速路的交通形式——例如行人和自行车，有一个不成文的规则，那就是“使用小心，风险自负”。全国很多地方都给汽车提供了十指路口优先通行的路权，却不愿意给行人提供。

在 20 世纪 60 年代，规划师和设计者们开始意识到生活方式和工作环境对于汽车的依赖既不健康也不可取。他们开始重新审视将步行交通和其他交通模式引入到街道和公路中的可能性，以创造一种更好的、更“宜居的”生活方式。

街道、高速公路和交通设计一直以来都由抗拒改革的政府机构

Mia Lehrer + Associates

能容纳多种不同的运输方式、低影响开发的街道景观是被推崇的

监管，所以这个领域的进展是相对缓慢的。然而，随着人们对更适宜居住的社区的兴趣激增以及诸如新都市主义（New Urbanism），精明增长（Smart Growth），传统邻里开发（Traditional Neighborhood Development）等运动的涌现，大势所趋地民意终于导致了交通工程界态度的改观。如今，街道设计满足多种交通方式的并存，包括机动车辆、直行车和行人等，这种安全、形式美观、令人愉悦的设计方式被称为“完整街道”（complete streets）。

完整街道的构成包括自行车道、交通减速装置、行道树、中央分离带、缩减的机动车辆、大众运输车辆、人行道、界限清晰的人行横道、人行道路灯、适当地照明以及给残疾人士提供便利的设施。实践证明，如果设计合理得当，完整街道更为安全、利于健康，同时也能增加相邻土地的价值。

在20世纪70年代初，美国许多州和地方政府颁布了要求或者鼓励设立完整街道的法律法规。时至今日，美国交通部依然鼓励推崇这样的措施。

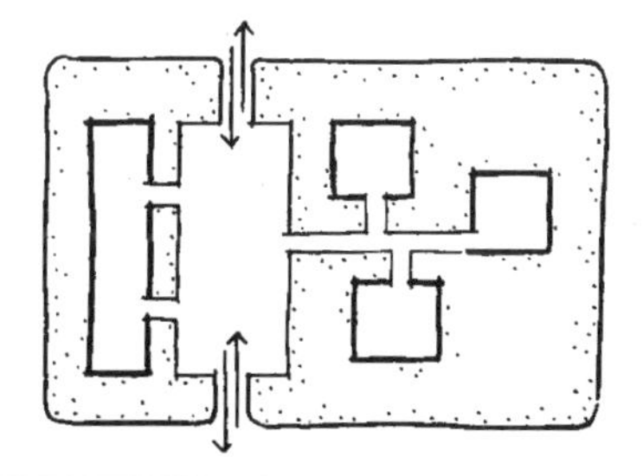

提供街道外停车
单体或组群的建筑会因没有内部停车场而受益

停车场

停车场为汽车环路、入口车道及目的地提供了重要的联结纽带。其设计目的是为了汽车安全高效地存放。空间和场地条件允许的话，它们通常位于建筑入口以外作为汽车的通行道。不过有时候它们可能作为一

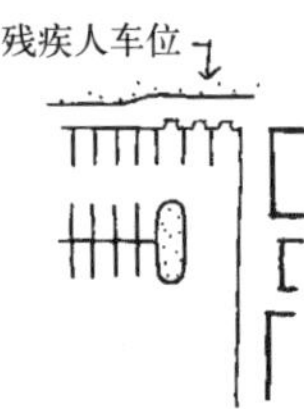

考虑残疾人
在靠近目的处预留加宽的停车位、道牙应较矮

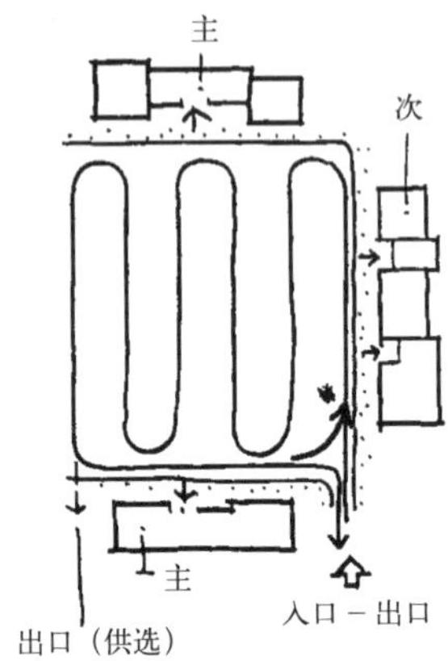

* 始终保证一个回路以方便恶劣天气下的上下客

• 保持场地的方整性和交通方式的简单性

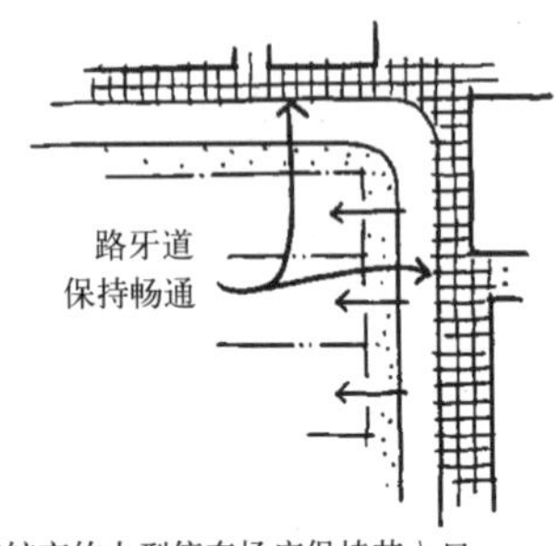

使用率较高的大型停车场应保持其入口车道的通畅以方便乘客上下车

• 保持路牙道的清晰明确

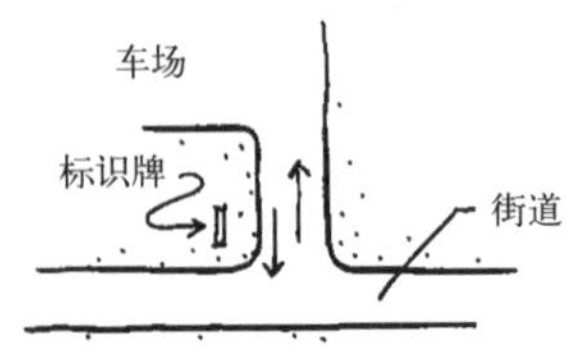

整个车场的夜间照明对于安全保卫意义重大

• 利用标识牌和照明设备使出入口清晰

可达性应当在交通规划中进行考虑

座或几座建筑的入口院落。不管是什么规划功能，它都应空间宽敞，表达清晰。

尝试所有规划可能性 停车场的选址最好通过研究多种可选的形状和流线及与建筑和地形特征的关系来实现。最有竞争力的停车场方案应能很容易地勾画出来以适应规划的需要和检验。

接近、经过、停车 理想情况下，司机从右手方向接近建筑，放下乘客继续前行到停车场，然后沿着一条便捷适宜的小路步行回到门口。返回时，司机取车并转回入口处接乘客。

屏蔽停车区 从门厅视线直对停车区，一般是不雅观的。除非是商业或商务项目，成功的停车场或服务区的定位应该便利，但作为一种附属结构，还应具有一定隐蔽性。

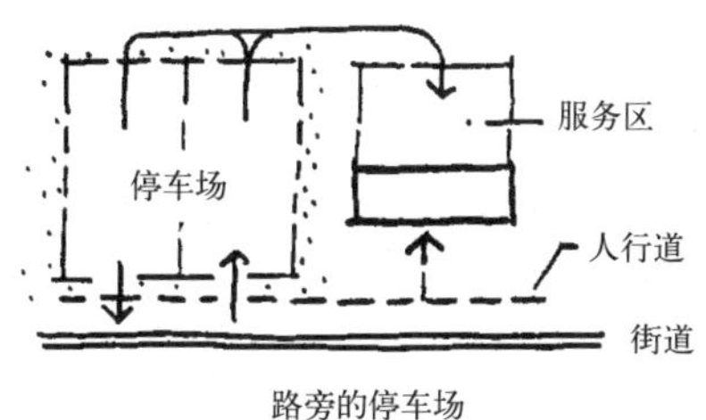

路旁的停车场

考虑多种用途　停车场有时被几座建筑或活动区域共享，有时白天是一种用途晚上或非高峰时间则是另一种用途，当它不用作主要用途时还可有其他功能如娱乐、集会或临时存储。调度好车辆。因为停车场是为高效存放车辆而设计的，所以对它进行设计必须完全清楚车辆调度的要求：坡度、拐弯半径、过道及车位宽度以及铺装材料，铺材因行车道及停车区的不同也有差别。

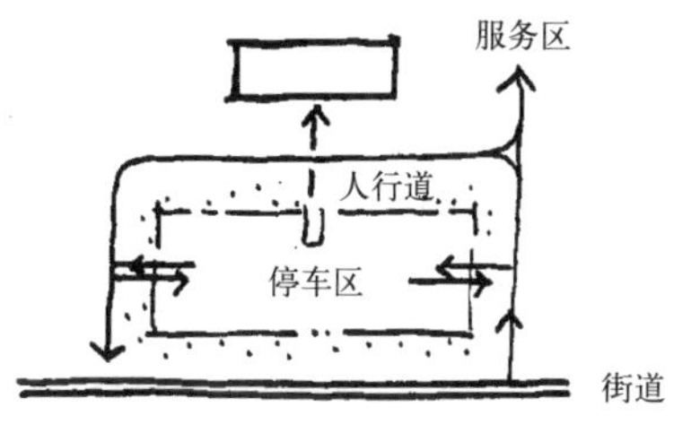

建筑前方的停车场

考虑残疾人　停车场因其倒车及拐弯的要求，对于盲、聋，行动不便及其他残疾人来说，是一处有着特别危险性的地点。对于他们，在建筑入口应预留加宽车位的区域；进而，作为一种附加的安全预防措施以防止车辆的随意运动，交通流的模式应该保持简单明确、照明充分。这样那些携箱负包者、推婴儿车者及手牵手排成一列的孩子们会从中受益匪浅。

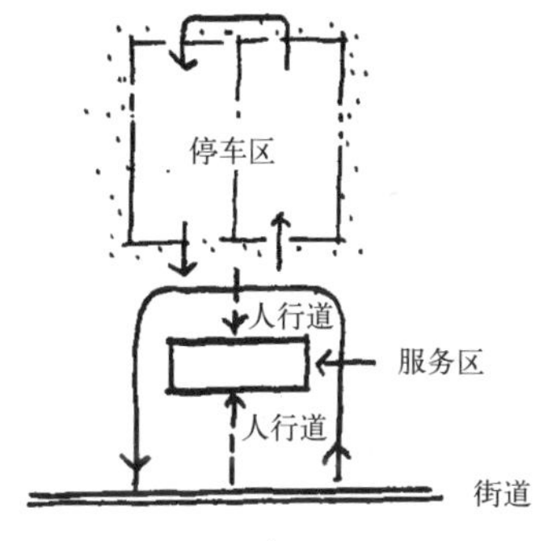

建筑后方的停车场

隔离服务交通　服务车辆尺寸小至小型摩托车和小货车，大至大型运货车和垃圾卡车。它们要求有便捷的道路到达建筑入口、收集站、机械室、杂用库房等类似的地方。如果可行，服务车辆的环线及停车区应与载客车辆分离，其设计也应满足较大的拐弯半径、调度空间及存放方式。

规划紧急通道　消防车、救护车、警车及市政服务车需要特殊通道。场地规划中必须保证这些车辆能到达它们要去的任何地方，如果正常的直接通道不能利用，步道或其他铺装区域就可能派上用场，设计中应考虑满足这些要求。

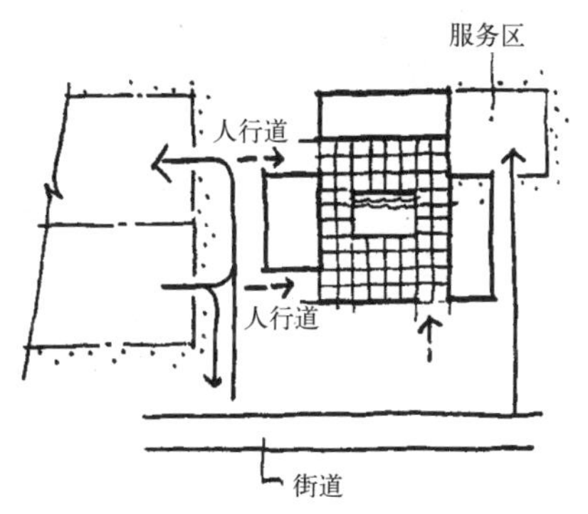

建筑群环绕着的人行广场，
停车场与装卸区在旁边

火车、飞机及水路旅行

除了汽车，载人及载货的传统运输方式还有火车、飞机和轮船。它们的路线、交叉点及会聚点决定了我们的乡镇和城市的位置，为城乡地区提供了农产品和工业品的重要输出地。

铁路、轮船、飞机曾经很好地各司其职，然而近年来，它们经历了越来越多的问题，这都是由于它们顽固的，有时甚至是强迫性的要求：即始终坚持以前的客货两运的全目标角色；而这两种功能是不相容的。随着铁路、水运和航空运输新形式的出现，运载工具及其路线、装置、装卸站都将高度专业化。经过改进的发送、运输和分配手段将改变土地利用、社区和城市的现有观念，要求一个全新的规划途径。

铁路旅行

现代的铁路旅行形式被称之为快速交通列车。有些类型是老式的城乡列车或通勤列车经过流线型处理后的改良类型，它们沿着地面、地下或高架的固定轨道运行。有些车辆装备有钢制的车轮，有些则装备有封闭式车轮，任何一种都实现了高度自动化和计算机控制。其他一些类型使用链接车厢，悬浮在单条或多条滑轨上推进。所有的系统都已向轻便、环境污染小和高效率的目标做了改进。它们能在两点之间运送大量人群，比之于客车或巴士，它们更快捷，单位距离成本也低，可是为什么快速列车仍然未被更广泛地接受呢？

首先，确确实实，铁路现在每天的运送人数和运送地点比起人们一般所认为的要多。旧金山、多伦多、蒙特利尔以及华盛顿发达的铁路运输系统就是很有前途的例证；迪士尼乐园的导游系统也可以证明。在那些快速列车尚未成功实现自己全部潜力的地区，失败源于一些共同的原因，比如：

所服务的社区中的住户过于分散 在典型的独户住宅的城郊地区，驾车或被送到车站的时间常常比自己开车到目的地的时间还要长。

运输系统的多种模式

Barry W. Starke, EDA

© D. A. Horchner/Design Workshop

Barry W. Starke, EDA

J. Brough Schamp

列车交接站不够直接　位于市中心的终点站往往被办公楼、商厦和文化中心所遮挡。

车站不能满足要求　常常过于简陋。有时一些老车站或其他废弃构筑物转成新车站时没有经过改建，或对等候乘客的便利、舒适、休憩方面缺乏考虑。

沿途风景欠佳　有些铁路线沿用旧的轨道或公路，结果旅途往往经过大片贫民区。按照目前的铁路规矩，客车必须与集装箱货车、甲板货车及装着小鸡和哞哞直叫的牛犊等运畜车共用同一条线路，结果不得不经过肥皂厂、废品堆场、屠宰场等地。显然，这不是一条能吸引、维持住乘客的路线。

解决公共交通的途径规划人们能一起乘车前往的城市活动中心。

运输潜力

铁路这种从住宅集中区到地区活动中心快速运送大量人流的特点已经显示出了优势。这些优势有：可预期性、安全，以及能节省时间、土地和能源。无论是从必要性还是从可能性来看，铁路运输的时代近在眼前，作为一种流行的旅行模式，它的实现须待以下时机成熟：

- 运输线路应被规划为一种建设或重建区域、新型居住社区及城市活动核心的手段。
- 对快速列车的旅行体验的构想应从两点之间的安全、高效和愉快的运动感受出发。
- 所有设施应规划为一个完全的，相互联系的整体。也就是说，社区、车站、车辆、线路及目的都应统一规划为运行通畅的体系。

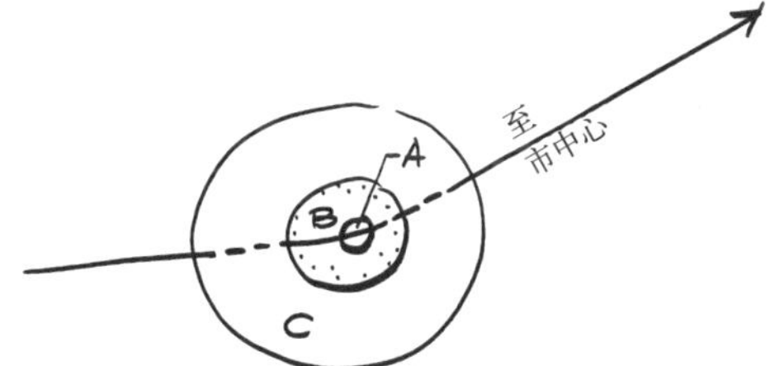

运输节点社区
A——配备有小型车库和充电设施的车站，多种户型的居所和方便的中心
B——步行距离的居所
C——全天候的高尔夫球车和电动巴士的小型通道

水路旅行

当我们想象一条开动的船，脑海中会掠过它缓缓滑动的船身、掠起的水花，以及跳动的波光。船的运动路线像它经过的水体一样是流动和波动的。由于没有固定的线路或轨道，转弯需要很宽的弧线，因此必须要有足够的调度空间。甚至当船在停泊的时候也像在动。规划中所有与船（不论静态还是动态）相关的线条都应反映这种流线的动感。尽可能采取一切措施促进流线畅通，消除障碍。一切笨重的、粗硬的、参差不齐的、尖锐的因素都是不合适的。言外之意即是它们起干扰作用。

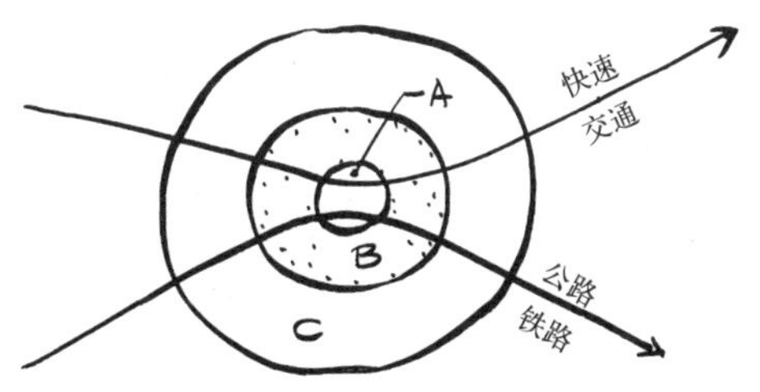

城市中心
A——多层的铁路终点站
B——城市的主要活动地带，阶梯状步行道系统地带，行动方式有电梯、电动扶梯和步梯
C——城市活动的支持地带，行动方式有小型汽车和小型铁路，立体分层停车，没有地面车流，物资以管道和传输带的方式从外围车站运来

由于暴露在户外及受浪潮影响，船只停泊需要一处可庇护的港湾或一个保护性的码头，这种庇护作用通过地形、构筑物或两者的结合来提供。港湾、码头是水陆之间的转换点，动态、自由同静态结合于此。这种结合的关系最好在设计形式中得以表现和发展。的确，任何一个与水和航道相关的构筑物如果充分挖掘了这种关系，它肯定会受益匪浅，这个道理无须太多的想象就可以理解。

比如说湖边或港湾边的一所夏季小屋吧，最好构思为陆地与水中的一处过渡：从固体到流体，从土地到水体，从局促一方到极目四畅，从浓荫重影到波光荡漾。这小屋还常常充当从汽车到游艇、帆船及手划船的过渡。小屋逐级跌落却又居高临下，似乎被遮住了却又巧妙地显露出来，从地面到水面又从水面到地面的一切景致和运动尽收眼底。通过流畅的结构联系，小屋强化了陆地和水体的最佳特质。在岸边入口处，它属于陆地；在水边，它又属于水体。

一个河滨餐厅，要想配得上这块场地，就应面朝河流及河上的航运，充分展现河水的动感和色彩。在朝向陆地的一面，其形式应取自于场地特征及来来往往的陆上交通线；在河滨的一面，其造型应与河水的流线及船行的曲线相应和。在这样的餐厅就餐，透过临空的餐厅的玻璃墙一览河上风光，或坐在河堤阶梯及平台上的遮阴棚餐桌旁，或坐在伸入水面的码头旁边看船来船往，水起水伏，那该是何等美妙的体验！同样，对于滨海酒店、滨水公园、桥梁、码头、泊岸及灯塔等，我们的场地规划和构筑物方案都应表达这种水陆相接的构思。

Illustration courtesy of the National Capital Planning Commission's *Extending the Legacy Plan*. Rendering by Michael McCann.

水上旅行

航道和水路如果经过很好构思，会有很多吸引人的特点而很少有不利的因素。水体能改善气候，生动景观，并能提供直接而便宜的旅行运输线路。河流从山谷底部流过，其流经地区的坡度较缓使得旅行可以在水面和堤岸上同时进行。河流连同支流及小溪共同促进了流经区域的植被的繁茂生长，景观的美化。一切水路都吸引工业、商业和居住区开发，如何能同时满足它们？哪一个应优先？这里给出的途径不像通常那样只是一纸禁令，因为这样的禁令无异于筑坝堵洪，只能导致压力越来越大，这里给出的途径是一种经过规划的关系。凡是与河流、湖泊、运河及水滨保持一种满怀感情的联系的城市和地区都将是幸运的。

航空旅行

从飞机上望去，展现眼底的是一幅既像沙漠又像棋盘的景观：城镇、山丘、湖泊、河流、山谷、农庄、田野还有森林都在机翼下缓缓移动。景观的这种连续性令人深受感染。也许是第一次，我们，感受到景观中的所有部分都是与整体相连的。飞机上的视距很宽，可见区域很广，地面景物想要被看到，其色彩或质地一定得简单、直截、对比强烈。在空中，最经常的是借助于阴影来判读地面景物。所有重要的平面形式或物体都要求在空中可辨认出来，尤其是在机场及附近通道，更得特别强调这一点。

乘机旅行是快捷的，在空中的感觉似乎也是轻松的，这种平稳、快捷的速度使机场及跨国旅行手续所带来的阻力和迟延显得更为突出。由机场换乘和城市到机场交通产生的阻力必须通过土地和交通规划的改善得到显著减少。未来有竞争力的机场应有到其他交通枢纽及中心卸客点的便捷通道。还有一些问题需要解决，像机场上不断加剧的震耳欲聋的噪声，积累到某一分贝时人们将无法忍受。希望在那一点到来之前或稍后，经济的压力和科技的进步会使这种震耳欲聋的轰鸣降低为和谐的低吟。

机场应当恰当地规划为空港。这里又一次出现了相对立的土地类型的相接，这种相接及引入的一切过渡都需要予以仔细的分析和表达。飞机停驻和飞行中的各种现实及潜在的要求和特点，在机场规划中都应满足。更进一步，不能再允许速度、要求和容量都不同的客机和货机混用机场；运输机应与工业中心及集散中心相联系，载客飞机及机场应与人口密集区和城市活动中心相联系，因此，周围的城镇就需要有新修的专用或分级道路，以及合理布局的乘机出租车站体系。从这一点来说，我们考虑一座机场，主要应从旅行者的连续的及最终的旅行感受入手：乘

Barry W. Starke, EDA

行动者

Barry W. Starke, EDA

露天的电动扶梯

客驾车抵达机场、停车、检查行包、然后登机，或是乘机停落机场、取行包、然后坐小汽车、轿车或电车离开，整个过程迅捷、愉快、畅通无阻，当然，在机场规划中还有许多其他的考虑。

机场要求大面积的平地或容易改造的土地来修筑长而平坦的跑道。由于这样的地区其位置常常有必要远一些，所以机场建设的趋势是空港设施尽可能完备。旅馆、剧院、会议厅、图书馆甚至休闲娱乐设施和购物中心等作为有收益的产业也被规划进机场。为了机场效率的提高，以后必须限制一切无关的用途。

一个城市的机场不再仅仅是一处降落跑道、一串售货推车和一处检票口。现代机场是一个极其复杂的，包含各类相关功能的复合体。对这些功能的研究必须结合它们与城市及区域的最优关系进行。像景观中规划的任何项目一样，在机场的研究中必须扬长避短。

人流传送设施

大量人流（常常是突然之间）对两地之间交通的需求使得车辆和传送设施大大发展起来，将它们组织起来形成了交通运输系统。没有它们，我们许多新的政府机构、商业机构、经济中心，甚至动物园和公园都无法发挥其作用。它们的类型和规模随旅行距离、高度，随携带乘客人数，以及需求速率而变化。

传送步道、坐道和电动扶梯　这是一种低速、抬步即可上下的设施，可单独使用也可联合使用，室内外皆可。

自动化汽车　那些在轨道或沿导线运行的电子控制的自动化汽车，其实就是水平方向的电梯。可以单独或结合使用。能以中等速度运载一定数量的人群，速度从几百码到几英里不等，常常可通过在小的园区或市镇引入经过改造的长途快速地铁、滑轨、单轨铁路而得。

小型巴士列车　具有导轨的吉普可以敞篷也可以配备全天候保障设备，巴士列车经常用在娱乐区和展览区并经常装备有公共传话系统。

迷你巴士　各种不同大小和形状的小型巴士相对于巴士列车来讲具有速度快、线路长和机动性强等优点，有些联结机场候机室与机舱的迷你巴士尺度很大，可以运载大批乘客，并靠液压臂把乘客送到机舱口。

长途巴士　专用巴士车道上行驶的长途巴士正在成为城乡运输的流行方式，它们在精心安排的社区候车厅或更外缘的停车场地设有停靠站，并按预定的车道快速到达市中心。

缆车　利用悬空缆索跨越陡峭的山坡或高山（如在波哥大和加拉加斯），以及在人群头顶滑行（如德国的科隆），可以轻松、安全地越过各种断层、河流，山岭。

Tom Fox, SWA Group

高速单轨铁路

横穿陡坡和崎岖地带的缆车

自行车、三轮车及机动脚踏两用车　作为自动力类型车辆，它们是不可忽视的人流传送工具。只是在最近，几十年来第一次，自行车在美国的年销售量超过了小汽车。随着与汽车道及步行道分离的景观路的出现，特别是联结社区和区域活动中心的线状公园式联结带的出现，自行车和电动车蓬勃发展起来。

电动车　适宜各种天气的、可载一人或数人的三轮或四轮的改造过的高尔夫球车近年来越来越流行了，它将提供从家中到车站理想的联结方式。它便于存放，在主人乘车返回期间可以充电。这种车与社区内使用的自行车结合在一起，可以减轻对内部道路的需求，减少对昂贵的、空间占用多的小汽车的依赖。

综合系统

也许有人以为，运载工具类型激增，导致来回往复运行及线路轨道的纵横交错，从而形成极度混乱的状况。绝不会这样，因为这些工具为形成一个合理的多模式运载体系提供所需部分，构成繁忙的、多层次的交通枢纽，它们是形成或重组地区和市区的交通系统的关键。这些集中的活动中心，在摆脱汽车交通和分立的换乘站、街道及停车场之后，就可以再一次转变为优雅的、令人愉快的步行区。

那些枯燥乏味的交通道路和停车场将被阶梯广场、花园庭院和商场，以及清新的市内公园所代替。在那里，人们可以步行走动，或者借助于交通工具，从一层到另一层，从一个中心到另一个中心。

在开阔的原野上，小汽车将在限制出入口的景观路上飞驰，不必担心卡车和公共汽车。在城区及地区节点，会有其他安全舒适的联结途径可达，而小汽车将在外缘区停靠。

全新整合的交通系统，为土地和社区规划理念的创新与提高提供了保证。

Kongjian Yu/Turenscape

14 构筑物

理论上，各类建筑和工程都是由设计师构思，作为与特定时间、地点和功能相适应的最优设计。一旦得以实现，最终的构筑物——无论是小木屋还是大教堂；（罗马的）引水渠还是圆形大剧场；风车磨坊还是悬索吊桥——都会以其艺术魅力而流传久远。城市和历史景观中散布着这类杰作，许多甚至是作为弥可珍贵的文化标志而存续下来的。在今天这个时代，我们还能远足前去研究和学习它们——去理解它们可贵的品质和特征实在是一件万幸的事情。

那么，这些伟大的典范有何共通之处？

共通之处

我们可以注意到，除了极少数例外，那些著名的构筑物在它们的时代，都曾：

- 直截了当地实现并表达了它们的目的；
- 更多地反映了所处时代、地点和使用者的文化；
- 与气候、天气和季节适应；

我们这个时代开始毫无顾忌地漠视历史的真实和教训。如果我们还珍视自己的灵魂，那我们就应学习第一手的真理。毫无疑问，在我们周围充斥着各种好与坏的例子，我们只需具备一双慧眼，去从谬误中分出艺术。

建筑物是具体而实在的。建筑本身自有其存在的理由，但同时它又是存在于自然中的，我从不视其为独立的组成，而视其为与自然相关、同时又与自然对立的组成部分。

——马歇尔·布劳耶（Marcel Breuer）

建筑物巧妙而又堂而皇之地镶嵌在场地之中，吸收场地之力量，感动着我们，又将人类几何学的神韵带回给场地。

——勒·柯布西耶

- 应用了或拓展了当时的技术和艺术；
- 与建成环境和居住景观和谐融洽。

目的

我们已经知道："形式服从功能"这句名言只有在对功能一词的理解超越了"功利主义者"所界定的内涵时才有意义。从设计表现的背景中来看，功能一词较为广义，包括传统价值观、道德规范、审美观、可行性、可接受性及适宜性等诸多考虑。只有当所有这些要求都得以满足时，一个构筑物或一种形式才可以说真正实现了其预定的功能或目的。

文化

一个社区或一个国家的文化是个体或团体意识发展中的状态。尽管有时言过其实，它的确意味着一定程度的文明。因此，它是任一确定时期内人们信念和期望的反映——那些可被接受和不可被接受的思想和事物。这种文化指示不仅按常规体现在服饰、饮食及音乐、文学等艺术作品中，而且还可能特别地体现在建筑物及其他构筑物上。

文化的认同包括明显的改进和一些创新，但是也包括坚决、有时甚至强烈地反对那些不合理的、敌对的东西。既然这样，那么建筑师、工程师或者景观设计师在规划阶段最好努力确保尽可能地取得公众的认可和接受。

成功的构筑物和景观不仅应符合，还应能提高和改善公众的口味。

地点

优秀的构筑物是对其场所的表达。它与场地相呼应，并从场地自然生长。它强调场地的积极品质。出色的建筑设计是一种创造协调气氛的高度精湛的技艺。敏锐的设计反映、提炼本地的景观特征，并常常使它表现得更明显。它利用地形的每一个有利方面；对定向风和风暴给以考虑，并采取了加固措施；向着微风和优美景致方向敞开；追踪太阳轨迹；设计注意与相邻的建筑环境相协调。构思巧妙的构筑物的标志是它突出，而不是削弱场地和环境。

技术

建筑、工程和景观设计既是艺术又是科学。艺术主要与其视觉质量：如做工、构成和物体的外观相关；科学则要求结构和机械体系的合理组织，要求满足人们的需求。二者都与自然界永恒不变的规律和原则相吻合。

近年来技术以惊人的速度发展着。例如在建筑设计中，预应力混凝土及其钢筋增强、电子产品——甚至电力，不久前还不为人知。现在，面对新型建材和新式建筑技术的广阔领域，机遇层出不穷。计算机技术的出现使得结构设计有了全新的视角。

环境

这种孤立任何事物的疯狂实在是当代的一种病态。

——卡米洛·西特

这些技术进展对于我们的环境改善做出了多少贡献呢？没有太明显的贡献，至少目前是这样。今天我们出行的速度更快，楼盖得更高，还能以光速通信，但是却有许多观点认为：在这个机械奇迹的时代，建设的净结果就是：不仅已严重污染了我们身边的生活环境，而且污染了更大范围的陆地、深海和大气。我们想要实现这样一个世界：在那里，建筑物的设计建造完全考虑到自然的形式和力量，从而与我们地球家园相融洽。但是很显然，我们的技术和建造能力已经偏离了我们的期望。这条道路上的一个关键性转折正是我们这个时代的挑战。

建筑构成了室外空间的组成

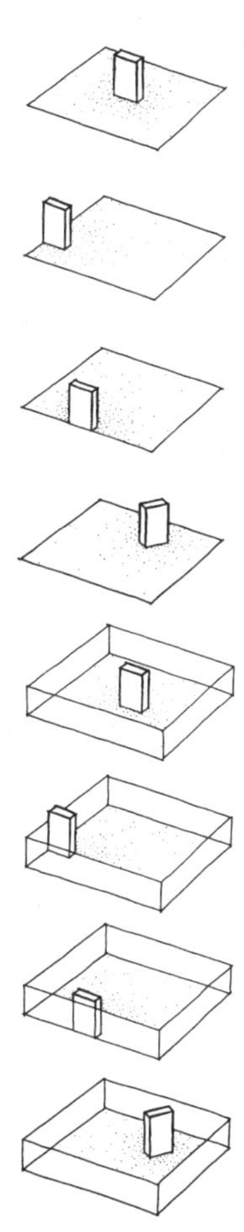
建筑物的构成
当一个建筑物要与既定的空间或区域发生关系时，空间或区域的形状和特征都会受到建筑物的定位和影响

构成

我们的规划师喜欢把自己当成是空间组织的主宰。但实际上，我们却常因空间安排和结构组成的最简单问题而困惑。例如，对于建筑物和周围空间之间，建筑物和它正面入口道路之间，隔着景观路相对的两

我们需要义无反顾地重新学习建筑处理的手法技艺，以营造不同的空间类型：安静、围合、独立、荫蔽的空间；拥挤、喧嚣却又充满生气的空间；铺装的、庄严、宏大、豪华甚至令人敬畏的空间；神秘的空间；以及用来界定、分隔、联结特征相反的对立空间的过渡型空间。我们需要组织起空间序列，它能激发起人们的好奇心，带来一种期盼感，指引并促使我们奋勇向前寻找一种轻松自由的空间。这种空间居于主导地位，是序列的高潮段，如同一枚指南针，其作用是指引方向。

——保罗·鲁道夫（Paul Rudoph）

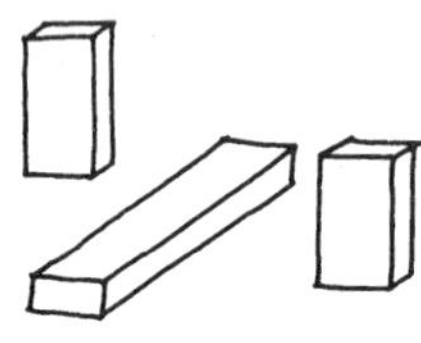

建筑物的构成

建筑物的形式本身往往没有它们所围合的空间重要，一个单体建筑被看作空间中的个体，两个或更多的则不单是个体而且是互相关联的实体，它们的重要性在这种关系中增加或失去

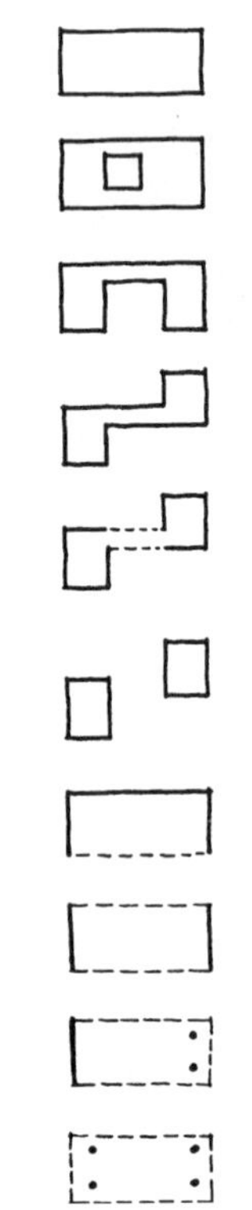

建筑物的空间穿透

幢大楼之间，一组建筑物彼此之间以及与它们围合的空间之间的相互关系，设计师们考虑到多少呢？让我们从头开始。

建筑和空间

比如说，如果我们要在一块平地上布置一座建筑物，它周围应该允许留出多少空间呢？首先，我们希望从入口处能取得较好的视觉效果，那么它周围的空间不光要足够大或足够小，还应有恰到好处的形状和空间特性来与建筑相配，使建筑得到最佳的展现。我们还希望能有足够的空间来保证建筑所有的外部功能，包括入口、停车场及服务区、庭院、天井、阶梯、娱乐区和花园。这些空间正是构筑物—场地关系示意图的立体表现。我们还想确定建筑物是否和它周围的空间构成了一个完整、和谐的组合。正像所有的建筑都有一定的目的，它们所定义或围合的空间也是这样。它们必须明确地与建筑的特征、体量和目的相关联。

建筑物自身的形式常常没有其外部空间或其创造的空间特性重要。肖像画家懂得：人体外形或头部轮廓有时反而不如人体或头部与画面边框之间的空间形状重要；正是人体和周围空间形状之间的关系赋予了人体的本质含义。建筑物也是这样。建筑应与其他建筑和空间，乃至与景观一起构成一个完整而有意义的结合。

建筑组群

当两个或更多的建筑相互联结时，建筑连同其相关的空间一起构成了一个建筑实体。这种情况下，每一个建筑抛开其主要功能不谈，还有很多与整体相关的配套功能。

建筑物以尽可能好的方式组织起来形成、定义外部空间。这些建筑物可以：

作为围合元素
作为屏障元素
作为背景元素
主导景观
组织景观
控制景观
围合景观
充当景框

创建新的可控制的景观
引导新景观向外或向内
强化围合建筑物
强化围合空间或空间群
强化一些空间中的特征

孤零零的空中楼阁不过是一种不切实际的理想，城市住宅应该始终被作为某建筑群或某地区的组成部分。

——乔斯·路易斯·塞特
(José Luis Sert)

简而言之，这些建筑通过排列形成封闭或半封闭的空间，使空间可以最好地表达和适应建筑物的功能，可以最好地展现周围建筑物的结构形式、外观或其他特征，可以最好地将建筑群作为一个整体与整个扩展景观联系起来。

正如由只考虑一己之私而缺乏公共精神的个体组成的人群在社会意义上不是健康的，同样，由只顾自己哗众取宠的建筑组成的社区在建筑学上也不是健康的。

——伊利尔·沙里宁

日常生活中经常看到一幢建筑物高傲地耸立着，从不考虑它的邻居及其所处位置。我们徒劳地搜寻每一种形式、材料及处理手法以便与当地现有视觉元素相联系。这种僵化的规划对于古希腊或古罗马人来说简直不可理喻，他们把每一个新的构筑物看作是街道、集会场或大广场的组成元素。他们不是简单地竖起一座新的神庙、一个新的喷泉甚至是一个新的航标灯，而是有意识地重新设计街道或者广场。每一幢新的构筑物、每一处新的空间都被设计为本体及扩展环境的一个平衡的有机部分。当时的规划师们不知道其他的方法，而事实上，如果我们还想让我们的建筑和城市令人满意的话，也确实不会有其他的方法了。建筑物或构筑物作为一个单体，为了充分地表现出自己，就需要和与其相对的开

Barry W. Starke, EDA

建筑构成了城市景观

放空间形成令人满意的平衡，这一点在所有规划原则中可能是最难以领会的。但是在许多时代，许多地方，这一原则已得到理解并被熟练应用，如凯尔奈克的神庙、京都的桂离宫、苏州园林。我们还发现它们的建筑组群和相关联的空间是如此的高度和谐与平衡。每一个实体都有它的余地，每一个建筑物都有令人满意的空间尺度，每一个内部功能都有它的外部延伸或功能的产生与演变。

对于这种经过几个世纪的尝试、调整、反复评价和耐心完善而发展起来的艺术和原则，我们当代的规划师们认识多少呢？亚洲人有一个个高度发达的规划原则用以处理前面的问题，被称为“有张有弛”。虽然该原则的主旨被蒙上了一层宗教的神秘面纱，但其在规划上的应用是明确的。它通过系统各组成部分的有意识的努力和各规划要素的内在的平衡来达到一种松弛感，无论是从构图的角度来观看，还是从三维的角度来感受：

远近平衡
虚实平衡
明暗平衡
明快和沉闷的平衡
熟悉和陌生的平衡
主导和退隐的平衡
主动和被动的平衡
流动和凝固的平衡

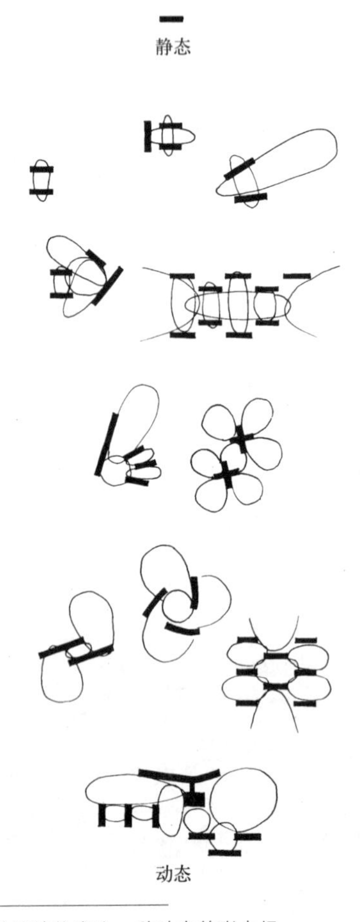

对比的建筑物产生一种动态的张力场

在每一种情况下，人们总是寻找或安排最有效的动态“张力”来为所有对立要素及总体构图赋予最充分的意义。虽然通过均衡来达到稳定感一定是最终结果，但最令人感兴趣的还是规划要素之间的关系——稳定感正是通过它实现的。这种设计要素间的对比，“张力”之间经过审慎考虑的相互作用，以及这些可被感受的“张力”释放，一旦完全领会，是最受人们欣赏的。

一组建筑物在规划时既可以互相对比，还可以与它们所处的景观相对比，这样当人们经过或是在周围走动时，能够体验到一种相反要素的组合，一种张力的消除，以及一种动态的放松感。单单一棵树经过一番布置和养护，就可以与远处的森林或一群更小的树形成平衡的对比，赋予它们更丰富的含义；一注在山谷深处静静发光的湖水，借助其面积、形状，以及其他真实的、联想的性质，能够与四周山体保持平衡的稳定；湖泊尽头的一挂瀑布可以平衡岸线的凹凸起伏。

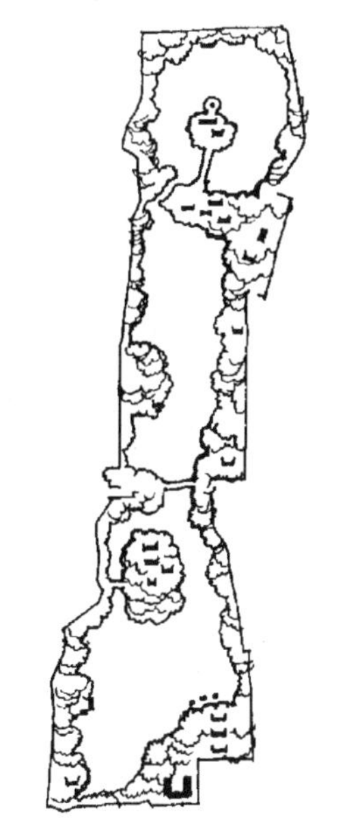

三海（北海、中海、南海），北京

沃尔特·贝克（Walter Beck）长期从事亚洲艺术和构图的研究，在谈到自己在因尼斯弗里（Innisfree）规划的几个园林佳作时这样说："湖边的一堵墙上摆放着一块石头，我叫它为龙石；它作为一组石头的关键，其作用是平衡湖泊和附近的山体，与天空和远景的力量相抗衡。"[1] 由此可见，高度的构图趣味和力度可以聚焦在岩石、雕塑、构筑物或其他任何你愿意的关键物体之上，通过设计形成一个张力平衡和动态稳定的景观要素大系统。

从亚洲和欧洲规划系统的比较中，可以看出西方思想传统上是关心处于空间中的物体或构筑物，而东方则主要倾向于把构筑物当作一种划定空间或空间复合体的手段。

在此启发之下，斯蒂恩·拉斯马森（Steen Rasmussen）在他的《城镇与建筑》一书中，对两个皇家园林——路易十四的凡尔赛宫和北京的三海（北海、中海、南海），进行了清楚的图解比较。二者都建成于18世纪早期，都利用了巨大的人工水体，都气势宏大，但共同点仅此而已。如图所示，如果我们贴近去研究这两种完全相对的设计方式，将会对这个历史时期的东西方规划哲学有一个更充分的理解。

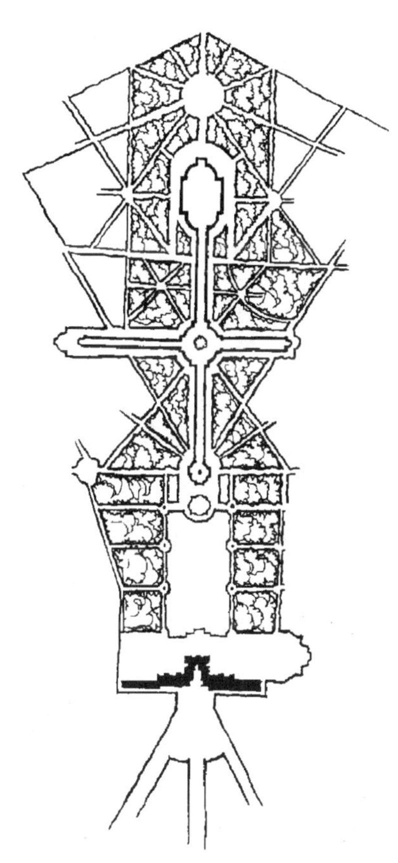

凡尔赛宫

当我们设计规划空间中构筑物的时候，往往求助于冷冰冰的形式几何学。我们的建筑图书馆中堆满了各种黑白的纯粹抽象造型构成的建筑方案和图纸，除了平面本身，没有任何意义。难怪依据这种设计方案实现的建筑物注定是失败的，因为它们从来都不根据空间中的形式或形式内的空间来构思。世界充满了这种可悲又可笑的作品。睿智的建筑物、公园和城市的设计方案远不是这种几何图形的堆砌。合理的二维方案是合理的三维思想的反映。有思想的规划师总是考虑着空间—构筑物的组合关系，他或她所关注的不是其在图纸上表现出的形式和空间，而是在现实中感受到的形式和空间。

许多文艺复兴时期的广场、园林和宫殿只不过是一种乏味的几何图形。当时有一个反对这种孩子气设计的呼声，清晰，有力，它来自卡米洛·西特，一名威尼斯的建筑师。他的关于城市建筑的著作首次出现

1 选自《Painting with Starch》，沃尔特·贝克著，1956年。

在 1889 年，但直到今天他的思想仍然是成立的，仍然具有很强的说服力。正是西特指出：前文艺复兴时期的人们使用他们的公共空间，并把这些空间和周围的建筑物布置在一处来满足人们的使用需求。比如有贸易广场、宗教广场、公爵广场、市民广场和其他许多类型的广场。经历了岁月沧桑变迁之后，它们每一个仍然保持着一开始时的各自特色。这些公共空间从来就不是对称的，也没有被宽阔的轴线街道穿过而破坏其闭合的根本特征。恰恰相反，它们是非对称的，内部穿插着窄窄的、蜿蜒的小路。空间里的每一幢房屋或物体的布置都依从于、服务于空间及那些从中会聚或发散的步行道路。这种空间的中心是开敞的。纪念碑、喷泉和雕塑散布于路网格局中的岛状地块上，作为空间的重要组成。它们的位置避开建筑物的角落，与墙体相对，居于入口旁边，每一处位置都万分仔细地考虑到了与其表面、质量和空间的关系。这样的物体很少放在建筑物入口的轴心上，因为这样做会使人感到它们削弱了对建筑物的深入欣赏。反过来，建筑物的轴线也很少是艺术品的理想背景。

西特发现像教堂这样的重要建筑物很少放在开放空间的中心，但是我们今天却总是这样做。相反，它们以其他建筑物为背景，或是偏向一侧以使其正面、尖顶或大门获得较好的视角，或是当从广场内部或曲折道路的角度去看时，能给人以最好的印象。

构成的法则

几个世纪以来，人们都试图建立建筑物的尺度、建筑物之间的关系及建筑物与其围合空间的模数关系和法则。

长久以来，一直有人认为数学是贯穿世界上一切事物发展和秩序的普遍适用的基础。自然而然，对那些人来说，秩序、美甚至于真理都是数学法则和比例的功能。比如说黄金律下的长方形一直为数学家所钟爱，可能是由于如果从一个长方形中不断减去一个单位正方形，最后总得到黄金分割（golden rectangle）这么一个事实。这个“理想”的长方形（长宽比为 1：1.618 或大约 3：5）在西方世界的构筑物和空间的平面、立面中一次又一次地出现。

米罗坦 · 波利萨夫列维奇（Miloutine Borissavlievitch）在他引人注目的作品《黄金数》中探索了黄金数在建筑构成中的应用。他认为：尽管就其本身而言，黄金长方形在哲学和美学意义上是所有长方形中最有美感的，“但当它被当成整体中的一个部分时，它既不比其他长方形更美，

位于帕多瓦的圣安东尼教堂前面的多纳泰洛（Donatello）的作品加塔梅拉塔（Gattamelata）骑马像的位置是极富指导意义的。起先我们或许会被它与现代教条的悬殊差别所震惊，但很快就明显地感受到这里的纪念物所散发出的肃穆氛围。终于我们开始明白，如果摆到广场中心，效果会大大减弱。对这种原则不再陌生后，我们就不时地停下来好奇地探寻雕像的朝向及布局优点。埃及人是懂得这个原则的，因为正如加塔梅拉塔骑马像和小石柱位于帕多瓦大教堂的入口两侧，法老的雕像和石碑也排列于庙宇大门两边——这正是我们今天难以解释清楚的全部秘密所在。

—— 卡米洛 · 西特
(Camillo Sitte)

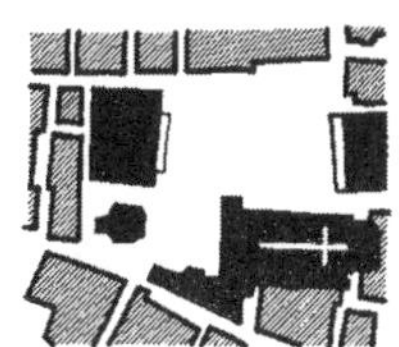
皮斯托亚（Pistoia）

维罗纳（Verona）

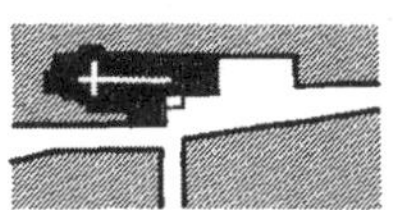
维罗纳（Verona）

纽伦堡（Nuremberg）

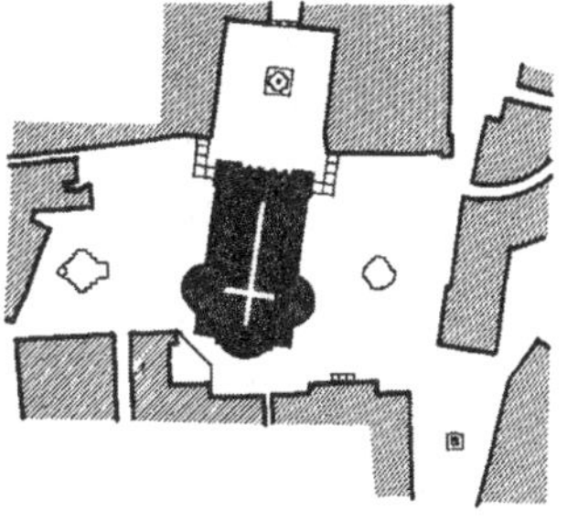
萨尔茨堡（Salzburg）

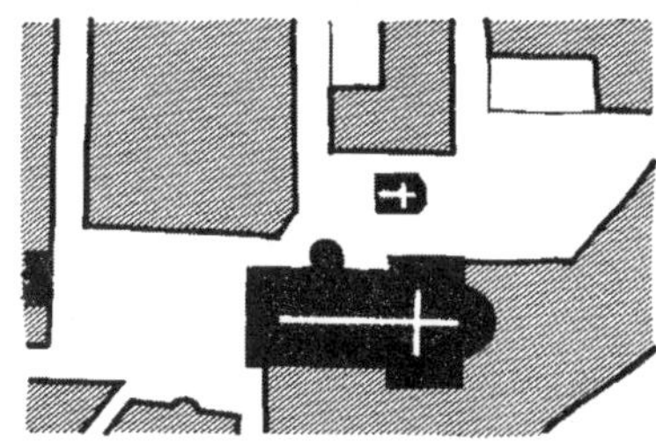
拉韦纳（Ravenna）

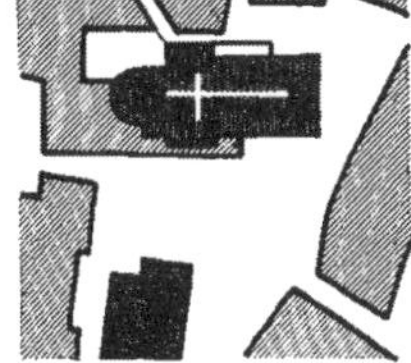
佩鲁贾（Perugia）

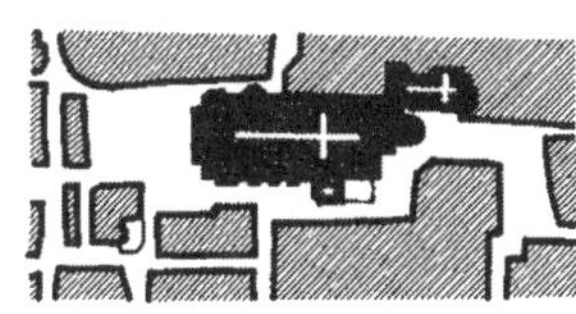
维罗纳（Verona）

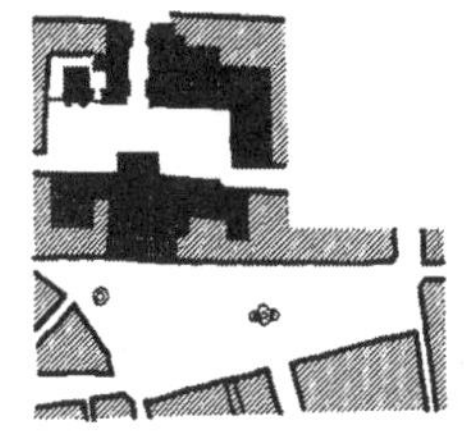
科隆（Cologne）

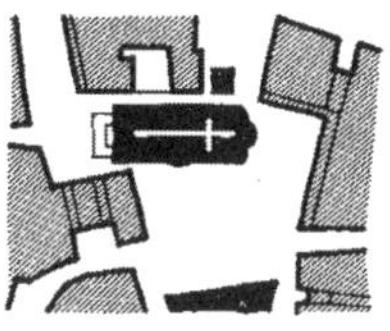
摩德纳（Modena）

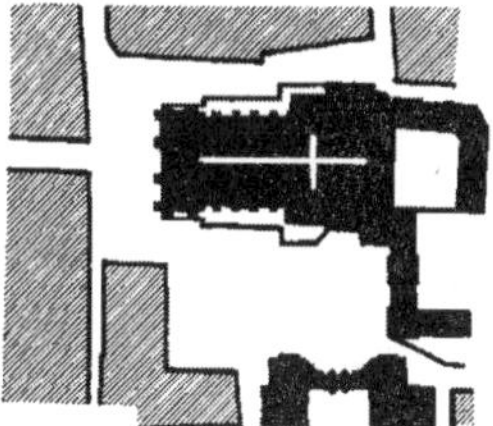
斯特拉斯堡（Strasbourg）

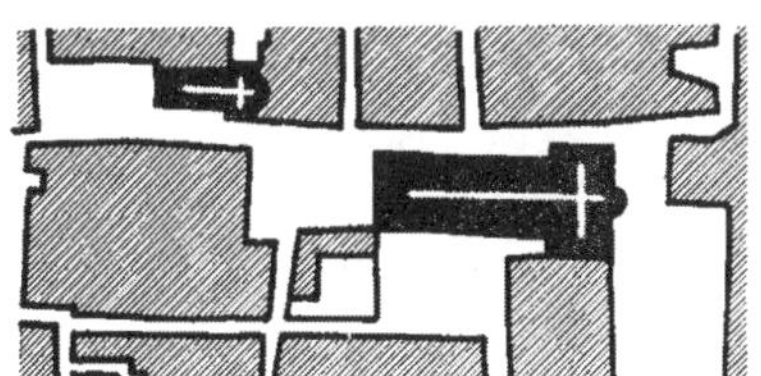
卢卡（Lucca）

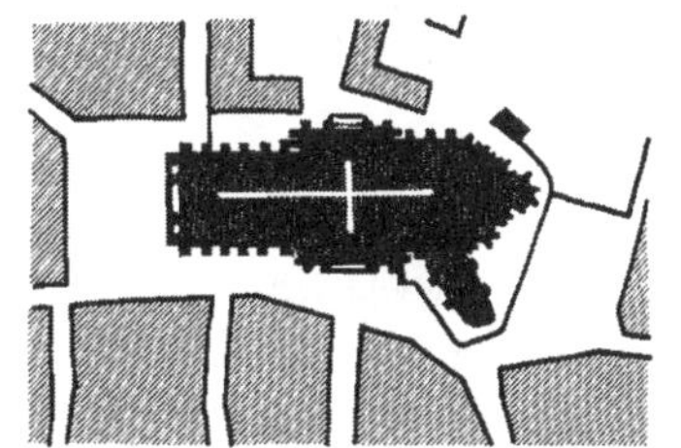
亚眠（Amiens）

日内瓦（Geneva）

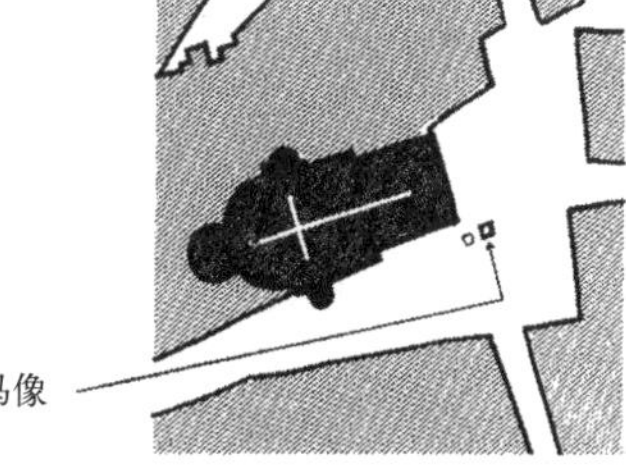

帕多瓦（Padua）

也不比其他长方形缺少吸引力。因为整体是由和谐法则控制，由各部分之间的比例控制，而不是由从自己出发的单体所控制的。”他注释道：“秩序事实上是最伟大最基本的美学法则。”然后他建议只需要两条建筑和谐的法则：相似法则和相同法则。[1]

通过相同元素 形式或空间的重复，可以使一个建筑物或建筑物组合获得一种秩序，从而创造或感知到建筑的和谐。

通过相似元素 形式或空间的重复，可以使建筑物组合形成一种秩序，从而创造或感知到建筑的和谐。

波利萨夫列维奇注释道：“如果说相同原则表达了一致下的统一，相似原则则表达了变化下的统一。”他还睿智地指出：“只有当下意识地遵循这两条原则之一时，艺术家才能创造出精彩的作品来。当我们在创造作品时，我们并没有想到它们，我们只是跟随着我们的想象和

1 尽管波利萨夫列维奇在这里谈到的只是比例，需要注明的是相似和相同的法则同样适用于材料、颜色、质地和符号。

艺术感觉。但当草图绘就后，我们审视着它、检查着它，好像我们是它第一个观众而不是它的创造者。它若是成功的，应该在我们意料之中，因为我们清楚其成功的法则；它要是不成功，我们也应意识到其失败的原因。”

“美，”波利萨夫列维奇说道：“是感受到的，而非计算出的。”

13世纪的意大利数学家莱奥纳尔多·斐波那契（Leonardo Fibonacci）发现了一个很快在规划各阶段广泛接受的级数。他注意到如果以1和2开头，以后每一个数都是前两个数字之和，这样形成了1，2，3，5，8，13，21，34……这样一个数列。这个数列如果用平面的形式和韵律来表现的话是非常悦目的。后来发现，这一级数近似于植物和其他有机体的生长序列；这一点当然更增加了它的趣味，并巩固了设计师的脑海里的一个概念：这一级数是“有机”的，是“自然”的。

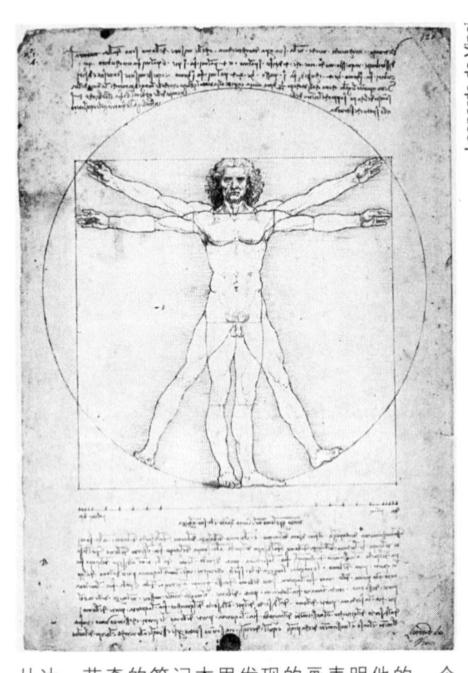

Leonardo da Vinci

从达·芬奇的笔记本里发现的画表明他的一个原则：人的两臂展开总长等于身高

生活在公元前1世纪的古罗马建筑师和学者M·维特鲁威开始形成一套可以用于规划和建筑的比例体系。在探索中，他对古希腊的建筑和规划做了艰辛的研究。工作过程中，他编写了一本书来记下他的发现，并详述了他关于人体模数——一种基于人体比例的度量单位的理论。这对后来文艺复兴时期的思想和规划有着深远的影响。

达·芬奇，那个时代极具创造力的巨人，分析制定了他自己的一套关于人体各部分同身高的比例系统，并列出了一张经典的比例和比率表，从中他又为每一个项目发展出一套合适的模数系统。作为建筑师、工程师、雕塑家和画家，他通过自己一切作品来诠释他的发现，并借此向后人展示了他的信念：要在任何作品中实现有秩序和有美感的比例关系，主要的面或线及最小的细节都须具有一致的数学关系。

这内接在圆和正方形里的维特鲁威（Vituvian）的人体形象成为一种介于宏观和微观之间数学和谐关系的象征。

——鲁道夫·威特科尔（Rudolph Wittkower）

建筑是一门科学，建筑的每一部分都要综合到同一个数学比率的体系中去——这一信念可被称作文艺复兴时代建筑师的基本公理。时至今日，我们的规划师们仍在寻求现今工作最适用的模数体系。日本建筑和规划的一个显著标志是元素之间的一种数学关系或基本秩序。这一特征至少可部分溯源到榻榻米的使用，或者说一种草编的席子（大约3英尺宽，6英尺长）作为标准的度量单位。传统上，基于此单位的格网状模数体系已成为许多建筑平面和周围空间的基础。通过这一体系，一个房间的长度和宽度等于既定的若干个草席单位，一栋建筑的平面面积等于几个草席面积。在他们的规划中，日本人还使用 12 英尺的尺度，因为 12 可被 1，2，3，4 和 6 整除。

如果像储藏室或小屋子这样的单元要求建筑面积小于某个整量的模数，它不会为适合模数而改变其形状，相反它会被自由安排并与整个模数框架和谐相处。一个物体比模数大或小这样的事实没有被掩饰，反而被艺术化地揭示出来并加以展示。这种途径看来显然优于我们美国的模数体系，即将组件精确地设计（强制）以适合给定的结构格网。日本的形式秩序也明显地不同于欧洲文艺复兴时的那种死板的几何规划，后者固执地崇尚对称，而不是这样一个自由灵活的模数组织体系。

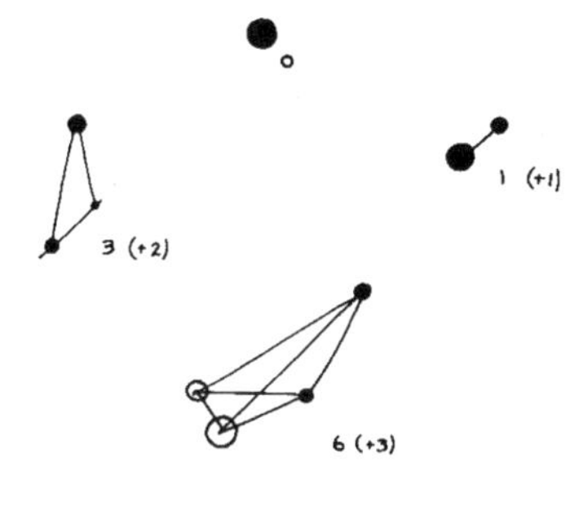

景观中的结构

我们已经知道古人在建筑组成的视觉效果方面所做的努力，他们试图创立一个在他们逻辑印象中的更公平的世界。他们发现在数学范畴内除了那些秩序、比例和尺度，再没有普遍适用的规则了。可是在他们兴冲冲地去度量、比较及辩论的实践之中，是否忽视了自然结构中明显的真理？那就是适应的法则。适应的法则向我们揭示了：无论哪种类型，最好的结构是那些因时就地，以最经济的材料最好地实现目标的结构。

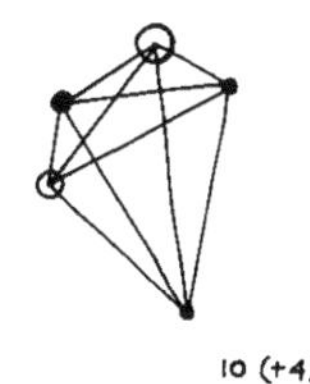

毫无例外，自然崇尚的是一种高度简洁、有力和柔韧的结构：无论是树的枝干，还是鱼鸟的骨架，甚至蛋壳和草茎。作为形式，每一类结构都很出色地配合其功能，每一类结构的设计和制造都无须考虑美学，然而就这种绝对的适应而言，每一类都洋溢着内在的美。那么，是否那些规则和程式的教条只会限制而不会孕育富于意义的设计？是否那种事先就对形式和结构做好构思的观念只会产生过时的建筑？是否如同在自然界中一样，我们最精巧优美的结构将源于对更富表现力的形式的直接寻找？正是如此。那一点儿也不自以为是的新英格兰农场、希腊山城以及非洲议会厅都运用了自然界的这种直接方式，而且都以各自的方式作了酣畅淋漓的表达。

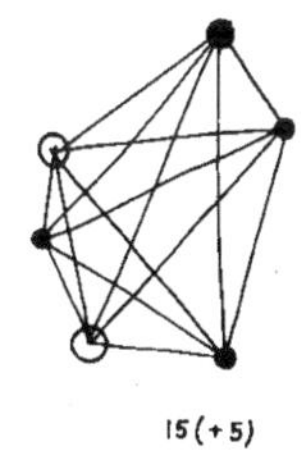

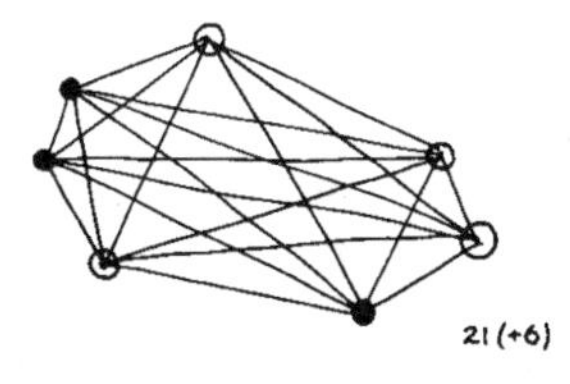

建筑物的构成

建筑群中每加一个单元，极点间的联系就以算术级数相应增加，因为每一个新的单元改变了原有组成，它同其他所有单元的关系是设计和规划应予以注意的

同结构形式和客观物体一样，在住宅和城市的布局方面，自然同样有许多可鉴之处。还没有见过成轴线排列的蚁丘和对称布置的海狸居所。这些野生动物已学会将居所同自然地形、水流现状、风向风力及太阳运动轨迹协调起来，我们人类难道还无动于衷吗？

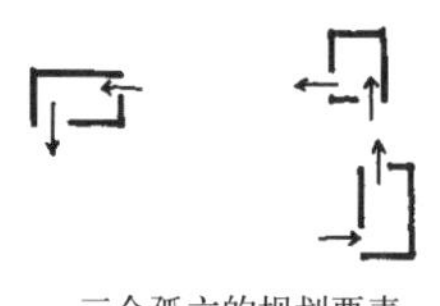
三个孤立的规划要素

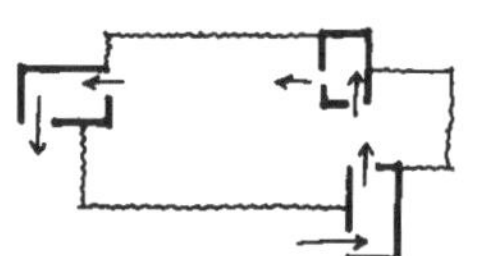
增添了联系纽带

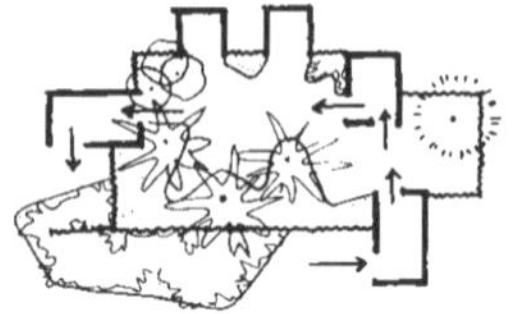
平面流线的进一步连接

建筑物的组合

然而我们触目所见的是大面积金属和吸热玻璃所构筑的塔楼在太阳下反射出刺眼的光芒；司空见惯的宽阔大道朝向迎面而来的毫无阻挡的冬季里的刺骨寒风，我们还可以想到学校楼群硬加于山丘或峡谷中，结果原有的自然特征被破坏殆尽；我们也知道我们在布局棋盘状社区时完全不顾等高线、水道、密林山坡、地质条件、风暴及视觉效果。

如果总结一下教训，那就是：依据教条公式设计的建筑和依据简单几何学进行的场地规划是注定要失败的。

单个建筑有时作为更大的建筑组合体来布局。可以想象，这样的组合结构和它们所定义的空间结合起来可以比建筑群中任一单体更具有效果。有时这是令人满意的，有时则不然。当每个建筑无论是在外观上还是在功能上都是整体的一部分时，这样的建筑安排才是最合理的。在任何单幢建筑作为建筑群一部分的情况下，群体都是被当作一个紧密联系的统一体来对待的，每一个单体都要服从于整体。

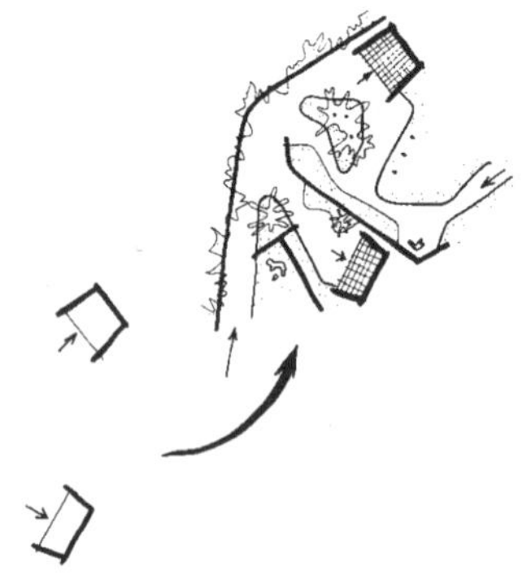
各种规划行驶被交通流线联系起来

当建筑作为独立单元时，可在景观中自由安排。在不被作为某综合体的一部分的情况下，建筑和周围空间的设计可以有大得多的自由度。从这种意义上讲，它们之间的关系并不是建筑和建筑的关系，而是建筑和景观之间的关系。

特征类似的建筑可以分散布置，甚至相距很远，这样可控制景观并将其统一起来，比如一个大学校园或军事设施，尽管景观区域会被赋予不同的用途，但在视觉范围内的每个元素都必须通过联系而达到和谐。

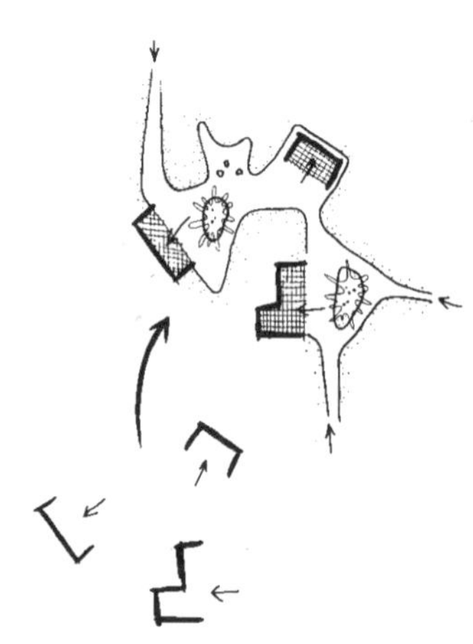
通过空间形式来引导和增强联系通道

Tom Fox, SWA Group

有计划的建筑构成

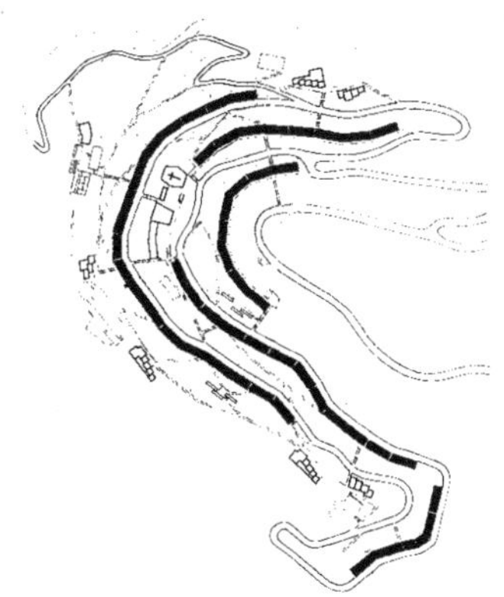

依地形自由排列的带状模式，场地—构筑物的和谐是很明显的

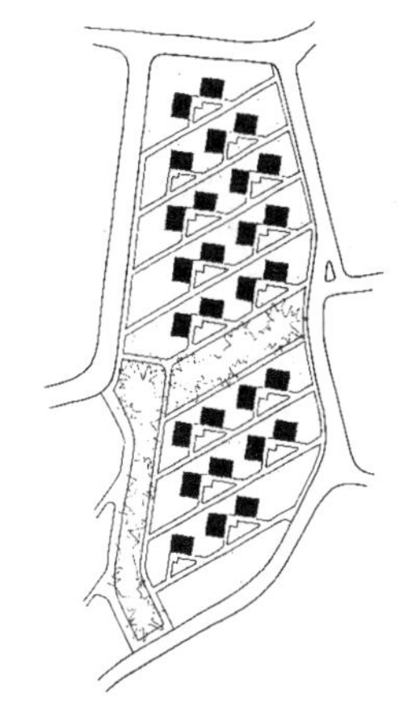

T形和三角形平面布置，没有理由的秩序，单调到了极点

建筑物以自由组合格局布置，注意令人愉快的多变的空间构成和建筑关系，这样的组群提供了一个更加放松、愉快的生活环境

公寓建筑组群的不同类型的布置

构筑物的设计常常是根据它与景观中的自然或构筑要素之间的关系而定的，如与水体、铁轨或公路之间的关系。在这种情况下，建筑无论是作为单体还是混合式，都可以获得一定的形式和空间以尽可能达到最佳关系。一个度假村与它前面的湖泊事实上作为一个相互联系的整体，度假村与湖泊相映生辉。

一个工厂和其收发货场的结合也是依据铁路而设计的。一个路边的餐馆就其景观特征、视距、入门道路、动量缓释以及空间和形式构成而言，都是和高速公路合为一体的。

有一点必须记住：那就是建筑组成体如同天然树丛一样，有它自己的景观特征。如果它要被辅助的场地处理和规划布局所强调的话，这一点就必须被认可。

有些建筑是静态的，它们远远地矗立在那里，自成一体。如果设计所要表达的是孤立、宏伟、冷峻或有纪念含义的话，这样的建筑物无疑是正确的。它们要求自己的背景和场地的发展保持独立。

另外一些建筑群通过它们的平面布局想要表达人类的自由和交往。它们与自然及人造景观形成互相呼应的关系。可见不仅是这些建筑本身，而且它们抽象的布局都在很大程度上决定了它们的特征，以及所影响与体现的更大区域的景观特征。

分散的建筑常常可通过铺地的连接或明确的交通流线形成一个更为适用的、视觉上令人满意的联系。而且这种整合还可以通过添加墙或篱之类的构筑物来完成。有时成行的树或整齐的树篱便足以将它们连为一体，同时将构筑物联系起来的这些元素也为各自界定了相关空间的最佳大小。

界定的开放空间

当开放空间部分或全部被构筑要素围合时，它们呈现出建筑的特征。这样的空间可能是建筑的延伸。有时它被限定在单幢建筑范围之内或被一组建筑群围合，有时这样的空间围绕建筑，或作为前景，或作为衬托，或作为视觉焦点。每一个这样的限定开放空间是一个完整的实体，但它更是相邻的空间和构筑物不可分割的一部分。可见在设计的过程中，与开放空间周边相关联的空间、结构和景观都要考虑到设计中去。

Kongjian Yu/Turenscape

Belt Collins

City of Vancouver

建筑布局定义了开放空间

限定的室外空间是一个空间的井，空旷正是它的精髓特质。没有对应的虚，实是没有意义的。那么显然虚的空间的大小、形状和特点对于相邻的实体会有强有力的反作用。每一个建筑为了达到最充分的表达需要实和虚之间形成一种令人满意的平衡。同样的虚体不仅满足了多个实体的需要并将其联系起来，而且它还可将它们与更远的建筑或空间联系成一个整体。

无论功能如何，当一定体积的虚空正是所需要的特性时，凹陷感是要精心保护和强调的。可以通过更易识别的外形，通过显露围合的物体和平面，通过向内弯曲、凸显边缘，通过使用退隐性的色彩和形式，视觉上通过让底部倾斜，自基底呈阶状或坡状抬升或下沉，或是通过降低水面及反光池使得空间趋于深远等等一系列手法来实现。一个形体清晰的空间不能被植物或其他直立物堵塞，这并不是意味着空间内应是空荡荡的，而是说这种虚空感应尽可能维持。通过很好地组织各要素，即使是片高大的树，也能大大增强这种穹隆形的虚空感。

向天空敞开的限定空间在获取阳光、阴凉、空气、天光和美丽的浮云方面有明显的优势。当然也有不利之处，但我们只需在规划时扬长避短即可。不要浪费每一方宝贵的蓝天、每一抹灿烂的阳光、每一丝怡人的夏日微风——这一切能被捕捉到的因素将使我们规划的室外空间光照充足、空气流通、生机盎然。

如果建筑构成的空间是开向侧面的，它将成为建筑和景观之间的视觉转换处。如果它面向风景敞开，通常它会成为不同视点中的最佳观景点和最佳取景框。

Barry W. Starke, EDA

抽象派作品。日本京都龙安寺中的庭园，是历史上十座杰出园林之一，是一座以耙过的沙砾模仿海洋的抽象作品。用墙围合的空间延伸了相关联的寺院斋堂和看台的界边。这是为静思而造的园林，它以其简单、完美的细节处理、大空间的暗示性以及释放人类思想和灵魂的力量达到了与众不同的效果。

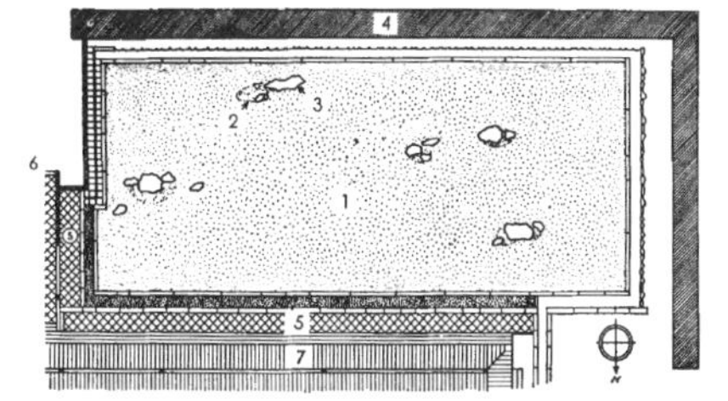

1－沙地，2－苔藓泥沼，3－石头，4－土墙，5－瓷砖铺面，6－装饰山墙，7－走廊

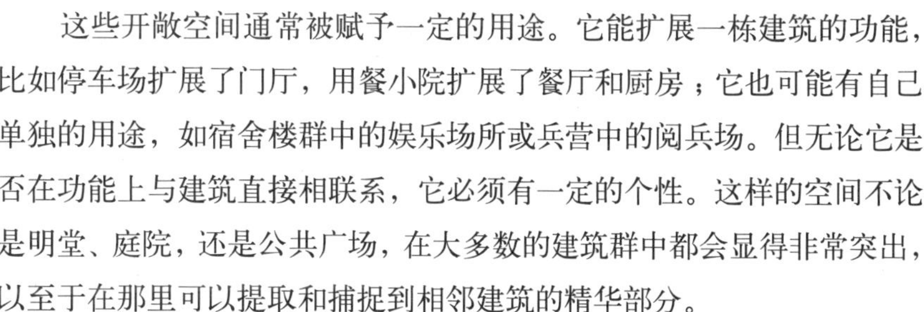

这些开敞空间通常被赋予一定的用途。它能扩展一栋建筑的功能，比如停车场扩展了门厅，用餐小院扩展了餐厅和厨房；它也可能有自己单独的用途，如宿舍楼群中的娱乐场所或兵营中的阅兵场。但无论它是否在功能上与建筑直接相联系，它必须有一定的个性。这样的空间不论是明堂、庭院，还是公共广场，在大多数的建筑群中都会显得非常突出，以至于在那里可以提取和捕捉到相邻建筑的精华部分。

居　所

一栋住房的作用是什么？是庇护所？家庭活动中心？还是工作场地？毫无疑问，三者都有，而且每一种功能都有待于体现并得以满足。但从最完整的意义上讲，居所的功能远超于这些。它是人类维系地球之所在，是人类在凡间的寄托。这一简单的理念一旦为人们所接受，将含义深远。

规划住宅和花园时，受亚洲传统文化熏陶的人们不仅利用伟大的创造天分使其与自然景观相融合，而且有意识地使其植根于自然之中。取材于地球（尽管有不同程度的改造和再加工）的房屋和花园是地球模式与结构的人为延展，并和自然过程充分协调。如同鸟巢和河狸的小窝一样，它们是大自然精巧的杰作。

居所－自然的关系

理想的居所是自然场址和景观环境的最佳组合。这一目标的实现程度可作为衡量居住的成败以及居者适应性、健康程度的标准。

居住和自然的结合是一项令人费心的事业。怎么能实现呢？最开始应作好以下几点：

勘察分析场地　如同鸟儿或动物侦察领域寻找最佳环境，农民现场考察所有地以结合地形恰当布置田园和建筑，每一个房屋和花园的规划师也都应认识所选场地独特复杂的环境条件，并对其作适当的反应。

Tom Lamb, Lamb Studio

合理利用自然环境特征

适应地质构造　每一地区的构造大多取决于当地的地质演化过程——褶曲、层积、抬升、侵蚀、地层的风化。这些过程确立了不同场地区域的稳定性、承载力以及开挖和整坡的难易程度。同时也决定了表层土和地下土层的结构、孔隙、肥力、地下蓄水量，以及建饮用水库的可能性。胸有成竹的规划有赖于钻探而得到的地下资料以及有经验的细致观察。

保护自然系统　地形、排水道、河流、植被、鸟类和野生动物的足迹和生境都具有连续性。土地规划是好是坏，其中一个评判标准就是看它对现有格局和生物流的破坏是不是最小。

结合土地现状　在重新构造地表形态的过程中，建筑物通常被设计成沿山顶或山脊延伸状，并俯视山谷。周密的规划能充分利用并体现当地的基本地形和水缘线。突出物要居高临下，山谷、小溪隐约可见。

反应气候条件　寒冷、潮湿、干热或是温湿，这每一种大致的气候范围立即使我们想起规划上的各种问题和可能性。然而在每一种气候范围内，还有许多亚气候类型以及某地所独有的微气候，它们都对规划有直接影响。

依据自然要素　阻狂风、通微风，雨雪中安居；防洪，暴风雨中巍然而立。追踪并根据变换的太阳角度做相应的规划。

考虑到人的因素 场地内外的建筑、道路、公共设施、便利设施，甚至是社会形态、政治管辖、区划、盟约、制度和条例都将对居所产生显著的影响。

减少负面作用 尽可能避免不良因素或使它们的影响减弱。不良因素包括各种污染、自然灾害及视觉障碍物。无法完全消除它们时，需要用地形、植被覆盖、远离场地，或是用视觉屏蔽以减少其负面影响。

强化最佳特点 对于最佳景观部位，要辟径以通达，并充分利用其周围的区域和建筑，保护它们，使房屋朝向于此，使其成为视觉焦点并能作为框景和背景存在。让人们能在不同的季节和光线条件下都能欣赏它们。

发扬本土特色 任一地域的景观总有其自己的情调和特点，这是选址的重要因素之一。只有在当地条件不能或不适宜规划时，才可做较大改动。否则，一定要利用本地条件，规划与主题相和谐，设计令人愉快的节奏、柔和的变奏，并产生回响与共鸣。

整合各种要素 尽可能地动态整合所有要素。这是大自然教给我们的，也是所有规划设计的首要目的。

对于任何形式的住所，无论是独家住宅，带花园的城镇住宅或塔式公寓……任何地点的选址，无论是城市或乡村、山区或平原、荒漠或湖边……规划途径都是一样的。

人类的需要和居所

理想花园住宅会是什么样子？作为一个线索，日常观察告诉我们对绝大多数住户的以下几点要求，至少应该得以满足。

庇护

自古以来，住宅首先是风雨中的庇护所。只不过现今利用先进的供热设备、空气调节器、多种类的建筑材料以及精细的结构体系，庇护所的概念已经上升到一新的优雅的高度。但从建筑学的角度讲，最基本的庇护功能是应得以保证并清楚体现的。

防御

这意味着远离一切危险，不仅是危险物，还包括火灾，洪水、抢劫等。

尽管自然潜在的危险历经世纪变迁已有所变化，人类的本能并没有变。要绝对地保证安全。

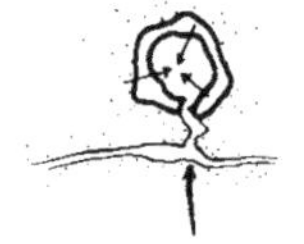

原始社会
庇护是主要的考虑对象

当今因机动车辆倒车和转弯导致的灾害随时随处可见。它不属于我们的生活区，故不应该准许入内。机动车辆应该在它自己的服务区域或建筑中活动。

实用

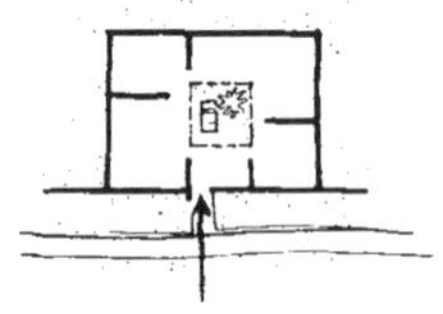

古罗马时期
防御和私密性具有主要价值

每一住所都应明确体现其多样化的目的，并不是所有的功能都针对居住而言，它还应有别的便利用途。这些用途是什么呢，就是食物储备、餐饮、娱乐、休息，以及（可能要具有的）儿童抚养等。这些用途由图书馆、交流角落、工场、洗衣店等加以补充，同时由存储空间、机械设备，以及废物处理系统所支持。通常，家庭休闲娱乐大多在阳台、草坪，以及与花园相连的平台上进行。室外空间为人们提供了锻炼场所并满足了他们对田园风光的向往。即使是盆装葱苗抑或欧芹植床都有其重要的符号意义。

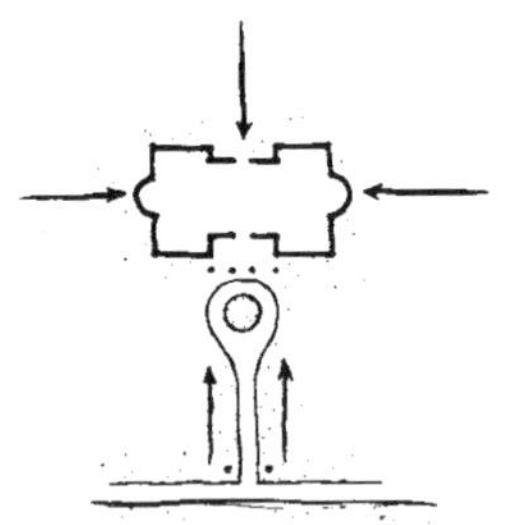

文艺复兴时期
每一建筑是空间中的理想化物体

实用性意味着“一场所有各种功能，每种功能各就其位”。且多功能间和谐共生。尽管住宅远不止是一适宜的机器，它也必须能高效运作。

宜人

住所仅仅运作正常是不够的，它必须诱人且令人愉悦，必须能满足人的表现欲以及对美好事物的热爱。然而，美不能和点缀、装饰、精巧等混为一谈。真正的美多源于完全的简朴无华——一个做工良好的泥罐、一块简洁的混合羊毛地毯、极为适合且做工精细的木头、一块切割的板岩、一件手工艺银器——通常恰如其分的形式、材料及制作是有特殊目的的，常常是少而简洁恰恰意味着多而丰富。

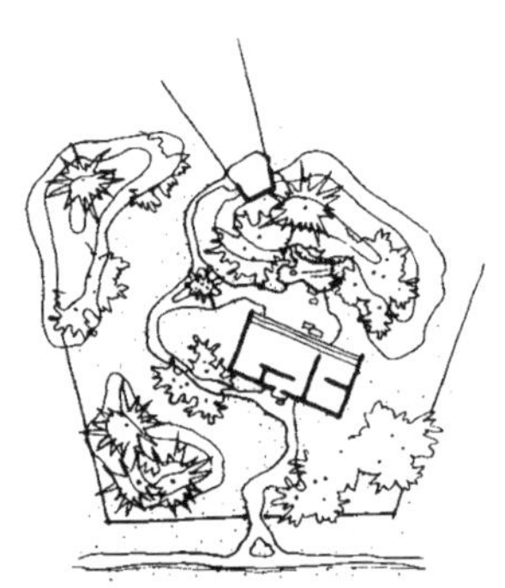

东方人的生活
尊重自然，要求有私密性，建筑同地块和整体景观相联系

生活方式的演化

考虑到居住和展示功能时，应该提一下传统日本住宅的壁龛。由优雅简单的自然材料构成的壁龛，是一处共享美好事物的场所。那里的东西是从储藏橱柜中挑选或花园、场地上搜集来的，其中的许多作品同时有多种含义，它们标志着时令或某种特殊场合，包括悬挂物、绘画、木球、雕塑、一盆或一碟插花等。西方的住宅和花园以及它们的展示部分也可以用这样的艺术性和条理性创造出特色。

建筑也是景观的一部分

春天没有跃着马儿
一路驰来
却踩着碎步 姗然而至
静静的养鹅姑娘
还有那一切从从容容、恬恬静静的才是我心中的春天

——埃德娜·圣文森特·米莱（Edna St. Vincent Millay）

私密性

在匆匆忙忙、竞争激烈的世界里，人类有时亟须一块清净之地。不要太大的地方，只要在住宅和公园中有一席之地远离日常生活。在那里，人们可以读书、欣赏音乐、交谈或是只静静地作一下自我反省。体会到人类对私密空间的需要是人性的本能。

开阔感

正如我们觉得需要休闲一样，有时我们也感到需要广阔的自由。随着住宅和邻里变得越来越紧凑，这种私人的开阔空间简直成了稀世珍品。但我们能从那些多少世纪以来，人类在生活空间被迫缩小中形成的文化遗产中得到一点领悟，那就是“空间可以借而得之”。

花园的灵魂在于其震撼人心的魅力。

——重森完途（Kanto Shigemori）

生活空间应适当安排并彼此联系，这样公共区域可以被共享，从而使局部空间显得更大一些。表面空间的大小可以通过巧妙的透视或微型化加以拓展。另外，通过安排墙和对外开口，设计出的视域可以涵盖当地或邻域的诱人景致，也可一直延伸至远山或地平线。即使是在围墙花园或庭院

地球是我们的家园，是我们理解自然的途径。

中，利用蓝天、白云和夜晚的星空亦可使开放空间最大化。在拥挤的日本，花园的露台成为一个众人皆爱的观月之地并不是一个偶然现象。

欣赏自然

所有人内心深处都深藏有本能的对户外事物的渴望——渴望土地、石、水以及地球上所有的生命。我们希望亲近它们、观察它们、接触它们。我们需要和自然保持紧密的联系，生活于自然要素和自然环境中，并将自然带进我们的家园和生活。

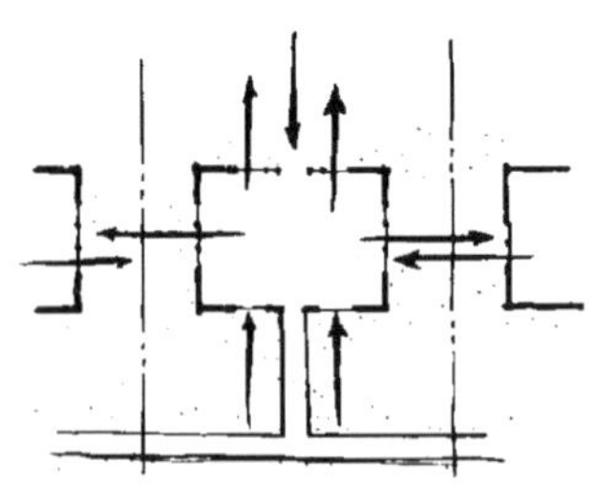

当代美国住房展示范例（带有文艺复兴的印痕）
忽略自然，外向，缺乏私密感，很少利用土地优势，有侧院，无围篱限制

近期美国居住的一个显著特点是倾向于室内空间室外化生活。现今的大多数室内空间都有其户外延伸——入口道路通向入口庭院，厨房通向待客区，餐饮室通向凉台，生活空间通向露台，卧室通向桑拿浴室，游戏室通向娱乐庭院，明堂通向花园。经过巧妙规划的人居环境，特别是在潮湿的地方，室内和室外空间很难区分。

曾有理论说理想条件下，每一个住宅和花园都应看作是宇宙的缩影。如果这一思想听起来有点抽象的话，那就暂且不谈。或许经过进一步的思考，某一天你会发现它有深奥的含义。

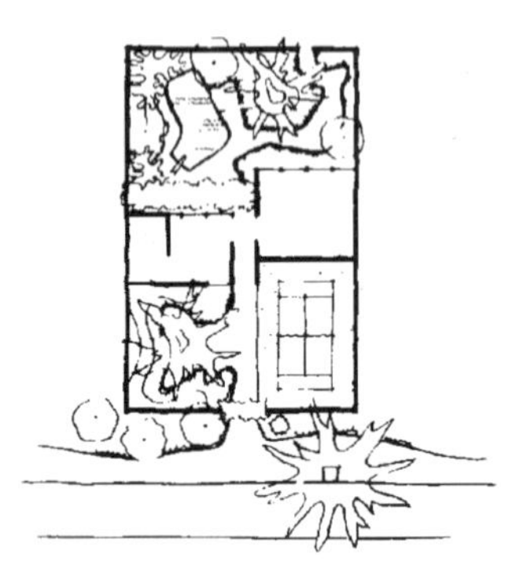

未来美国住宅倾向
生活空间总体利用场地，再创私密性，室外生活融合，引入自然要素，于保护自然景观的开放公园和休闲区域中成群集中安置住宅－花园单元

居住地的构成要素

现存场地的特点

通常一住址的选择多因它有一些显著的自然特征，可以是一棵挺拔的橡树或是一片白杨林、一条小溪、一个池塘或者一块耸立的石头，也可以是一处显著的景色。然而在大多情况下，这些最值得羡慕的东西在人们获得场地开发权后，就被忽略或在建设中销声匿迹。在家园的规划中，只有保护并使这些显著的要素更传神，才能使它们发挥应有的作用。

在最明显的区域安排住宅并不总是正确的。如果有一小块平地，你可能想将它用于住宅。但它可能更该用于入口、停车场或花园……在你的土地上有那么一个从各方面看都恰如其分的特别景观吗？你曾到那儿野炊并体味到它的田园意境吗？你曾耗费漫长的冬夜想在那建一所房屋吗？曾有一旦你在那建造屋后，景观也随之消失的经历吗？也许那该是你的花园存在之处。

——托马斯·D·丘奇

空间分配

在美国，习惯上临街的区域占去了每一住户地产的很大一部分，而这一区域的目的仅仅是为了展示房屋的外表，这种现象在世界范围的家园建设中几乎是绝无仅有的。传统住宅中，由开阔草坪而成的前院为灌木所围合，而整座房屋由基础种植来装饰，以获得公众青睐。侧院多作为不加利用的单独区域，只有后院被当成家用及娱乐空间。只是在最近几年，

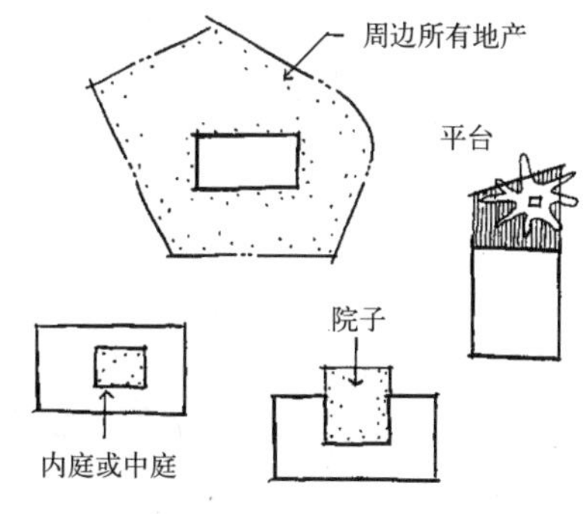

户外开放空间形式（一些可能的范例）

房屋花园合而为一的概念才被接受，室内外生活也形成自己的体系。

一些耗资巨大的灌溉的和人工维护的草坪依然会长期存在，设计出的许多漂亮房子和城堡式的庄园仅仅是为供人观看。然而进展迅速的是草皮的面积在减少，房屋朝向天井、庭院以及室外娱乐空间。许多自然地形和植被得以保护，家庭生活更加外向。

居住

住宅是家园的核心，所有的事情都发生在其内部及周围。至于究竟发生什么则取决于个人对生活类型的选择，以及对家庭生活的计划。谚语说“狗的主人酷似他们的宠物”，类似的是，我们可以从房主对房屋的挑选中认识他们。

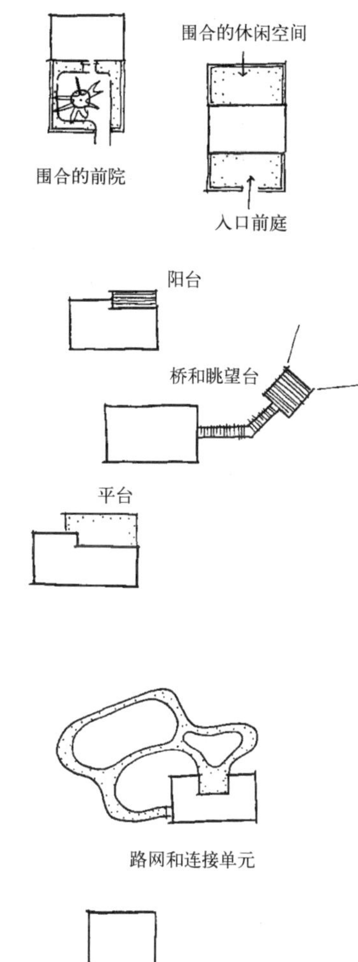

户外生活空间是为以下原因而设计的：
- 提供适用而舒适的活动空间
- 与建筑环境整合互补
- 保护场所将其最优特点展示出来

住宅本身是一个为人们提供舒适、充实生活的构筑物。有时良好的生活可局限于四墙围合，带有孤傲、自我封闭感的住所中。有的家居则向外开放，犹如多棱镜一样，且可作为户外活动的舞台。

无论是城市公寓、郊区住宅、乡间农庄还是荒野幽居，这每一种形式在室内外空间关系的处理上都有其自身的局限性和可能性。

在城市的高层住宅中，人们对室外氛围的体验，也不过是来自一个朝阳的窗台上的盆栽植物；或者是一个阳台，上面有椅子，人们可以在那里放眼观望，可能还有一两个吊篮悬挂其上。运气好的，还可能有一个私家或公共的屋顶花园。一栋尚好的联排住宅可能有自己的门阶植被，更幸运的话会有一个后庭院，那儿有树下或凉亭下的餐饮区、小池塘、喷泉、成簇的香草或鲜花。郊区的房屋或农庄，因有更多的利用场所，可向外延伸出更广阔的室外活动和工作空间。偏远区的小屋或村庄更是如此，那里的人们可以让自然树林不加改变地围绕于住宅周围。

室外活动空间

每一户外活动都需要有自己的可用空间，这种空间可以小至孩童的沙盘或香草花园，也可大至网球场、游泳池、蔬菜园、果园甚至是大片绿地，无论用途如何，室外空间如果希望为众人所喜欢，必须在规划中好好设计一番。

室外活动空间可以是：

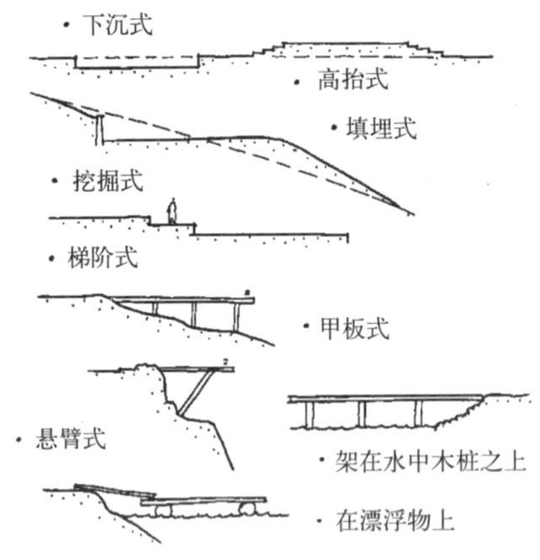

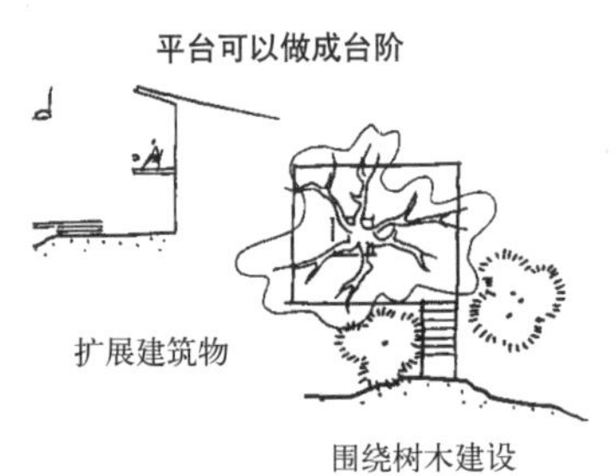

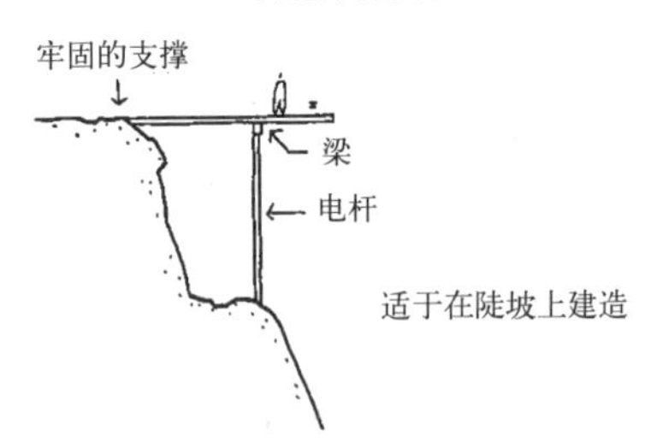

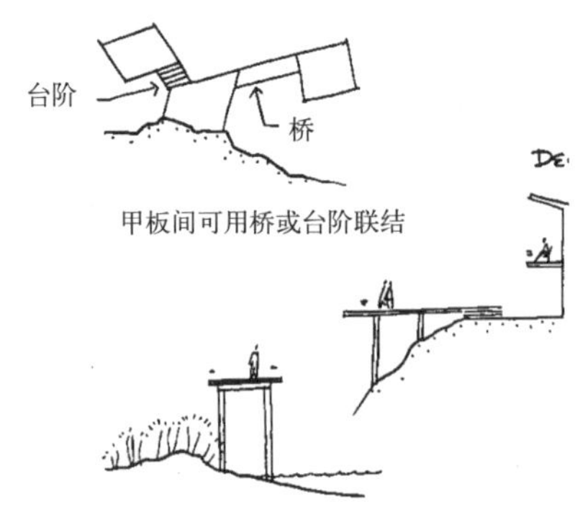

桥或抬起的人行道保存了地表形态、径流及现存的植物

用于底面的甲板和平台可以：

- 扩大场地内的可用区域
- 扩展或分散活动方式
- 强化当地景致
- 保持土地的自然形式

户外活动空间

© D. A. Horchner/Design Workshop

房屋所环绕的天井和露台延展了室内空间，并使其和室外空间紧密联系。房屋和车库间的区域，无论开放与否，都可作为入口庭院或室外起居室，铺路、植被还可能有水幕或其他水体要素点缀其间。

天井或露台的外围可能是游戏庭院、草坪、花园或自然植被。花园里无外乎是一些散布的、经过精心挑选的灌木、成簇的鸢尾、排列成行的藏红花和水仙花、百合花床或者成片的本地草皮；还可能是常绿庭荫树或盆植海棠，边缘围以长春花或常春藤；也可能无外乎是铺装路面之间种满成片的郁金香，或砂砾护根略抬起的牡丹花床，桶植无花果树，仙人掌花园。另外也可能是一大片维护很好的花床或花坛。

桌上独放的一盆天竺葵自身就是一个花园，池边溢满盆栽鲜花也是如此。记忆中的那些花园空间总在人们触手可得的地方。

服务区域，无论是开放的、墙院围合的还是部分屏蔽的，通常大都与车库及停车庭院相关。这些地方用于运输物品、车辆停存及调转车向，也用于废弃物和待回收物资的临时存放，或堆肥。

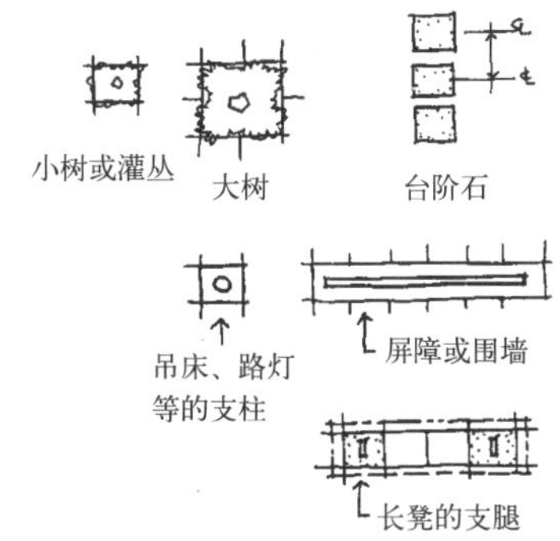

删除一个或多个基本单元，为支柱、长凳的基座、水池，种植箱、植物等提供空间

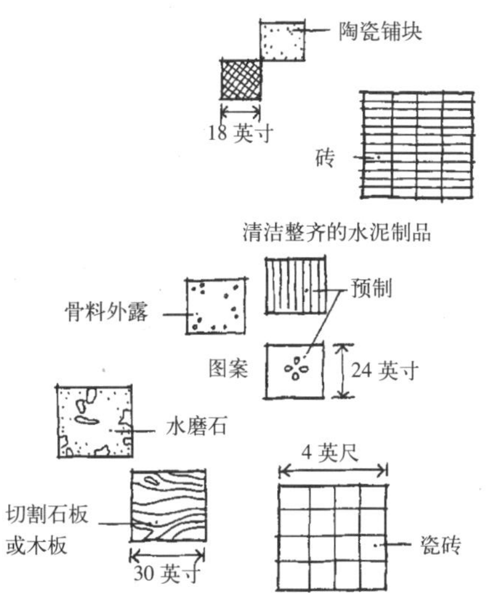

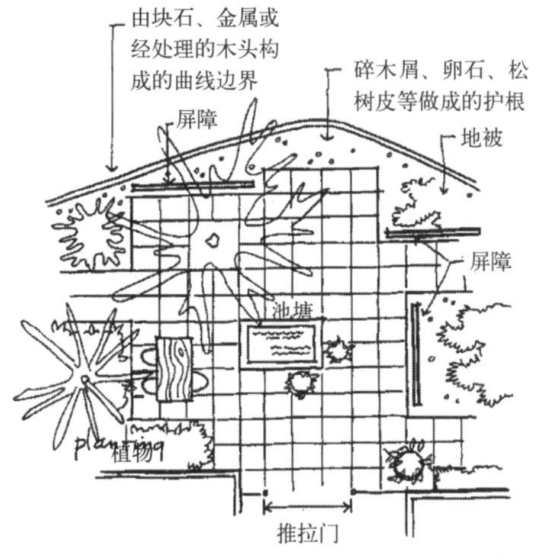

模块铺装系统：

- 具灵活性
- 有助于达到设计上的统一
- 减少了铺装和替换的费用，模块铺装

附属部分可能还有别的小屋以存储设备和物资，同时也存放公共系统的各种仪表和闸门，环绕盘起的水管在此高悬。

服务庭院的边缘便于安置蔬菜花园和通往温室、花园小屋或菜园的通路。如果这一带有屏蔽墙、藤架或篱笆。将是种植开花藤本植物、葡萄或树架水果，像橘子、柠檬、梨、无花果、桃子、苹果等的好地方。

服务庭院也可兼作铺装的娱乐场所，里面有网柱插孔、路面划线，也可有篮球篮板。庭院的一面可有通往儿童娱乐区的门，透过它，隐约可从相接的厨房窗门对望摇荡的秋千以及各种娱乐设施。

辅助建筑

显而易见，许多位置相关的空间都可规划于住宅中，或通过一定的延展使它们与住宅相联系。另外，车库、会客厅、工作室可与住宅分开，形成景观上的对景。更小一些的工作棚或工具屋也是如此。辅助建筑的特点会有意识地各不相同——更多的与场地相关，而不是与住所相

Tom Fox, SWA Group

Belt Collins

Barry W. Starke, EDA

Barry W. Starke, EDA

辅助建筑

关，特别应与使用目的相符。游泳池边的更衣室、瞭望所就是如此。有时居住区和娱乐性建筑可合为一体，例如，周末滑雪别墅或带有相关滑台和码头的游船别墅。

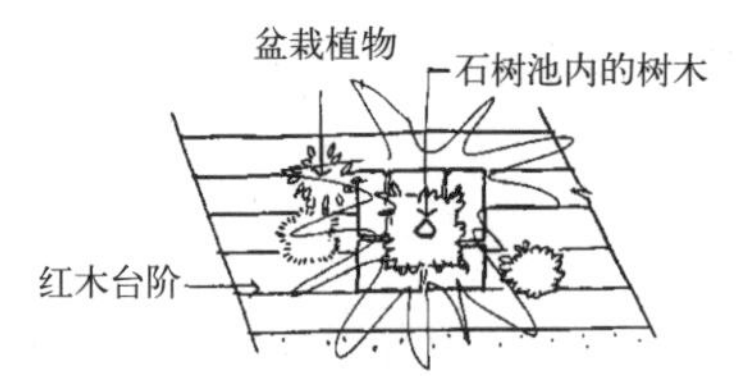

宽台阶能作为植物的生存空间

陈设

没有室外活动设施和陈列品的家园不是一个完整的家园。安排良好的带有维修机械和工具的储物墙或小屋是必不可少的。

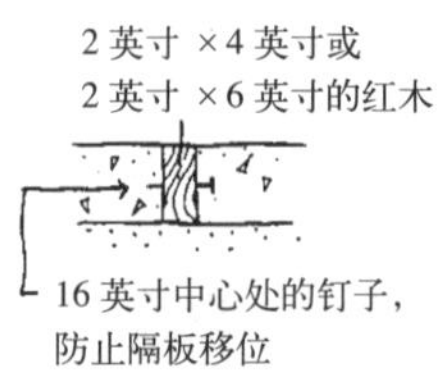

娱乐设施——渔网、划桨、壁球拍、套圈用圆环、标杆和吊床等，射靶和玩具棋都有自己一定的位置。通常还有长凳、座椅、桌子等诸如此类的配套设施。铺装、地表覆盖物、植物也可作为陈设看待，这在本书的其他章节里有所介绍。

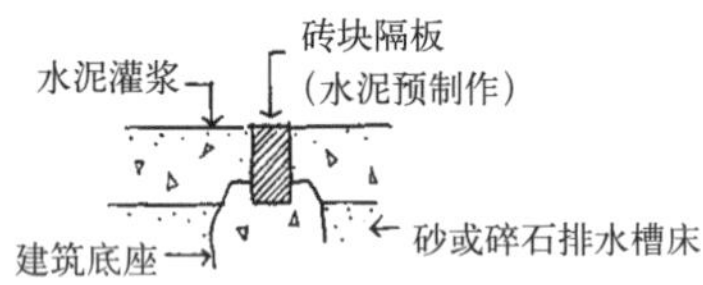

除了最基本的陈设外，还可有一些装饰性的配置，像花盆、展窗，以及各种各样的木制或水泥容器；马赛克壁画或贴面为周围增添了色彩和情趣，天篷和凉棚也是如此；雕塑通常以标志物的形式存在；旗帜、季节性装饰多用于节假日；风铃、鸟澡盆、喂食器的摆设更增添了许多生机。

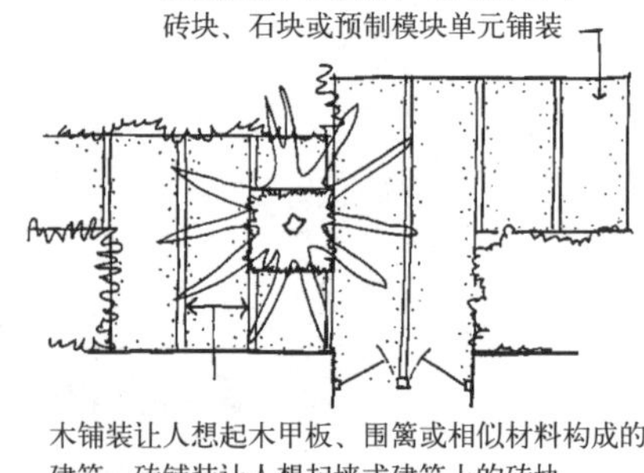

木铺装让人想起木甲板、围篱或相似材料构成的建筑。砖铺装让人想起墙或建筑上的砖块

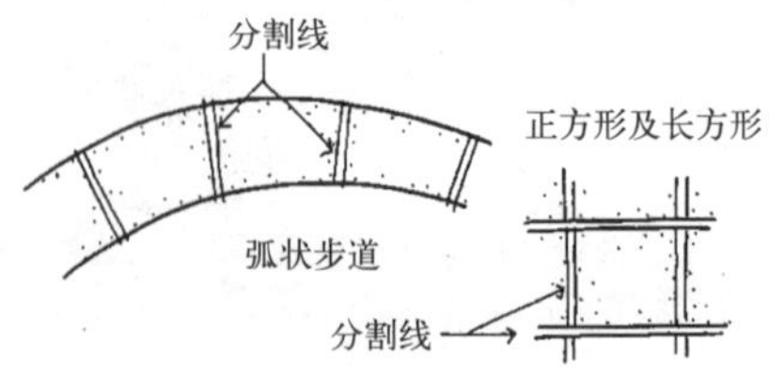

铺装分割线提供了另外一种统一室外生活空间的方式，它们的作用有：

- 产生固定宽度的、富韵律的设计方式
- 可作为施工的节点和表现方式
- 可作为伸缩缝（有时需饰面条带）

水和灯光作用的强化是不容忽视的。各种不同形式的水：水池、小溪、滴水、喷雾、喷泉，在每一个花园里都占有一席之地。灯光也是如

© D. A. Horchner/Design Workshop

场地陈设的形式可以像这堵坐墙一样，也可以是独立式的

Belt Collins

恰到好处的水体灯光照明

Nelson Byrd Woltz Landscape Architects

实体的或是隐喻的水在园林中都有一席之地

此，立式路灯照亮了人行道，顺着驾车路和小道延伸，游戏庭院灯火通明，灯光也点缀了树木，使雕塑、壁画、花卉展览与流动的水显得格外耀眼。所有这一切为夜晚增添了无限的情趣和闪光点。

外部摆设的费用不过是整个住所花费的一部分。通常这些室外的陈设是最易被看到、最常用的，人们对它们的感受最强。这些充分说明人们该获得并享受最好的陈设。从大范围上讲，家宅的好坏可依其中陈设的质量进行评价。

主题中的变量

忽略自然过程或亵渎大地的规划使得我们必须承受其悲惨的后果。然而，如果对建筑和生活空间的设计能真实地依据大地景观的力量、形式和特点，居民的生活就会沉浸于快乐和幸福中。

附带的照片范例选出用以说明怎样才能把房屋和花园规划在一起，并和场地及周围景观环境相和谐且满足居民的需求。

© D. A. Horchner/Design Workshop

15 景观种植

早期移民者乘着简陋的船只在东海岸刚刚登陆，便取出小心保存的种子、芽苗，开垦出他们的第一片花园。时至今日，我们的花园已经遍布整个大陆；对于大多数美国人来说，这种对植物和园艺的钟爱是与生俱来的。

那些正是以规划我们生活环境为职业的人从中可以得到一些领悟。我们的希望就在于：这种对植物的感情和爱护能够扩展到所有的植被，以及护育植被的水分和土壤；大好河山能够保存下来；脆弱的分水岭能再披绿装，得到保护；重要的湿地得以恢复，依然波光粼粼；残存的沙丘重新种上了熊果（bearberry）、刺柏、提子（fox grape）、松树，或者重新铺上野燕麦；我们的组团式社区可以被农田和森林组成的开放空间所环抱；还有，我们的住房，我们的学校，以及我们的城市可以规划得犹如花园一般。

目的

涉及土地规划领域的许多人士仅仅把植物当作一种配置在建筑周围的园艺附属品，而与建筑则是完全独立的。这实在荒谬，事实上植物和现有地被是大多数场地选择和规划的基本考虑之一，在很大程度上，它们奠定了场地的特色。它们保持水土，调节气候，防御风沙，而且经常用于规定土地利用形态。

景观中的植被要么是土生土长的，要么是引进的。既然长势良好的植被，其存在的事实本身就已证明了它们适于这块场地，那么，保留它们就显得合情合理，除非迁走它们的要求经过了周密的计划。替换植被，却又经常由于不谨慎导致失败，有过这种经历的人，他们是体会得到这其中的问题和所付出的代价的。

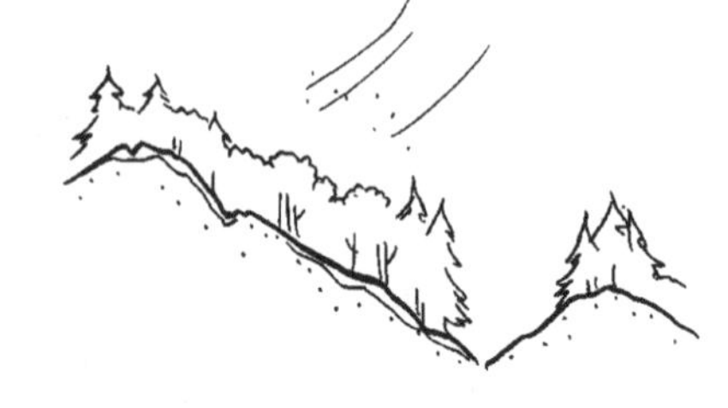

对坡地和分水岭的保护

然而，已经制定了新的植物配置方案，这时就需要认真考虑一下了，因为，即使单独的一棵欠妥的植物就能改变或者毁掉景观的视觉质量，甚至破坏景观的生态平衡。

相反，在变单调贫瘠的场地为更适用、舒适和愉悦的过程中，精心考虑过的种植设计却能起到很大作用。

风障

过程

每一株种植的植物都应该符合预期的目的。它应该是可供选择的种类中最优秀的，以符合特定的种植条件和精确的设计要求，因为优秀的种植设计是科学和艺术的结合。

构成头顶空间，充当天棚

底图

对于总体的景观种植，比如居住区、学校或医院，基础规划图建议采用 1 英寸等于 10 英尺，或 20 英尺、30 英尺，不超过 1 英寸等于 40 英尺的比例尺。对于细部或有限的面积来说，比如一个花床或是一个厨园,1英寸等于 1 英尺或 1 英寸等于 2 英尺的比例尺或许更适用一些。这个规划图应该注有业主的名字和住址、图纸比例、日期，还有一个相当准确的指北针。它还应该显示场地边界和所有的地形特征，如墙、栅栏、灯柱、车道、人行道、其他的铺装区域，还有现有的需保留的植被。

景框

植物选择

拿到底图的复制件后，就可以着手进行植物清单和配置。作为开端，建议第一次“规划”作一个粗略的研究，里面带有注解和图示，并且尝

背景

试着列出所需的植物种类。甚至在这个初步的试验性的列单中，也应考虑每一种植物的特点——形体、高度、冠幅、叶簇、颜色和质地、花期和果期等。同样重要的是要有植物培育要求的一般知识，包括植物的耐寒性、喜好的土壤类型、适应酸碱度的范围、湿度要求；对阳光、遮阴和暴露环境的忍耐程度；及它对养护的需求度。有些园艺工人对此有一种直觉，但对大多数人来说，这种技艺只能来自多年的亲身体验。

树荫

在植物选择上，指导书和苗木名录固然是很有用的，但却绝不能代替到苗圃或销售点的考察。开车到邻里周围逛一逛也很有帮助，因为它可以向你显示出：不同的地方哪种植物长势最好，哪种植物视觉效果最佳。如果有从事园艺工作的朋友，那可太幸运了，这样就可以向他们咨询了。

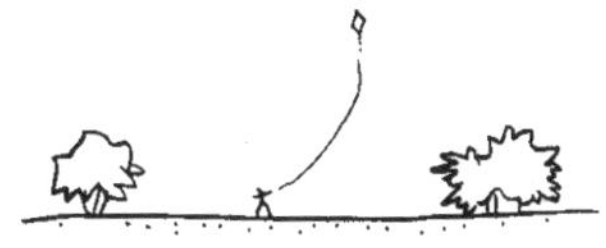

地面空间的界定

配植

不管头脑中有没有一个种植的概念，如果开始的配植工程量相当大，那么请富有经验的园艺师或景观设计师代劳做一个详细的布局设计通常是明智的。之后，就有几种行动进程可选，园主人可在他（或她）闲暇时种植，还可由园艺工人或选中的景观承包商分期或一期内种植。如果种植项目要对外招标，由于操作繁复，一整套的规划、细部设计、详细说明书，以及招标文件都是必须的。

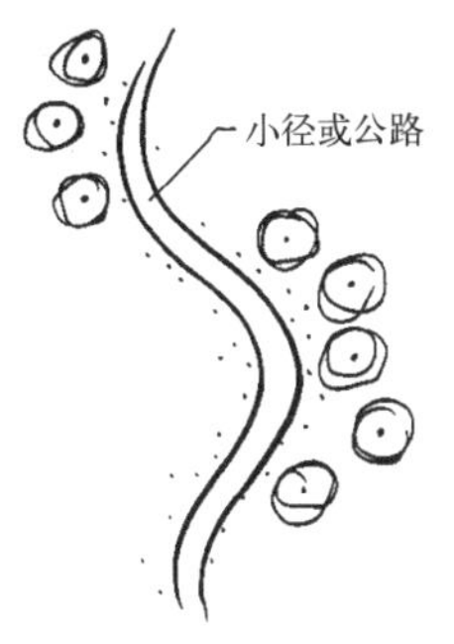

规划意图的加强

导则

在准备配植时，无论是花园、校园、工业园，还是新社区，途径大体一致。目标是：尽可能改进场地的运动路径和可利用地段。以下提

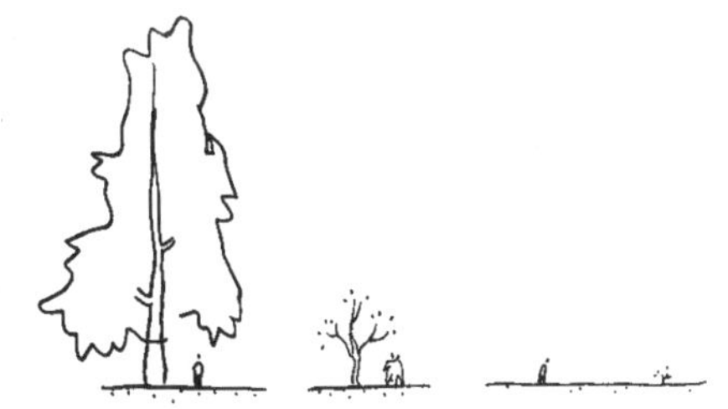

比例效应

装饰作用

Lauren Todd, Stephen Stimson Associates

保留下来的自然植被

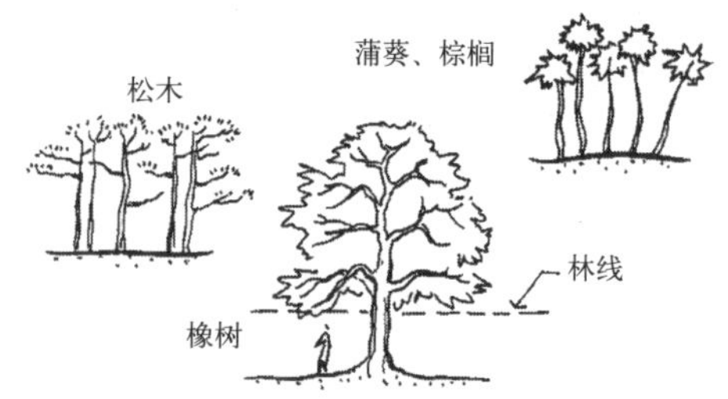

参天大树
这些涵盖了更高的林荫和森林的物种，它们单独地或一起构成了高处的林冠。

利用大树可以
- 遮阳
- 柔化建筑边际线
- 建立景观主题
- 使场所统一成整体
- 为场所空间提供“顶篷”

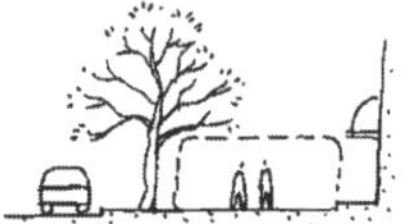

树木帮助建立行人的尺度。

中层树木
较低的落叶树种和松柏类树种，高度至少在视平线以上。
在开放空间或林下空间栽植中层树，作为屏障、背景，以增加视觉乐趣。

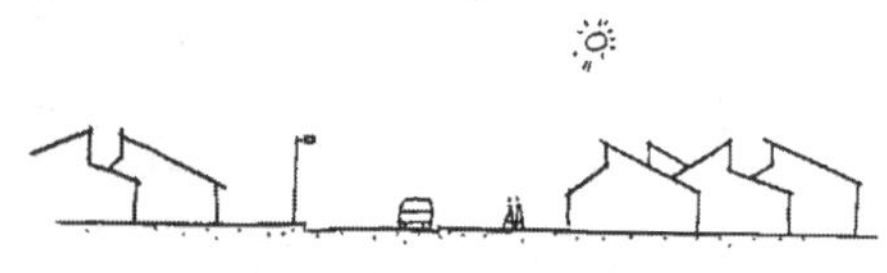

配置得当的稀林树木可以给原本混杂的建筑群带来新鲜舒服的环境。

树木可以界定空间，还可以框景

供一些经过时间考验的原则作为指导。

保存现有植被　只要切实可行，街道、建筑物和功能区应当协调地布置在自然植被之间。这样景观连续性和风景质量就得以保证；场地种植施工和维护的费用得以降低：对比之下，建筑物、铺装地面和草坪反而会显得更丰富。

每选择一种植物应符合预期功能　有经验的设计师首先准备一张粗略的概念种植示意图来辅助决定详细的植物配置。这个示意图通常叠加在场地构筑物图纸上，在它上面分区分片地勾画出外形轮廓、箭头和描述各种需要实现种植目的的注记，例如：

这儿需要树荫。
遮蔽不雅的告示牌。
在墙上投射树木的剪影。
强调驶入车道的弧线。
前景处布置地被植物和春天的球根植物。

以常绿植物为背景孤植观赏木兰。

构成山谷框景。

保护体育场地看台免受强光的照射。

为比赛场地提供围护和屏风。

概念示意图和注记越完整，进行植物选择越容易，最后的结果就越理想。

灌木
灌木常指多年生木本植物，通常比乔木要小，枝茎繁多，分支点低。

灌木通常具有丰富的叶、花、果，可以增加场地低层的掩护。
它们可任其长成自然状态，也可以（少量地）修剪成篱。

树木是基础　如果树木的选择和布置是理想的，场地的构架就能较好地建立，其他的种植通常就不需要了。

群植以模拟自然状态　按照惯例，应该避免规则株距和几何格局。成行或成格网状的种植最好先用于城市中有限的、需要公众性或纪念性特征的场合中。

用冠荫树统一场地　冠荫树是最容易引人注目的，它们构成了最显著的街坊特征和标识。它们还可以遮阴蔽阳，柔和建筑线条，充当空间屋顶或顶棚。

植物和草皮用碎的树皮、木块、沙砾等作护根处理，会长得更加繁茂。

藤蔓植物和地被植物
这些植物多种多样，有木本的也有草本的，有落叶的也有常绿的，有肉汁丰富的也有扁平的草叶的，不一而足。

选择具有以下特点的作为地被植物
- 防止土壤侵蚀
- 土壤保肥能力强
- 自然化的前景
- 可作为草坪和嬉戏地
- 维护量少

种植中层树充当低空屏障，既可挡风，又可增添视觉趣味　作为分隔框架，特别适用于把大场地细分为小的功能区和空间。作为一个种类，中层树种包括许多比较优秀的基调植物和装饰植物，还可用作特别的孤赏树。

用灌丛作为补充的低层保护和屏障　它们还可以作为围墙、强化道路的直线性和结点，强调规划中重要的点和特征，还有它们由花、叶构成的优美的外观。另外，还可以用作绿篱（较为经济）。

用藤蔓植物作为网状物和帘幕　不同种类的藤蔓植物可以被种植来护坡固沙，为暴露的外墙增添绿意，或是形成一道悬挂于墙壁和篱笆的花和叶的瀑布。

在底层地面上种植地被植物，以保持水土，界定道路和利用区，以及在需要的地带布置草皮　它们就像是铺于地面之上的一层地毯。

对于所有大面积的种植，应选出一种基调树种，三到五种辅调树种，以及若干补充树种，以备特殊条件和特殊效果之用 这种程序有助于形成简洁而有力度的种植。

选择作为主题基调树种的类型应当是中等速生的，而且无须太多管理就能长势良好的本土树种 对于这些树要采取群植、行植和丛植的种植形式，以形成“人型树木框架”和整体的场地结构。

利用辅调树种来补充基调种植，以及在较小尺度内构筑场地空间 在选择辅调树种时，应能使其在为每一空间带来自己的特质的同时，还要与基调树种和自然景观特征相协调。

恰当地利用补充树种来划分或区分出具有独一无二的景观特质的区域 这种独特性可以指地形，如山脊、洼地、高地、沼泽；可以指利用类型，如地方街道或场院、幽静的花园空间，或一个喧嚣的城市商厦；还可以指特殊用途，如密密的防风林、绿荫地或季相色彩。

背景

光影

轮廓

前景

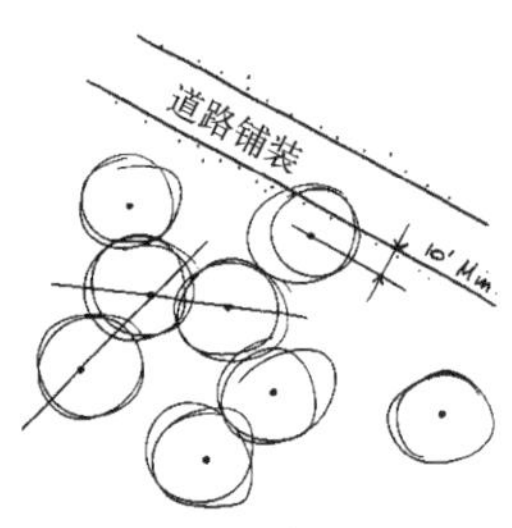

群植以模拟的自然状态

避免规则间距——或者一条线上排有两株以上的树。树距取决于树木类型和是否需要布置孤植的观赏树或枝叶茂密的庭荫树

新规划配置方案

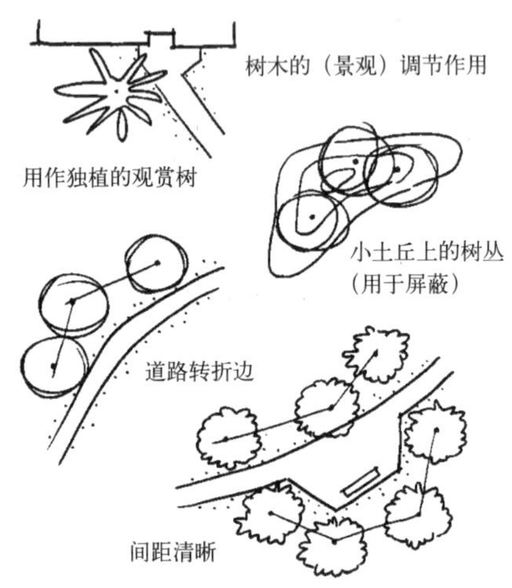

中型树（与灌丛）是场所、平台及路线的限定者。利用它们来强化规划的线条和形式

树木为步道和自行道带来了阴凉和乐趣

邻接交通道路处设置植物屏障以消减噪声和强光

树木的随意布置适于自然化的景观——比如，公园、游憩区和再造林区。本土树种、苗圃树种和优势树种混用往往会产生最好的状态

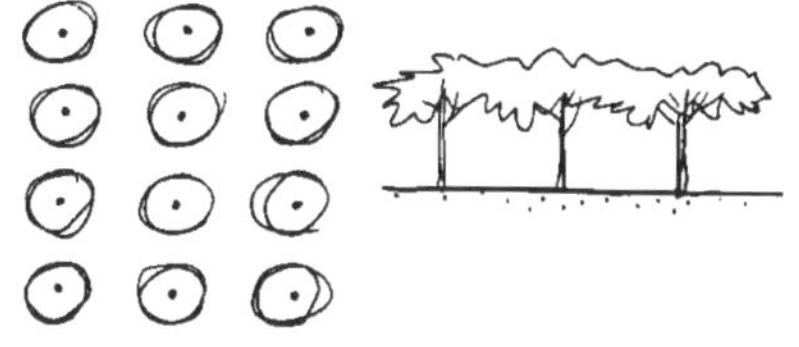

规则布置冠荫树可以创造出宽阔的建筑空间感。更适于应用在城市中具有纪念特征的、平坦的几何形场地中

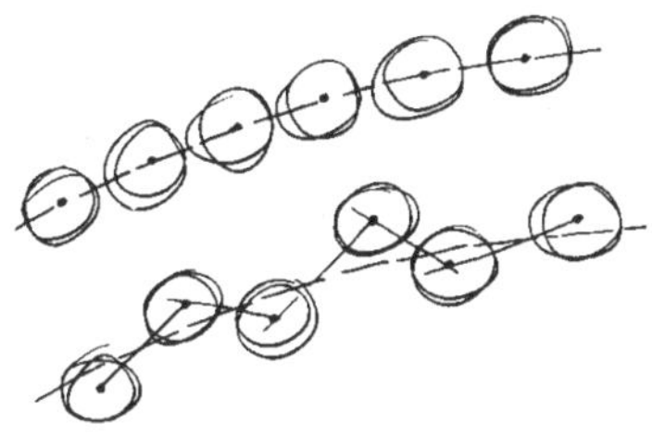

单行或双行种植的树具有强烈的视觉冲击。这种布置因此最适用于城市或人工环境中。在较自然的景观中，交替的、不规则的数列通常更受欢迎

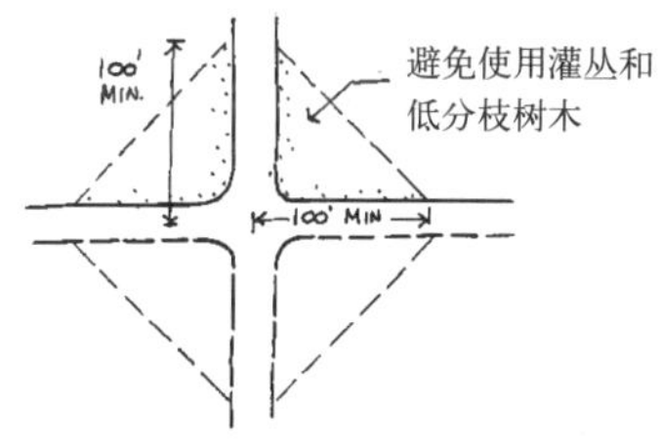

在交通节点处保持视线畅通

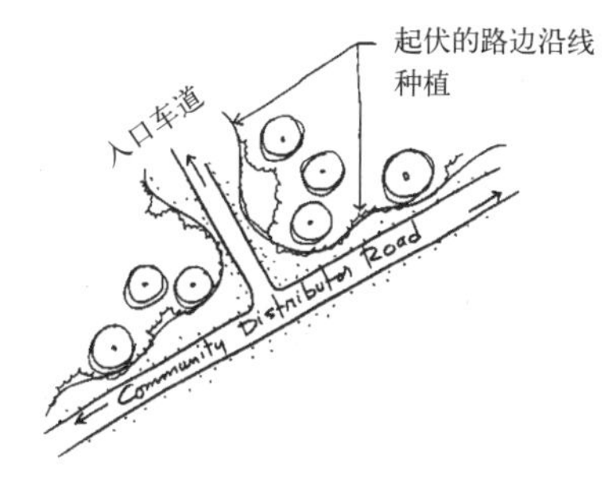

为每一邻里都创造一个港湾状的入口

肌理

构成

色彩

线

外来物种应被限制在经过良好改善的区域中 它们最好仅用在那些能受到精心照料而且不会减损自然景色的场所中。

利用树木来覆盖交通线路 有效的设计措施是：在主干道或主环线上自由地群植一些辅调树种。街区街道、内部环线和单入口街道是一种过渡式导引，但是每一种都应利用补充树种（或其他植物）来获得自己的特色，这些补充树种应与土地利用、地形及建筑物十分和谐。

对交通道路的结点给予重视 通过地形改造、墙、篱笆、信号牌、提高照明度及补充种植的运用，可大大增强主循环路线交叉口的显著性。

在道路的交叉口要保持视线的通畅 在视域范围内避免使用灌丛和低分枝树种。

对任何街坊区和活动中心，都应创造一个富有吸引力的道路入口，

入口植物的布置应能形成一种热情的“港口”效果。

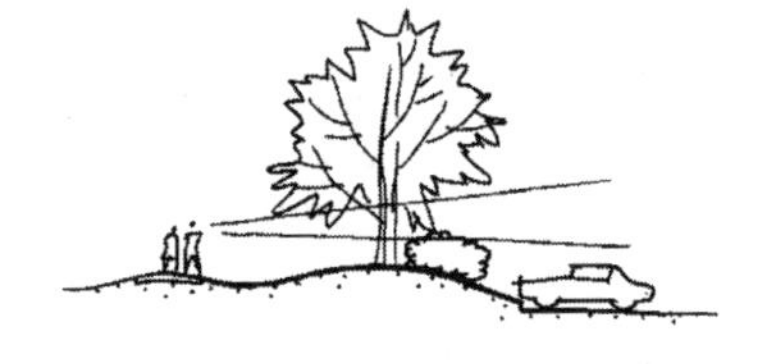

植物与土丘结合可以隐藏停车场及服务设施

布置树丛提供景致以及扩大开放空间　在这里植物很好地充当了框架而非填充物。

在地面物体或建筑物易造成影响的地方封闭式布置树丛或压缩树距　这种沿任意活动路线的或开或闭的空间序列，以及种植高度、密度、宽度的增减变化，能丰富并增强景观效果。

种植与地形改造结合来创造景观趣味

扩展路边种植　在空间受限的地带，最初的景观种植以及场地工程可以在道路红线以外进行。这时景观或植被缓冲带也可能需要。

用树木强化小径或大道的走向效果　它们有助于“解释”规划布局并给以明确的方向。

给小路及自行车道提供阴凉和情趣　如果设计得很有吸引力，一定会受到青睐。

隐藏停车场、仓库及其他服务设施　树木、树篱或疏灌丛可以单独使用，或与小土堆、墙、篱笆结合形成视觉控制。

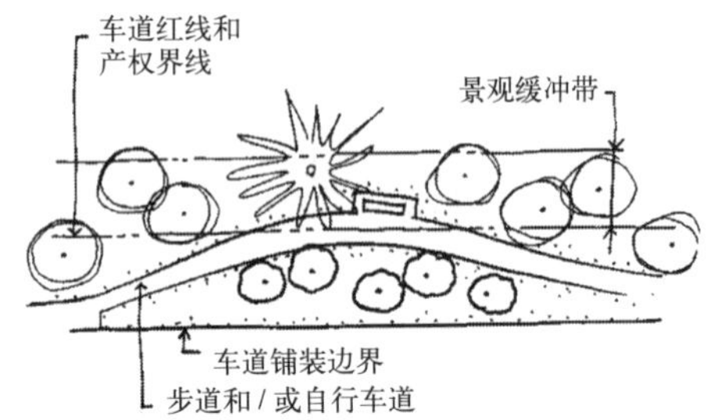

在空间有限且“景观缓冲带”需要保证的地方，景观建设和种植可以在街道红线之外进行

各地树种举例

	密歇根州北部	西海岸海湾地区	中部亚利桑那州	西南佛罗里达州
	度假区	大学	城市公园	社区
基调树种	白松	桉桉树 （加利福尼亚州）	老人葵	栎树湿地松
辅调树种	白蜡树 椴树 美国山毛榉 糖槭 山杨	油橄榄 辐射松 白桤木 黄连木	加纳利松 亚利桑那州白蜡树 石松 柏树	香桃木 棕榈 桃花心木
补充树种	棣棠树 白桦 铁杉 美国香柏 条纹槭 稠李	佛罗里达州樱桃 山楂树 藤槭 美洲铁木 李树	无果桑树 酸橙 常绿梨 紫薇	黑橄榄 重枝榕 杜鹃 红树 风箱树

灌木、藤蔓植物和地被植物与上表类似，它们将一起组成一个能表达场地特征的相互适应的群体

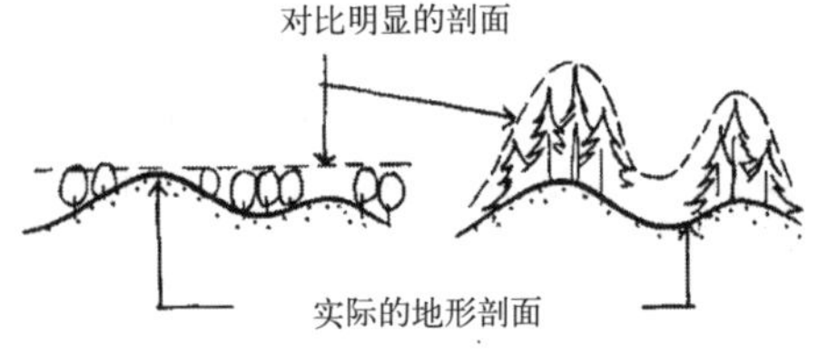

植物可以很好地用来加强地形，强化景观力度

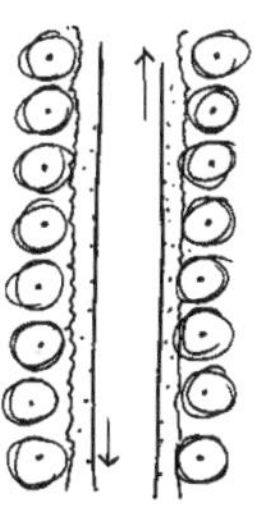

道路及其他种植避免沿线单调

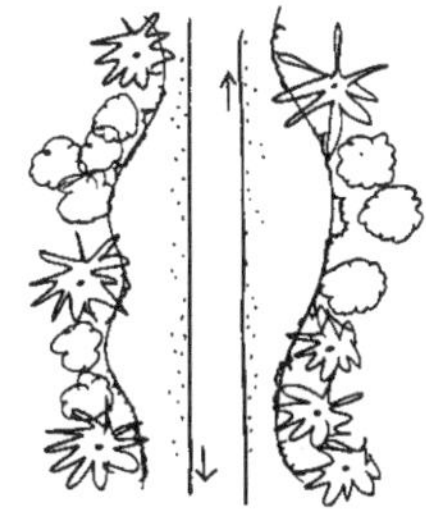

在平面布置和垂直剖面上都造成起伏会增加景观吸引力

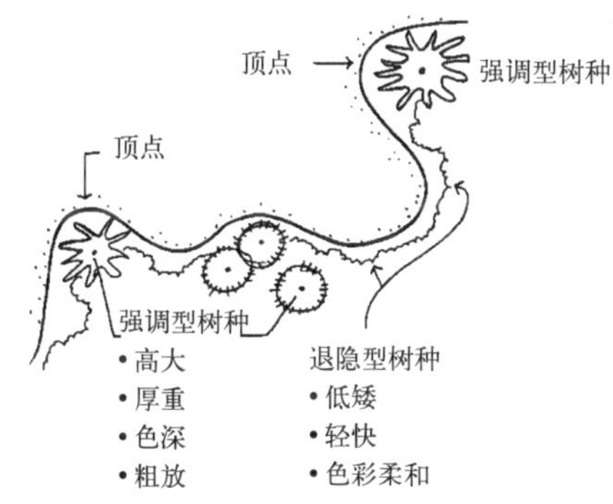

在大片种植中，利用强调型植物来强调顶点位置，并使“湾”部后退

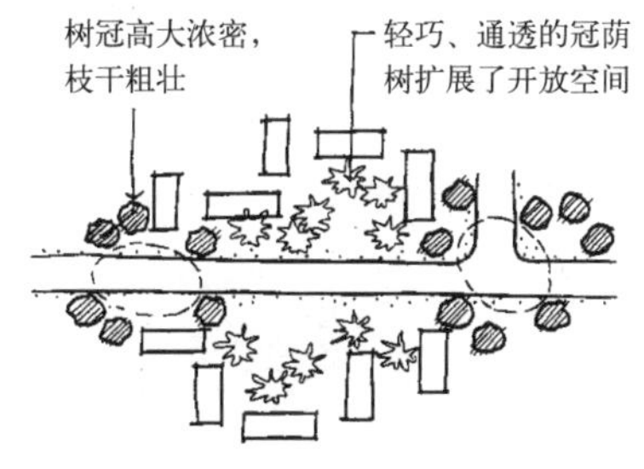

利用更具造型化特征的树种来强调建筑围合与道路节点

植物柔化了地面

树木创造了户外空间

在所有景观种植中要考虑气候 植物有阻挡冬季冷风、疏导微风、缓和太阳热度，以及其他改善小气候的作用。

弥补地形形态 借助于配植技巧，景观的视觉效果会有很大的提高。

利用植物构成空间 植物非常适合于围合、分隔或者烘托场地的不同功能空间及空间的连接通道。植物将功能区转化成功能空间。通过它们相关的特性以及它们的色彩、质地、形态，植物可以赋予每一空间与其功能相适的特征。

用作背景、屏障、遮阴或空间限定的植物通常选择强壮的、无杂枝的、肌理丰富的或是颜色细腻的品种。用来造型的植物，通常要选择可塑性好的和一些具备装饰性的细枝、嫩芽、簇叶、繁花或果实密布的品种。

这里着重强调的是植物配置的质量，而绝非数量。一株经过筛选，并合理配植的植物远远比 100 株任意散落的野草更具景观效果。

增长

在过去的几年里，各级植物都经历了显著的变化。这也是以下诸多文化变迁的直接反映：

- 美国大体的生活方式由原先的华美、奢侈变得随意而寻常，从正式转向非正式。
- 越来越多的双收入家庭，更少的时间打理自家后院花园。
- 住房空间比原来更小了，缺乏造园空间，这种情况在城市更为常见。
- 花园的管理养护人员紧缺。
- 淡水储备不足，灌溉受限。

所有的这些趋向都引致了草地和花园空间的减少。值得一提的是，盆栽在这种形势下应运而生了。不需再在苗床中耕耘，各类花器成了主要趋势——通常是某种自由地安置路边或摆放在窗台上陶制、石砌的花池、花盆或是悬挂的竹篮等。

种植器皿的优点可总结为：

- 它们省时省力，减少了安装和维护的费用。
- 不需要大面积灌溉。
- 盆花可以置于景观关键点上（如庭院、入口处或路口交会点处）。
- 许多盆花可以置于室内装饰桌面和窗台空间。

Mayer/Reed

Miller Company

盆栽

荒漠景观

曾经光秃秃的城市街道竖起了一排排树木，五彩斑斓、充满了活力。虽然说比起传统的公园，城市中的树还是少了点，但是它们都极富价值。

由于留给菜果园的空间越来越少，人们打理花园的时间也越来越少，城市中曾经为人熟悉的菜地已经成为了过去。一则难以抗拒商品经济下超市中琳琅满目的蔬果，一则也是再难找到哪怕是种一小行莴苣的那么点土地了。如今厨房门边盆植的欧芹、百里香和其他香草已经成为人们喜闻乐道的事了。

草坪面积也在急剧减少。不仅仅它们的维护费用高且工序繁杂——取紧缺的新鲜水资源进行灌溉已经引起争议。将处理后的废水进行灌溉也已经被强制执行，可以预计，是时候对大面积的草坪（这已经是美国典型的现象）进行缩减了。

这里有三种不错的替代草坪的选择。第一种就是以铺装和构筑物取代——这种方法只在对环境改善有益的情况下。第二种可以是营造一种旱生景观——配植一些无须频繁灌溉的植物。这些植物从仙人掌到各类多年生装饰性的草本比比皆是，它们可以辅以砾石、贝壳、碎屑、树皮来增加景观效果。第三种方法是保留场地原有景观，尽可能少地甚至是不改变原有的自然状态。在植物繁茂的郊区和乡村，这是再好不过的方法了。这样的景观差不多无须维护，而且不用花太高的资金去建立。这样的原有自然景观属于整个场地，而且显而易见地与场地相协调。夏天它们给人以阴凉，冬天则起到了挡风的作用。

本地或乡土植物　是那些在场地上天然生长，并秉承了地域特征的物种。

驯化植物　是那些无意或有意引入的物种，已经与生长条件相适，并成为地方景观的一部分。

外来植物　是那些与自然场地和地域特质不相容的物种。

所有的这些措施都将使未来场地的植物景观焕然一新。

以低影响为设计原则的景观种植

绿色屋顶

在屋顶上部分或者完全覆盖上植物的做法被称为绿色屋顶（green roofs），这些屋顶已经存在了几个世纪。如今，这种方法已经被广泛接受并逐渐发展成为一种设计与建设中遵守生态保护与可持续原则的实践。尽管绿色屋顶的设计和建造还面临着很多结构和防水完整性的挑战，但它益处良多。绿色屋顶除了可以通过防止雨水流失、减缓气候变暖、吸收转换二氧化碳等方式来改善环境外，屋顶植物还提供了绿色隔离、增加生物多样性，同时减少了能量的消耗。

Bruce Forster Photography/Mayer/Reed

绿色屋顶

理论上，所有可以被安装在简易装置上的景观植物都可以成为绿色屋顶的组成部分；但是实际上，大部分的植物都不能适应由于减轻屋顶重量而导致的相对少量的土壤，因此，植物的尺寸及特性是物种选择的限定因素。

随着世界人口增加，城市化的进程不断加快，绿色屋顶的应用毫无疑问会作为一种应对高密度人口对环境的影响、释放并合理利用更多空闲空间的方法被推广采纳。

生态沼泽，生物滞留区和雨水园

20 世纪 90 年代以来，景观植物在雨水管理系统（SWM）中已经发挥了重要作用。如今，雨水管理系统中关于景观种植层面的新特征主要体现为生态沼泽、生物滞留区和雨水园。这三种方式都是通过植物种植来减缓水土流失。

生态沼泽被应用于收集地表流动的水，就像一个生物滞留区或雨水管理系统中的“停车场”。沼泽里面的植物通过减缓水的流动速度来减少水土流失。

生物滞留区大多指能够收集并储存雨水径流的盆地。通过植物截流和土壤滞留处理径流雨水，同时在这一过程中使雨水有效地过滤。景观植物作为过滤器，不仅可以吸收污染物，还可以成为野生动物的栖息地。

雨水园具有和生态滞留区一样的功能，它通常尺度规模相对较小。

Charles Anderson, FASLA

雨水园

Christo and Jeanne-Claude. The Gates, Central Park, New York City, 1979–2005. Photo: Wolfgang Volz. Copyright Christo and Jeanne-Claude 2005.

16 展　望

回想起来，我感到非常幸运曾经于1936～1939年，那个混乱的“反叛”年代里在哈佛大学设计研究生院学习。那时候，起初我有些困惑和失望，因为我是追寻巴黎美术学院（Beaux Arts）[1]这颗明星而来的，而它独特的光芒在那个时代就像流星结束其历程前最后的闪光一样，很快就衰落了。但是，辉煌也罢，衰落也罢，在我到达那里时已经过去了。

质疑和探索

约瑟夫·赫德纳特（Joseph Hudnut）系主任，是第一批看到这些迹象的建筑教育家之一，很快带来三位重要的先知先觉的灵魂人物：刚从德国包豪斯来的格罗皮乌斯和布劳耶，以及来自柏林的城市规划师马丁·瓦格纳（Martin Wagner）。他们像传教士一样来讲授新的原则。这些疲惫的巴黎美术学院的学生建筑师们，厌倦了对维尼奥拉（Vignola）的无休的赞美，开始质问壁柱及其顶部的古希腊神像雕饰的合理性，这些新教授的言语既令人畅快，又使人受益。伴随其到来的是充满活力的信息和来自路易斯·沙利文的催眠术似的“形式追随功能”的讲授，奇迹般地流行起来。我们开始看到召唤的曙光。

1 一套建筑和设计教育体系，从20世纪初到20世纪40年代早期，几乎完全在美国学校中占主导地位。

近乎虔诚膜拜的狂热席卷了整个校园。就像打扫偶像的庙宇一样，赫德纳特系主任命令把石膏铸模大厅中的曾经是神圣的立柱和山花饰的痕迹都消除得干干净净。卵与尖形装饰的线脚被运走，神圣的科林斯柱头被遗弃到地下室中陈腐发霉。我们期待着上帝发怒的迹象，而怒火未来，启蒙却继续进行。这个大厅现在变成了一个令人兴奋的展览厅。

在建筑师探索设计构筑物的新方法的同时，景观设计师也在试图摆脱严格的主轴线和次轴线的规划方法——这种构图从文艺复兴时期继承下来，曾经成为一切文雅的景观规划的验证。被我们的建筑业同事所鼓舞，我们在景观规划设计领域内孜孜不倦地探索一种新的与其相当的方法。

利用哈佛大学丰富的规划图书的资源，我们一头扎进历史，翻阅古代的图表、地图和记载，浏览欧洲和亚洲的经典杰作以获得指导，同时也在绘画、雕塑，甚至音乐等相关领域里寻求灵感。

我们的动机是好的，方向也是卓越的。但是，不知不觉中，我们犯了一个致命的错误。在寻找更好的设计方法的过程中，我们只试图去发现新的形式。直接的结果不过是规划几何的、新的、怪异的变体和哗众取宠、陈词滥调的翻版。我们把规划图解基于锯齿、螺旋之上，基于诸如叶柄、小麦捆、蕨叶、重叠的鱼鳞等模式化的有机体上，我们从石英晶体里寻找几何规则形式。我们从放大到一千次方的培养细菌中吸收“自由”的规划形式。我们试图去借用和改造古波斯庭院和早期罗马城堡的规划。

很快我们就认识到新形式本身并不是答案，于是我们明智的决定：形式并不是规划的本质，它只不过是承载规划功能的外壳或躯体。例如：鹦鹉螺的外壳抽象地看是一个非常美的造型，它的内在真正的含义只有结合活着的鹦鹉螺实体才能理解。把这种带壳的软体动物优美的线条改造成一个构想方案，在我们来看，其错误性不亚于近来颇受赞誉且引人注目的一个项目，那就是将佛罗伦萨的美第奇别墅（Villa Medici）的规划方案改用到长岛的乡村俱乐部去。

我们认定：我们应探索的并不是借用的形式，而是一种有创造性的规划哲学。从这样一种思想出发，我们进行推理，我们的规划形式自然而然地演化。对一种新哲学的探索不是简单的探索。事实已经证明了它同我们曾经尝试追寻新的更有意义的形式一样是艰巨的。我本人的努力道路则导致我通过历史来寻找永恒的规划原理。我将把所有伟大的景观规划的共同点筛选出来。最后，我确信我走在正确的道路上。

成果

回想起来，我认为在寻找景观规划中梦寐以求的东西的过程中并不是没有得到回报的，沿着这条道路我遇到一些顽强的人如勒诺特（LeNôtre）、汉弗莱·雷普顿（Humphry Repton）、老子、忽必烈、培里克利斯（Pericles）和性格暴躁的哈特谢普苏特（Hatshepsut）女王。他们的许多规划思想（有一些在本书中提到）被重新发现并已经在发挥作用，即使不作为规划哲学，至少也有很好的和有用的指导作用。

像虔诚的基督教徒在日常生活中面临道德问题时都想知道“如果上帝在这里，他会怎样做呢？”一样，我也经常发现自己在规划理论的一些模糊的十字路口时就很想知道“雷普顿将怎么认为？”或者“忽必烈大师，你将怎样处理这个问题？”

再回到我们的景观规划课堂和学生的变革上，我们确信已经找到一个较好的方法，我们已经打破了轴线。根据日本的神话：当神圣的金凤凰死去的时候，一只年轻的凤凰将从它的灰烬中升起。我们已经用一些隆重的仪式杀死了金凤凰，满怀信心地期待着年轻的凤凰会从屠杀中勇猛地飞起来。我们没有核查神话的真实性，但我们发现在我们的实践中该发生的事情并没有发生。

推翻对称以后，取而代之的是不对称的构图。这些岁月里，我们的景观规划设计变成了一系列图形的竞赛。教授一边在我们的绘图桌间走动，一边摇晃着头，审视的目光中充满着怀疑。每一根线条和每一种形式均有学术上的理由。我们展开论战：以理论对法则，以原理对公理。但是，说实话，我们的项目缺少与现实的切实联系，努力的最终成果总是不尽如人意。

到毕业时，在经历了7年的景观规划设计的学习和1年的海外流浪，并艰苦地取得硕士学位以后，我与我的同伴们都有一种不言而喻的感觉，那就是：在掌握了工作技巧和行业原则以后，这个行业的实质仍然扑朔迷离，难以捉摸。我们这个职业的范围看起来有点不确定，有时大到整个人类与自然的最佳关系，有时又具体到通过调整铜管的形状来获得不断变化的喷泉效果。我们还在寻找我们这个职业的定向。它看起来是一个很基本的观点，因为只有理解了它与我们正在尝试的整个工作的关系，特定的任务才能最好地完成。我们在寻求对我们的追求的全面的理解。简而言之，作为景观设计师，哪些才是我们真正努力去做的事情？

就像吉卜林（Kipling）的《基姆》中的老喇嘛，我又一次出发漫游去寻找根本的东西，这次带了一个研究生。[1] 我们到过日本、朝鲜、中国、缅甸、巴厘岛、印度。从海港到宫殿，再到宝塔，我们一边探寻着，一边尝试着把我们所看到的精彩的作品提炼为基本的规划理论。

在佛教僧人的冥思精神影响下，我们一坐就是几小时，沉浸在简单的院落空间的特质及其与周围建筑的关系之中。我们研究了水、木、金属、植物材料、阳光、阴影、石头等的处理手法的无限变化，分析了花园、国家森林公园和公园的功能及布局，观察人们在独处、群体和集体中的空间运动，注意他们的徘徊、混合、分散和聚集，记录并列出促使他们活动和影响他们活动线路的因素。

我们既与手指修长的艺术家交谈，也与指头短粗的木匠交谈，既与珠光宝气的王子交谈，也与胼手胝足、饱经风霜地带着污泥、在田地里疲惫工作的园丁交谈。我们满怀惊奇地记录下敏感的景观规划与太阳轨迹、风向和风力及地表造型的关系；观察河流系统的发展和河滨设计与河流特征、急流、森林、空旷地、不断变化的河岸坡度等的关系，勾画了简单的乡村广场，并尝试将宏伟壮观的城市规划简化为方案示意图。我们用提出一系列问题的调查方法调查了每个城市、街道、庙宇群和市场。它为什么好？失败在哪里？规划师试图实现什么？实现了吗？用什么手段？我们能学到什么？通过揭示一些规划设计杰作，我们来寻找其杰出之根源；通过揭示它的整体秩序，我们来寻找秩序的根本；通过注意秩序中的统一，我们来寻找统一的含义。

---

1 莱斯特·A·柯林斯，后来的哈佛大学景观设计系主任。

Barry W. Starke, EDA

龙安寺

Barry W. Starke, EDA

银阁寺

这种对伟大规划的中心主题的艰苦探索很像老喇嘛在寻找真谛。我们总是觉得在某种程度上已经感觉到它的精义，但总是不能很清楚地揭示。那些规划师真正想要完成的是什么？他们如何确定他们的任务？他们是如何着手实施的？最终，带了几分明白，几分谦虚，但仍心有不甘，于是返回美国，建立了自己的小事务所并开始了我们的工作。

启示

几年之后，10 月的一个温暖的、阳光明媚的下午，我舒服地倚在一棵倒下的板栗树的光滑枝杈上，梦中正在追逐松鼠，灰色的，火红的，那是一个做梦人无止境的梦中活动。面前是一个被太阳晒得懒洋洋的长满栗树和铁杉的小山谷。空气静静的，令人舒服并略带凤尾草的香味。再近一些，在一丛仍带着紫色叶并挂着鲜红色果实的山茱萸树那一头，我能够听到松鼠在地上干枯的落叶中寻找橡子的声音。我忽然产生了一种熟悉的冲动，一种人类至上的感觉，还有一种不可名状的东西。

我仿佛记得，几年前一个有雾的傍晚，从北门的鼓楼第一次看北平城（现在是北京）的时候，这种相同的感觉也有过。在日本桂离宫（Katsura Detached）的花园里，当我俯瞰松涛云影交相辉映的一塘静水时，这种感觉再次出现；当我在龙安寺（Ryoanji）花园里的木板上走动，欣赏疏密有致的石头点缀在象征大海的、耙平的白沙上的时候，也产生了这样的感觉。

建筑学又一次处于转变之中。这一次是对后现代主义晚期过分猛烈的潮流的反映，到了该反省的时候了。作为设计对象的建筑的转变首先转向更简洁的，更少装饰的，更富有人情味的建筑，从那些设计是为了控制场地的建筑转向与地形、排水、植被和太阳的轨迹相协调的建筑，从陈列窗式的机械主义到融合环境的，更有利于舒适、充实生活的室内外人居环境。

那个时刻，我很想知道：这些远方的场所与我身边的树丛所共同的东西到底是什么？我突然一下子明白了！

龙安寺令人心灵颤抖的秘密不在于其规划的构成而在于一个人在当地的一种体验。银色别墅的田园魅力并不需要注意其设计形式或造型就能感受到；场所令人愉悦的影响仅存在于它所激发的反应之中。壮观的北京最感人的影响常常在于那些并没有明显规划和布置的地方。

景观艺术不应与景观设计相混淆。前者中，自然元素如水、石、植物材料被用来做出美妙的设计或美学的体验。

景观设计所不同的是：它是一门保持和创造人及活动与周围的自然世界和谐关系的艺术和科学。

庭院设计真正需要考虑的不是形状、空间和形式，而是体验！这个发现对我来说是一把理解勒·柯布西耶作为规划理论家的能力的钥匙。因为他的想法，经常表达为一些潦草的线条，处理得更多的不是体积或形式，而是体验的创造。这样的规划并非取自于结晶体，但它是透明的；这样的规划并非取自于有机体，但它是有机的。对我来说，这样简单的启示犹如逆着光束看真理那炫目的光芒。

随着时间的推移，这种启示（感受和推断）逐渐变得清晰。人们规划的不是场所，不是空间，也不是物体；人们规划的是体验——首先是确定的用途或体验，其次才是对形式和质量的有意识的设计，以实现希望达到的效果。场所、空间或物体都根据最终目的来设计，从而，最好地服务并表达功能，最好地产生所欲规划的体验。

演变和变革

那是很久以前的事了。现在，经过 50 年的实践和教学之后，我用拓宽的视角回顾了 20 世纪 60 年代的学生运动及随后几年的研究和应用。在这期间建筑和景观规划界又经历了一次变革。这是一次反包豪斯、格罗皮乌斯、“柯布”及其狂热信徒们的僵化的几何形式的变革，我本人原本也是这样一个狂热分子。

景观设计专业的发展过程中的每一次变革，都需要不断地实践和革新，也需要从相关的艺术世界和艺术家那里获取新的思想。同时，我们也必须及时地把景观艺术家的有限的和受人欢迎的贡献同景观设计师的无限的更宽广的使命区分开。

后包豪斯的初期酝酿阶段，增加了一种可喜的温情和丰富感。这个时期产生了 21 世纪许多人都认为最好的设计。不仅仅在建筑领域，相关的艺术和科学领域也是这样。就在直接满足需要仍作为成规，风格和装饰仍被视为禁忌的情况下，僵硬的线条被柔化，质地、色彩得以充分展现，雕塑家、编织艺人及艺术家受到欢迎。建筑向太阳、风和景色敞开胸怀，自然重新被发现了。

在景观规划设计领域，潮流从欧洲文艺复兴的形式主义一下子转向尊重地貌的形态和特征。随着整形花坛，精心养护的图案化花园以及费工费力的轴线的消亡，大面积整平和模式化显得毫无意义。土坡、深谷和长满树木的山坡都被完好地保留下来——裸露的岩石、喷泉、溪流、沙丘和港湾也是这样。看起来像回到了奥姆斯特德时代，同时还有梭罗（Thoreau）的呼应。我们可以听见奥尔多·利奥波德的召唤。

再往后就是后现代主义——变革的盛期。从名称就可看出，它是复杂的、扭曲的、怪诞的。在它的全盛期，一些极其古怪的华丽建筑和人造物被创造出来蒙骗大众。的的确确——银行、办公楼和私人住宅不再像美术学院派风格的希腊的庙宇，都铎式（Tudor）的宫殿或乔治王朝风格（Georgian）的账房，也不像包豪斯时代的无人情味的混凝土和玻璃的建筑。取而代之的是后现代主义的繁荣导致的完全非功能主义的幻想。例如在夏季炎热而冬季寒冷的地方修建的办公塔楼，被看作是一个引人注目的英烈祠，空调设备的沉重的经济负担使人心灰意冷。但无论怎样，这个创造做出了一个强有力的宣言，只不过这唯一的宣言常常是“看着我！看着我！看着我！”

更有甚者，有些景观设计师也开始违背他们的项目应该遵守的自

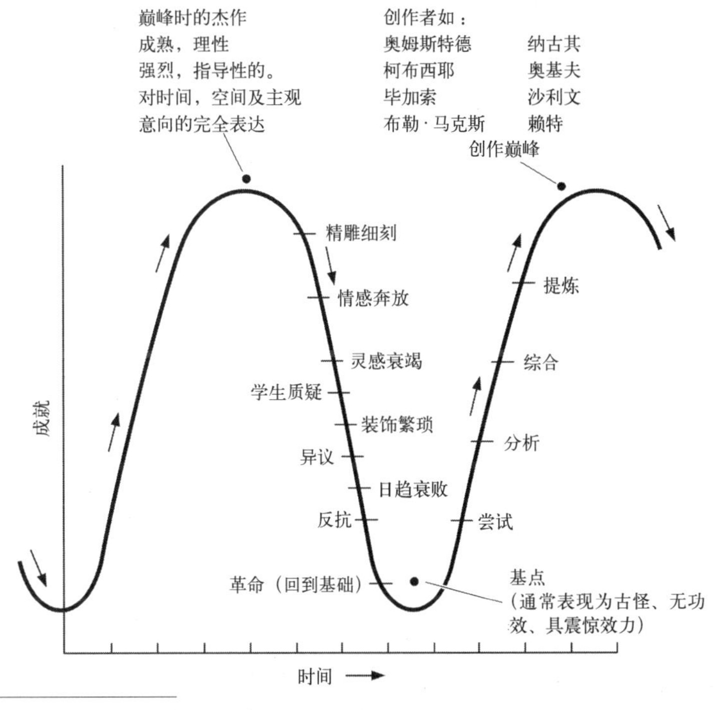

设计表达的周期出现在艺术、建筑和景观设计之中

然场地，自以为是的“景观艺术”只是为震撼的效果而设计。人性需求、自然系统和生态要素被忽略，甚至被一些人嘲笑。

几年前，一个出色的建筑史学家亨利·埃尔德（Henry Elder）将他的关于设计的循环性的思想传播给他的学生，借助一个简单的曲线形图表，通过实例，他追溯了最近的设计历史中的一些阶段：创造性的革新——成熟，达到经典和理想——衰落陷于空想和枯竭。埃尔德提出在到达最低点时总会有几个持不同意见的人，他们反抗旧的东西并开始一个新的向上的周期。在他们自己的反抗方式中，他们寻找到一种新的方向，全新的起点，将毫无生机的设计再引向富有表现力和内涵的形式。

很可能又一次变革的时间到了，这次是由于环境的冲击和生态的鞭策。又一次是“形式追随功能”，不过这一次“功能”的含义被扩展到满足包括所有的人类需求和渴望。

“变革万岁！”

规划的体验

人们规划的不是场所、不是空间、也不是内容。人们规划的是体验。

根据这一原则，把高速公路设计成给定的截面、线型和等级的铺装线路。这样的设计并非最佳的设计。高速公路首先要被构思为一种运动的体验。根据这一点，成功的公路规划应为用户提供从一点到达另一点的愉快的和方便的通道，这条通道应通过精心构建以达到最大的满足和最小的摩擦。许多美国道路严重的失败都产生于这样一个令人震惊的事实，那就是在规划中对它们的实际的使用体验从没有考虑过。

本质上说，不管是户内的空间还是户外的空间，最合适用户的需要和愿望的空间才是最好的生活空间。

根据这一原则，最好的社区是给它的居民提供最佳的生活体验。根据这一原则，花园不能依几何学来设计，它不是一个包含花园要素如球体、立方体、锥体和平面构成等的自以为是的构筑物。在这样一个几何框架里，石、水、植物材料等的本质特征常常被丢掉，它们主要的关系不是对观察者而是对规划的几何学的。在很少的情况下，最终的规划形式或许会是绝对的几何学的，但是有效的形式必须来源于规划的体验而不是来源于预定的形式。

一个方案不仅仅是针对一处地方、空间或某个事物……一个方案是一种体验

理解生活，构筑表达生活的方式，这才是最伟大的艺术……我已经认识到：一个人理解艺术和生活，必须深入所有事物的根源：自然……

自然规律——“美”的规律——是最基本的，不能被纯美学的自夸所动摇，这些规律不可能总是被有意识地理解，潜意识地理解总是在它们的影响之下。

我们对自然的形式世界研究得越多，就越觉得自然形式语言具有丰富的创造性，细腻和具有流变性。我们越来越深深地认识到：在自然王国表达是最“基本”的。

——伊利尔·沙里宁

花园，或许是最高级的、最困难的艺术形式，最好构思为一系列包含人与人、人与建筑、人与自然某些方面的规划关系，这些方面可能是：如一株树干被地衣包裹的大银杏树，一丛活泼的光影斑驳的木兰，一涓细流，一处翻卷着浪花的小瀑布，一洼小水池，一片名贵的牡丹，或是新罕布什尔高地的草甸景观。

同样，一座城市最好被构思为一种人的生活方式，被理想地与自然和构筑要素联系起来的环境。纵观历史，城市最让人赏心悦目的方面并不是它们的几何式的规划，而是来自一本质的事实，即在它们的规划和发展中，市民的生活功能和愿望被考虑、被采纳和被表达。

对于雅典人，雅典城是无限的，绝不仅是一些街道和构筑物的组合。对于他们而言，雅典首先是一种壮观的生活方式。雅典城所蕴含的东西绝不少于今天我们的文明城市的规划所蕴含的东西。

设计的方法实质上并不是对于形式的追求，也不是原则的应用。真正的设计方法来源于这样一种认识，那就是：规划只对它所服务的对象具有意义，应最大限度地给他们带来便利、融洽和乐趣。规划是在整体体验之上的各种最佳关系的创造。

我们所重视的就是这种关系。那么人与给定环境之间的最佳关系是什么？它是一种被感知物体的深层本质的揭示。

Bill Wenk, FASLA, Wenk Associates

规划外的体验

为了生活，一切都为了生活，这就是存在的意义。

——路易斯·H·沙利文

在最后的分析中，即使在发展最完善的区域或细部，也不可能规划和控制体验的瞬时差别、愉快的偶然事件和微小变化；因为大多感知到的事物是不能预知的，而且常常通过这种不预见性保持它们特有的趣味和价值。例如看一团火。人们能感到跳动的火焰、炙热的煤块、易散的灰烬、喷出的气体、缭绕的烟、轻微的爆炸声、尖脆的噼啪声和跳动的光影。人不可能控制这么多的感受。但是它们的复合产生了整体的体验。一个人只有在特定的环境或特定的功能下才能规划出具有和谐关系、最优框架和最大机会的模式。

对关系的感知产生了一种体验。如果这种关系是令人不愉快的，那么这种体验也是令人不愉快的。如果这种关系是合适的、方便的和有序的。那么这种体验也是愉快的，这种愉快的程度取决于舒适的、方便的和有序的程度。

合适意味着对材料、形状、尺寸、体量的正确的运用。方便意味着行动的灵活、阻力少、舒适、安全、有回报。有序意味着合理的顺序和对各部分的理性的安排。

我们知道。对和谐关系的感知，产生了一种愉快的体验，同时也产生了美的体验。这种难以捉摸的、充满魔力的、被称为美的本质到底是什么？通过推理，很明显美并不在于规划的对象本身，而在于结果。它是一种特定时刻和特定地点的，并且是当且只有当所有的关系被认为和谐时所产生的现象。如果确实如此，那么美同有用一样就是设计的最终结果。

所有的景观规划将寻求人和其生存环境之间的最佳关系，寻求人间天堂的创造。毫无疑问,这是永远不可能完全实现的。令人难过的是，人类太过于人类了。而且，因为自然的本质是不断变化的。这样的规划只能继续进行，没有完美，没有结束。它也必须这样。但我们能从历史中学到完美并不是最终的目标。所有物质的规划师追求的目标是高明的规划方法。另外，为了在这一点上找到些指教，我们再一次求教东方人的智慧。正是因为他们的哲学思想、禅宗和道教的动态特征，完美的概念更强调寻求完美的过程而非完美的本身：禅宗和道教的生活艺术就在于同自然和周围环境的关系的不断的、谨慎的调整之中，在于自知之明的艺术和“处世”的艺术。

规划与无意义模式和冷冰冰的形式无关，规划是一种人性的体验：活生生的、搏动的、重要的体验。如果构思为和谐关系的图解，就会形成自己的表达形式。这种形式发展下去将像鹦鹉螺壳（nautilus）一样有机：如果规划是成功的，它也同样美丽。

这样，我们走了整整一圈，又回到了原点。

这时，再问景观设计师的工作有哪些呢？

有一点是肯定的。景观设计师的终生目标是帮助人们，使他们及其所建的环境、社区、城市，甚至是他们的生命与生存的地球和谐共处。

H. Landshoff

鹦鹉螺

约翰·O·西蒙兹

2005年1月1日

追 思

约翰 · O · 西蒙兹，1913 ~ 2005 年

Kitty Bartell

约翰 · 西蒙兹于 1913 年出生于北达科他州詹姆斯敦市（Jamestown），是家里 5 个儿子中的老四。他的父亲叫华莱士 · 西蒙（Wallace Simon），是一个骑马巡回布道的牧师，母亲叫玛格丽特 · O · 西蒙（Marguerite Ormsbee Simon）。儿时坐在父亲膝盖上，约翰曾听到父亲说过这样的一句话："儿子，生命中最重要的事情是使你生存的世界变得更好，因为你曾经在这个世界上生活过"，这句话作为他信奉的座右铭，指引他走过一生。多年后，约翰深刻地认识到，"在努力实现父亲教诲的过程中，我逐渐认识到，没有什么专业比景观设计学能够提供一个更好的机会了。"

1920 年，当他 7 岁的时候，约翰和他的家人迁移到了密歇根州的兰辛市（Lansing）。高中毕业后，他在一名暑假期间曾为其工作过的托儿所负责人的鼓励下，报考了密歇根州市大学景观设计学专业。大三的时候，从一个传教士朋友那里，他获悉在英国北婆罗洲木材公司（North Borneo Timber Co）有临时工作的机会。由于从小就受到婆罗洲"野人"故事的吸引，年仅 20 岁的约翰做出了一个大胆的、近乎不可思议的决定，离开学校后，他乘蒸汽船开始了独自环游世界的旅程。这次旅程成为他奠定职业基础的体验，并证实了旅行应该是景观设计师教育的基础。

约翰首先乘公共汽车到了西雅图，然后花了 200 美元乘多勒号（the Dollar Line）的三等舱前往婆罗洲。航线包括在上海、东京和横滨的短暂停留。约翰在 1933 年 11 月 12 日的航海日记中写道，"日本是一个花园！她太美了！我一定要再回来。"在婆罗洲，工作需要他签订 3 年的合约。然而，他决定待在那里直到所有的钱都花光。一次偶然的机会他认识了一位年轻的当地人，约翰实际上被他的家庭所收留，并开始了体验婆罗洲的生活，而不是英国种植园主的生活。他将他未正式出版的对那些岁月的回忆录命名为"我所知道的野蛮人和食人族"（Headhunters and Cannibals I Have Known）。

6 个月后，他身上的钱都花光了，他只好不情愿地离开那里，打算

回家，这次他是作为多勒号上一名普通的海员出行的。一位好心的水手长帮助他在意大利逃下了船，在那里他弄到了一辆自行车，并从那不勒斯骑往佛罗伦萨。他爱上了那儿的人、景色、艺术、雕塑还有酒，但他并未过度地受到当地古典建筑的感染。他于 9 月回到了纽约，并正好赶上了学校的最后一年学习。

在 1935 年春季毕业后，很难找到合适的工作。系主任为他提供了一个远在密歇根北部的名为大海湾（the Big Bay）的民间保护组织（the Civilian Conservation Crops，CCC）营地担任领队的工作机会。约翰抓住了这次机会。在之后的一年里，他带领着一帮来自密歇根的没有任何经验的年轻人，一起建造马凯特州立国家公园，包括公园的道路、桥梁、风雨棚。这也算是他设计的第一个公园。

他清楚地知道他想要并需要更多的学习，于是他申请了去哈佛大学设计学研究院进一步深造的机会。结果是他进入了加雷特·埃克博、丹·克雷（Dan Kiley）和詹姆斯·罗斯（James Rose）所在的第 39 班，后来人们将这个班称为"现代主义的反叛者"。当时正是老的学科范式已经不能回答现实需要的时期。在 1991 年，约翰在给斯图亚特·道森（Stuart Dawson）的一封信中调侃道：

> "这是过度萧条的时期，如果曾经有一群可怜的迷途的小羊羔，那就是我们，我的朋友加雷特·埃克博（Garrett Eckbo）正是我们中的一位。[接下来的传道者还有哈格、哈普林（Halprin）、圣秀雄（Saint Hideo），他们都已被星座所预言，但是却没有真正显现出来。] 作为景观设计学的学生，我们已经从闪耀的美术学院（the Beaux Arts）大道和专横的文艺复兴轴线中走了出来，迷失在了哈夫纳树林（Haffner Woods）、瓦尔登湖（Walden Pond）和包豪斯之间的荆棘密布的林下灌丛中。"

虽然"反叛"（rebel）一词看起来并不适合描绘这位文雅的人，事实上，约翰是反叛者中的反叛者。当埃克博和克雷迷恋于新的现代主义者的形式，从事令他们看起来像竞争景观设计学现代主义先锋的职业时，西蒙兹已经开始受东方思想的洗礼，不仅开始追求新的设计和形式，并且按照弗雷德里克·劳·奥姆斯特德的传统，开始更宏伟的构想，即开始探寻创造人与环境、人与自然的关系，以创造一个更好的世界。

从哈佛毕业后，重返日本的誓言终于变成了现实。带着哈佛大学开具的前往日本文化信托基金的介绍信以及充足的资金，约翰和他的密友莱斯特·柯林斯出发了，再一次开始了他环绕地球的旅程。他们被给予了可能是最好情况下参观日本最美地方的特权。东方的关于人与自然关系的教育成为他独有的设计哲学和生命哲学形成的基础。“这样来对待每个人、场地和事物，以便发现并揭示它的最高价值。”

这次旅程中，他们还到过泰国、柬埔寨、巴厘岛、印度，后来去中国西藏的旅程由于欧洲第二次世界大战的爆发而中止。他们只好按照原来的路线返回。

在他面临做出开始职业实践的决定时，约翰回忆起了与哈佛系主任赫德纳特的一次谈话。当系主任问他，他将考虑在哪里“开店”时，约翰告诉他在匹兹堡可能会有一两个居住区设计的项目，他的大哥也居住在那里，但是他自己却想去太平洋西北岸。系主任的建议是：“约翰，在太平洋的西北岸，上帝将会与你作对；而匹兹堡却非常需要你。”因此，他最后去了匹兹堡。在那里，已经在哈佛完成工程师学习的二哥菲利普，与他一起开办了西蒙兹与西蒙兹公司（后来成了环境规划与设计合伙人公司—The Environmental Planning and Design Partnership，EPD）。就像那时的许多景观设计师一样，他们早期的工作核心是军事建筑，后来很快就转变成了大型的市政项目和城市复兴。随着公司的发展壮大，约翰和菲利普都确信旅行的重要意义，因此他们给予每一个主要员工每年一个月的假期专门从事旅行。

在 1942 年，约翰遇到了他的新娘，玛乔丽·托德（Marjorie Todd）。玛乔丽回忆起他们第一次相遇的场景时，充满了美丽的回忆：“我们共同的朋友保罗·约翰斯顿（Paul Johnston）一直在说，‘约翰，你一定要见见玛乔丽·托德’和‘玛乔丽，你得认识一下 J·O·西蒙兹’。那是一个星期天的下午，我以为是同保罗有一次约会，他开着他的敞篷车。另一个女孩坐在前排的座位上，约翰当时坐在后面。接下来就开始了我们的历史。”他们于第二年的春天结婚了，接下来有了四个小孩，后来在一起生活了 63 年。用玛乔丽的话说：“在我们在一起的这些年里，他教我如何设计，我教他音乐和跳舞。约翰是一位称职的父亲并且很顾家，他从未因为工作而忽略了家庭。”

在后来的 20 年里，随着项目从芝加哥植物园（约翰最喜爱的作品之一）到佛罗里达主要的新社区和新城镇，约翰的工作和影响力也迅速扩张。关注于由无感情的、劣质的规划增长带来的环境恶化，约翰成为保护导向社区的先锋，他致力于创造真正与环境相协调的人类栖居场所的工作。他较先创造了多学科的团队协作，以解决人与土地协调以及保护和增强资源所带来的复杂问题。在 1965 年，约翰被弗吉尼亚共同财富立法机关委任领导一个多学科的队伍，制定一个全州范围的环境保护规划，并拟定立法草案实施这个规划。弗吉尼亚的共同财富（Virginia's Common Wealth），作为这个规划的标题，是一个当时极其领先的环境规划，而且至今仍在使用。

虽然约翰不是一个前卫的设计师，形式并不是他关注的焦点，追求高品质的设计却根深蒂固地体现在他的设计哲学和方法论中。约翰相信，“形式应该从规划的经验中获得，而不是从预先想好的形式转变而来……生活、脉搏、生活经验如果被认为是和谐关系的范式，那么它们将发展其自身的表达形式。同时这些演化的形式将与鹦鹉螺的外壳一样具有有机性；因此如果规划是成功的，它们就是美的。”

约翰在规划和设计环境协调开发方面取得的成功，为他赢来了州和国家领导人的尊敬。他是当时佛罗里达政府长官罗伯特·格雷厄姆(Robert Graham）的顾问，同时作为林登 · 约翰逊（Lyndon Johnson）总统的总统任务兵团有关资源与环境方面的顾问之一。

纵观他所有的其他活动，约翰又是一位杰出的、多产的作家。他的写作天赋不仅延伸至景观设计学，而且他还写了大量关于他的旅行和在民间保护组织（the Civilian Conservation Crops，CCC）的工作和生活的记录文字，还写过一些幽默，甚至还成功地写作过儿童书籍。他的专业出版物，包括这本经典的教科书《景观设计学》，已经影响了几代的景观设计师。

玛乔丽 · 西蒙兹说，约翰写《景观设计学》是因为“他急切地想要说出一些他对于这门综合的景观设计学专业的见解。”她回忆到他们在密歇根州沙勒沃伊（Charlevoix）湖上度过的几个夏天，约翰每天都会留出几个小时的时间，驾车去湖上一个偏远的林中场地写作。《景观设计学》于 1961 年首次正式出版，它被许多人认定是约翰所获得的最高的专业成就。

约翰是一个举止崇高的人，他同时也是我们能遇到的最谦逊、无私和谦卑的人。他总是非常尊重他的同辈人，并且总是带着钦佩与最高的礼貌来对待他们，即使有时他可能并不赞同他们的观念或方向。他原来的同学丹·克雷于2004年逝世的时候，在写给《景观设计学》杂志的一封信中，他写道：

> “在哈佛大学设计研究生院里，丹与加雷特·埃克博、詹姆斯·罗斯和我都属于反叛者，都一直在追寻使景观设计学再具含义的道路。在丹漫长的职业生涯中，他还让建筑师们明白了景观设计师的重要作用。丹相信使用一个网格系统能使结构与景观产生联系。你不能对其争论。如果我认为他朝几何概念方面走得太远了，我可以和他就其开玩笑。丹·克雷是一个伟大的人，同时也是一个值得交往的好朋友。”

约翰喜欢小孩并乐于帮助塑造他们的生活与未来。他是所有年龄段人的良师益友，不仅包括景观设计师，而且包括各行各业的人。约翰在匹兹堡的卡内基·梅隆大学教了12年的场地规划，同时在他的职业生涯中，他也是景观设计师、建筑师和规划师的导师。

与任何20世纪其他的景观设计师相比，约翰的工作和他对这个专业的贡献被广泛地理解与关注。他懂得强有力的专业人员机构对于将来的景观设计学极其重要。约翰和其他几个有远见的成员不辞辛劳地工作，将美国景观设计协会（American Society of Landscape Architecture，ASLA）从一个小的并不起眼的景观设计师组织，转变成了今天卓有成效的机构。

1999年，作为ASLA成立100周年庆典的一部分，ASLA创立了一个百周年主席奖（Centennial President’s Medal），颁发给一个在世的景观设计师，他应该是通过对这个专业的成就、突出的表现和服务，而超越了他或她的同辈人。在宣布约翰·西蒙兹获得这个奖时，ASLA提到：

> “约翰的贡献突出，表现在各个方面——其无与伦比的公共服务、领先的个人实践家、对我们专业文献的主要贡献者、杰出的教师和作为ASLA主席以及景观设计学基金会创立者其他人所不可超越的工作。他在做这些工作的50多年中，表现出了无私的精神和

友好谦逊的态度，他总是以一个模范的身份出现，永远也不会夸耀自己的成就。”

当被告知他被授予这个奖时，约翰以他常有的温和、谦逊和幽默的态度回答道：

> 你们通知我获得ASLA“一百周年主席奖”的信真是太隆重了。
>
> 我的第一个反应就是在我心里列出一份那些更有资格获得这个奖的人的名单，然后我决定永远不要把这个名单记录下来，以防止其他的人看到它，并且认同其中的内容。
>
> 能够认识到这个专业究竟是什么，以及ASLA已经发展成了什么，就已经很足够了。能够因为我对事业的贡献而收到如此高的荣誉，是我万万没能想到的。你们应该知道赢得这样一份荣誉对我来说有着多么深远的意义。

约翰于2005年5月26日去世，为我们留下了后人无法超越的景观设计学遗产。

项目索引表

（当页位置如下所示：T＝上方；B＝下方；M＝中部；L＝左边；R＝右边）

页码、位置	项目名称	项目所在地	项目景观设计师 / 设计师
69	Deck Overlook, Compton Park	Alexandria, Louisiana	Moore Planning Group, LLC
70 T	Landscape Restoration Plan for Menomonee Valley Phase II	Menomonee Valley	Landscapes of Place
70 B	Woodland Home	Sherborn, Massachusetts	Stephen Stimson Associates, Landscape Architects, Inc.
73 ALL	The Regeneration/ Yongsan Park	Seoul, Korea	United LAB
74–75	Clark County Wetlands	Las Vegas, Nevada	Design Workshop
76 TR	Private Residence	Aspen, Colorado	Design Workshop
76 BL	Buttercup Meadow, Crosby Arboretum	Picayune, Mississippi	Andropogon Associates, Ltd.
80	Santa Barbara Botanical Garden	Santa Barbara, California	Dr. Frederic Clements
83 BL	Southport Broadwater Parklands	Gold Coast, Australia	AECOM
84	Daybreak Community	South Jordan, Utah	Design Workshop
84 TL	Gary Comer Youth Center	Chicago, Illinois	Hoerr Schaudt
84 BL	Shengyang Jianzhu University Campus	Shengyang, China	Kongjian Yu/Turenscape
85	Atlanta City of the Future	Atlanta, Georgia	AECOM, and Praxis3 Architecture
86–87	Private Residence	Aspen, Colorado	Design Workshop
88	Tupelo Farm	Albemarle County, Virginia	Nelson Byrd Woltz Landscape Architects
91	Private Residence	Aspen, Colorado	Design Workshop
93	George "Doc" Cavalliere Park	Scottsdale, Arizona	Christopher Brown, FASLA, JJR|Floor
95 TL	Ashley Farm	Delaplane, Virginia	Earth Design Associates, Inc.
95 BR	Haven Meadows	North Haven, New York	Hollander Design
98	Extending the Legacy: Planning America's Capital for the 21st Century	Washington, DC	Pierre Charles L'Enfant, Original Design, National Capital Planning Commission, AECOM
105 R	Campus Plan, University of California, Berkeley	Berkeley, California	Sasaki Associates, Inc.
107	Forest Park and Central Section of Olympic Park, Beijing City	Beijing, China	Kongjian Yu/Turenscape
121	Pinecote Pavilion, Crosby Arboretum	Picayune, Mississippi	Andropogon Associates, Ltd./Fay Jones, Architect
123	Salginatobel Bridge	Schiers, Switzerland	Robert Maillart, Architect
124	Fallingwater	Bear Run, Pennsylvania	Frank Lloyd Wright, Architect
125 L	Overtown Pedestrian Mall	Miama, Florida	Wallace Roberts Todd, LLC
125 R	Campus Green, University of Cincinnati	Cincinnati, Ohio	Hargreaves Associates
127 T	Hither Lane	East Hampton, New York	Reed Hilderbrand
127 B	Rancho Viejo	Santa Fe, New Mexico	Design Workshop
130–131	Little Nell	Aspen, Colorado	Design Workshop
133	Growth Planning for Beijing	Beijing, China	Kongjian Yu/Turenscape
134	Baldwin Hills		Mia Lehrer + Associates
136	The Qian'an Sanlihe Greenway	Qian'an Hebei Province, China	Kongjian Yu/Turenscape
139	Cedar Lake Park	Minneapolis, Minnesota	Jones & Jones Architects & Landscape Architects, Ltd., Richard Haag Associates, Affiliated Designers, Master Plan Phase; Darrel Morrison, FASLA, Sub-Consultant, native plant design, master plan phase; Kestrel Landscape Architects, post-construction prairie grassland establishment
142–143	Shady Canyon	Irvine, California	SWA Group
149	The Woodlands	Athens, Georgia	Robinson Fisher Associates
151	Refugio Valley Community Park	Hercules, California	SWA Group
152	Pelican Bay Cluster Development	Collier County, Florida	EPD
153	Shady Canyon	Irvine, California	SWA Group
154	Villages of West Palm Beach	West Palm Beach, Florida	EPD
155 ALL	Villages of West Palm Beach	West Palm Beach, Florida	EPD
156	Villages of West Palm Beach	West Palm Beach, Florida	EPD
157	Villages of West Palm Beach	West Palm Beach, Florida	EPD
160 TL	Arbolera de Vida Redevelopment	Albuquerque, New Mexico	Design Workshop
160 BL	Seibert Circle	Vail, Colorado	Design Workshop

页码、位置	项目名称	项目所在地	项目景观设计师 / 设计师
160 R	WaterColor	Walton County, Florida	Nelson Byrd Woltz Landscape Architects
162 R	The Gateway to the McDowell Sonoran Preserve	Scottsdale, Arizona	Phil Weddle, AIA, Weddle Gilmore Architects and Christopher Brown, FASLA, JJR|Floor
167	Golden Gate National Recreation Area	Marin County, California	SWA Group
168 L	Tide Point Promenade, Digital Harbor	Baltimore, Maryland	**W** Architecture and Landscape Architecture
168 R	Emery Barnes Park Public Art	Vancouver, British Columbia	Stevenson & Associates Landscape Architects
170	Pittsburgh Point	Pittsburgh, Pennsylvania	Griswold, Winters, Swain and Mullin
171	Zhongshan Shipyard	Zhongshan City, Guangdong, China	Kongjian Yu/Turenscape
173 TL	Wildcat Ranch	Aspen, Colorado	Design Workshop
173 TR	Broken Sound Planned Community	Boca Raton, Florida	SWA Group
173 ML	Rincon Park	San Francisco, California	OLIN
173 MR	Clark County Wetlands	Las Vegas, Nevada	Design Workshop
173 BR	Clemente Park	Pittsburgh, Pennsylvania	EPD
178–179	Crescent Park, Lowry Redevelopment	Denver, Colorado	Design Workshop
182 TL	Rancho Viejo	Santa Fe, New Mexico	Design Workshop
182 TR	Park Avenue Redevelopment	South Lake Tahoe, California	Design Workshop
182 BL	The Woodlands of Athens	Athens, Georgia	Robinson Fisher Associates
182 BR	Lowry Redevelopment	Denver, Colorado	Design Workshop
183	York River Preserve	New Kent County, Virginia	Earth Design Associates, Inc.
188	Harbour Ridge	St. Lucie County, Florida	EDSA
189	The Big Wild Greenbelt, Santa Monica Mountains Conservancy	Southern California	Community Development by Design
190 TL	Buffalo Bayou Promenade	Houston, Texas	SWA Group
190 TR	Cedar Lake Park	Minneapolis, Minnesota	Jones & Jones Architects & Landscape Architects, Ltd; Richard Haag Associates, Affiliated Designers: Master Plan Phase; Darrel Morrison, FASLA: Sub-Consultant, native plant design, master plan phase; Kestrel Landscape Architects: post-construction prairie grassland establishment
190 BL	Cedar Lake Park	Minneapolis, Minnesota	Jones & Jones Architects & Landscape Architects, Ltd; Richard Haag Associates, Affiliated Designers: Master Plan Phase; Darrel Morrison, FASLA: Sub-Consultant, native plant design, master plan phase; Kestrel Landscape Architects: post-construction prairie grassland establishment
190 BR	Gene Coulon Memorial Beach Park	Renton, Washington	Jones & Jones Architects & Landscape Architects, Ltd.
194–195	Extending the Legacy: Planning America's Capital for the 21st Century	Washington, DC	National Capital Planning Commission, AECOM
199	Central Park	New York, New York	Frederick Law Olmsted and Calvert Vaux
200 TL	False Creek North, Concord Pacific Place	Vancouver, British Columbia	Don Vaughan Associates/Phillip Wuori Long
200 BL	Bryant Park	New York, New York	OLIN
200 R	Baltimore Inner Harbor	Baltimore, Maryland	Wallace Roberts & Todd, LLC
201	Planned CBD	Shanghai, China	Sasaki Associates, Inc.
202	World Trade Center Memorial	New York, New York	PWP Landscape Architecture
203 TM	Old Harbor Park	Boston, Massachusetts	Carol R. Johnson Associates
203 TR	Emery Barnes Park	Vancouver, British Columbia	Stevenson & Associates Landscape Architects
203 BL	The Residences on Georgia	Vancouver, British Columbia	Phillips Farevaag Smallenberg
203 BM	888 Beach Avenue	Vancouver, British Columbia	Phillips Farevaag Smallenberg
203 BR	The Crestmark	Vancouver, British Columbia	Harold Neufeldt
207 L	Uptown Rocker, Hope Street Overpass	Los Angeles, California	Lloyd Hamrol, Sculptor
207 R	Uptown Rocker, Hope Street Overpass	Los Angeles, California	Lloyd Hamrol, Sculptor
209 TL	Seattle City Hall Plaza	Seattle, Washington	Gustafson Guthrie Nichol Ltd.
209 TR	Maguire Gardens, Los Angeles Public Library	Los Angeles, California	Office of Lawrence Halprin, FASLA/Campbell & Campbell/Jud Fine, Sculptor
209 BL	The Fullerton Hotel	Republic of Singapore	Belt Collins

页码、位置	项目名称	项目所在地	项目景观设计师 / 设计师
209 BR	Tokyo Museum of Science and Innovation	Tokyo, Japan	Hargreaves Associates
210	Hyatt City Center	Chicago, Illinois	Peter Lindsay Schaudt Landscape Architecture, Inc./Pei Cobb Freed & Partners
211	The Commons	Denver, Colorado	Design Workshop
212–213	Wukesong Cultural and Sports Center, 2008 Beijing Olympic Green	Beijing, China	Sasaki Associates
216	Vietnam Veterans Memorial	Washington, DC	Maya Lin, Architect
218	Mount St. Helens National Volcanic Monument	Washington	Charles Anderson, Atelier, PS and EDAW
219	Weyerhaeuser Headquarters	Tacoma, Washington	PWP Landscape Architecture
220	River Islands	Lathrop, California	SWA Group
221	Xochimilco Ecological Park	Xochimilco, Mexico City	Mario Schjetnan/Grupo de Diseño Urbano, S.C.
232	Los Angeles River Revitalization	Los Angeles, California	Mia Lehrer + Associates, Wenk Associates, Civitas Inc., Tetratech Inc.
234	Upland Road	Cambridge, Massachusetts	Reed Hilderbrand
236	La Posada	Santa Fe, New Mexico	Design Workshop
237	Blue Ridge Farm	Upperville, Virginia	Earth Design Associates, Inc.
239	Hotarumibashi Park	Yamanashi Prefecture, Japan	Tooru Miyakoda, Keikan Sekkei Tokyo Co., Ltd.
240 T	Mary Kahrs Memory Garden	University of Georgia	Robinson Fisher Associates, Ecological Planning & Design
240 B	Oconee River Greenway	Athens, Georgia	Robinson Fisher Associates
241	J. Paul Getty Museum	Los Angeles, California	OLIN, Landscape Architect/Richard Meier & Partners Architects, LLP
242 T	Xochimilco Ecological Park	Xochimilco, Mexico City	Grupo de Diseño Urbano, S.C.
242 B	Boldwater Farm	Edgartown, Massachusetts	Stephen Stimson Associates, Landscape Architects, Inc./Mark Hutker & Associates, Architects
244 TL	Robert F. Wagner, Jr. Park	New York, New York	OLIN
244 TR	Blackcomb	Whistler, British Columbia, Canada	Design Workshop
244 BM	Xochimilco Ecological Park	Xochimilco, Mexico City	Grupo de Diseño Urbano, S.C.
244 BR	The Woodlands	Athens, Georgia	Robinson Fisher Associates
246	Green Diamond Residence	Paradise Valley, Arizona	Kristina Floor, FASLA, JJR|Floor
253	Minneapolis Waterfront Design Concept	Minneapolis, Minnesota	Kongjian Yu/ Turenscape
254 T	Heritage View Condominium	Singapore	Belt Collins
255 T	Novartis Headquarters Campus	Basel, Switzerland	PWP Landscape Architecture
255 B	John E. Jaqua Academic Center	Eugene, Oregon	Charles Anderson, Atelier PS
258–259	Novartis Headquarters Campus	Basel, Switzerland	PWP Landscape Architecture
260	Arizona Center	Phoenix, Arizona	SWA Group
264 L	Dallas West End Historic District	Dallas, Texas	SWA Group
264 R	Rancho Dulce		Pamela Burton and Company
266	Rio Grande Botanic Gardens	Albuquerque, New Mexico	Design Workshop
268 TM	Bunker Hill Steps	Los Angeles, California	Lawrence Halprin, FASLA
268 TR	Central Park, New York City/The Gates	New York, New York	Frederick Law Olmsted and Calvert Vaux/Christo and Jeanne-Claude
268 BR	Bunker Hill Steps	Los Angeles, California	Lawrence Halprin, FASLA
270 R	Vietnam Veterans Memorial	Washington, DC	Maya Lin, Architect
275 TL	The Promenade at Marion Oliver McCaw Hall	Seattle, Washington	Gustafson Guthrie Nichol Ltd.
275 TR	Nova Southeastern University Family Center Village	Davie, Florida	EDSA
275 BL	Private Residence	Aspen, Colorado	Design Workshop
275 BR	Elsie McCarthy Sensory Garden	Glendale, Arizona	Kristina Floor, FASLA, JJR|Floor
276	Maymont Park	Richmond, Virginia	Earth Design Associates, Inc.
277	The Gateway to the McDowell Sonoran Preserve	Scottsdale, Arizona	Phil Weddle, AIA, Weddle Gilmore Architects and Christopher Brown, FASLA, JJR|Floor
278 L	Taiyuan Yingze Streetscape	Taiyuan, China	AECOM

页码、位置	项目名称	项目所在地	项目景观设计师 / 设计师
278 R	The Brazilian Garden at Naples Botanical Garden	Naples, Florida	Raymond Jungles, FASLA
281 L	MacArthur Place	Orange County, California	Landscape Architect M. Paul Friedberg and Partners
281 R	Waterworks/Beatty Mews	Vancouver, British Columbia	Harold Neufeldt
282	Centennial Olympic Park	Atlanta, Georgia	AECOM
284	Folk Art Park	Atlanta, Georgia	Pat Connell, Robinson Fisher Associates
285	Yongning River Park	Taizhou, China	Kongjian Yu/Turenscape
286	Central Train Station Plaza	Muragame, Japan	PWP Landscape Architecture
288–289	Buffalo Bayou Promonade	Houston, Texas	SWA Group
290 T	Boldwater Farm	Edgartown, Massachusetts	Stephen Stimson Associates, Landscape Architects, Inc./Mark Hutker & Associates, Architects
290 B	Stone River	New York	Jon Piasecki
297 L	San Francisco Residence	San Francisco, California	Lutsko Associates
297 R	Walt Disney Concert Hall	Los Angeles, California	Melinda Taylor and Lawrence Reed Moline, Landscape Architecture/Frank Gehry, Architect
300 ALL	Franklin Delano Roosevelt Memorial	Washington, DC	Lawrence Halprin, FASLA
303	Arctic Ring of Life, Detroit Zoo	Detroit, Michigan	Jones & Jones Architects and Landscape Architects, Ltd.
306 TL	Yerba Buena Gardens	San Francisco, California	Landscape Architect M. Paul Friedberg and Partners
306 TM	Overtown Pedestrian Mall	Miama, Florida	Wallace Roberts Todd, LLC
306 BL	Maymont Park Japanese Garden	Richmond, Virginia	Earth Design Associates, Inc.
315	Los Angeles River Revitalization	Los Angeles, California	Mia Lehrer + Associates, Civitas Inc., Wenk Associates, Inc.
316	Evans Restorative Garden, Cleveland Botanical Garden	Cleveland, Ohio	David Kamp, FASLA
318 TR	The Commons	Denver, Colorado	Design Workshop
318 BL	Baltimore Inner Harbor	Baltimore, Maryland	Wallace Roberts Todd, LLC
320	Extending the Legacy: Planning America's Capital for the 21st Century	Washington, DC	National Capital Planning Commission, AECOM
322 L	J. Paul Getty Museum	Los Angeles, California	OLIN, Landscape Architect/Richard Meier & Partners Architects, LLP
322 R	Bunker Hill Steps	Los Angeles, California	Lawrence Halprin
323	Anaheim Redevelopment	Anaheim, California	SWA Group
324	Park Avenue Redevelopment	South Lake Tahoe, California	Design Workshop
326–327	Hallelujah Concert Hall	Zhangjiajie, Hunan province, China	Kongjian Yu/Turenscape
329	Fanueil Hall Marketplace	Boston, Massachusetts	John Smibert for Peter Faneuil, 1740–42/ Charles Bullfinch, 1806/William Pressley and Associates, Inc.
331	Walt Disney Concert Hall	Los Angeles, California	Melinda Taylor and Lawrence Reed Moline, Landscape Architecture/Frank Gehry, Architect
338	Soka University	Aliso Viejo, California	SWA Group
340 TL	Zhongshan Shipyard	Zhongshan City, Guangdong, China	Kongjian Yu/Turenscape
340 BL	Chani Village Hotel	Singapore	Belt Collins
340 R	Coal Harbour Waterfront Walkway	Vancouver, British Columbia	Urban Design/Civitas; Concept Plan/Phillips Wuori Long, Inc.; Detailed Design/Phillips Farevaag Smallenberg
345	Stone Villa	Aspen, Colorado	Design Workshop
348	Gardens at El Paseo	Palm Desert, California	Design Workshop
349 TL	The Wilshire	Los Angeles, California	SWA Group
349 BL	Toad Hall, Santa Barbara Botanic Garden	Santa Barbara, California	Patrick Dougherty
349 TR	The Patra Resort & Villas	Bali, Indonesia	Belt Collins
349 BR	Spring Hill Farm	Casanova, Virginia	Earth Design Associates, Inc.

页码、位置	项目名称	项目所在地	项目景观设计师 / 设计师
350	Mountain Retreat	Aspen, Colorado	Design Workshop
351 L	Conrad Bali Resort & Spa	Bali, Indonesia	Belt Collins
351 R	Bedon's Alley	Charleston, South Carolina	Nelson Byrd Woltz Landscape Architects
352–353	Private Residence	Aspen, Colorado	Design Workshop
355	Phil Hardberger Park	San Antonio, Texas	Stephen Stimson Associates Landscape Architects
356 R	Maymont Park	Richmond, Virginia	Earth Design Associates, Inc.
358 TL	Apollo and Daphne, Little Sparta, Stonypath	Pentland Hills, Edinburgh, Scotland	Ian Hamilton Finlay
358 TR	Walt Disney Concert Hall	Los Angeles, California	Melinda Taylor and Lawrence Reed Moline, Landscape Architecture, Frank Gehry, Architect
358 BL	Walt Disney Concert Hall	Los Angeles, California	Melinda Taylor and Lawrence Reed Moline, Landscape Architecture, Frank Gehry, Architect
358 BR	Apollo, Little Sparta, Stonypath	Pentland Hills, Edinburgh, Scotland	Ian Hamilton Finlay
359 TL	Polmood Farm	Santa Fe, New Mexico	Design Workshop
359 BL	Exxon Corporate Headquarters	Irving, Texas	SWA Group
359 BR	Private Residence	Aspen, Colorado	Design Workshop
361 L	Private Residence	Aspen, Colorado	Design Workshop
361 R	Copia, The American Center for Wine, Food, and Arts	Napa, California	PWP Landscape Architecture
362 R	5800 Third Street	San Francisco, California	Miller Company
362 L	The Children's Garden at The Oregon Garden	Silverton, Oregon	Mayer/Reed
363 L	Clark County Government Center	Las Vegas, Nevada	Civitas, Inc.
363 R	Ensley Avenue	Los Angeles, California	Orange Street Studio
364	Mirabella	Portland, Oregon	Mayer/Reed
365	John E. Jaqua Academic Center	Eugene, Oregon	Charles Anderson, Atelier PS
366–367	The Gates, Central Park	New York, New York	The Gates—Christo and Jeanne-Claude/Central Park—Frederick Law Olmsted and Calvert Vaux
374 L	Court of the Toads, Dallas Arboretum	Dallas, Texas	SWA Group
374 R	Portland Parks and Jamison Square	Portland, Oregon	PWP Landscape Architecture
375	Creekfront	Denver, Colorado	Wenk Associates, Inc.

资料来源

Adams, Henry: *The Education of Henry Adams,* Houghton Mifflin, Boston, 1928 (198)

Ardrey, Robert: *African Genesis,* Dell, New York, 1961 (14)

Aristotle: *Rhetoric* (235)

Bacon, Edmund N.: *Planning,* The American Society of Planning Officials, Chicago, 1958 (181)

Beck, Walter: *Painting with Starch,* Van Nostrand, Princeton, N.J., 1956 (333)

Bel Geddes, Norman: *Magic Motorways,* Random House, New York, 1940 (307, 309)

Benét, Stephen Vincent: *Western Star,* Farrar & Rinehart, New York, 1943 (4)

Bergmann, Karen: *Landscape Architecture,* May 1990 (275)

Berry, Wendell: *Another Turn of the Crank,* Counterpoint, Washington, D.C., 1995 (180)

Borissavliévitch, Miloutine: *The Golden Number,* Alec Tiranti, London, 1958 (334)

Bowie, Henry P.: *On the Laws of Japanese Painting,* Dover, New York, 1952 (republication of 1911 edition) (228)

Braun, Ernest, and David E. Cavagnaro, *Living Water,* The American West Publishing Company, Palo Alto, Calif., 1971 (13)

Breuer, Marcel: In conversation (328)

Bronowski, Jacob: *Arts and Architecture,* February and December 1957 (108, 229)

Carson, Rachel: *The Sea around Us,* Oxford University Press, New York, 1951 (8)

Church, Thomas D.: *Gardens Are for People,* Reinhold, New York, 1955 (312, 346)

Churchill, Henry S.: *The City Is the People,* Harcourt, Brace, New York, 1945 (181, 198)

Clark, Kenneth: *Civilisation,* Harper & Row, New York, 1969 (3)

Clawson, Marion: *Man and Land in the United States,* University of Nebraska Press, Lincoln, 1964 (62)

Clay, Grady: *Water and the Landscape,* McGraw-Hill, New York, 1979 (115)

Crowe, Sylvia: *Tomorrow's Landscape,* Architectural Press, London, 1956 (181)

Cullen, Gordon: *Townscape,* Reinhold, New York, 1961 (275)

Danby, Hope: *The Garden of Perfect Brightness,* Henry Regnery Company, Chicago, 1950 (108)

Eckbo, Garrett: *Landscape Architecture,* May 1990 (215)

———: *Landscape for Living,* McGraw-Hill Information Systems Company, McGraw-Hill, Inc., New York, 1950 (180, 219, 260)

Eiseley, Loren: *The Immense Journey,* Random House, New York, 1957 (41)

Gallion, Arthur B.: *The Urban Pattern,* Van Nostrand, New York, 1949 (198)

Gardner, James, and Caroline Heller: *Exhibition and Display,* McGraw-Hill Information Systems Company, McGraw-Hill, Inc., New York, 1960 (304)

Giedion, Siegfried: *Space, Time and Architecture,* Harvard University Press, Cambridge, Mass., 1941 (121)

Goshorn, Warner S.: In correspondence with Harold S. Wagner (61)

Graham, Wade: "The Grassman," *The New Yorker,* August 19, 1996 (48)

Gutkind, E. A.: *Community and Environment,* C. A. Watts & Co., London, 1953 (17)

Hilberseimer, Ludwig K.: *The New Regional Pattern,* Paul Theobald, Chicago, 1949 (186, 307)

Hubbard, Henry V., and T. Kimball: *An Introduction to the Study of Landscape Design,* Macmillan, New York, 1917 (106)

Kepes, Gyorgy: *Language of Vision,* Paul Theobald, Chicago, 1944 (106)

Landscape Architecture, October 1994 (160)

Le Corbusier: *The Radiant City,* republication, Orion Press, New York, 1964 (123, 328)

Leopold, Aldo: *A Sand County Almanac,* reprint, Oxford University Press, Fair Lawn, N.J., 1969 (64, 311)

Li, H. H.: Translation of Chinese manuscript (6)

McHarg, Ian L.: *Landscape Architecture* (quarterly magazine of the American Society of Landscape Architects), January 1958 (186)

McPhee, John: *Annals of the Former World,* Farrar, Straus and Giroux, New York, 1998 (18)

McPhee, John: *Coming into the Country,* Bantam, New York, 1979 (60)

Mendelsohn, Eric: *Perspecta* (the Yale architectural journal), 1957 (109)

Millay, Edna St. Vincent: "The Goose-Girl," *Collected Lyrics of Edna St. Vincent Millay,* Harper and Brothers, New York, 1939 (345)

Moholy-Nagy, László: *The New Vision,* Wittenborn, Schultz, New York, 1928 (108, 263)

Mumford, Lewis: *The Culture of Cities,* Harcourt, Brace, New York, 1938 (158, 181, 185, 186, 198)

Murphy, W. Tayloe, "Address to ASLA Virginia Chapter" (44)

Neutra, Richard J.: *Survival through Design,* Oxford University Press, New York, 1954 (5, 266)

Newton, Norman T.: *An Approach to Design,* Addison-Wesley, Cambridge, Mass., 1941 (6, 107)

Ognibene, Peter J.: "Vanishing Farmlands," *Saturday Review,* May 1980 (58)

Okakura, Kakuzo: *The Book of Tea,* Charles E. Tuttle, Rutland, Vt., 1958 (247)

Phillips, Patricia C.: *Landscape Architecture,* December 1994 (196)

Rasmussen, Steen Eiler: *Towns and Buildings,* Harvard University Press, Cambridge, Mass., 1951 (195)

Read, Sir Herbert: *Arts and Architecture,* May 1954 (262)

Reed, Henry H., Jr.: *Perspecta* (the Yale architectural journal), 1952 (97)

Saarinen, Eliel: *Search for Form,* Reinhold, New York, 1948 (103, 191, 331, 374)

Santayana, George: *The Sense of Beauty,* Dover, New York, 1955 (105, 107)

Sert, José Luis, and C.I.A.M.: *Can Our Cities Survive?* Harvard University Press, Cambridge, Mass., 1942 (196, 331)

Severud, Fred M.: "Turtles and Walnuts, Morning Glories and Grass," *Architectural Forum,* September 1945 (9)

Shigemori, Kanto: In conversation (345)

Simonds, Dylan Todd: In correspondence (207)

Simonds, John Todd: In conversation (2)

Sitte, Camillo: *The Art of Building Cities,* Reinhold, New York, 1945 (103, 197, 329, 334)

Spengler, Oswald: *Decline of the West,* Alfred A. Knopf, New York, 1939 (267)

Sullivan, Louis H.: *Kindergarten Chats,* Wittenborn, Schultz, New York, 1947 (107, 375)

Sze, Mai-mai: *The Tao of Painting,* The Bollingen Foundation, New York, 1956 (9)

Tunnard, Christopher: *Gardens in the Modern Landscape,* Charles Scribner's, New York, 1948 (16, 122)

Van der Ryn, Sim, and Stuart Cowan: *Ecological Design,* Island Press, Washington, D.C., 1996 (4, 7, 11)

Van Loon, Hendrik: *The Story of Mankind,* Boni and Liveright, New York, 1921 (8)

Veri, Albert R., et al.: *Environmental Quality by Design: South Florida,* University of Miami Press, Coral Gables, Fla., 1975 (13, 51)

White, Stanley: *A Primer of Landscape Architecture,* University of Illinois, Urbana, 1956 (13, 15, 127)

Whyte, Lancelot Law: "Some Thoughts on the Design of Nature and Their Implications for Education," *Arts and Architecture,* January 1956 (2)

Whyte, William H., Jr.: *The Exploding Metropolis,* Doubleday, New York, 1958 (198)

Wikipedia: "Water Resources," last modified July 20, 2012, accessed September 10, 2012, http://en.wikipedia.org/wiki/Water_resources (43)

Wilson, E. O.: *The Diversity of Life,* W. W. Norton and Co., 1992 (21)

Wittkower, Rudolph: *Architectural Principles in the Age of Humanism,* University of London, Warburg Institute, 1949 (336)

Zevi, Bruno: *Architecture as Space,* Horizon Press, New York, 1957 (277)

参考文献

下面列出的参考文献只是与我们生存的环境相关的文献中很小的部分。其中一些可能已经绝版，但在大多数图书馆仍然可以找到。

1. 历史与理论

以下所选择的文献提供了景观规划历史和思想方面的知识。

ASLA: *Landscape Architecture* magazine, *Profiles in Landscape Architecture,* American Society of Landscape Architects, Washington, D.C., 1995.

Brubaker, Sterling: *To Live on Earth,* Resources for the Future, Inc., Johns Hopkins University Press, Baltimore, 1972.

Carson, Rachel: *Silent Spring,* Buccaneer Books, New York, 1994.

Clark, Kenneth: *Civilisation,* Harper & Row, New York, 1969.

Commoner, Barry: *The Closing Circle,* Bantam, New York, 1971.

Diamond, Henry L., and Patrick F. Noonam: *Land Use in America,* Island Press, Washington, D.C., 1996.

Dubos, René: *So Human an Animal: How We Are Shaped by Surroundings and Events,* Charles Scribner's Sons, New York, 1969.

Fein, Albert: *Frederick Law Olmsted and the American Environmental Tradition,* George Braziller, New York, 1972.

Howard, Ebenezer: *Garden Cities of Tomorrow,* M.I.T. Press, Cambridge, Mass., 1965. (Originally published in 1898.)

Hubbard, Henry Vincent, and Theodora Kimball: *An Introduction to the Study of Landscape Design,* rev. ed., Hubbard Educational Trust, Boston, 1959.

Jackson, J. B.: *Discovering the Vernacular Landscape,* Yale University Press, New Haven, Conn., 1983.

Jellicoe, Geoffrey, and Susan Jellicoe: *The Landscape of Man; Shaping the Environment from Prehistory to the Present Day,* Viking Press, New York, 1975.

Leopold, Aldo: *A Sand County Almanac: With Essays on Conservation from Round River,* Ecological Main Event Series, Ballantine, New York, 1987.

Marsh, George Perkins: *Man and Nature,* Harvard University Press, Cambridge, Mass., 1965. (Originally published in 1864.)

Mumford, Lewis: *The Culture of Cities,* Greenwood Publishers, Westport, Conn., 1981.

Newton, Norman T.: *Design on the Land,* Belknap Press, Harvard University Press, Cambridge, Mass., 1971.

Reich, Charles: *The Greening of America,* Bantam, New York, 1970.

Smithsonian Annual Symposium: *The Fitness of Man's Environment,* Smithsonian Institution Press, Washington, D.C., 1968.

Tunnard, Christopher, and Boris Pushkarev: *Man-made America: Chaos or Control?,* Yale University Press, New Haven, Conn., 1963.

Wilkes, Joseph A., and Robert T. Packard (eds.): *Encyclopedia of Architecture: Design, Engineering and Construction,* John Wiley & Sons, New York, 1988.

2. 环境

随着世界环境变得越来越严峻，环境保护和规划领域现在也显得越来越重要。以下文献对这些问题进行了更多探讨。

Anderson, J. M.: *Ecology for Environmental Sciences: Biosphere, Ecosystems and Man,* John Wiley & Sons (Halsted), New York, 1981.

Berry, Thomas: *The Dream of Earth,* Sierra Club Books, San Francisco, 1990.

Berry, Wendell: *Another Turn of the Crank,* Counterpoint, Washington, D.C., 1995.

Berry, Wendell: *The Gift of Good Land,* North Point Press, San Francisco, 1981.

Bradshaw, A. D., and M. J. Chadwick: *The Restoration of the Land: The Ecology and Reclamation of Derelict and Degraded Land,* University of California Press, Berkeley, Calif., 1981.

Chase, Alson: *In a Dark Wood,* Houghton Mifflin, New York, 1995.

Clawson, Marion: *Forests for Whom and for What?,* Johns Hopkins University Press, Baltimore, 1975.

Curry-Lindahl, Kai: *Conservation for Survival: An Ecological Strategy,* William Morrow & Company, New York, 1972.

Fiedler, Peggy, and Subodh K. Jain (eds.): *Conservation Biology: The Theory and Practice of Nature Conservation, Preservation and Management,* Chapman & Hall, New York, 1992.

Gore, Al: *Earth in the Balance: Ecology and the Human Spirit,* Houghton Mifflin, New York, 1993.

Hiss, Tony: *The Experience of Place,* Vintage, New York, 1990.

Lewis, Philip H., Jr.: *Tomorrow By Design: A Regional Design Process for Sustainability,* John Wiley & Sons, New York, 1996.

Lyle, John Tillman: *Regenerative Design for Sustainable Development,* John Wiley & Sons, New York, 1994.

McHarg, Ian L.: *Design with Nature,* John Wiley & Sons, New York, 1995. (First published by the Natural History Press, 1969.)

Simonds, John Ormsbee: *Earthscape: A Manual of Environmental Planning and Design,* 2d ed., Van Nostrand Reinhold, New York, 1996.

Thayer, Robert: *Gray World, Green Heart: Technology, Nature and the Sustainable Landscape,* John Wiley & Sons, New York, 1994.

Van der Ryn, Sim, and Stuart Cowan: *Ecological Design,* Island Press, Washington, D.C., 1995.

Ward, Barbara, and René Dubos: *Only One Earth: The Care and Maintenance of a Small Planet, The United Nations Conference on the Human Environment,* W.W. Norton, New York, 1972.

3. 社区

以下文献讲述了更多关于宜人的家、邻里和社区规划设计的问题。

Arendt, Randall G.: *Conservation Design for Subdivisions: A Practical Guide to Creating Open Space Networks,* Island Press, Washington, D.C., 1996.

Dowden, C. James: *Community Associations: A Guide for Public Officials Published Jointly by the Urban Land Institute and the Community Associations Institute,* Washington, D.C., 1980.

Hall, Kenneth B.: *A Concise Guide to Community Planning,* McGraw-Hill, New York, 1994.

Harker, Donald, and Elizabeth Ungar Natter: *Where We Live: A Citizen's Guide to Conducting a Community Environmental Inventory,* Island Press, Washington, D.C., 1995.

Hester, Randolph T., Jr.: *Planning Neighborhood Space with People,* Van Nostrand Reinhold, New York, 1984.

Little, Charles E.: *Challenge of the Land: Open Space Preservation,* Pergamon Press, New York, 1969.

Moore, Colleen Grogan: *PUD's In Practice,* Urban Land Institute, Washington, D.C., 1985.

Smart, Eric: *Making Infill Projects Work,* Urban Land Institute and Lincoln Institute of Land Policy, Washington, D.C., 1985.

Terrene Institute (and U.S. EPA): *Local Ordinances: A User's Guide,* Terrene Institute, Washington, D.C., 1995.

Whyte, William H.: *Cluster Development,* American Conservation Association, New York, 1964.

4. 城市与区域形态

以下文献着重讨论土地利用、交通、游憩和资源规划等与城市 - 区域格局和形态相关的问题。

Arendt, Randall: *Rural By Design: Maintaining Small Town Character,* Planners' Press, Chicago, 1994.

Bacon, Edmund N.: *Design of Cities,* rev. ed., Viking Press, New York, 1974.

Breen, Ann, and Dick Rigby: *The New Waterfront: A Worldwide Urban Success Story,* McGraw-Hill, New York, 1996.

Calthorpe, Peter: *The Next American Metropolis: Ecology, Community, and the American Dream,* Princeton Architectural Press, New York, 1993.

Collins, Richard C., Elizabeth B. Waters, and A. Bruce Dotson: *America's Downtowns: Growth, Politics and Preservation,* Preservation Press, The National Trust for Historic Preservation, Washington, D.C., 1990.

Harr, Charles M.: *Land Use Planning: A Casebook on the Use, Misuse, and Reuse of Urban Land,* Little, Brown, Boston, 1976.

Jacobs, Jane: *The Death and Life of Great American Cities,* Modern Library, New York, 1993. (Originally published 1961.)

Katz, Peter: *The New Urbanism: Toward an Architecture of Community,* McGraw-Hill, New York, 1993.

Kunstler, James Howard: *The Geography of Nowhere: The Rise and Decline of America's Man-Made Landscape,* Simon & Schuster, New York, 1993.

Laurie, Ian C.: *Nature in Cities,* John Wiley & Sons, New York, 1979.

Little, Charles: *Greenways for America,* Johns Hopkins University Press, Baltimore, 1990.

MacKaye, Benton: *The New Exploration: A Philosophy of Regional Planning,* University of Illinois Press, Urbana, Ill., 1962.

Mertes, James D., and James R. Hall: *Park, Recreation Open Space, and Greenway Guidelines,* National Park and Recreation Association in cooperation with the American Academy for Park and Recreation Administration, Washington, D.C., 1996.

Simonds, John Ormsbee: *Garden Cities 21: Creating a Livable Urban Environment,* McGraw-Hill, New York, 1994.

Spirn, Anne Whiston: *The Granite Garden, Urban Nature and Human Design,* Basic Books, New York, 1984.

Spreiregen, Paul D.: *Urban Design: The Architecture of Town and Cities,* McGraw-Hill, New York, 1965.

Whittick, Arnold (ed.): *Encyclopedia of Urban Planning,* McGraw-Hill, New York, 1974.

Whyte, William H., Jr.: *Rediscovering the Center City,* Doubleday, New York, 1990.

5. 场地规划

关于场地和景观规划设计有着大量优秀著作，以下文献仅供实践参考。

Brown, Karen M., and Curtis Charles: *Computers in the Professional Practice of Design,* McGraw-Hill, New York, 1995.

Church, Thomas D., et al.: *Gardens Are for People,* 3d ed., University of California Press, Berkeley, Calif., 1995.

Collins, Lester A.: *Innisfree, An American Garden,* Sagapress/Harry Abrams, New York, 1994.

Crowe, Sylvia: *Garden Design,* Antique Collectors Club, Wappingers Falls, N.Y., 1994.

Dattner, Richard: *Civil Architecture: The New Public Infrastructure,* McGraw-Hill, New York, 1994.

Eckbo, Garrett, *Philosophy of Landscape,* Process Architecture Co., Tokyo, 1995.

EDAW: *The Integrated World,* Process Architecture Co., Tokyo, 1994.

Harris, Charles W., and Nicholas T. Dines: *Time-Saver Standards for Landscape Architecture,* McGraw-Hill, New York, 1988.

Kiley, Dan: *In Step with Nature,* Process Architecture Co., Tokyo, 1993.

Lebovich, William L.: *Design for Dignity,* John Wiley & Sons, New York, 1993.

Oehme, Wolfgang, and James van Sweden: *Bold Romantic Gardens,* Acropolis Books, Reston, Va., 1990.

Robinette, Gary O.: *Water Conservation in Landscape Design and Management,* Van Nostrand Reinhold, New York, 1984.

Van Sweden, James: *Gardening With Water,* Random House, New York, 1995.

Walker, Peter, William Johnson, and Partners: *Art and Nature,* Process Architecture Co., Tokyo, 1994.

Zion, Robert: *Landscape Architecture,* Process Architecture Co., Tokyo, 1994.

6. 其他出版物

（书店可以购买到的读物）

American Institute of Architects
1735 New York Avenue, N.W.
Washington, DC 20006

American Planning Association
122 S. Michigan Ave.
Suite 1600
Chicago, IL 60603

American Society of Landscape Architects
4401 Connecticut Avenue, N.W.
Washington, DC 20008

Community Builders Handbook Series
Urban Land Institute
625 Indiana Avenue, N.W.
Washington, DC 20004-2930

Process Architecture Publications
Process Architecture Publishing Co., Ltd.
1-47-2-418 Sasazuka,
Shibuya-Ku
Tokyo, Japan

Sierra Club Books
2034 Fillmore St.
San Francisco, CA 94115

Sunset Magazine: Sunset Gardening and Outdoor Books publish an enduring series of excellent paperback publications relating particularly to residential landscape design.
Lane Publishing Company
Menlo Park, CA 94025

译后记

17年前，当时我还在上大学一年级，一次偶然的机会，在学校图书馆的英文图书借阅书架上，我发现了一本已经被翻得非常破旧的英文书。那时学校图书馆里景观设计方面的外文图书没有几本，即便有，也大都是庭院设计或植物造景方面的。当时这本书的书名一下子吸引了我的眼球，《Landscape Architecture》——这不正是我们专业的名称吗[1]？我记不清楚当时那本书是第一版还是第二版，但接下来的几年了，它却成了我最喜爱的一本专业书。大学期间这本书我不知道读了几遍，其系统的内容、独到的见解、精辟的语言、优美的图画和诗一般的语言，对我大学时代的专业学习影响深远，它不仅拓宽了我的视野，让我从一个全新的视角来理解和认识景观，并且更加深了我对专业的热爱并坚定了为之奉献终身的打算。

时至今日，书店和图书馆里LA专业书籍越来越多。我很羡慕今天的师生们可以有这么多学习的机会。作为专业发展史上最重要的著作之一，《景观设计学——场地规划与设计手册》一书影响了几代的国内外景观设计师。虽然本书诞生至今已有近半个世纪，但不断地更新改版使得它至今仍在专业领域保持着鲜活的生命力。作为景观设计学领域最经典的著作之一，本书全面系统地讲述了景观设计学学科的主要构成，以及场地规划和设计的基本原则与方法。其内容涵盖了景观设计理论、运用和实践过程中的各个方面。作者希望能通过此书扩大专业人士对周围环境有效而敏锐的关注。

本书的作者西蒙兹先生曾经与哈佛三子——现代主义的反叛者加勒特·埃克伯(Garrett Eckbo)、丹·基利(Dan Kiley)和詹姆斯·罗斯(James Rose)是同班同学，业内称他是“反叛者中的反叛者”。正如本书的“追思”部分所言：“当埃克伯和克雷迷恋于新的现代主义者的形式，从事令他们看起来像竞争景观设计学现代主义先锋的职业时，西蒙兹已经开始受东方思想的洗礼，不仅开始追求新的设计和形式，并且开始更宏伟的构想，即开始探寻创造人与环境、人与自然的关系，以创造一个更好的世界。”

本书的翻译以第四版的中文译版为基础，除了将文中新增的大量内容进行了补译外，还对原翻译进行了全面的修订，同时对上版中很多图片进行了替换。原书第四版可谓本书面世以来最大的一次改版。西蒙兹先生于临终前，找到巴里·W·斯塔克（Barry W. Starke）先生，希望与之合作推出本书的第四版，以适应当今景观设计学的发展需求。斯塔克先生是北美著名的景观设计师，在理论与实践方面颇有建树，曾担任美国景观设计师协会（ASLA）第100任主席。他本人也是在《景观设计学》一书的影响下逐渐成

1 当时的专业名称是工科的风景园林专业，国内的英文专业对应翻译成Landscape Architecture。

长起来的。本书第四版首次由斯塔克先生合作修订，第五版修订时西蒙兹先生已去世，由斯塔克先生独立修订完成。

16 年前，中国的现代景观设计学教育刚开始加速，当时由北京大学景观设计学研究院（当时叫北京大学景观规划设计中心）主持翻译了原著的第三版。第三版中文版在当时的建筑类图书市场上取得非常好的销量，国内多所高校相关专业这些年一直将该书作为教科书或指定教学参考书。从某种程度上说，本书为推动中国当代景观设计学的发展也起到了一定的作用。

特别值得一提的是，本书第五版新增的案例中，引用了由北京大学景观设计学研究院和土人景观的多个获奖作品，这是本书中仅有的几个由当代中国设计师设计的作品。这无疑是对当前国内景观设计水平的一种肯定。正如恩师俞孔坚教授所言，“中国的问题正在成为世界的问题，解决好中国的问题，在某种意义上讲就有助于解决世界的问题，因此，中国的景观设计学也必将是世界的景观设计学”。

本书第四版得到北京大学建筑与景观设计学院、北京土人景观与建筑规划设计研究院、清华大学建筑学院、易科兰德规划设计公司（ECLA）师生、同事们的大力支持。特别感谢中国建筑工业出版社程素荣老师的理解与信任，多年来的亲密合作已使我们之间增添了许多默契。正是他们的耐心、细致的审校工作，才使得本书能及时呈现在广大读者面前。

最后，让我们再次向西蒙兹先生致以最崇高的敬意，正是他的无私精神与专业使命感，使得本书具有了强大的生命力，我们希望这本书伴随着我们专业的发展不断推出新版，也希望西蒙兹先生的思想能继续影响一代又一代的景观设计师。同时，我们也热切期待在今后的版本中，能够看到更多中国设计师的名字及其作品。

朱强
于北戴河
2013 年 9 月 14 日